LA ASTROLOGÍA UNIVERSAL

FRANÇOISE HARDY

presenta

La astrología universal

Una nueva perspectiva del Zodiaco

Con la participación de:

Bernard Blanchet
Jean-Pierre Nicola
Richard Pellard
Philippe Pinchon

dve PUBLISHING

ISBN: 978-1-64699-109-9

Introducción

Desde hace ya varias décadas, la astrología cuenta con una nueva corriente: la astrología condicionalista. En 1964, año de publicación de *La Condition solaire* (La condición solar), tan sólo unos cuantos astrólogos reivindicaban su pertenencia a esta escuela. Unos veinte años después, en 1986, la astrología condicionalista contaba con canales de expresión en la prensa y el mundo de la edición como una corriente al margen de la astrología tradicional y la astropsicología. No obstante, esta distinción no excluye que se haga referencia a los mismos símbolos concretos ni que existan aplicaciones astropsicológicas. Y de ello da buena fe la obra que tiene en sus manos.

Si el término *condicional* es habitual, el de *condicionalismo* no se ha creado de forma expresa para plantear una astrología inédita en términos absolutos. La condición no equivale a la causa. Por tanto, era necesario desmarcarse con total claridad del fatalismo haciendo hincapié en el carácter no absoluto de la astrología, tal como la concebían grandes astrólogos como Tolomeo, Cardano o Kepler. Para estos precursores del condicionalismo, la manifestación terrestre de las influencias celestes, zodiacales y planetarias difiere en cuanto a amplitud y calidad en función de las condiciones extrahoroscópicas de herencia, raza, educación o sexo, así como en función del contexto económico, político o cultural, que sería inútil tratar de buscar en las configuraciones natales.

Para todos los condicionalistas, antiguos o modernos, el horóscopo no es la representación de entidades míticas, sino de ciclos y ritmos cósmicos específicos que condicionan, desde el nacimiento, las leyes de desarrollo de la persona y su sensibilidad ante las influencias zodiacales y planetarias, que dependen de la adaptación de la especie a los relojes del microcosmos y el cielo. Uno de los mayores logros de la escuela condicionalista consiste en haber demostrado que estos relojes, el del átomo y el del sistema solar, están relacionados, ya no desde una perspectiva poética, esotérica o analógica, sino desde un punto de vista formal, susceptible de ser expresado mediante los números enteros que en tan alta estima tenía Pitágoras.[1]

De forma esquemática, el condicionalismo considera que todos los seres están provistos de una doble herencia, de dos equipajes para su recorrido: uno proviene de la Tierra y el otro del sistema solar, y ambos comparten las leyes relativas a la evolución de los sistemas, sean estos vivos o inertes.

El equipaje terrestre se resume en el patrimonio hereditario de los progenitores, la raza, la especie y las condiciones de vida, climáticas, sociales, políticas y económicas, así como de los educadores, entre los cuales se incluyen los padres. Estas son las condiciones del receptor, que ponen en juego y modulan diferentes niveles de sensibilización ante el bagaje celeste, en función de cada especie y de cada individuo dentro de esta.

Del bagaje celeste conocemos los ciclos planetarios y ritmos zodiacales, que marcan los momentos fuertes de maduración y los aceleran o retrasan. Precisamente, la disposición de cada cual a ser o saber, antes o después, aquello que debe ser y saber en relación con la escala media de edades (fases de aprendizaje), parcialmente contenida en las configuraciones del nacimiento, se presta a la elaboración de una caracterología, e incluso de una psicología cimentada en la adaptación de los ritmos personales a los que condicionan las normas de la especie. Dicho de otro modo: la personalidad es una variación original de la adaptación general a las influencias cósmicas. Mediante las incitaciones de su esfera celeste, cada persona recompone las relaciones erigidas entre astros y hombres. Aquellos establecieron la gama, pero cada uno de nosotros toca su propia melodía.

Las herencias terrestre y celeste, como ya se ha apuntado, difieren pero no carecen de relación, sino que están comunicadas en la medida en que se hayan generado los relojes internos que rigen el

1. Demostración en *Nombres et formes du Cosmos* (Los números y las formas del Cosmos).

proceso de maduración psicofisiológica, y mantienen una conexión con los relojes externos de lo infinitamente grande y lo infinitamente pequeño.

Por consiguiente, de nada valdría convertir al hombre en el objeto pasivo de sus condicionamientos, ya sean terrestres o celestes. Sea o no de carácter conflictivo, la interacción entre ambos equipajes delimita a todas luces su ámbito de libertad. La amplitud y la diversidad de las respuestas personales ante una misma configuración no dependen del cielo ni de la Tierra, sino de las diferentes relaciones que estos mantienen. Dejando a un lado los extremos, es decir, que un condicionamiento terrestre impida toda respuesta ante lo celeste, estas relaciones mutan con el tiempo humano, cuyas edades características dan fe de nuestra dependencia con respecto a los ciclos planetarios. El cielo en el hombre responde, pasando por el filtro de la Tierra, al hombre en el cielo.

El astrónomo y astrólogo Claudio Tolomeo (aprox. del 90 al 168 d. de C.) abordó en su *Tetrabiblos* [2] un inventario de los límites impuestos por las causas terrestres a la astrología:

— La especie: el caballo engendra al caballo del mismo modo que el hombre engendra al hombre, escribe Tolomeo. Los planetas no provocan mutaciones. Sea cual sea el horóscopo, no es posible derivar de este un diagnóstico de transformación de la especie. Un borrego que nazca bajo un signo denominado «humano» (Acuario, por ejemplo) y con índices de elevado cerebralismo tendrá todas las papeletas para seguir siendo un borrego, quizás el más humano y menos animal de todos ellos, pero un borrego al fin y al cabo. La especie manda. Cuando existe un determinismo astral, este se ejerce en el interior del determinismo de la especie.
— La diversidad de las razas y los climas: al margen de las configuraciones celestes, existen rasgos morfopsicológicos derivados del clima, la etnia específica y su contexto geográfico. Esto implica que las signaturas astrológicas, esos retratos estereotípicos de carácter físico y psicológico que se atribuyen a un planeta potente en el momento del nacimiento, no pueden modificar las signaturas heredadas de la adaptación a un medio concreto. Tradicionalmente, el saturnino es de tez amarilla, el lunar, blan-

2. Claudio Tolomeo, *Tetrabiblos*, Editorial Barath, 1987.

co lechoso y el marciano, rojizo. Ahora bien, ¿qué significan estas indicaciones para un asiático, un piel roja o un africano?
— La diversidad de las normas sociales y morales, así como de edad: en el ámbito de la astrología fatalista, por ejemplo, las normas de interpretación no son las mismas según el divorcio sea legítimo o deshonroso. Por otra parte, si en la actualidad debiéramos aplicar los antiguos preceptos relativos a la probabilidad de fallecimiento en una edad temprana, las cunas se transformarían en cementerios. En efecto, los avances de la medicina han modificado, por suerte, las condiciones del «receptor». Sin embargo, estos antiguos pronósticos no harían mentir a un astrólogo de los países y las regiones menos civilizados. Es cierto que el astrólogo moderno, al situarse en el terreno psicológico, debe enfrentarse a menos problemas, ya que los caracteres, a priori, no parecen depender del desarrollo tecnológico. Sin embargo, en función de los modelos implementados y los juicios establecidos sobre el sexo, la edad, las relaciones humanas o el estilo de vida, no es posible afirmar que todas las tendencias tengan las mismas posibilidades de realizarse con plenitud, ni tampoco que sean invariables.

El astrólogo Jerónimo Cardano (1501-1576) no se limitó a preconizar una interpretación que tuviese en cuenta, además del cielo, la educación, el medio social o la edad, sino que, con respecto a Tolomeo, tuvo la idea de comparar la carta de nacimiento (horóscopo) con la de los padres, parientes e íntimos que conforman el medio afectivo del niño. Esta comparación, con las afinidades y antagonismos que pone de manifiesto, puede tanto favorecer como contrariar unas u otras tendencias natales. El cielo no está solo: debemos ser varios para vivir todos los aspectos del mismo y hacerlos vivir a las personas que nos acompañan. Nos encontramos en este caso ante otra modalidad de condicionamiento. Con independencia de la escuela de pensamiento, en la práctica, lo cierto es que cualquier astrólogo meticuloso suele pedir las coordenadas natales de los seres a los que está estrechamente ligado su cliente, que, por tanto, depende, a su manera, de configuraciones ajenas a las suyas (de hecho, con frecuencia las parejas se forman basándose en tendencias antagonistas). Para esta comparación, los condicionalistas poseen un método sistemático que integra la totalidad de los factores astrológicos. Este principio, conocido, de interacción entre las diferentes partes de un conjunto y su unidad también está presente en los fundamentos del significado de los signos del Zodiaco y los planetas. Las siguientes páginas darán cuenta de ello, así como de las aplicaciones que, en segunda instancia, explican los aspectos de un signo en función de su situación boreal o austral (norte o sur), su cuarto estacional, los signos anterior y posterior y sus relaciones con los grupos planetarios y demás signos. Otra aplicación, de ámbito estrictamente personal, consistirá en comparar sus resultados con los de su entorno más próximo y extraer la lógica subyacente.

El precursor más moderno, Johannes Kepler (1571-1630), o, mejor dicho, su traductor, es el responsable de haber acuñado el término *condición*. A los veinticuatro años de edad, escribía: «¿De qué modo la configuración del cielo, en el momento del nacimiento de un hombre, determina su carácter? Actúa sobre la persona durante toda su vida del mismo modo que los lazos que el campesino ata al azar en torno a sus calabazas en su campo: no hacen que la calabaza crezca pero determinan su forma. Lo mismo puede decirse del cielo: no da al hombre sus hábitos, historia, felicidad, hijos, riquezas o una esposa, pero modela su condición...».[3]

Gérard Simon, autor de una extensa obra titulada *Kepler, astronome-astrologue* [4] (Kepler, astrónomo-astrólogo), retoma la expresión de «condicionamiento astral» para definir su pensamiento astrológico. Como demostración, cita a Kepler interpretando su carta en términos condicionales o condicionalistas: «A la influencia de los planetas se une la imaginación de mi madre mientras me llevaba en su vientre [...], como también se une el hecho de que haya nacido varón y no hembra; y, en tercer lugar, heredo de mi madre su temperamento físico, más capacitado para el estudio que para cualquier otro estilo de vida; en cuarto lugar, y dado que mis padres no eran adinerados, no conté con una tierra a la que sentirme destinado y vinculado; y, en quinto lugar, asistí a escuelas, conté como ejemplo con el pensamiento liberal que los profesores dedicaban a los niños dotados para el estudio».

En unas cuantas líneas, Simon ha trazado las directrices de lo que constituyen las condiciones terrenales (familiares, hereditarias y sociales) sumándolas a las determinaciones de su cielo, reducido en última instancia a un modelo abstracto de organización de los

3. Arthur Koestler, *Les Somnambules*, Calmann-Lévy, 1960. (Trad. cast.: *Los Sonámbulos*, Salvat Editores, 1986).
4. Gérard Simon, *Kepler, astronome-astrologue*, Gallimard, 1979.

condicionamientos terrenales, o a lo que, actualmente, denominaríamos una estructura... «Una estructura vacía, [...] que será colmada por el medio para constituir el Sujeto, pero de una forma que viene determinada por la propia estructura».[5]

Todo lo anterior podría hacer pensar que, ya que la astrología no es más que una variable entre muchas otras, su influencia no afecta demasiado en comparación con la totalidad de los condicionantes no astrológicos. Pero vayamos por pasos: los condicionalistas diferencian cuatro sistemas de criterios (referencias) para describir seres y cosas. El sistema de referencia del «Sujeto» es «egocéntrico» en el sentido postulado por el psicólogo suizo Jean Piaget, es decir, tan sólo puede hacer referencia a sus sensaciones, su sensibilidad, su yo y su posición central con respecto a su mundo y al universo. En el marco de la referencia al Objeto, tanto la ciencia como sus esfuerzos y actividades tienden o consiguen descentrar el Sujeto, hasta el punto de que determinados discursos científicos parecen estar en boca de extraterrestres de paso por la facultad. El Objeto es otro Sujeto, que se erige como un obstáculo o un apoyo, una realidad diferente. La referencia a la Relación, por su parte, precisa que existen relaciones entre Sujeto y Objeto. Y la Integración, por último, corona el conjunto con todas las relaciones cuyo resultado no podemos aprehender a menos que seamos Dios Padre en su sala de ordenadores.

Pues bien, la astrología condicionalista no actúa en los ámbitos del Sujeto, el Objeto o la Integración, sino, como por casualidad, en el sistema de referencia de la Relación, algo que Kepler no llegó a afirmar. Este sistema de referencia se encuentra actualmente en sus primeras fases de desarrollo con las nuevas ciencias y psicologías de la comunicación. Así pues, lo importante ya no son el Sujeto y su Contrasujeto, sino las relaciones establecidas entre ambos, que para la ciencia serán aleatorias y, para la astrología, que se encuentra en su ámbito predilecto, lógicas. Los conceptos de interacción, condición y condicionamiento dependen de la Relación. La Integración, sin embargo, todavía no cuenta con todos los suyos: aunque el de ecosistema ya está bien establecido, no compete a la astrología, sino a otra disciplina sintética, que se encargará de elaborar la taxonomía pertinente una vez el mundo haya sido explorado desde una perspectiva condicional, como ya lo ha sido desde

5. *La pensée conditionaliste,* artículo de Bernard Blanchet.

una perspectiva causal por parte de las ciencias exactas. Lejos de encontrarse atrasada, marginada o empobrecida, la astrología halla su propia dimensión y da fe de su riqueza mediante una aproximación original (y originaria) a la realidad.

Además de dar coherencia a su doctrina, los condicionalistas modernos han ido hasta el final de las premisas planteadas por sus predecesores Tolomeo, Cardano y Kepler. En efecto, teniendo en cuenta que estos últimos diferencian dos herencias, la de la Tierra y la del cielo, el horóscopo se erige como la representación objetiva de una realidad astronómica:[6] la situación de los planetas, la relación entre los mismos y su dirección en el espacio en una fecha determinada y para un lugar geográfico concreto. Ya no se trata de un juego de tarot, de un conjunto de imágenes que dan fe del estado de la psique en el momento del nacimiento. Y, sin embargo, estos símbolos existen en el ser humano. Así pues, en primera instancia, se hacía necesario separar las realidades objetivas (externas) de las subjetivas (internas). Y, en segundo lugar, descubrir cómo se comunican.

Dicho de otro modo, los planetas no son vectores de imágenes, sino señales concretas en cuya dimensión desconocida debemos penetrar, y cuya naturaleza y normas de significación para el ser humano debemos estudiar. Estas señales son variaciones materiales de energía, intensidad, duración, forma, lugar y estructura. Los símbolos pertenecen a la cultura, es decir, a la intuición humana, pero si no nos aferramos a una definición demasiado restringida, el poder de lo simbólico puede ampliarse a la totalidad del mundo vivo. Y de ello da prueba el hecho de que sea el hombre el que simboliza, transforma y recrea a un nivel específico de representación los estímulos recibidos a través de la percepción consciente. Si tuviésemos conciencia de las influencias cósmicas que nos rodean, no tendríamos la necesidad de simbolizarlas. En efecto, los símbolos se crean para poner de manifiesto lo desconocido. En este sentido, la escuela condicionalista estudia la simbología astrológica para redescubrir a partir de la misma las señales concretas que se encuentran en el origen de las creaciones simbólicas del ser humano.[7]

6. En la jerga científica contemporánea, en realidad se trata de una rama de la astronomía, concretamente la astrometría, que «se dedica a la medición del espacio y el tiempo» y engloba la astronomía esférica, la astronomía fundamental y la astronomía práctica. Esta última tan sólo requiere nociones vagas de astrometría. En términos generales, la astrología condicionalista es mucho más exigente.

En relación con el Zodiaco, Johannes Kepler se consagró a una misión que, como podrá imaginarse, implica más de un riesgo de extravío. Al no encontrar explicación para los signos, rechazó su eficacia y su construcción en términos bastante duros, en relación con todo aquello que no denotase pertenencia natural y coherencia teórica.

Sin embargo, el objetivo de la presente obra no consiste en refutar a Kepler, sino más bien en abstraer al lector de las cosas de la Tierra mediante una apertura hacia el cielo, sin descuidar, como es evidente, la dimensión informativa del texto. En este sentido, nos ha parecido impensable escribir un libro sobre el Zodiaco condicionalista sin exponer los juicios y prejuicios oficiales sobre el Zodiaco. Sería como producir alimentos en conserva sin indicar la fecha de fabricación. Dado que la astrología se ha convertido en un producto de consumo, más vale saber cuáles son sus ingredientes.

Hoy día, desde la perspectiva de los astrónomos antiastrológicos (no todos lo son de forma inequívoca), el Zodiaco no es más que una ilusión óptica, un artificio: los signos ya no se corresponden con las estrellas de la eclíptica, aunque estas lleven sus nombres por grupos, y los astrólogos son ignorantes o charlatanes (a cuál peor). ¿Sería posible describir todas las posibilidades del signo de una persona, proponer una guía para alcanzar una mejor comprensión personal, percibir de otra forma a hijos e íntimos sin explicar por qué hablamos de signos y no de constelaciones?

Por otra parte, si tras haber leído, releído y meditado sobre todo aquello que es suyo desde una perspectiva zodiacal, el lector desea conocer la polémica que rodea el combate «signos contra constelaciones», al final de la presente obra se propone una descripción de estas cuestiones, omnipresentes en los artículos de prensa de gran difusión: ¿qué diferencia hay entre signos y constelaciones?, ¿han dado o no los signos sus nombres a las estrellas?, ¿por qué los primeros astrólogos bautizaban las estrellas?, ¿de dónde provienen los nombres de los signos?, ¿es necesario ser astrólogo para dar nombres de animales a las constelaciones?

Y, por último, ¿está el Zodiaco «fuera» de las figuras estelares o «dentro» de las figuras (símbolos) del alma que se vinculan al cielo?

7. Dado que, en el marco de las ciencias de la relación, el estudio de las relaciones existentes entre signos y símbolos no parece contar con un hueco, se ha fundado la «cosmosemiología» (conocimiento del lenguaje de los signos universales).

¿Acaso se encuentra, como escribe René Alleau, en la sencilla estructura de un círculo dividido en doce partes?

De acuerdo con el condicionalismo, el Zodiaco no es un círculo, sino un ciclo con características específicas situado tanto «fuera», por la inclinación del eje de rotación de la Tierra, como «dentro», debido a los ciclos biológicos (si es que los hay) susceptibles, como los exteriores, de ser analizados mediante sus sucesivas fases de crecimiento y decrecimiento. Con cada respiración, el acto de inspirar y espirar reconstruye el Zodiaco.

Las figuras 1, 2, 3 y 4 permitirán al lector hacerse a la idea de la gran diversidad de simbolizaciones de los signos y del Zodiaco. El denominador común, el círculo, está en línea con el sentido de la concepción estructural de René Alleau. Por otro lado, las divisiones del círculo en 2, 4, 8 y 12 partes dan fe de la unidad de las representaciones del cielo a pesar de la diversidad humana. No obstante, con independencia de las épocas, las civilizaciones y las controversias eruditas sobre el origen de los nombres y los símbolos, deberíamos preguntarnos si existen uno o más Zodiacos de carácter evidente, natural y universal.

Si los signos ejercen influencia, no puede ser porque lleven uno u otro nombre, ni porque hayan sido bautizados en una época de feliz concordia entre hombres, estrellas o estaciones. Dejando a un lado las explicaciones que recurren a las estrellas, los símbolos y la metafísica, a continuación se abordarán los Zodiacos que siempre han estado presentes en la Tierra.

FIGURA 1: Antiguo Zodiaco egipcio, que «reproduce el planisferio egipcio de los paranatenoles, de acuerdo con el *Edipo* de Kircher» (Camille Flammarion, *Astronomía popular).*

FIGURA 2: «Antiguo Zodiaco árabe, grabado en el siglo XIII sobre un espejo mágico y dedicado al príncipe soberano Abufald» *(Astronomía popular).*

FIGURA 3: (Izquierda) Zodiaco chino grabado en un talismán. Desde abajo, siguiendo el sentido de las agujas del reloj, los doce signos son: la Rata, el Buey, el Tigre, el Conejo, el Dragón, la Serpiente, el Caballo, la Cabra, el Mono, el Gallo, el Perro y el Cerdo. *(Derecha)* Medalla china con la Osa Mayor o constelación «Teou» (el Celemín) *(Astronomía popular)*.

FIGURA 4: Antiguo Zodiaco hindú.

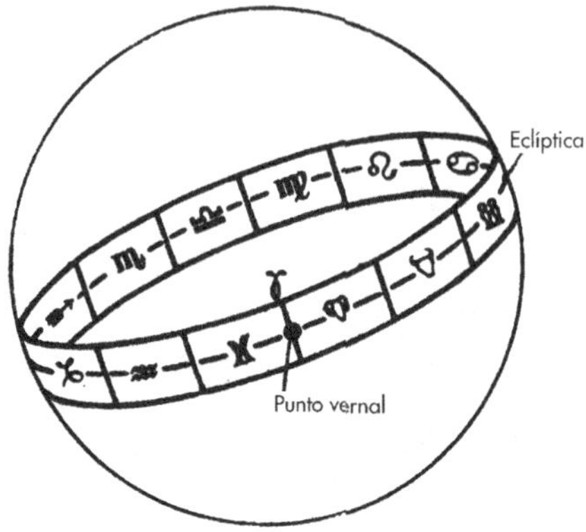

A

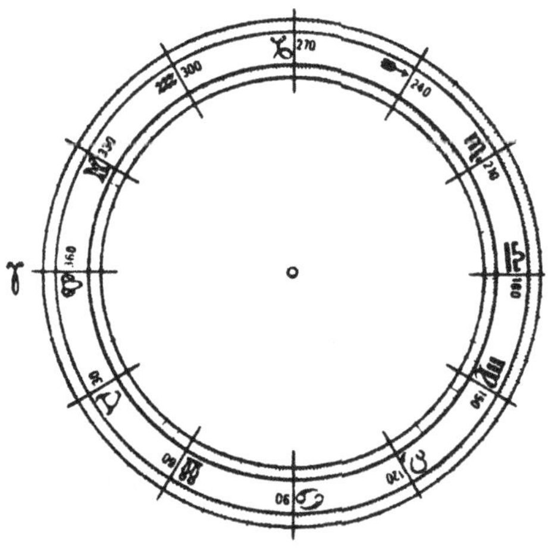

B

FIGURA 5: Representaciones corrientes y contemporáneas del Zodiaco. *Arriba (A),* el Zodiaco en un marco espacial con la intersección de los planos de la eclíptica y el ecuador celeste. Esta intersección define el origen del Zodiaco de los signos. *Abajo (B),* el Zodiaco como esquema de la eclíptica y figuras del horóscopo utilizadas por los astrólogos. Esta representación es la única que la mayoría reconoce conforme a la realidad de los signos o, mejor dicho, a su sentido de la realidad, ya que, según ellos, los ideogramas de los signos se afirman y afinan como quintaesencia del simbolismo subyacente. En este caso, se trata de una representación artística abstracta de las constelaciones.

PRIMERA PARTE

Zodiacos naturales o geocósmicos

Tras ver la gran cantidad de Zodiacos existentes (puntillistas, grafistas, estelares, solares...), estamos en todo nuestro derecho de pensar que cada cual percibe el Zodiaco de forma personal, en función de su mente, sus sentimientos y su ilusión. Así pues, el Zodiaco tan sólo existiría en la imperfección de la subjetividad, ninguno de ellos sería real.

Pero esta no es la opinión de los astrólogos condicionalistas, o al menos tan sólo la comparten a medias, ya que, para ellos, existen sensibilidades más propensas que otras a olvidar, reprimir o transformar su sensibilidad en beneficio de un Objeto, una Relación o una Integración. Lo real es aquello que nos cambia, hablando tanto subjetiva como objetivamente.

El teniente coronel C. A. H. Vincent, autor de *Synthèse de la cosmographie terrestre par le cosmogéosphère* (Síntesis de la cosmografía terrestre por la cosmogeosfera), obra aceptada por Camille Flammarion, percibió y concibió a la perfección que el Zodiaco era «geocósmico»: *geo* por la Tierra y *cósmico* porque esta se encuentra en el espacio-tiempo del cielo. Su Zodiaco demuestra que es posible comprender los signos como las fases de un ciclo, como es el año trópico que se presenta a continuación. Es posible modificar las duraciones o conservar las fases del ciclo en cuestión.

En las siguientes figuras se tratan las declinaciones austral y boreal. La primera está vinculada al hemisferio Sur y la segunda, al hemisferio Norte de la esfera celeste o terrestre. Por su parte, la declinación es el ángulo formado por el observador ficticio situado en el centro de la Tierra, la dirección del plano del ecuador y la dirección del astro visto desde dicho centro. Con respecto al plano

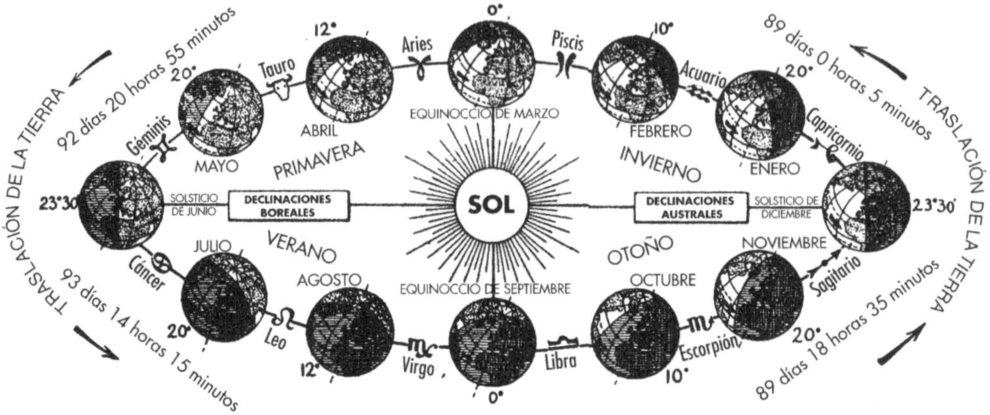

FIGURA 6: El año trópico según la órbita de la Tierra.

Inclinación del eje de los polos en el plano de la eclíptica (66º 30').
(Las estaciones se invierten en el hemisferio Sur o austral).
Las 12 posiciones de la Tierra en los 12 meses del año trópico.

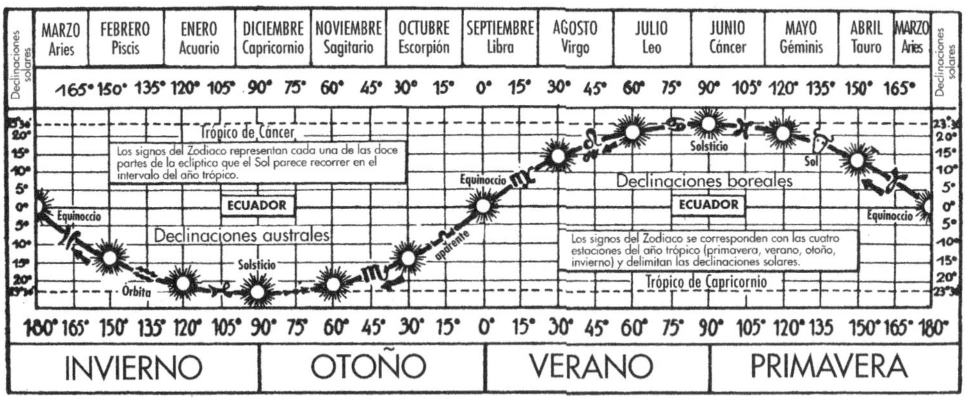

FIGURA 7: El año trópico según la órbita aparente del Sol.
Tanto los doce signos del Zodiaco como los meses, las estaciones y las declinaciones se corresponden con estos signos.

Ambos esquemas son del teniente coronel C. A. H. Vincent.

del ecuador celeste, la declinación es una altura angular que calificamos de positiva cuando asciende hacia el norte de nuestro planeta y de negativa cuando desciende hacia el sur. Esta terminología convencional se convierte en una realidad aparente para el observador teórico situado en el polo Norte, cuya latitud geográfica es, como todo el mundo sabe, de 90°.

Imaginemos ahora una eclíptica sin oblicuidad, tal como sugiere de forma inevitable la representación bidimensional del Zodiaco de las cartas de horóscopo. En este caso, el eje de rotación es perpendicular al plano de traslación, y tanto el ecuador celeste como la eclíptica se encuentran en el mismo plano. El Sol y los planetas, que se desplazan grado por grado y signo tras signo, se convierten en los actores de un espectáculo rutinario, a pesar de poseer características diferentes. Según su longitud o posición en un círculo cuyo origen se habrá fijado a efectos prácticos (ya que los planos, al estar unidos, no poseen un punto de intersección) como lugar de observación (latitud geográfica), los astros se elevarán, culminarán,[8] se pondrán y descenderán hasta alcanzar su culminación inferior, el punto más bajo de su trayectoria diaria, en horas diferentes; no obstante, de norte a sur, las elevaciones siempre se encontrarán al este, y las puestas, al oeste. Debido a su latitud, cada aldea, población o ciudad tan sólo tendrá derecho a un Sol y a astros invariables en su punto de culminación superior. Será necesario desplazarse para ver, al mediodía, el Sol un poco más alto o más bajo que en nuestro país, o bien para contar días más largos o más cortos..., pero, eso sí, viajar en vertical: dirección norte o sur. Desde luego, el decorado estelar resulta muy oportuno para conservar los signos de su rutina.

En realidad, la inclinación del eje de rotación terrestre, que a su vez conlleva la del plano ecuatorial,[9] aporta algo más de singulari-

8. En relación con un lugar determinado, un astro culmina cuando se encuentra en el punto más elevado de su trayectoria; esto no quiere decir que sobrepase el «cenit», que se encuentra a 90° del plano del horizonte. En su culminación relativa aparente, el astro alcanza la elevación angular máxima de su trayectoria diaria, incluida entre 0° y 90°. La culminación inferior, denominada normalmente la «medianoche» del astro, se encuentra a 180° de la superior.
9. Y, por consiguiente, la oblicuidad de la eclíptica, que en la actualidad es de 23° 45'.

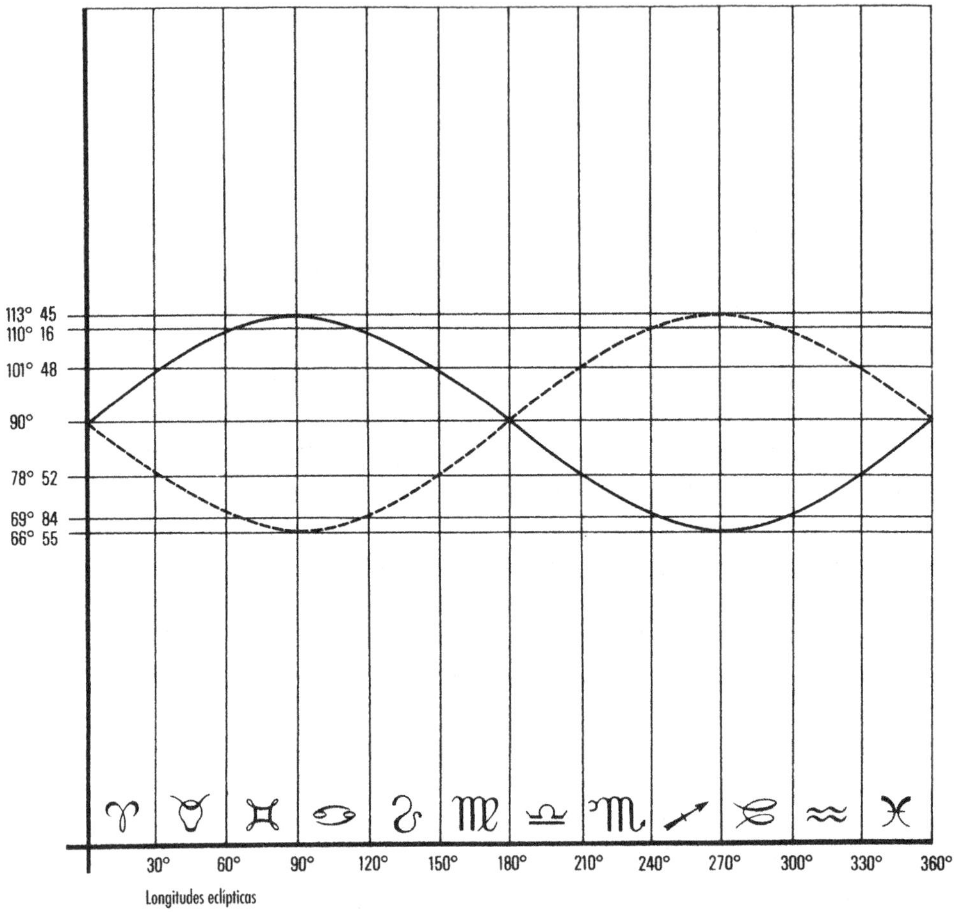

FIGURA 8: En relación con el Sol, una estrella o un astro, y exactamente en el plano eclíptico, a cada longitud zodiacal (de 0° a 360° horizontalmente) le corresponde una distancia respecto del polo Sur (línea continua) y otra adicional respecto del polo Norte (línea discontinua). De este modo, partiendo de 0° = 90°, obtendremos las curvas de declinación vistas en el norte y en el sur.

FIGURA 9 (página siguiente): Correspondencias entre signos y variaciones (fases) de las superficies diurnas y nocturnas en ambos hemisferios, o fases sucesivas de alternancia de iluminación de los polos durante el ciclo trópico.
Horizontalmente: cada grupo de 3 se corresponde con una estación.
Verticalmente, según la astrología tradicional: en la primera columna, los signos cardinales (comienzan una estación); en la segunda, los signos fijos (en el centro de una estación); y en la tercera, los signos mutables o dobles (finalizan una estación y preparan la siguiente).

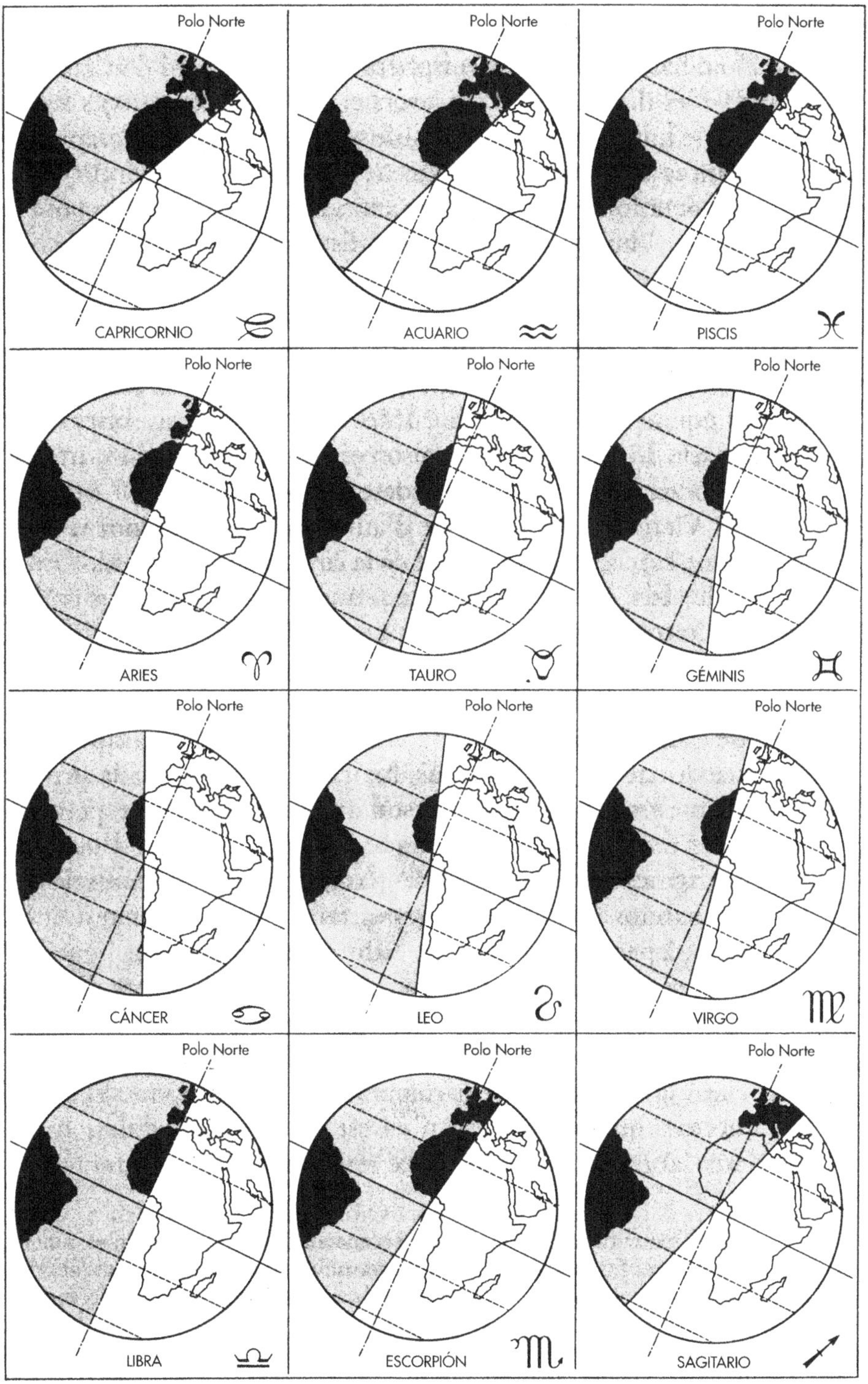
Polo Norte
CAPRICORNIO
Polo Norte
ACUARIO
Polo Norte
PISCIS
Polo Norte
ARIES
Polo Norte
TAURO
Polo Norte
GÉMINIS
Polo Norte
CÁNCER
Polo Norte
LEO
Polo Norte
VIRGO
Polo Norte
LIBRA
Polo Norte
ESCORPIÓN
Polo Norte
SAGITARIO

dad a los movimientos celestes aparentes.[10] Por ejemplo, al desplazarse de los 0º de Aries a los 0º de Tauro, el Sol (o cualquier astro que evolucione en el plano de la eclíptica) no se limita a aumentar su longitud en 30º y cambiar el telón de fondo estelar, sino que aumenta en torno a los 12º de altura en el hemisferio Norte y pierde otros tantos en el Sur: las direcciones de sus elevaciones y puestas (acimut) aumentan en dirección norte en un ángulo que varía en función de la latitud geográfica; las distancias en el punto más alto de la esfera local (cenit), con independencia de la latitud, disminuyen 12º; la duración de su presencia sobre la línea del horizonte se incrementa; la distancia angular en el polo Norte pasa de 90º a 90º – 12º, y la del polo Sur se abre 12º. Al realizar su movimiento aparente de 0º de Tauro a 0º de Géminis, el Sol, o cualquier otro astro que siga esta misma trayectoria, aumenta aún más su altura. En 0º de Géminis, el incremento con respecto al ecuador celeste es de 20º 16'. En 0º de Cáncer, es decir, en el solsticio de verano si hablamos del Sol, la declinación alcanza su punto máximo: 23º 45'. Ante la imposibilidad de elevarse todavía más, el astro vuelve a perder estos aumentos siguiendo su trayectoria: 20º en 0º de Leo, 12º en 0º de Virgo y 0º en el equinoccio de otoño. No cuesta adivinar cómo sigue la historia: el astro desciende repitiendo en dirección sur la cinemática que tuvo en dirección norte. Tan sólo en su punto más bajo, 0º de Capricornio, el Sol modifica su tendencia en Capella para reconquistar la altura perdida. Este sería un Zodiaco sin estrellas ni símbolos, fiel a la imagen de la Tierra en el cielo. Sin embargo, no consigue satisfacer las exigencias metafísicas. Se le puede reprochar que varíe de un planeta a otro según la inclinación de su eje, algo que no sería molesto siempre que la estructura de todo el conjunto permaneciese inmutable. Por otra parte, será esta estructura la que

10. Aunque en astrometría es habitual hablar de movimientos aparentes, en antiastrología clásica la palabra *aparente* se usa en su acepción de engañoso o ilusorio para desacreditar los horóscopos, que necesariamente deben ser geocéntricos, ya que, hasta el día de hoy, que se sepa, nadie ha nacido en el Sol. Por movimientos aparentes deben entenderse los movimientos relativos a la Tierra y sus observadores. Recordemos que el heliocentrismo fue descubierto mediante el análisis de las apariencias (y no de las ilusiones), y que, a pesar de dicho descubrimiento, la Tierra sigue girando en torno a sí misma, algo que no resulta demasiado objetivo.

nos permita abandonar el Zodiaco geocósmico para acercarnos al universal.

Las figuras 8 y 9 ilustran dos consecuencias de gran importancia del ciclo de las declinaciones, a saber: la variación de las distancias en los polos Norte y Sur (figura 8) y, partiendo de un meridiano cualquiera, la variación, signo tras signo, de las superficies iluminadas a norte y sur. La parte variable se corresponde con la superficie del casquete polar, que pasa alternativa y gradualmente de norte a sur y viceversa, como si se tratase de una mecedora. Esta figura es similar a la número 6 del teniente coronel C. A. H. Vincent y parece afectar únicamente al Sol, aunque no es así: caracterizados por modulaciones muy vinculadas a las latitudes celestes y a las retrogradaciones aparentes,[11] los demás planetas describen este mismo movimiento de oscilación completando el ciclo de los signos de acuerdo con sus propios periodos. Tan sólo Plutón, que posee una órbita muy inclinada, consigue desmarcarse en gran medida del grupo. Pero el problema no es irresoluble: quizá pueda calcularse una «eclíptica media» que tenga en cuenta todas las órbitas en vez de una sola. Mientras llega la solución, sin duda recibiremos las felicitaciones de aquellos científicos que nos reprochan no tener ningún problema. Y, para evitar aún más reproches, precisemos que la Tierra no es tan redonda, ni la línea de separación entre el hemisferio de visibilidad y el de invisibilidad tan nítida. Ambos hemisferios quedan divididos por una ligera franja de penumbra.

Actualmente no se conoce la naturaleza de las influencias astrológicas, y tanto los astrólogos simbolistas como los astrofísicos coinciden en negar su existencia. Para los condicionalistas, si ha sido posible observar los efectos zodiacales y planetarios de forma empírica, sus causas deben ser necesariamente naturales, por muy imaginativas que puedan resultar. Quizá sean de carácter magnético, gravitacional o ambas cosas, o sencillamente desconocidas, pero

11. En heliocéntrica, los movimientos planetarios, a pesar de no ser uniformes, son relativamente sencillos. En geocéntrica, dado que el observatorio terrestre se encuentra en un movimiento de traslación, dichos movimientos adquieren apariencias complejas. La retrogradación afecta al periodo durante el cual un astro parece retroceder en lugar de avanzar en el sentido de los signos. Aunque muchos se han apresurado a hablar de ilusión, para producirse, estos fenómenos requieren estructuras (distancias, velocidades, fases) astrométricas rigurosamente físicas.

lo cierto es que su potencia se manifiesta tanto en su duración, insistencia y permanencia como en su grado de verticalidad, un ángulo de incidencia que no es posible pasar por alto al asumir la existencia de interacciones entre dos campos de influencia.

En teoría, tanto el magnetismo como la gravedad pueden verse afectados por la variación de la distancia hasta el polo. Aunque el polo magnético no coincide con el geográfico, ambos están en el mismo lado. Por ello, en la figura 8, con el objetivo de simplificar, tan sólo hemos adoptado un punto de referencia, a saber, el polo geográfico.

No se puede ser visible e invisible al mismo tiempo. Del mismo modo, no se puede estar en el norte y en el sur: el Zodiaco de las declinaciones es válido para toda la Tierra. Ya no estamos ante el problema de un Zodiaco que debemos invertir en función de las estaciones, de un Zodiaco estrictamente solar, a pesar de que los climas de los países situados en las antípodas no pueden compararse con la simetría de sus latitudes; de lo contrario, serían totalmente inhabitables.

Así pues, el imán terrestre polarizado de norte a sur polarizaría asimismo su único Zodiaco. Para invertir los signos y poner la influencia de Aries en el mes de octubre y la de Libra en el de marzo (si hablamos de ciclo trópico), cabría esperar a que se produjese una inversión del campo magnético terrestre, de forma que fuese positivo en el norte y negativo en el sur. Y, si nos basamos en la referencia del campo de gravedad, la inversión de la dominación septentrional todavía resulta más inimaginable: este hemisferio contiene el 70% de las tierras emergentes sobre la superficie del mar.

En efecto, el hemisferio austral (Sur) es oceánico, con un 82% de mar y un 18% de tierra, mientras que el boreal (Norte) está mejor provisto de continentes (60% de mar y 40% de tierra). En el supuesto de acciones físicas, existen las siguientes diferencias considerables: los hemisferios no poseen las mismas características de recepción en lo relativo a la repartición de tierra y mar. En cuanto a su apertura a los astros, los asociaremos a las superficies diurnas y nocturnas, que son proporcionales a las distancias polares (90º + o – la declinación). De lo anterior se desprende, signo tras signo, la tabla porcentual de superficies visibles y ocultas de cada hemisferio:

	NORTE		*SUR*	
SIGNOS	*Diurno*	*Nocturno*	*Diurno*	*Nocturno*
0º CAPRICORNIO	*18,5%*	*31,5%*	*31,5%*	*18,5%*
0º ACUARIO	*19,4%*	*30,6%*	*30,6%*	*19,4%*
0º PISCIS	*21,8%*	*28,2%*	*28,2%*	*21,8%*
0º ARIES	*25%*	*25%*	*25%*	*25%*
0º TAURO	*28,2%*	*21,8%*	*21,8%*	*28,2%*
0º GÉMINIS	*30,6%*	*19,4%*	*19,4%*	*30,6%*
0º CÁNCER	*31,5%*	*18,5%*	*18,5%*	*31,5%*
0º LEO	*30,6%*	*19,4%*	*19,4%*	*30,6%*
0º VIRGO	*28,2%*	*21,8%*	*21,8%*	*28,2%*
0º LIBRA	*25%*	*25%*	*25%*	*25%*
0º ESCORPIÓN	*21,8%*	*28,2%*	*28,2%*	*21,8%*
0º SAGITARIO	*19,4%*	*30,6%*	*19,4%*	*30,6%*

FIGURA 10: Tabla con simetrías coherentes con las existentes en las anteriores figuras, de carácter visual. Estas simetrías permiten cifrar relaciones y comprobar que se puede sustituir el diurno Sur por el nocturno Norte y el nocturno Sur por el diurno Norte. Si damos prioridad a la polaridad Norte y a la apertura diurna es por las razones ya expuestas.

Zodiacos fotoperiódicos

Debido a la rotación de la Tierra, tenemos la impresión de que la esfera celeste, la de los «fijos» donde todo se mueve constantemente, gira a velocidad constante sobre nuestras cabezas. Sin embargo, si bien este espectáculo, cuando resulta visible, cambia al cabo de las 24 horas siderales de una rotación completa, lo cierto es que también varía en función de las latitudes geográficas, es decir, de acuerdo con el ángulo de inclinación del eje de los polos con respecto al plano del horizonte astronómico.

Según el hemisferio y el lugar, y dejando a un lado las condiciones meteorológicas, existen estrellas que nunca aparecerán en el horizonte del observador y otras que nunca desaparecerán de su esfera de visibilidad teórica. El observador no debería sorprenderse de esto, siempre que conozca sus coordenadas y la siguiente regla de oro: la visibilidad de una estrella en un lugar determinado depende de la declinación de la misma y de la altura del polo visible sobre el horizonte del lugar. Al margen de los astros siempre visibles y de aquellos que nunca veremos, los que alternan visibilidad e invisibilidad describen en su movimiento diario aparente un círculo de declinación cuyos puntos de intersección (abstractos) con el horizonte y el meridiano del lugar definen un orto, una culminación superior (máximo de altura relativa que no tiene por qué corresponderse con el cenit), un ocaso y una culminación inferior. Se trata de cuatro momentos trascendentes que permiten a los astrólogos clasificar los planetas por orden de importancia en una carta de nacimiento: aquellos que se encuentran en una de estas cuatro situaciones están, en efecto, en sus horas de potencia.

El arco es una medida de ángulo, un grado de apertura. No obstante, dado que son necesarias 24 horas siderales para alcanzar 360º y, por tanto, transcurren 4 minutos siderales por grado, denominamos *arco diurno* al tiempo que transcurre entre el orto y el ocaso de un astro, y arco nocturno al que transcurre entre su ocaso y su siguiente orto. Cuando se trata del Sol, estrella luminosa gracias a la atmósfera, el arco diurno se convierte, usando términos mucho más habituales, en el *día de luz* o, sencillamente, el día. En una ciudad como París, el arco diurno es de 12 horas en primavera y de 16 horas en verano, es decir, que se ha visto modificado en + 4 horas.

Debido al Sol, el término *arco diurno* genera cierta confusión, ya que puede interpretarse como «día». Por ello, los astrólogos condicionalistas prefieren definir la trayectoria de un astro desde su orto hasta su ocaso mediante un arco o duración de presencia sobre el horizonte local, y la trayectoria entre el ocaso y el siguiente orto mediante un arco o duración de ausencia, para el observador de la latitud geocéntrica en cuestión.

Concretando aún más, aunque el astro se encuentre por encima o por debajo del plano del horizonte local, su visibilidad real depende de muchos otros factores aparte de su arco de presencia. La visibilidad no constituye un criterio de influencia «astral», pero la presencia sí puede serlo. En efecto, en todas las tradiciones astrológicas se considera que la trayectoria entre el orto y el ocaso se efectúa en «casas» (divisiones de la esfera local), más potentes que las atravesadas por debajo del horizonte, entre el ocaso y el siguiente orto. Esta diferencia también está presente en cuanto a su significación, social y pública en el caso de las casas «diurnas», e íntima y personal para las «nocturnas». En el ámbito físico, puede asumirse como hipótesis que el astro situado sobre el horizonte debe su mayor potencia al hecho de que realiza su acción al descubierto, sin que la pantalla terrestre imponga su arco bajo el mismo. La preponderancia de lo diurno sobre lo nocturno, de la presencia sobre la ausencia, se pone de manifiesto en las estadísticas, que, en el movimiento diario de los planetas, revelan resultados positivos el doble de importantes en el caso de los ortos y las culminaciones superiores (cuando el astro se encuentra sobre la línea de horizonte) que en el de los ocasos y las culminaciones inferiores (cuando está por debajo). Debido a su firme oposición a la astrología, el autor de estas estadísticas no ha sabido extraer una lección a todas luces lógica, a saber: la posibilidad de otorgar funciones diferentes a los arcos diurno y nocturno (al ser uno de ellos más activo) y de reorganizar el Zodiaco, incluyendo el significado de sus signos, partiendo del ciclo de variaciones de sus duraciones. Estas duraciones, relacionadas con las declinaciones y las latitudes mediante una fórmula trigonométrica,[12] permiten concebir tantos Zodiacos fotoperiódicos como latitudes existen, una profusión que en cualquier caso resulta inútil, ya que, al margen de los casos extremos (Ecuador, regiones polares) que suprimen las variaciones de los arcos, siempre contaremos con un modelo tipo de doble hélice más que suficiente para realizar interpretaciones cualitativas.

El modelo de la figura 11 esquematiza las duraciones de los arcos diurno y nocturno para cualquier astro que se desplace en el plano eclíptico con una latitud del observador de 66° 55' norte. En el caso de que dicho astro sea el Sol, los círculos blancos simbolizan el aumento-disminución del día durante el ciclo anual y los círculos negros, la disminución-aumento complementarios de la noche durante el mismo ciclo. En esta latitud, entre 0° de Aries (primavera) y 0° de Cáncer (verano), la duración del día pasa de 12 a 24 horas. Entre el verano y el otoño vuelve a las 12 horas, mientras que de otoño a invierno pasa de 12 a 0 horas, es decir, una pérdida de 12 horas que volverá a recuperar entre el invierno y la primavera siguiente. Los círculos negros simbolizan tanto el proceso inverso de la noche como el del día en el hemisferio Sur, a – 66° 55'. Al igual que ocurre con el Zodiaco geocósmico, cada grado de declinación y cada signo generan un contraste norte/sur, diurno/nocturno, que permite establecer la siguiente división de los doce signos en cuanto a las diferentes funciones asociadas a la presencia (diurno) y la ausencia (nocturno):

— *Contraste máximo:* existe tanta presencia como ausencia, o prácticamente la misma, en los signos situados en torno al eje de los equinoccios: Aries, Virgo, Libra, Piscis.

12. La siguiente fórmula proporciona la mitad del arco diurno, no su totalidad:

cos SAD (semiarco diurno) = – tg Lat. tg Dec.

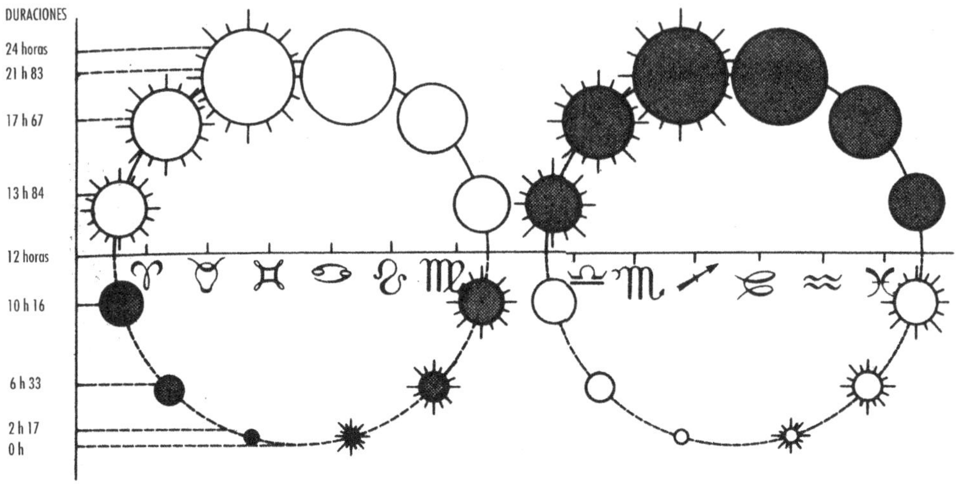

FIGURA 11: Ciclos de presencia (arco diurno) y ausencia (arco nocturno) de un astro que se desplaza en el plano eclíptico cuando la latitud geográfica del observador es de 66° 55' norte.

Círculos blancos con rayos: las duraciones de presencia aumentan entre las 12 h y las 24 h, de 0° de Aries a 0° de Cáncer (parte superior), y de las 0 h a las 12 h, de 0° de Capricornio a 0° de Aries (parte inferior del diagrama).

Círculos blancos sin rayos: las duraciones de presencia disminuyen entre las 24 h y las 12 h, de 0° de Cáncer a 0° de Libra (parte superior), y de las 12 h a las 0 h, de 0° de Libra a 0° de Capricornio (parte inferior).

Círculos negros con rayos: las duraciones de ausencia aumentan entre las 12 h y las 24 h, de 0° de Libra a 0° de Capricornio (parte superior), y de las 0 h a las 12 h, de 0° de Cáncer a 0° de Libra (parte inferior).

Círculos negros sin rayos: las duraciones de ausencia disminuyen entre las 24 h y las 12 h, de 0° de Capricornio a 0° de Aries (parte superior), y de las 12 h a las 0 h, de 0° de Aries a 0° de Cáncer (parte inferior del diagrama).

Observación: existen numerosos mitos relacionados con estos cuatro soles (por ejemplo, en México), acompañados por un quinto ubicado en el centro o núcleo.

— *Contraste mínimo:* tan sólo hay presencia o ausencia en los signos situados en torno al eje de los solsticios: Géminis, Cáncer, Sagitario, Capricornio.
— *Contraste medio:* domina la presencia o la ausencia pero sin excluir la función complementaria: Géminis, Leo, Escorpión, Acuario.

A continuación se presenta otra división, relacionada con las duraciones de presencia y ausencia, en vez de con sus funciones:

— *Relación idéntica o prácticamente idéntica de las duraciones:* Aries, Virgo, Libra, Piscis.
— *Relación extrema entre las duraciones:* Géminis, Cáncer, Sagitario, Capricornio.
— *Relación intermedia entre las duraciones:* Tauro, Leo, Escorpión, Acuario.

A pesar de la lógica subyacente a estas divisiones y de sus aplicaciones (abordadas en el siguiente capítulo), la división de los cuartos en tres signos de idéntica extensión no se corresponde tanto con la realidad como la división natural del ciclo en cuatro fases. En el interior de cada cuarto zodiacal, los límites entre signos no tienen por qué ser tan nítidos. En este tema la teoría no arroja una conclusión definitiva, y la experiencia pone de manifiesto franjas de ambigüedad de acuerdo con una imagen del ciclo como «proceso continuo». Existen diversas consideraciones aritmosóficas que justifican la estructuración del Zodiaco en 12 signos, 4 cuartos y 3 etapas por cuarto. Aunque el ciclo impone el 4, los condicionalistas prefieren mantenerse prudentes en cuanto al 3, observando, no obstante, que basta con tres caracterizaciones de las relaciones de orden y comparación de las fases: idéntica o casi idéntica, superior-inferior y máxima-mínima. Para los aficionados a las estructuras rigurosas, cabe decir que la trigonometría proporciona claves muy satisfactorias. Remitimos a una nota[13] en relación con la más sencilla de todas ellas.

13. Consiste en tomar los senos de 0°, 30°, 60° y 90° (ángulos de entrada y salida de los signos por cuarto), es decir: 0; 0,5; 0,866025; 1. Estas son las diferencias: a: 0,5; b: 0,366025; c: 0,1339746. Se desprende la siguiente relación: b2 = 2 a.c, muy fácil de demostrar con el seno de 30° = 1/2 y el seno de 60° = (1-1/4)0,5. El interés de esta fórmula radica en que los signos intermedios (aumento de *b*) pasan por los cuatro pilares de cualquier construcción y explicación del Zodiaco.

Tras ver el caso del Sol, el de los planetas resulta algo más complejo, ya que sus declinaciones no siguen estrictamente los grados de la eclíptica que ocupan; no obstante, las fórmulas no cambian y cada astro pasa, a su velocidad y en función de su duración de revolución, por las mismas fases y contrastes. La diferencia más importante (a menudo mal comprendida) radica en el hecho de que un astro, a pesar de seguir su ciclo de presencia-ausencia, no ilumina el mundo como lo hace el Sol cuando se encuentra por encima del plano del horizonte, pudiendo completar su tiempo de presencia durante la noche, que denominaremos paradójicamente *arco diurno*, es decir, mientras el Sol arroja su luz en otro lugar, sobre el horizonte del lugar en que el astro se encuentra ausente.

Hemos visto Zodiacos estelares, simbólicos y estacionales, que reducen las estrellas al Sol. El Zodiaco geocósmico se basa en las declinaciones y el grado de apertura al cielo de cada hemisferio. Los fotoperiódicos, por su parte, sustituyen el conjunto de la Tierra por la división en latitudes. Estrellas, Sol, Tierra y país: cerrando cada vez más la mira, por fin hemos llegado al ser humano.

Aplicaciones reflexológicas

Los comportamientos de los seres vivos, dejando a un lado su contenido psicológico en tanto que elemento accesorio, pueden describirse (comprenderlos es ya otra cosa) recurriendo a los términos neurofisiológicos de excitación (motor) e inhibición (freno), los dos procesos fundamentales de la actividad nerviosa superior que varían en intensidad, equilibrio y movilidad para adaptarse al medio natural y cultural. Intensidad porque el medio exterior constituye, con mayor o menor frecuencia, el marco de las exigencias rutinarias o excepcionales, y en principio hay que proporcionar una respuesta a la demanda. Equilibrio porque se debe disponer del motor y el freno, del sí y el no, para aceptar o rechazar los estímulos externos, es decir, para autorizarse o prohibirse responder a los mismos. Y, por último, movilidad, porque el entorno modifica constantemente su distribución de luces verdes y rojas, de forma que, para seguir el movimiento, hay que ser capaz de pasar con rapidez de una táctica del sí a otra del no, o viceversa.

Aquellos con un talento equiparable en la excitación y la inhibición, capaces de dosificar la fuerza, justicia y rapidez de sus demandas y respuestas, son, sin ninguna duda, tan inmortales como insulsos. La gran diversidad de caracteres (de la que cabe alegrarse) deriva de las diferencias que acusamos en términos de aptitudes e inaptitudes (adquiridas o innatas), es decir, lo que un filósofo pesimista denominaría imperfecciones y otro desigualdades.

Sin ánimo de abordar la cuestión de las eventuales causas (biológicas, sociales o astrológicas), lo cierto es que existe una enorme variedad de este tipo de diferencias. En su obra *Typologie du système nerveux* (Tipología del sistema nervioso), el fisiólogo y médico ruso Iván Petróvich Pávlov (Riazán, 1849-Moscú, 1936) propone reducir la paleta de comportamientos a 8 o 24 prototipos: «Sin ni siquiera considerar las diferentes gradaciones, sino tan sólo los extremos, los casos límite de fluctuación, fuerza y debilidad, igualdad y desigualdad, labilidad e inercia de ambos procesos, ya contamos con ocho combinaciones posibles, ocho complejos de propiedades nerviosas fundamentales, ocho tipos de sistemas nerviosos. Añadamos ahora que, en ausencia de equilibrio entre ambos procesos, la predominancia puede decantarse hacia la excitación o hacia la inhibición, que, en la movilidad de los procesos, su inercia o labilidad pueden constituir la propiedad de uno o del otro, y veremos que el número de combinaciones posibles ya asciende a 24. Si, para acabar, tan sólo consideramos las gradaciones más bastas de las tres propiedades fundamentales, aumentaremos de forma considerable el número de combinaciones formadas. Tan sólo mediante un análisis a fondo y escrupuloso estaremos en condiciones de determinar la presencia, la frecuencia y la intensidad de los complejos reales de propiedades fundamentales, de los tipos reales de actividad nerviosa».[14]

Su teoría prevé 4, 8, 12 y, finalmente, 24 modelos. Aunque la observación puede poner de manifiesto un número todavía mayor, existe un límite en el que complejidad se confunde con uniformidad: todo acaba por parecerse.

Pues bien, basándonos en las indicaciones de I. P. Pávlov, extraeremos prototipos de los Zodiacos fotoperiódicos, garantizando que los significados de los signos están fundados, y volveremos a construir toda la lógica subyacente con la firme convicción de proporcionar por fin a los astrómetras que se oponen a la astrología el maná adecuado para su ferviente amor por el orden y la verdad.[15]

14. I. P. Pávlov, *Oeuvres choisies,* Éditions de Moscou, 1954, y *Typologie et pathologie de l'activité nerveuse supérieure,* Presses Universitaires de France, 1955.

15. A menudo se califica el Zodiaco de «consecuencia absurda» o «montón de chatarra» situado en el ámbito de los descifradores de enigmas que predican desde hace más de treinta años el breviario de Paul Couderc: *L'Astrologie* (La astrología), publicado en Presses Universitaires de France (1951).

La figura 11 es la más útil para comprender lo que viene a continuación:

Adaptación
Pávlov habla de adaptación, un término más vago de lo que parece. Incluso el mismo diccionario parece enredarse. Del latín *adaptare*, al adaptar aplicamos, ajustamos «el zapato a su horma». También podemos adaptar una obra literaria a los gustos de la época. Ahora bien, como adaptar también consiste «en transponer a otro modo de expresión» (teatro, cine, etc.), la adaptación corre el riesgo de convertirse en una traición o una inadaptación del autor. Afortunadamente, el DRAE habla de «modificar una obra científica, literaria, musical, etc., para que pueda difundirse entre público distinto de aquel al cual iba destinada o darle una forma diferente de la original», sin pronunciarse en torno a su valor moral, interés u idoneidad. En efecto, en la adaptación se asume un factor de eficacia que no tiene en cuenta los medios, por ello es tan dada a los atributos: es rica o pobre, activa o pasiva, difícil o fácil, y ello a corto, medio o largo plazo. Sin lugar a dudas, plantea problemas, aunque siempre incluye la idea de apertura a lo contemporáneo, relacionando un sujeto con su entorno. Así, los adaptados están «presentes». Buscaremos las fórmulas de esta idea en las duraciones «diurna o nocturna» superiores a 12 horas, es decir, la porción de círculos grandes negros y blancos que da fe de una capacidad de respuesta pertinente y «actual», ya sea ciñéndose a las normas, ya sea utilizándolas en su contra.

Inadaptación
Dado que la parte superior del gráfico afecta a los procesos dominantes, alternativamente diurnos y nocturnos, la inferior, que incluye las duraciones situadas entre 0 y 12 horas, estará relacionada con las fórmulas de inadaptación, excluyendo las connotaciones peyorativas de asocial o discapacitado mental, dos modalidades de marginación que no dependen, por otra parte, de un diagnóstico celeste. A la inadaptación corresponden los defectos, debilidades, carencias y contrapartidas inevitables de las conductas más adecuadas. Su constante consiste en no ser pertinente, provocar ineficacia, interrumpir o suspender una relación coherente con el medio y sus normas. Al igual que la

adaptación, los adjetivos significan mucho más que lo que dice el diccionario. Pensemos, por ejemplo, en los inadaptados geniales (en el sentido de creativos), que, a pesar de ser desconocidos en su época, consiguen forjar las normas del mañana (casi siempre en las artes y la filosofía). Los que no son geniales sufren. En apariencia, su sometimiento roza la adaptación pasiva, de no ser porque se trata de un sufrimiento moral o de una soledad interior de mayores dimensiones. Dejando a un lado estas patologías (que podrían incluir el exceso de adaptación), la gran mayoría de nuestros comportamientos diarios se componen, en proporciones variables, de adaptación e inadaptación. Una consulta astrológica condicionalista trata de esbozar el perfil más frecuente de estas variaciones, y precisar los umbrales, momentos y condiciones susceptibles de modificar de forma notable dichas proporciones. Pero este es sólo un aspecto interpretativo de la esfera celeste. Tras dividir el mundo, de forma provisional, en dos tiempos (inferior o superior a 12 horas), la figura 11 invita a realizar una nueva división por 4 y por 8, duplicando las estaciones bajo el criterio de la adaptabilidad.

Cuarto de velocidad de excitación (V +) dominante: Aries, Tauro, Géminis.

En astrología, como en cualquier ámbito, la presencia es relativamente más intensa que la ausencia. El arco diurno que presencia el orto y la culminación de un astro está vinculado al proceso de excitabilidad, del mismo modo que lo está, desde una perspectiva biológica, la luz al ser humano cuando hablamos del Sol. La duración del arco se incrementa entre 0º de Aries y 0º de Cáncer. Los rayos de los círculos sugieren la existencia de una difusión (irradiación) relacionada con una mayor disponibilidad y rapidez. Por consiguiente, las conductas del primer cuarto de adaptados en V + se caracterizarán por respuestas inmediatas, iniciativas que se anticipan a las exigencias, improvisaciones, recursos (labilidad) no sistematizados en medios de expresión, ocurrencias, tácticas desenvueltas y aperturas voluntarias. En cuanto a los Tauro, cabe realizar algunas reservas relacionadas con su posición compensadora en el centro de la estación.

Cuarto de velocidad de excitación (v +) no dominante: Capricornio, Acuario, Piscis.

La movilidad es no adaptada, inadaptada o perturbadora en cuanto a las relaciones, al menos en el modelo de base: «Las rápidas reacciones de excitación resultan inoportunas, inadecuadas, insuficientes, fugaces, precipitadas, irregulares e incontroladas. Nerviosismo, febrilidad, actitud caprichosa, acciones pasajeras, breves explosiones de entusiasmo o ira, humor cambiante...».[16]

El invierno carece de primavera, pero la prepara, pudiendo sentirse esta incluso en la simbología de Acuario, cuya fábula sitúa a Ganímedes maravillado en los cielos (el Sol acelera su elevación hacia el norte) por Júpiter, convertido en un águila. Si no vemos a Ganímedes en las estrellas, quiere decir que está en otra parte.

Cuarto de lentitud de excitación (L +) dominante: Cáncer, Leo, Virgo.

El arco diurno dominante deja de crecer. Tras el comienzo de su retirada bajo el signo del Cangrejo, su retroceso se acelera. Aunque nos encontramos en todo momento bajo el dominio de la presencia (excitabilidad), la cinemática inversa requiere que adoptemos la lentitud o la inercia por oposición a la velocidad y su labilidad. Pávlov otorga a la inercia el mismo sentido que posee en física: perseverancia en el reposo, movimiento adquirido por una intervención externa o, en la analogía neurofisiológica, fuerte variación de excitabilidad. De ello se desprende que, en L +, la excitabilidad posee una coraza: es organizada, sistemática, ordenada, calculada, planificada, pertinaz y contenida. Las respuestas son lentas, tardías, aplazadas, concentradas o repetitivas. La adaptación pobre lleva a una imitación basada en los ritos, las costumbres y los estereotipos del ámbito de evolución. Como ocurría con Tauro, en este caso cabe emitir reservas en cuanto a Leo relacionadas con su función compensadora en el

16. Jean-Pierre Vézien, *Aide-mémoire d'astrologie conditionaliste* (Memorando de astrología condicionalista), publicación del Centre d'organisation du mouvement d'astrologie conditionaliste.

centro de la estación, es decir, en cuanto a la función de su contraste (fase).

Cuarto de lentitud de excitación (l +) no dominante: Libra, Escorpión, Sagitario.

El proceso L +, transformado en l + debido a la reducción del tiempo de presencia, pasa a estar desfasado, a ser perturbador para el ser o su medio. Se trata aquí de una minoría.

«Las reacciones tenaces de excitación persisten al margen de un contexto adecuado, de las realidades específicas; la tendencia a organizar, controlar o dominar se ejerce en vacío, sobre objetos inadecuados, en un plano imaginario y sin eficacia real. Se da entonces una ilusión de omnipotencia, una impresión de tener poderes; de realizar ritos mágicos».[17]

En la fábula, la obsesiva Orión, vinculada al signo de Escorpión, ilustra esta inercia transformada en fuente de dramatismo.

Cuarto de velocidad de inhibición (V –) dominante: Libra, Escorpión, Sagitario.

De los principios planteados en este primer cuarto se deducen los otros tres hasta constituir un conjunto racional y homogéneo. Puesto que lo diurno no es nocturno, y viceversa, si la excitación está asociada a lo diurno, lo nocturno acogerá la inhibición, que en este cuarto se encuentra en un estado de difusión dominante. Puesto que ya hemos otorgado rapidez, disponibilidad y labilidad al crecimiento, no hace falta volver a lo mismo. Así pues, la V – dominante representa la función propicia para contar con unas defensas elásticas, flexibles, variadas y sutiles. Se ejerce el freno, es decir, las prohibiciones, de forma oportuna y matizada. Como proceso de retirada, retención y sustracción, la inhibición no sistemática abunda en prevenciones, discriminaciones y rodeos ingeniosos e imprevisibles. La adaptación, pobre y pasiva, se limita en este caso a una asimilación satisfactoria de las convenciones, códigos,

17. Jean-Pierre Vézien, *op. cit.*

leyes y buenas formas de una época y un medio. Escorpión, signo situado en el centro del cuarto, requiere ciertas reservas como consecuencia de las fases.

Cuarto de velocidad de inhibición (v –) no dominante: Cáncer, Leo, Virgo.

El invierno esboza en secreto la primavera, y el verano nutre el otoño en su seno. Desfasada debido a la inexperiencia, la inadaptada v – expresa con torpeza sus estrategias de sustracción: «Las reacciones rápidas de defensa resultan inoportunas, inadecuadas, prematuras, irregulares e incontroladas, y no reflejan la realidad objetiva: desconfianza exagerada, inquietud, alarmismo, alerta, cobardía, histeria, pánico; tendencias fóbicas...».[18]

Cuarto de lentitud de inhibición (L –) dominante: Capricornio, Acuario, Piscis.

El arco nocturno dominante detiene su aumento, notablemente ralentizado en Sagitario. El descenso, complementario a la subida del arco diurno, se acelera en Acuario tras un comienzo lento en Capricornio; no obstante, sea cual sea la tasa de decrecimiento, siempre será la inversa a la difusión: el proceso vuelve a su origen. Se produce una concentración, algo que, en el caso de la inhibición, se traduce en una mayor sistematización y una menor disponibilidad. El cierre se organiza en principios intangibles, estrategias inflexibles, leyes y modelos casi absolutos. Tanto las conductas adaptadas como su función se revelan difíciles; no obstante, si bien no son habituales, existen tareas, situaciones y ambiciones que reclaman esta potencia monolítica del no, o esta facultad para permanecer ajeno a todas las presiones del mundo. La adaptación pasiva, menos heroica, adquiere su comodidad a partir de la ausencia, el olvido, la indiferencia y la impasibilidad propios de un autómata.

A pesar de tener una parte de L –, Acuario, al situarse en medio de la estación, desarrolla, por el contrario, una función de compensación.

18. Jean-Pierre Vézien, *op. cit.*

Cuarto de lentitud de inhibición (l –) no dominante: Aries, Tauro, Géminis.

La dimensión inactual del invierno se anticipa en la primavera, y la de la primavera no es más que una prolongación del invierno, lo que le permite profundizar en el no, la ausencia y el rechazo, así como contar con los medios más ancestrales de sustraer el mundo interior (aniquilación) o sustraerse del mismo. ¿Hasta dónde se puede llegar en esta tendencia? Dicho de forma llana: «Las reacciones tenaces de inhibición persisten más allá de lo necesario, sin considerar las circunstancias objetivas; obstrucción sistemática, incapacidad de comunicación [...], constructos mentales estancados, dogmatismo, etc.».[19]

¿Sería posible ser un inadaptado «genial» (con o sin futuro, aunque en este último caso cabría esperar una segunda vuelta) en este cuarto? Krishnamurti, autor de *Tradición y revolución* y *La libertad respecto del yo*, no diría ni que sí ni que no; sin embargo, su obra ya habla por él.

Desde un enfoque cualitativo, las relaciones diurno/nocturno y norte/sur adquieren tres dimensiones: idéntico o casi, más grande y más pequeño, el más grande y el más pequeño. Podría decirse que, a pesar de adolecer de cierta vaguedad con respecto a lo cuantitativo, lo cualitativo no es absurdo: la manera primitiva de comparar los pros y los contras constituye la primera adquisición matemática de la materia viva: lo inerte no compara.

Los contrastes elementales planteados nos permiten pasar de 8 a 12 prototipos, y posteriormente a 24 con el criterio de adaptabilidad. Para realizar esta transformación, cada uno de los cuartos divididos en tres fases proporciona un signo a los tres subconjuntos del todo zodiacal:

Grupo del «sentido de los contrarios-igualación»: Aries, Virgo, Libra, Piscis.

Este grupo forma una unidad lógica: Virgo es simétrico a Aries con respecto al eje de los solsticios y a Libra con respecto al de los equi-

19. Jean-Pierre Vézien, *op. cit.*

noccios. Dado que Libra es simétrico a Piscis en el eje de los equinoccios, este último signo vuelve a Aries a través de su simetría en el citado eje. Así se cierra un círculo. Es decir, que podemos empezar por cualquier signo de los cuatro, relacionados por las mismas declinaciones en valores absolutos.

Los adaptados de este grupo perciben la diferencia entre diurno y nocturno, y se inspiran en ella para afianzar y generalizar su sentido de las restricciones: lo crudo no está cocinado, la cara no está en la cruz, lo mío no es tuyo.

Sin embargo, esta percepción del contraste varía en función de la fórmula de los cuartos; por eso hemos empezado definiéndolos. Para un Aries V +, contar con el sentido de los contrarios equivale a elegir su territorio y excluir al otro. Para la L + de Virgo, resulta preferible definir las relaciones crudo-cocinado, pro-contra, y quizás extraer un sistema duradero útil para tomar decisiones lógicas. En el caso de Libra, el sentido de los contrarios (que a partir de ahora simbolizaremos con las siglas SC) consiste en comparar, matizar y alinear sus diferencias sin tomar partido. Para acabar, la L – de Piscis utiliza dicho sentido para rechazar ambos extremos y optar por una tercera vía o, la mayoría de las veces, por un «término medio» que pondrá de manifiesto el error de pasar por alto lo que no está crudo ni cocinado al considerar estos dos contrarios, un término medio que cada cual deberá identificar (y en primer lugar los Piscis).

Los inadaptados de este grupo perciben la igualación de las duraciones: 12 horas de día y otras 12 de noche. En este caso, de nuevo, cada signo cuenta con su modo de reacción unilateral en función del contexto (lo que simbolizaremos con Ig., abreviatura de igualación), o bien en contrasentido (C – SC, abreviatura de contrasentido de los contrarios). No cabe explayarse más sobre esta cuestión, lo harán los propios retratos de cada signo.

Grupo del «sentido del conjunto (adaptado)-ultraparadójico (inadaptado)»: Géminis, Cáncer, Sagitario, Capricornio.

Este grupo forma una segunda unidad lógica antagonista de la anterior. En cuanto a valor absoluto, estos cuatro signos están relacionados mediante las declinaciones contiguas de los solsticios (de

20° 16' a 23° 45'). De esta forma, los contrastes quedan suprimidos: tan sólo hay un máximo diurno y otro nocturno, una única ley para todos, la ley de una globalidad o conjunto que disipa las diferencias (tomando algunos significados tradicionales: el equipo en Géminis, la familia en Cáncer, la sociedad en Sagitario y la especie en Capricornio). Los adaptados dan prioridad a las percepciones unitarias, universalistas y globalizadoras, así como a las operaciones para mantener el «todo en el todo»: asimilación, imitación, osmosis, integración... En función del cuarto de pertenencia, cada signo de este grupo presenta variaciones. En Géminis V +, los elementos de un conjunto deben ser libres, cambiantes, permutables, polivalentes e interactivos, sin relaciones de dependencia. Se trata, pues, de conjuntos «volátiles» y abiertos. Para Cáncer L +, por otra parte, los elementos del mismo conjunto constituyen un sistema estable y relativamente cerrado en sí mismo, con relaciones jerarquizadas y reguladas por necesidades comunes y conservadoras. En Sagitario V –, al igual que en Géminis, el conjunto está abierto a eventuales intercambios, pero los elementos son selectivos y más diferenciados que en el caso de Cáncer, pudiendo tratarse de hermandades, asociaciones o confederaciones con cúpulas elitistas a pesar de contar con unas bases amplias. En el caso de Capricornio, con L –, el conjunto vuelve a cerrarse y los elementos se relacionan entre sí como los factores de una ecuación, los corolarios de un teorema o los efectos de una ley física.

Los inadaptados perciben las relaciones extremas sin otorgarles una unidad. El conjunto se compone de antagonismos incoherentes, absurdos y ultraparadójicos: sobrepasan la paradoja (*ultra* significa «más allá»). Los contrarios gozan de una presencia abstracta a través de las duraciones, expresadas en su máxima diferencia, así como de una ausencia concreta con respecto a los arcos diurno y nocturno, ya que uno ha eliminado al otro. Aquí ya no nos encontramos en el reino del contrasentido, sino en el del sinsentido: ambivalencias, confusiones, inversiones y tópicos, que se corresponden con formas de ser, actuar y pensar bastante extendidas, sin llegar a extremos dramáticos. Los inadaptados pobres están sencillamente desorientados, mientras que los geniales practican el humor absurdo, precisamente para volver a adaptarse.

Cabe destacar que, en la práctica, contrasentido y sinsentido no están tan separados como los signos igualadores y ultraparadójicos, ya que estos últimos se encuentran menos limitados a una especialidad que los primeros. Para acabar, la constante circulación entre adaptación e inadaptación nos muestra que, sobre el papel, muchas teorías unitarias, supuestas síntesis y esfuerzos de unificación son vulnerables a la comedia del absurdo.

Grupo del «sentido de las combinaciones (adaptado)-paradójico (inadaptado)»: Tauro, Leo, Escorpión, Acuario.

Se trata de la tercera unidad lógica, situada entre las dos anteriores, que divide, reúne y combina mediante un sentido tangencial (paradójico) del equilibrio, entendido en este contexto, de forma dinámica, como la capacidad de permanecer en el centro de la estación y las oposiciones dialécticas. El sentido de los contrarios iguala las duraciones y el de los conjuntos las opone; con el sentido de las combinaciones, las duraciones intermedias no suprimen, por definición, una parte de contraste. De ello se deduce que este grupo de signos posee la habilidad o capacidad de buscar proporciones, dosificaciones, alianzas y combinaciones, sea la materia de carácter concreto o abstracto (para este grupo ambos son aliados), político, económico, físico o cultural. Como hasta ahora, cada signo del cuarteto posee sus combinaciones y entresijos. El principal efecto de dosificar (proporcionar, que diría el presidente francés F. Mitterrand, nacido bajo el signo de Escorpión) consiste en inducir la presencia del proceso complementario en el centro de la estación. De esta forma, en el centro de la primavera, cuarto con dominante expansivo, Tauro induce la sustracción reacia. Aunque sigue siendo V +, lo es en unas condiciones de dosificación o alianza que imponen un freno u orientaciones específicas. Pávlov entiende por «inducción negativa» cualquier fenómeno de excitación rodeado de una zona de inhibición. Los celosos, avariciosos y personas obsesionadas con una pasión, vocación o idea trascendente se encuentran en inducción negativa. Tan sólo se implican en lo que les interesa, creando un vacío en torno a sus intereses. El concepto de «libido» de Freud (Tauro) rebosa de inducción negativa: no hay objetos más allá de los caracterizados por el principio del placer.

En el centro del verano, cuarto cuyo dominante es un proceso de cierre, Leo induce la función opuesta, que lejos de minar la L +

indicada, le otorga la dosificación teóricamente propicia para contar con reacciones y alianzas correctoras. Pávlov denomina «inducción positiva» a cualquier concentración de inhibición que conlleve una mayor excitabilidad por inducción. Positivas o negativas, en neuropsicología las inducciones no pueden demostrarse empíricamente, algo que no les impide erigirse como operadores excelentes para la descripción del comportamiento. En psicología, los ases, héroes y campeones realizan inducción positiva cuando sus audacias, proezas y realizaciones desafían las cobardías, limitaciones e insuficiencias de que se creían capaces. Un Acuario, el psicólogo A. Adler, disidente de Freud, basó su imagen psicológica del mundo en la compensación y sobrecompensación de los complejos de inferioridad (reales o imaginarios) de cada uno de nosotros. El sistema de C. G. Jung (Leo), por otra parte, se basa esencialmente en un juego de compensación entre consciente e inconsciente.

Para seguir este patrón de alternancia, en el centro del otoño, caracterizado por la expansión, Escorpión se concentra con inducción negativa, al igual que Tauro. En cuanto a Acuario, situado en el núcleo de un cuarto en concentración, su reacción es expansionarse, un signo inequívoco de inducción positiva, como en Leo.

La inadaptación desajusta el sentido de la intensidad: se reacciona de forma exagerada o insuficiente; abundan las futilidades, detalles, alusiones y sobreentendidos que más valdría no revelar, mientras se carece de evidencias primordiales. El exceso de susceptibilidad o la susceptibilidad selectiva conllevan conductas que calificamos de paradójicas para resaltar la discontinuidad y desproporción entre causa y efecto. El humor de Sempé (Leo) ofrece numerosas escenas cómicas a base de paradojas en personajes con una sensibilidad delicada. No obstante, también se puede ejercer la paradoja perdiendo el sentido de la dosificación, en las dramatizaciones exageradas, las interpretaciones parciales y las esperanzas utópicas, así como en muchas otras formas de cultivar un árbol que oculta el bosque.

Intensidad y calidad de los procesos

Las tres fases de cada cuarto gradúan la intensidad del proceso dominante. Dejando a un lado los signos inductores, el proceso es de fuerza de excitación (F +) para el polo adaptado, en los cuartos 1 y 3 (primavera-otoño), cuando el arco dominante se encuentra en proceso de aumento. En estos cuartos, las duraciones son divergentes, desde la igualdad hasta el punto máximo, haciéndose más acusadas las diferencias. En cuanto a la adaptación, se da un proceso de fuerza de inhibición (F –) en los cuartos 2 y 4 (verano-invierno), cuando el arco dominante (diurno en 2 y nocturno en 4) decrece. En los cuartos de «espiración» las duraciones convergen y sus diferencias se reducen de la máxima a la idéntica. Las ondas sinusoidales simétricas de la figura 8 o el doble ciclo de la figura 11 proporcionan esta imagen de ritmo inspiración-espiración F +, F –, entre un cuarto y el siguiente. Las inducciones del centro aumentan hasta 6 las 2 respiraciones de partida. Con seis parejas de la secuencia inspiración-espiración ya hemos construido los 12 signos, como habíamos apuntado con los cuartos y los pilares del centro de las estaciones.

En la modalidad de inadaptación, F + consigue vencer el freno y se transforma en debilidad de inhibición (d –): despreocupación, pasividad, incapacidad de contención..., se agotan las reservas con acciones desbocadas y una amplia permisividad. A pesar de no contar con la fuerza necesaria para detenerse, sí puede producirse una caída. De hecho, las conductas de d – no llegan muy lejos en su periplo: las fuerzas externas naturales de coerción o freno terminan por detenerlas. Las carencias relativas constituyen el denominador común de los impulsivos, torpes, indisciplinados, pródigos, irritables, desordenados, negligentes u olvidadizos.

En el ámbito de la inadaptación, F – consigue anular el motor rechazo tras rechazo y sustracción tras sustracción, transformándose en debilidad de excitación (d +): pereza, ausencia, inapetencia, languidez...; se vive de reservas y recursos estancados. Al contrario de lo que pueda parecer a priori, los comportamientos de d +, lejos de alcanzar un nirvana reservado a los superdotados, generan mucha preocupación en un medio que los presiona. Los inadaptados relativos se ponen en manos de otros, o bien organizan su vida en torno a sus rentas, pequeños ingresos o actividades comerciales que no conlleven mayores preocupaciones ni licencias (siendo la licencia una debilidad de inhibición).

Es posible colocar estas cuatro formas de ser o no ser en contextos (en grupos de dos o tres) y compararlas con las indicaciones del cielo de nacimiento. Si las distribuimos de dos en dos, obtendremos 8 prototipos, o 240 si diferenciamos los procesos según los cuartos. En cualquier caso, no procede aquí desarrollar estas distribuciones, ya que forman parte de las técnicas y problemas de la interpretación, y no de sus elementos.

En el *cuarto 1* (primavera en el caso del Sol), se aplican la excitación y la inhibición de forma electiva a la espontaneidad de los intercambios con el medio natural. La excitación consiste sobre todo en recrearse y distenderse, y la inhibición en recuperarse. Nos encontramos aquí en el ámbito de lo llamado, de forma afortunada o no, los instintos, las pulsiones y las reacciones denominadas «naturales» (al menos antes de que se ocupen de ellas los intelectuales).

En el *cuarto 2* (verano para el Sol de nuestro hemisferio), la inhibición dominante es protectora, tutelar o autoprotectora, y se especializa en la elaboración de barreras de contención o autorreguladoras. En revancha, la excitación, que tiene la función de desbloquear, supera las protecciones, desafía o destruye las tutelas.

En el *cuarto 3* (otoño para el Sol de nuestro hemisferio), la excitación dominante es asociativa: se extiende, comunica y normaliza. En el sentido contrario, la inhibición «diferencial» desafía los vínculos fáciles.

En el *cuarto 4* (invierno para el Sol de nuestro hemisferio), la inhibición dominante es extintiva: borra, aniquila y radicaliza el rechazo. La excitación, por su parte, tiene una función regeneradora y recupera vínculos inesperados, renueva, compone y reinventa la ingenuidad de la juventud más temprana, o bien recupera la primavera de los instintos primigenios, ya que en este ciclo todo está vinculado.

En este punto estamos en condiciones de proporcionar las fórmulas de adaptación e inadaptación de cada signo, tras haber analizado los hemisferios, los cuartos y las fases, y ello utilizando (figura 12) la forma zodiacal circular, o bien un cuadro recapitulativo.

La continuidad del ciclo requiere la homogeneidad, la sucesión y la vinculación de las fases. De esta forma, puede concebirse un signo (e interpretarlo) a través de su posición entre el signo anterior y el posterior: reacciona con respecto al anterior invirtiendo su polaridad y modificando su equilibrio, función dominante o movilidad. A continuación, el signo posterior volverá a modificar en otro sentido todo esto. En el mejor de los casos, el signo anterior apunta las tendencias superadas por las presentes en su

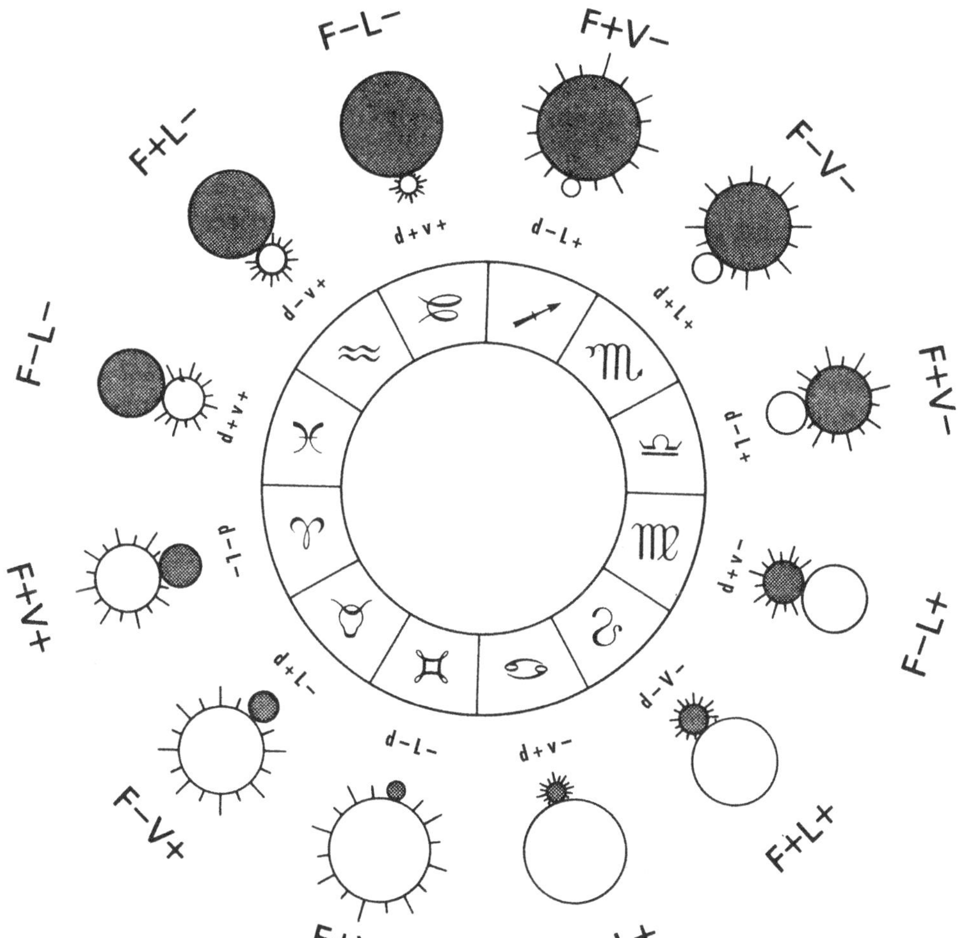

FIGURA 12: Aplicaciones reflexológicas en el Zodiaco fotoperiódico y sus ideogramas (símbolos gráficos).

signo dominante (que no tiene por qué corresponderse con el del mes de nacimiento). En los casos menos fáciles, estas tendencias sobrecargadas contienen, retienen u obstaculizan la expresión de su verdad zodiacal. El signo posterior ejerce influencia en la secuencia anterior, o bien puede percibirse como una pérdida que cabe evitar. Resulta imposible e inútil enumerar las relaciones de cada signo con sus colaterales, sus aliados estacionales o su signo opuesto. Por el contrario, una vez se ha planteado el principio de una relación, el intérprete se remite al mismo o lo pasa por alto en función del conjunto de informaciones proporcionado por la esfera celeste de nacimiento y demás valijas del equipaje terrestre.

En el plano del formalismo teórico, la astrología clásica cuestiona un signo y sus aspectos, armónicos o disonantes, en conjunción con el resto. La astrología condicionalista, por el contrario, cuestiona los signos ausentes: el que falta para llenar un cuarto, por ejemplo, puede resultar fundamental en tanto que búsqueda de plenitud encarnada por un compañero social, pasional, sexual del signo vacío que otra persona debe colmar. Del mismo modo, el signo que falta para completar uno de los tres grupos de fases (equinoccios, solsticios o intermedios) posee el mismo poder de atracción y vértigo. Por último, las simetrías del ciclo proporcionan, en relación con cada fórmula de signo, una fórmula invertida que no se corresponde con el signo de forma directa. Si contamos los signos, de 1 a 12, partiendo de Aries, que sería el 1, la suma de los rangos del signo y su signo contrario dará 13, algo que quizá pueda explicar por qué este número posee una dimensión tanto maligna como benigna en nuestras supersticiones. En efecto, poniendo en relación el signo con su antimundo (imagen especular) obtendremos tantas posibilidades de prodigios (generalmente limitados por la dimensión temporal) como de riesgos de derrota o incompatibilidad graves. Una persona puede ser simultáneamente de su signo y del contrario, siempre que, en vez de restringir las incitaciones zodiacales a la aportación del mes de nacimiento, se restrinjan a la combinación mes-hora[20] o a la de los dos signos dominantes de la esfera celeste de nacimiento (cuando se tienen en cuenta tres sig-

20. La hora de nacimiento proporciona el signo ascendente. Véase pág. 87 y siguientes.

SIGNOS	Funciones adaptadas	Funciones inadaptadas
ARIES	**F + V +**	**d – l –**
	Excitación natural	Falta de extinción
	Velocidad de excitación	Inercia de inhibición
	Sentido de los contrarios	Fase igualitaria
TAURO	**F – V +**	**d + l –**
	Inhibición natural	Falta de regeneración
	Velocidad de excitación	Inercia de inhibición
	Sentido de las combinaciones	Fase paradójica
	Inducción negativa	
GÉMINIS	**F + V +**	**d – l –**
	Excitación natural	Falta de extinción
	Velocidad de excitación	Inercia de inhibición
	Sentido de los conjuntos	Fase ultraparadójica
CÁNCER	**F – L +**	**d + v –**
	Inhibición protectora	Falta de excitación asociativa
	Lentitud de excitación	Velocidad de inhibición
	Sentido de los conjuntos	Fase ultraparadójica
LEO	**F + L +**	**d – v –**
	Excitación desbloqueante	Falta de inhibición diferencial
	Lentitud de excitación	Velocidad de inhibición
	Sentido de las combinaciones	Fase paradójica
	Inducción positiva	
VIRGO	**F – L +**	**d + v –**
	Inhibición protectora	Falta de excitación asociativa
	Lentitud de excitación	Velocidad de inhibición
	Sentido de los contrarios	Fase igualitaria
LIBRA	**F + V –**	**d – l +**
	Excitación asociativa	Falta de inhibición protectora
	Velocidad de inhibición	Inercia de excitación
	Sentido de los contrarios	Fase igualitaria
ESCORPIÓN	**F – V –**	**d + l +**
	Inhibición natural	Falta de excitación desbloqueante
	Velocidad de inhibición	Inercia de excitación
	Sentido de las combinaciones	Fase paradójica
	Inducción negativa	
SAGITARIO	**F + V –**	**d – l +**
	Excitación asociativa	Falta de inhibición protectora
	Velocidad de inhibición	Inercia de excitación
	Sentido de los conjuntos	Fase ultraparadójica
CAPRICORNIO	**F – L –**	**d + v +**
	Inhibición extintiva	Falta de excitación natural
	Lentitud de inhibición	Velocidad de excitación
	Sentido de los conjuntos	Fase ultraparadójica
ACUARIO	**F + L –**	**d – v +**
	Excitación regeneradora	Falta de inhibición natural
	Lentitud de inhibición	Velocidad de excitación
	Sentido de las combinaciones	Fase paradójica
	Inducción positiva	
PISCIS	**F – L –**	**d + v +**
	Inhibición extintiva	Falta de excitación natural
	Lentitud de inhibición	Velocidad de excitación
	Sentido de los contrarios	Fase igualitaria

FIGURA 13

nos importantes, es necesario apartar la familia, la estación, el grupo o lo ausente).

Las fórmulas constituyen guías o modelos, no corsés ni ladrillos que se vayan superponiendo, y generan interpretaciones más flexibles y variadas (pero también difíciles y abstractas) que las proporcionadas por el simbolismo, puesto que hay que proceder por deducción combinando los elementos entre sí sin perder de vista el conjunto. Ahora bien, existen numerosos elementos por signo. A pesar de lo arduo de la tarea, esperemos que nuestras interpretaciones, proporcionadas en la segunda parte de esta obra, consigan seducir al lector no solamente por la parte de verdad que encierran (ya que nadie pertenece a un único signo), sino también por su lógica, que pone en contexto los elementos de la figura 13. El conocimiento de dicha tabla sería suficiente para realizar un esbozo de su autorretrato zodiacal.

Se ha reprochado a este método el hecho de ser sistemático y de estar impregnado por las ideas de un fisiólogo de la U.R.S.S., aunque Pávlov era ruso, no soviético: ¿acaso eran judías las leyes de la gravedad de Newton y Einstein? Según estas críticas, dignas del humor más negro, Newton dirigiría la caída de los cuerpos y Einstein la velocidad de la luz... Serían más los padres de estos fenómenos que sus teóricos.

En realidad (y este hecho demuestra, por sí mismo, la existencia de la astrología), Pávlov descubrió la universalidad del Zodiaco en los procesos neurofisiológicos de los seres vivos. El Zodiaco y sus fases están presentes en todos los ciclos externos e internos susceptibles, como los anteriores, de pertenecer a una onda sinusoidal especular, una doble hélice en el tiempo, y ello al margen del periodo e incluso de las desigualdades relativas a los intervalos temporales entre los momentos trascendentes de las cuatro fases.

Hay que reconocer que la estructura de este ciclo es con mucho demasiado amplia para limitarse a las aplicaciones neurofisiológicas. En las aplicaciones neosimbolistas y filosóficas que se están investigando en la actualidad, dado que lo positivo está asociado al crecimiento y lo diurno, y lo negativo al decrecimiento y lo nocturno, el ciclo de adaptación queda codificado del siguiente modo: + +, + –, – +, – – (transposición de V +, L +, V –, L –), generando una cinemática de la transición gradual de un proceso a su contrario. En este marco pueden proyectarse los cuatro estados fundamentales del yiking (gran yang, pequeño yang, gran yin, pequeño yin), así como cualquier tipología cuya construcción se base en un ciclo análogo, como la tipología de Jung, que oscila de la función sensación extrovertida, muy concreta, a la de intuición introvertida, de gran abstracción, con las funciones sentimiento y pensamiento como intermedias.

A fin de subrayar nuestra convicción de que la astrología no es, en ningún caso, un rehén de la psicología (con independencia de sus raíces), hemos decidido conservar los cuatro medios de referencia de las medidas físicas: energía, espacio, tiempo y estructura. El hombre no queda excluido de este esquema, aunque sí deja de ser reducido a sí mismo, su carácter, afectividad y pulsiones, que, en términos absolutos, deciden lo que valen o no valen los objetos. En este caso, el hombre se encuentra enmarcado en sus relaciones con el medio ambiente, en sus medidas y orientaciones objetivas. Dicho de otro modo, ahora es posible hablar de la obra de un sabio o un pensador sin dirigirnos a su alma, sino a su mente, algo que no corresponde en absoluto a la psicología.

En función de los signos dominantes y los procesos favorecidos por sus fórmulas, ¿tenemos facilidades para detectar y comprender determinados fenómenos mejor o antes que otros? De acuerdo con los nuevos astrólogos, la respuesta es sí; sin embargo, aún queda por realizar la prueba que no deje lugar a dudas, consistente en analizar los datos natales de los descubridores, por desgracia menos conocidos que los de los políticos, escritores o artistas.

Mientras tanto, los signos de este Zodiaco «fenomenológico»[21] se definen como sigue:

ARIES: energía abierta polarizada.
TAURO: energía cerrada dosificada.
GÉMINIS: energía abierta, difusa, no polarizada.
CÁNCER: espacio cerrado, no polarizado (entorno).
LEO: espacio abierto dosificado.
VIRGO: espacio cerrado polarizado.
LIBRA: tiempo abierto polarizado.
ESCORPIÓN: tiempo cerrado dosificado.
SAGITARIO: tiempo abierto no polarizado.

21. Fenomenología: «teoría de los fenómenos o de lo que aparece», DRAE.

CAPRICORNIO: estructura cerrada no polarizada.
ACUARIO: estructura abierta dosificada.
PISCIS: estructura cerrada polarizada.

Como es evidente, cada uno de estos términos requiere explicaciones, matizaciones y ejemplos. De todos ellos, el tiempo es el más fácil de abordar: se traduce en moda y ritmo en el caso de Libra, en plazos y duraciones en el de Escorpión y en grandes génesis, historias y evoluciones si hablamos de Sagitario.

Por el momento, no abundaremos más en el tema, ya que el objetivo tan sólo era informar al lector de las claves para interpretar su signo. Estas claves funcionan a la perfección, sin pretenderlo, en los retratos habituales de la astropsicología. En efecto, muy a menudo, la descripción de un «primaveral» requiere evocadoras imágenes de movimiento, fuerza y combustión, más que el resto de los cuartos. La simbología del espacio, por su parte, se encuentra omnipresente en los retratos de los signos del verano, ya que precisamente las bases de estos signos son más que simbólicas.

¿Existe, además del motor de explosión, otro ciclo de cuatro tiempos que sintetice (de forma provisional) todos estos grupos de cuatro valores? En respuesta a esta necesidad, como ya se ha indicado en la introducción (páginas 7 y 8), los nuevos astrólogos se apoyan en el S.O.R.I., sigla cuyas mayúsculas se han tomado de cuatro puntos de referencia universales vinculados entre sí: el sujeto, centro de interés del yo y las psicologías; el objeto, antisujeto u otro sujeto, al que dan prioridad las ciencias que evitan la personalización; la relación, que se interesa por las relaciones y situaciones, así como por aquello que se trama, anuda y desanuda entre los sujetos y estos con los objetos; y la integración, que comprende de forma intuitiva los efectos coherentes o incoherentes de un conjunto de relaciones. La mística, la filosofía y la poesía son afines a la integración; ahora bien, cada uno de nosotros posee un S.O.R.I. diferente y cambiante. No es que se encuentre en el horóscopo, sino que aparece como resultado de numerosos condicionamientos. Su convergencia, cuando la hay, puede generar un hipersujeto, un hiperobjeto, una hiperrelación o una hiperintegración. En la mayoría de los casos, se trata de una situación de jerarquía, que puede oscilar entre el S.O.R.I. y el I.R.O.S. De acuerdo con este último conjunto de cuatro valores, el bagaje celeste puede vivirse en sujeto (mediante los estados de ánimo) en objeto (mediante los acontecimientos) en relación (mediante los encuentros); o en integración (mediante las metamorfosis). Aunque estos puntos de referencia no son disociables, su orden de encadenamiento sí puede variar.

El cielo de nacimiento no proporciona ninguna indicación sobre la referencia de evolución porque el S.O.R.I. sintetiza los condicionamientos tanto astrológicos como extraastrológicos. En cualquier caso, dado que lo real es eficaz a pesar de las conciencias, es posible encontrar su rastro en la simbología tradicional de los elementos: fuego, tierra, aire y agua.

De sus significados se desprende, en relación con el fuego (Aries, Leo y Sagitario), una preponderancia del sujeto: uno es como es. En relación con la tierra (Tauro, Virgo y Capricornio), una preponderancia del objeto: uno es en el marco de sus haberes, adquisiciones y productos concretos o abstractos. Para el aire (Géminis, Libra y Acuario), una preponderancia de la relación: uno es junto a uno o varios otros, se es uno o varios. Y para el agua (Cáncer, Escorpión y Piscis), una preponderancia de la integración: uno no es nada en absoluto en una nada que lo es todo; uno no sabe quién es.

Hemos dado una vuelta por el «montón de chatarra» para extraer del mismo algunas armonías originales que constituyen la base de los retratos pormenorizados presentados en la segunda parte. No obstante, un Zodiaco sin planetas es como un signo sin Sol. ¿Qué astros le animarían entonces? ¿Poseen estos, por su parte, una lógica extramitológica? Antes de proporcionar al lector la forma de averiguar mediante test o cuestionaros (de forma hipotética) los planetas que se encontraban en posición fuerte en la hora, el lugar, el día y el año de su nacimiento, veamos primero sus significados tradicionales y lo que podemos extraer de ellos.

Los planetas

El sistema solar, dejando a un lado sus asteroides, cometas y polvo, incluye 9 planetas principales con diferentes características cada uno en cuanto a masa, irradiación, densidad, atmósfera, magnitud, etcétera.

Los planetas gigantes del sistema solar poseen anillos y numerosos satélites. Los telúricos (similares a la Tierra), por su parte, no poseen anillos y carecen de satélites, o bien estos son escasos. De hecho, deberíamos considerar la Luna como una hermana, más que como una hija, algo que no impide a la astrología simbolista convertirla en nuestra madre.

Los planetas gravitan en torno al Sol en un plano sensiblemente común: el de la eclíptica. Esto provoca que las órbitas difieran poco en cuanto a inclinación, con la excepción de Plutón (otro planeta doble del sistema solar desde el descubrimiento de su compañero Caronte). Existen importantes razones para pensar que todos los planetas poseen el mismo origen y que se formaron en el mismo momento, hace cuatro mil seiscientos millones de años, la edad que supuestamente posee el Sol.

La homogeneidad de los significados planetarios, así como la unidad que se deriva de las distancias y las gravedades,[22] respalda la hipótesis (astrológica) de la existencia de un Sol acompañado en el origen por otro astro único que posteriormente se transformaría en las partes que en la actualidad constituyen todos los planetas.

22. Véase Bibliografía condicionalista, pág. 598.

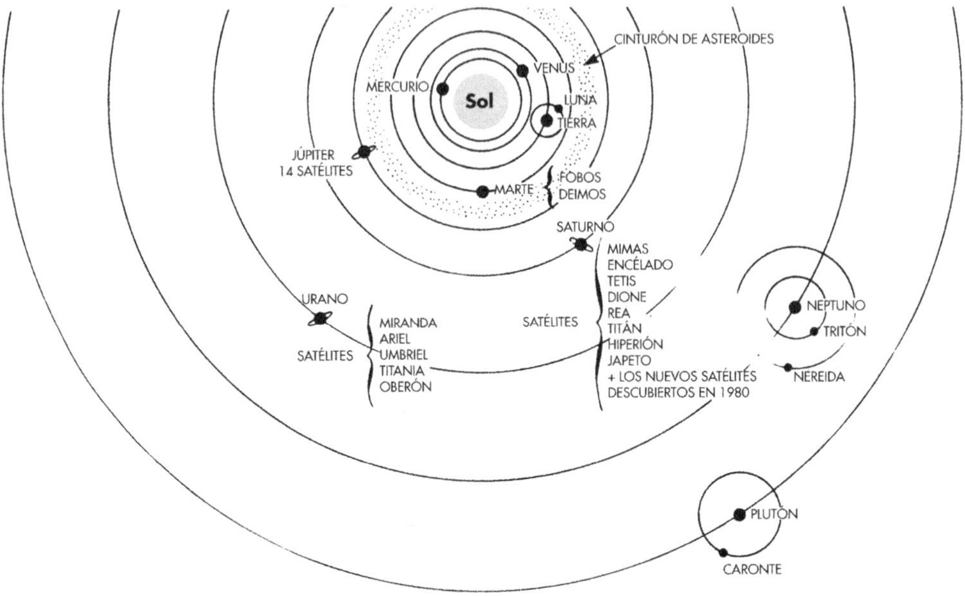

FIGURA 14: Esta importante esquematización del sistema solar no sería demasiado diferente de la que podría realizar el astronauta-espía de un platillo volante... Tanto es así que los ojos de la mente viajan por el espacio y un terrícola puede ser un extraterrestre sin ser consciente de ello.

El sistema solar está formado por una estrella, el Sol, alrededor de la cual gravitan planetas, satélites, asteroides, cometas, polvo y gases. En general, los planos de las órbitas planetarias están poco inclinados unos en relación con otros y a menudo se representan como un plano medio denominado plano de la eclíptica. El conjunto del sistema se desplaza alrededor del centro de la galaxia a aproximadamente 250 km por segundo. A medida que se alejan del Sol, la composición de los planetas cambia: los planetas externos (Júpiter, Saturno, Urano y Neptuno), mucho más grandes y gigantescos, se han formado por condensación de elementos ligeros, mientras que los planetas telúricos (Mercurio, Venus, Tierra y Marte) lo hicieron por condensación de elementos más pesados. En esta ilustración no se han respetado las dimensiones relativas de las órbitas planetarias.

Extracto (texto y figura) de *Le Système solaire* (El sistema solar), colección «Pour la science», diffusion Belin, julio de 1982, París.

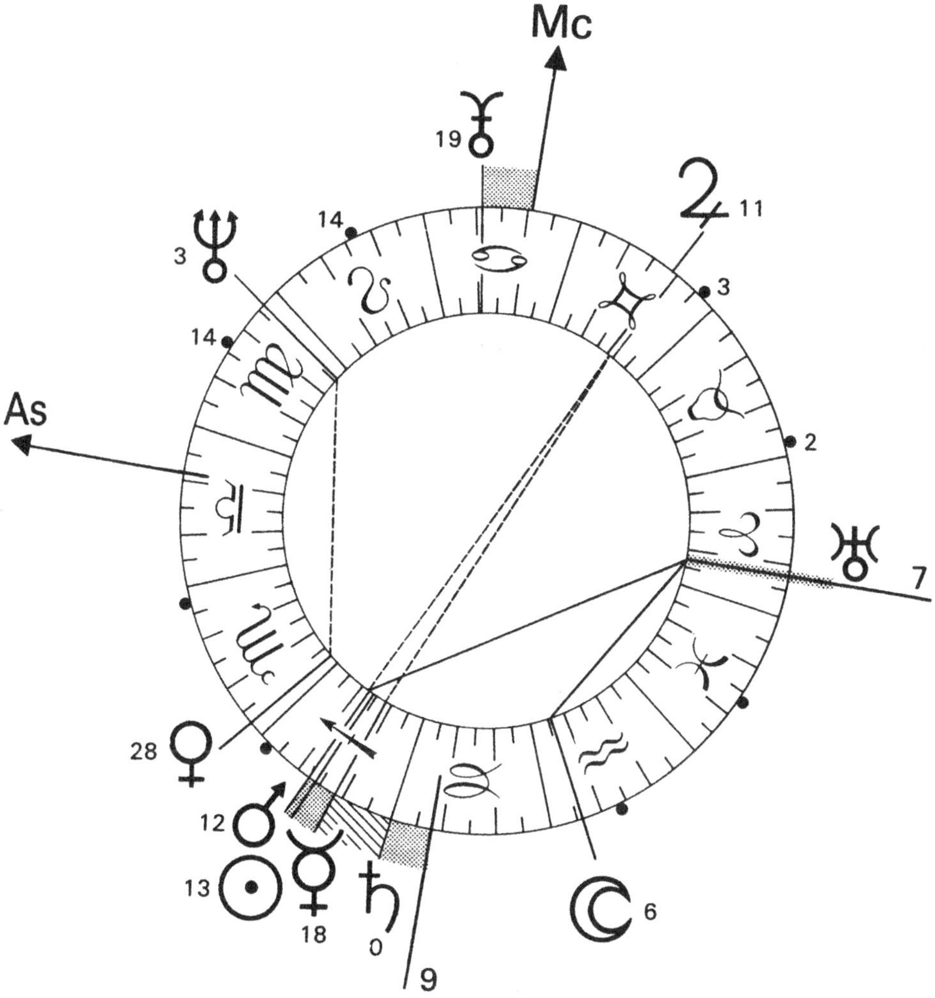

Nacimiento el 6 de diciembre de 1929

Hora legal:	1:30 h	Tiempo sideral
Tiempo universal:	1:30 h	de nacimiento: 6:39 h
Hora local:	1:42 h	Lugar: Coulommiers
Tiempo sideral		Latitud: 48º 50' Norte
a las 0 horas:	4:57 h	Longitud: 3º 3' Este

FIGURA 15: En este caso, tenemos el mismo sistema solar en símbolos en relación con un lugar terrestre a una hora determinada, para un recién nacido (hace casi ochenta años) que nunca sabrá de forma consciente hasta dónde pueden llegar sus vínculos con la Tierra en el cielo.

Es posible encontrar los datos astrométricos en toda una multitud de obras de divulgación, así como en publicaciones técnicas.

Aquellos lectores que estén interesados en sumergirse en las causas de forma meticulosa deberían remitirse a las mismas. A continuación sólo se hará mención de la revolución sideral necesaria para que un astro dé una vuelta completa de 360° alrededor de su centro de atracción.

De acuerdo con el orden adoptado (duraciones crecientes), el Sol posee la misma categoría que la Tierra, ya que su revolución aparente coincide con la de nuestro planeta. De haber utilizado otro criterio (masa, densidad, gravedad...), obtendríamos una clasificación diferente; sin embargo, los datos temporales ocupan un lugar prioritario entre los elementos significativos de los atributos planetarios.

Luna ☾

Nuestra hermana la Luna describe de forma sensible un gran círculo inclinado en 5° con respecto a la eclíptica, y lo hace de forma casi uniforme, en sentido directo (el de los signos) con una revolución sideral de 27 días, 7 horas y 43 minutos, o bien 27,322 dsm (días solares medios).

Atributos: el alma, la feminidad (mujer, hermana, esposa, madre). La gente y las repúblicas (no populares). La vida vegetativa o pública. La imagen y la imaginación. La pasividad, la dependencia, la infancia, la sumisión, la ensoñación, el autismo, el vagabundaje y el intimismo.

Mercurio ☿

Su revolución sideral (en días medios) es de 88 días. *Atributos:* la mente, la inteligencia, el juego, la apertura. Los intelectuales, los medios de comunicación, los comerciantes, los intermediarios entre los dioses y los hombres, los poderosos y los parias. La comunicación, así como sus atropellos y efectos perversos: traición, propaganda y desinformación. Relaciones variables entre los extremos, y posibilidad de modificar dichas relaciones.

Venus ♀

Su revolución sideral es de 225 dsm. *Atributos:* el amor en sentido positivo. Los medios del deseo. Las alegrías y placeres de la paz, pero también de la guerra entre los sexos. Las dependencias de los vínculos y sus personificaciones. El saber vivir, el arte de acomodarse o ser acomodado.

Sol ☉

Proyección de la revolución sideral de la Tierra: 1 año. *Atributos:* el padre y sus sustitutos; modelos, normas, principios. Líneas directrices. La autoestima adquirida a través de la estima hacia los demás. La remisión a las normas: principal, gratificante e indispensable para acceder a un puesto de honor de cualquier sociedad (incluyendo los honorables). Aquello que nos sentimos obligados a ser: la apariencia, pero también la identificación con lo que no se es: pérdida, negación de uno mismo a través del juicio, los criterios de las normas de lo superior y lo inferior. La soledad del héroe, sea este verdadero o falso.

Marte ♂

Su revolución sideral es de 1 año y 322 dsm. *Atributos:* los hermanos y los rivales; sus sustitutos. La motivación y la desmotivación para la ira. Las pulsiones agresivas, «sadoverbales» de acuerdo con el astrofreudismo. La vida agitada o bélica, militante o activista, es decir, la de aquellos que se han hecho a sí mismos de forma improvisada, en la práctica. Los obstáculos y las luchas. La experiencia. El mundo de lo masculino (siendo lo femenino venusiano).

Júpiter ♃

Su revolución sideral es de 11 años y 315 dsm. *Atributos:* los patriarcas y sus sustitutos. Las personas destacadas y poderosas, ya sea por su cargo, fortuna, obra o haberes. Los productivos, los políticos, los magnates y los presidentes de grandes empresas. Las personalidades que constituyen un modelo de éxito, dotadas para el espectáculo y la vida pública.

De acuerdo con la terminología tradicional, el jupiteriano benéfico es magnánimo, religioso, atrevido, espléndido, humano, fecundo, «capacitado para gobernar a los demás».[23] El maléfico, por el contrario, es arrogante, orgulloso, necio, falto de experiencia y supersticioso.

Saturno ♄

Su revolución sideral es de 29 años y 167 dsm. *Atributos:* los abuelos y las figuras sustitutas y análogas. Las fuerzas conservadoras. Los ancianos, las personas de ciencia y religión; los doctos, filósofos, reflexivos e investigadores. Saturno estabiliza, cristaliza, algebriza, examina, analiza, inspecciona y desvitaliza. Es abstracto, pero no por ello indiferente a los honores otorgados a sus méritos. Su sentido de la responsabilidad, o bien su ambición, le permiten acceder a importantes funciones sociales. En la teoría tradicional, el saturnino maléfico es perezoso, solitario, aburrido, meditabundo, triste e incívico.

Urano ♅

Su revolución sideral es de 84 años y 7 dsm. Descubierto en 1781 por Herschel (que en un primer momento creyó que se trataba de un cometa sin cola), Urano causó sensación al traspasar los límites de Saturno. De esta forma, sus *atributos* constituyen toda una celebración de la proeza: modernidad, vanguardia, revolución y mutación. El uraniano se encuentra al límite de todas las audacias. Más que adaptado a las nuevas tecnologías, descuella (según los manuales corrientes) en el cine, la astronáutica, la electrónica o el psicoanálisis. Se considera excepcional, construye su destino basándose en la voluntad o lo imprevisto y reúne una concentración de facultades que lo conducen a una actitud dictatorial.

23. Claudio Tolomeo, *op. cit.*

Neptuno ♆

Su revolución sideral es de 164 años y 280 dsm. Este planeta fue descubierto en el año 1846 por Le Verrier y Adams por separado.

Por sus *atributos*, y sin duda en un intento por compensar el exceso de lógica, rigidez e intransigencia de Urano, Neptuno reina sobre lo vago, lo difuso, lo dudoso y lo ondeante de las aguas y espumas del mar. Es blando, místico, oceánico, sensible, etéreo, fabulador, colectivista y médium. No construye su destino, sino que lo llena de ensueños o grandes visiones.

Plutón ⯓

Su revolución sideral es de 249 años y 77 dsm.

Descubierto sobre el papel por las estimaciones y cálculos del astrónomo Percival Lowel (1855-1916), en realidad Plutón no pudo ser observado hasta 1930, catorce años después de la muerte de su mensajero.

Sus *atributos* deben mucho al dios de los infiernos: dirige, junto a él, el juicio final, las crisis inevitables o redentoras, las travesías del desierto, las temporadas en el infierno y otros circuitos turísticos organizados por la muerte, el diablo y sus sustitutos. En este universo macabro y sulfuroso ocupa un lugar destacado el sexo, cuando conduce a los abismos. Lo cierto es que el principal significado de Plutón podría consistir en servir de emuntorio para las sobrecargas de los inconscientes.

De acuerdo con los escritos de los psicogenéticos, el «pequeño hombre», por mucho que sea un bebé, dispondría desde el nacimiento hasta el final de la primera vuelta lunar de un conocimiento «innato» en materia de comportamientos adaptados a lo inmediato, que tendrá que olvidar y desaprender para construir vínculos de intercambio con el medio y sus personajes. En este primer periodo de la vida posnatal, nos encontramos con la trama específica de los significados lunares: primacía de las necesidades vegetativas, «narcisismo sin Narciso» (J. Piaget), ciencia infusa de una conciencia difusa (?), comportamientos decididos y pueriles... El aprendizaje, la adquisición y los problemas del siguiente periodo (entre los 28 y los 88 días) dejan entrever, bajo las condiciones concretas de la edad, los significados abstractos de Mercurio: apertura, curiosidad, contactos lúdicos y sociabilidad epidérmica. El tercer periodo, en que se persiste y concentra, y que va desde el final del primer ciclo de Mercurio hasta el final del primero de Venus, se corresponde, en una evolución normal y haciendo caso omiso de hitos tan precisos como los de las revoluciones, con la diferenciación de los sentimientos de atracción y rechazo, placer y disgusto, formas, sonidos y colores... Venus ya está en su lugar. Por otra parte, el intervalo con dominante solar (entre los 7 meses y 1 año) se caracteriza, de acuerdo con los especialistas, por el reconocimiento de la unidad de su imagen (fase del espejo), la adquisición de la postura, la intolerancia ante el rival y el descubrimiento de la permanencia (de los objetos). Marte, entre 1 y 2 años, aporta la independencia motora, la obstinación, la oposición ante la madre, la experimentación (brutal) de seres y cosas, así como de la capacidad de romperlos, proyectarlos o manipularlos de forma peligrosa o no. Júpiter, entre los 2 y los 12 años, pasa de las experiencias pragmáticas a las formulaciones verbales, etapa por etapa (siguiendo una secuencia armoniosa de su ciclo). El medio se amplía de la familia al clan, y de este al grupo social. La personalidad aún no integra las normas del grupo, pero sí vive conforme a ellas. Los 12 años se corresponderían con la edad media de la humanidad.[24] Saturno, que se sitúa entre los 12 y los 30 años, domina mediante las armonías de su ciclo la crisis adolescente y su metafísica, disociaciones, romanticismo y transición hacia una posible madurez o una adolescencia eterna. Bajo las armonías de Urano, entre los 30 y los 84 años, se producen confrontaciones, ambiciones, decisiones ideológicas... Se trata de la última estación antes de la autoderrota, el intervalo en que se gana o pierde la partida. A continuación, Neptuno, entre los 84 y los 164 años, propone la supervivencia, imaginaria, preventiva o indemostrable, pero sin lugar a dudas verdadera. De una forma u otra, el retorno a lo universal está entonces garantizado. El

24. De la Luna a Júpiter, la teoría de las edades planetarias que se ha resumido en estas líneas es analizada y desarrollada por Bernard Blanchet en *Cahiers conditionalistes* (Cuadernos condicionalistas). Véase Bibliografía condicionalista, pág. 598.

problema consiste en saber cómo. Para finalizar, Plutón, entre los 164 y los 250 años, intervalo supremo de lo desconocido, atrae hacia sí las vidas soñadas, no actuales, futuras, pasadas, supuestas y superpuestas. Se trata del periodo de la libertad de las ideas.

La comparación entre los intervalos de los ciclos planetarios y lo aprendido y desaprendido a lo largo de las edades de la vida permite extraer conclusiones positivas sobre la realidad de la astrología. Si bien estas correlaciones de carácter general no constituyen pruebas en el sentido estricto de las ciencias exactas, no es menos cierto que iluminan con una nueva luz las investigaciones de los psicogenéticos, pudiendo proporcionarles hipótesis de gran riqueza, como es recomendable en un medio científico.

La hipótesis de la adaptación del hombre a los relojes del sistema solar tan sólo requiere reconsiderar, desde una perspectiva más abierta, los conceptos de adaptación y medio. Las propias teorías darwinianas sobre la selección y la evolución estarían en condiciones de evolucionar con tan sólo plantearse algunas cuestiones tan absurdas como apasionantes: ¿por qué estos periodos en el ser humano?, ¿qué consecuencias, ventajas e inconvenientes implican con respecto a los periodos de las demás especies?, ¿cómo se integran estas fases diferentes en el programa global de la duración de una vida humana? Se nos dirá que se trata, sencillamente, de las etapas de maduración del sistema nervioso, favorecido o desfavorecido por los estímulos del entorno. De acuerdo, pero si el sistema nervioso, del mismo modo que ha hecho el ojo en relación con el Sol y la luz, se ha adaptado en su génesis a los estímulos del entorno Tierra-Sol-planetas, esta respuesta no hace más que eludir el problema. Sin embargo, la Tierra se encuentra en el cielo, ¿y dónde se encuentra la línea divisoria que proponemos entre esta y el sistema solar?

Recurriendo a las etapas de maduración, también podemos entender cómo los condicionamientos celeste y terrestre interfieren entre sí. Aunque el hecho de que Venus se encuentre en posición de potencia en el momento del nacimiento resulta propicio, en la edad correspondiente, para desarrollar una sensibilidad muy rica en cuanto a los colores y las formas, también es cierto que, en función de las épocas, el entorno natural o las costumbres sociales existen colores ausentes, formas prohibidas, colores sagrados y formas novedosas. La crisis de la adolescencia no siempre tiene el mismo sentido ni la misma acogida. Y, por otra parte, si la duración de una vida llegase hasta los 164 años, Neptuno dejaría de ser el planeta de las quimeras o las grandes esperanzas. Los intervalos temporales no varían; sin embargo, no todos nosotros hacemos siempre un uso similar de los mismos.

En cualquier caso, a esta variabilidad de los significados heredados de la cronología de los ciclos se opone una estructura invariable subyacente a los atributos planetarios. Sin la ayuda de las herramientas de cálculo, al enfrentarse a problemas inconmensurables, el hombre natural (y sin duda también el moderno) recurre a los métodos cualitativos de su cerebro derecho: cuenta pensando «uno, dos, muchos». De esta forma, se pasa de la cantidad a la calidad conservando tan sólo las cantidades extremas y la media. ¿Cómo expresar en un lenguaje no numérico las influencias observadas no susceptibles de medición? Haciendo uso de la unicidad, la dualidad y la multiplicidad. Describir el Sol mediante la unicidad de su propio sistema es lo más sencillo que hay. El padre, el jefe o el héroe (con artículo definido) constituyen, por muy numerosos que sean, un modelo. El principio de unicidad también se encuentra en el objetivo que deseamos alcanzar, en el ideal, la imagen coherente del yo social y su identidad reconocida. Desde el descubrimiento de Plutón, que se asimiló al diablo (el príncipe de los divisores), la multiplicidad reina en la simbología de este astro de forma peyorativa entre los astrólogos preocupados por la identidad solar. En ellos, lo plutoniano de lo crudo está cocinado y requemado por el infierno de la antiunicidad, que corrompe, disocia, se oculta y daña la imagen de marca, ya estemos hablando de China, de la democracia o de la anarquía.

En cuanto al dúo y lo dual, se cuelan entre los atributos de Marte relacionados con el enfrentamiento cómplice de los hermanos enemigos. A modo de compensación del tríptico Sol-uno, Marte-dos y Plutón-varios, la Luna gobierna una globalidad representativa de las relaciones teóricamente homogéneas entre los extremos y los términos medios. Los demás planetas se definen por sus relaciones entre dos niveles. Mercurio universaliza la imagen del héroe yendo de lo singular a lo plural (propaganda, difusión, mensaje), o bien suprime su carácter sagrado (ironía, parodia, comedia). Venus, yendo de lo singular a lo dual, se limita a reproducir, adaptar, familiarizar o separar otras formas de expresión de las artes y pasiones. Júpiter, de lo dual a lo singular, tranquiliza o reduce, mientras que Saturno, entre lo dual y lo plural, complica o profundiza. Urano, entre lo plural y lo singular, concentra o elimina (o ambas cosas), y Neptuno, yendo de lo plural a lo dual, integra o elimina sólo a medias.

Las representaciones y los test R.E.T.

Si hemos dado cuerpo a los tres niveles mencionados otorgando palabras y representaciones a la unicidad, es porque estas simplifican y esquematizan nuestras percepciones y cualquier modalidad de realidad, pero también porque las palabras e imágenes constituyen modelos eficaces. En sentido contrario, la trascendencia sutil, compleja y desconocida que existe más allá de las palabras y las fórmulas constituye el paraíso de la multiplicidad. Entre las fórmulas y la extrarrealidad tenemos las contradicciones de nuestras experiencias, soportadas o provocadas. El código R (representación), E (existencia) y T (trascendencia), transpuesto a uno, dos o muchos, define las funciones planetarias vinculando una salida (R.E.T.) a una llegada en uno de estos mismos niveles (se usan símbolos en minúsculas para evitar la confusión entre salida y llegada). La salida significa lo que está ahí o se encuentra y la llegada, lo que se hace. A efectos prácticos y para facilitar la lectura, la fórmula de cada función planetaria comienza con la indicación (en minúscula) de su objetivo.

Mercurio t. R. (trascendencia de Representación)

☿ La función de Mercurio consiste en trascender (llegada) la Representación (salida), es decir, en transformar lo simple en múltiple, lo unívoco en multívoco; diversificar y ampliar el sentido a partir de un único significado; comunicar y difundir modelos; explorar lo desconocido mediante la explotación de lo conocido; extrapolar o desestabilizar normas; jugar.

Venus e. R. (existencia de Representación)

♀ La función de Venus consiste en concretar (llegada) la Representación (salida), lo que equivale a hacer sensibles las apariencias, dar vida a formas e imágenes y adaptarlas a las vivencias propias; los aspectos materiales de los significantes; la fisiología y morfología de los lenguajes y sus repercusiones emocionales o motoras; la imagen más verdadera que natural; pasar de lo único a lo dual, es decir, enfrentar la imagen de uno mismo con realidades contradictorias (placeres/disgustos).

Sol r. R. (representación de Representación)

☉ La función del Sol es mantener su función (homeostasis), volver a su punto de partida, conservar por sí mismo la Representación, es decir, reproducir modelos, conceptos y fórmulas clave; reconducirse por sí mismo en sus responsabilidades; mantener (teóricamente) la imagen de marca; el ideal de perfección irreprochable en lo excepcional (la unicidad) de su registro de conciencia y poder.

Marte e. E. (existencia de Existencia)

♂ La función de Marte consiste en mantener la existencia (y sus dualidades) en el nivel que le corresponde; vivir por vivir; lo real, lo experimental, lo concreto y la acción al margen de los conceptos, las definiciones y las palabras; los imperativos físicos, materiales y de adaptación; los hechos, acontecimientos, fenómenos en sus evidencias, incluyendo (y muy especialmente) las contradicciones; los medios y los obstáculos.

Júpiter r. E. (representación de Existencia)

♃ La función de Júpiter consiste en representar (llegada) la Existencia (salida); las lecciones de las cosas y la vida traducidas en fórmulas, repertorios, códigos (vuelta al Sol), teoremas, preceptos y manuales; reducir los hechos a palabras o títulos; basar leyes y sistemas en medidas o experimentar situaciones; promover realidades; resolver o simplificar contradicciones; poner de manifiesto evidencias; comprobar y verbalizar; traducir a lenguaje (especialmente a sintaxis) las relaciones de fuerza reales.

Saturno t. E. (trascendencia de Existencia)

♄ La función de Saturno consiste en trascender (llegada) la Existencia (salida); buscar o generar valores e ideas tomando las vivencias o experiencias como punto de partida; investigar estructuras no sensibles, lógicas o modelos no formulados, marginales o antagonistas en relación con los aprendidos; tomar distancia con respecto a las normas y retroceso en la vida sin su parte de invisible ni su llamada de lo infinito; complicar las contradicciones existenciales cuando no están transpuestas ni proyectadas en un universo extrapersonal: poesía, mitos, metafísica (profusión, dirá más de uno, de conflictos personales para percibir conflictos de alcance general).

Urano r. T. (representación de Trascendencia)

♅ La función de Urano consiste en representar (llegada) la Trascendencia (salida). Los términos resultan elocuentes: reducción de la urgencia de lo múltiple a su denominador común; focalizar, polarizar y pasar de lo complejo a lo sencillo, es decir, codificar lo desconocido o lo imposible de conocer; lo invisible se convierte en evidente, lo sutil en espectacular, lo anónimo en modélico; efectos convergentes y eruptivos; lo contrario que jugar: revolucionar, instaurar nuevas normas (no lúdicas).

Neptuno e. T. (existencia de Trascendencia)

♆ La función de Neptuno concreta (llegada) la Trascendencia (salida). Se trata de otra fórmula explícita de los atributos asignados de forma intuitiva al astro de la vivencia irracional, el que rige la fe y las dependencias del cuerpo (quizá de todo lo físico) de los factores insondables del entorno. La focalización de lo múltiple deja de producirse en el plano de los sistemas de pensamiento (ideologías) para pasar al plano de las relaciones humanas, las facultades de percepción concreta, de uno mismo, de los demás y del mundo. Integración orgánica de lo universal y de su génesis, o bien exceso de susceptibilidad ante lo sutil. Puerta abierta a lo místico y la mistificación.

Plutón t. T. (trascendencia de Trascendencia)

♇ La función de Plutón esencialmente consiste en mantener la Trascendencia (lo complejo, sutil e informulable) en su nivel de incomunicabilidad relativa. Lo desconocido se protege y lo múltiple se desmultiplica. La resolución de un problema plantea otro. En su esencia, lo sutil es impenetrable. Cualquier codificación, formulación o conceptualización no son más que un reflejo que trata de aproximarse a la realidad incomprensible. Los «maestros» en modelos astrológicos interpretan la función plutoniana exclusivamente como contraria al Sol: corruptora, divisora, satánica, democrática, etc. Por otra parte, constituye la protección indispensable para la identidad «de uno» ante las normas de la identidad de los demás. Del mismo modo que lo único (Sol) contiene lo complejo de otro plano en el que se transforma en Plutón, la marginalidad de lo complejo (Plutón) se convierte en una nueva unidad (un Sol más grande) de otro punto de referencia (en relación con las estrellas, por ejemplo).

La LUNA asume ella sola una globalidad R.E.T. que el sistema solar (o, digamos, los significados planetarios) hace satisfacer a varios planetas.

La figura 16 ilustra la coordinación de conjunto de las diferentes funciones. Dado que ya se han planteado las fórmulas, en este punto es posible clasificar los planetas por familias en función de las salidas y las llegadas. Las siguientes clasificaciones justifican los cuestionarios propuestos para averiguar los dominantes probables de un nacimiento cuya esfera celeste no se conoce.

Grupo «R» o «R extensivo» (cuestionario 1)

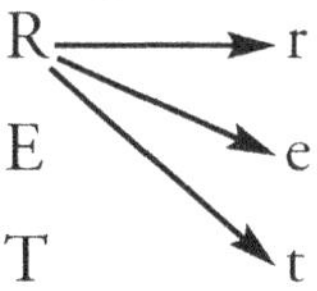

SOL (r.R.), VENUS (e.R.), MERCURIO (t.R.).
La función «R» de salida, común a las tres fórmulas, se divide en tres llegadas diferentes. Grupo de test de sociabilidad (don de gentes, diplomacia, animación, espectáculo) y comunicación.

Grupo «E» o «E extensivo» (cuestionario 2)

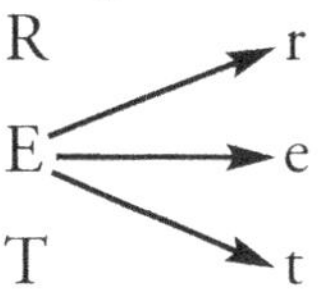

JÚPITER (r.E.), MARTE (e.E.), SATURNO (e.T.).
La función «E» de salida, común a las tres fórmulas, las aplica a tres llegadas diferentes. Grupo de test de actividades de realización (espíritu emprendedor, realismo, ambiciones concretas).

Grupo «T» o «T extensivo» (cuestionario 3)

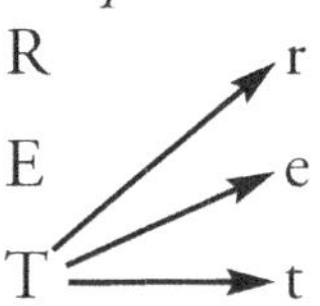

URANO (r.T.), NEPTUNO (e.T.), PLUTÓN (t.T.).
La función «T» constituye la salida común de las tres llegadas diferentes. Grupo de test de actividades imaginativas, creativas y futuristas (grado de sensibilización a las grandes ideas).

Grupo «r» o «r intensivo» (cuestionario 4)

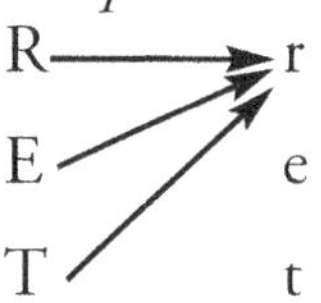

SOL (r.R.), JÚPITER (e.E.), URANO (r.T.).
La función «r» constituye la llegada común a las tres salidas diferentes. Grupo de test de autovaloración y representatividad social.

Grupo «e» o «e intensivo» (cuestionario 5)

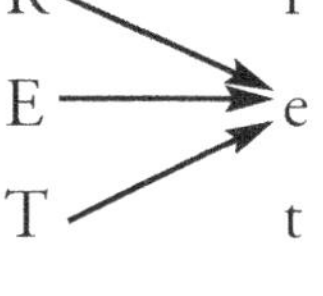

VENUS (e.R.), MARTE (e.E.), NEPTUNO (e.T.).
La función «e» constituye la llegada común a las tres salidas diferentes. Grupo de test de emotividad, sensibilidad reactiva, gustos y desagrados.

Grupo «t» o «t intensivo» (cuestionario 6)

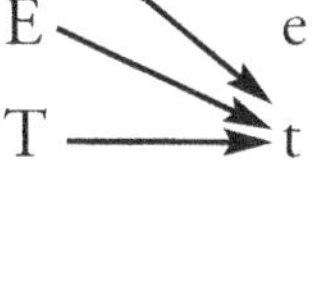

MERCURIO (t.R.), SATURNO (t.E.), PLUTÓN (t.T.).
La función «t» constituye la llegada común a las tres salidas diferentes. Grupo de test de pensamiento crítico, analítico e investigador.

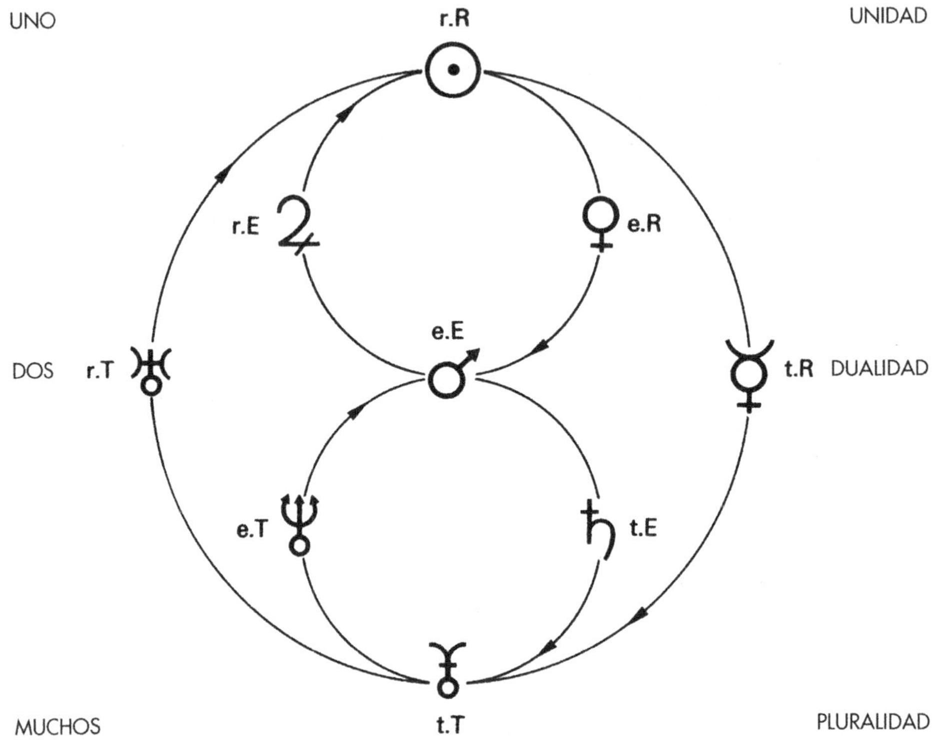

FIGURA 16: Los intercambios entre los niveles «uno», «dos» y «muchos» (sistema de referencia de las cantidades extrema y media) mantienen una relación y significación recíprocas con los intercambios entre los niveles «R» (Representación), «E» (Existencia) y «T» (Trascendencia), que definen las funciones planetarias en el sistema de referencia humano.

Estos grupos se aplican a las interpretaciones sintéticas. En función de las valoraciones determinadas por la hora de nacimiento, cada horóscopo posee una jerarquía diferente de las familias y sus elementos. El ejemplo de la figura 15 sitúa en las posiciones fuertes (orto, culminación superior, ocaso y culminación inferior de un astro) a Plutón (culmina), Urano (ocaso) y Saturno (en el punto más bajo de su trayectoria diaria). Plutón y Saturno son dos elementos del grupo «t», mientras que el tercero, Mercurio, posee valor por su conjunción (longitud zodiacal sensiblemente idéntica) con Saturno en hora de potencia, así como con el Sol. La «t» minúscula es la dominante. Urano pertenece tanto a la «T» como a la «r». En este caso nos quedaremos con la «r» minúscula, ya que se encuentra en muy buena consonancia con los otros dos elementos del grupo, Júpiter y el Sol, que a su vez están vinculados entre sí mediante un ángulo (esta vez disonante) importante (oposición). De esta forma, la jerarquía que se impondrá para los tres grupos dominantes será la siguiente: t, r, T. Y a continuación vendrá: E (Saturno en los dominantes, oposición o enfrentamiento de 180º entre Marte y Júpiter, valorizados por la presencia del Sol), R (estrecha conjunción Sol-Mercurio) y e (Venus y Neptuno en la cola de pelotón de la jerarquía de potencia). Así pues, finalmente tendremos el orden de sucesión «t, r, T, E, R, e», que el astrólogo interpreta como una fórmula de conjunto, pero también como una guía de cara a realizar interpretaciones detalladas y resolver las preguntas planteadas en la consulta.

Entre las aplicaciones sintéticas, el signo o signos zodiacales dominantes se interpretan en asociación con el primero o los dos primeros grupos principales. En este ejemplo, aparte de la combinación Sagitario-Libra (signo ascendente) y Sagitario-Acuario (valorizado por la presencia de la Luna), hay que leer los retratos de Sagitario «t» y «r». Sin duda, no son totalmente compatibles. El arte de la interpretación consiste precisamente en saber delimitar y perfilar de forma precisa tanto las contradicciones como las convergencias de los diferentes aspectos de un mismo cielo.

Cada uno de los test 1-6 se compone de una docena de afirmaciones. Si al leerlas le surge la respuesta «Sí, es eso exactamente, me ocurre a menudo o bastante a menudo», contabilice el máximo de puntos (9). Si duda entre «no siempre, pero sí bastante a menudo», con una media de 5 puntos será más que suficiente. En el caso de que la respuesta sea un «no» tajante y personal, o un «casi nunca», anote un punto. La suma de los puntos obtenidos por las doce respuestas indica su posición en el marco de la familia planetaria interrogada. Si supera los 60, es un hijo adoptado. Por encima de los 80 la relación es fuerte, y es probable que dos o tres de los planetas del grupo en cuestión se encuentren entre los dominantes de su cielo de nacimiento. Con menos de 30 la relación es débil, pero ello no quiere decir que no exista, y quizá se sienta fascinado por los valores afirmados que ve en otras personas. A continuación, compare su puntuación con la obtenida por su compañero de amor o negocios. En las relaciones humanas privilegiadas (amor o rivalidad), las puntuaciones y fórmulas a menudo son inversas: lo que está a la cabeza en una de las personas (1 o 2 grupos) se encuentra en la cola del otro, y viceversa.

La clasificación de las 6 puntuaciones le proporcionará su orden de interés en relación con las 6 familias, aunque todos los resultados se encuentren por debajo de 60, algo que puede darse si no le gustan los test o no tiene la capacidad de transponer las afirmaciones propuestas en equivalentes de la misma tónica.

Tras obtener el signo solar (mes de nacimiento) y la combinación signo solar-signo ascendente (combinación del mes, el día y la hora de nacimiento), remítase, en la segunda parte, a la interpretación de su familia planetaria dominante combinada con su signo solar. Puede probar la combinación signo y segunda familia dominante, pero no vaya demasiado lejos con esta estrategia, ya que de lo contrario podría terminar dejando atrás un perfil que resulta fundamental. Para acabar, no dude en multiplicar las experiencias sometiendo a sus íntimos, amigos y familiares a la pregunta: «¿Eres R, E o T?, ¿y de qué signo?».

Grupo «R» (Representación extensiva)

Es probable que dos o tres planetas de este grupo (Sol, Venus, Mercurio) sean dominantes si la puntuación resultante de las respuestas a las doce afirmaciones siguientes supera los 60 puntos.

1. En un contexto social, destaca fácilmente sobre los demás por su facilidad de palabra, conversación abundante y amabilidad.

Sí: 9 puntos. A veces: 5 puntos. Casi nunca: 1 punto.

2. A menudo se le requiere como compañero de juego.
Sí: 9 puntos. A veces: 5 puntos. Casi nunca: 1 punto.
3. Se valora su estilo de vida por la comodidad, el sentido de la estética y la calidad que ha conseguido otorgarle.
Sí: 9 puntos. A veces: 5 puntos. Casi nunca: 1 punto.
4. Sus amigos acuden de buena gana a su casa a contarle sus secretos.
Sí: 9 puntos. A veces: 5 puntos. Casi nunca: 1 punto.
5. No posee relaciones estables con personas conocidas por su frialdad, distancia y rigor.
Sí: 9 puntos. A veces: 5 puntos. Casi nunca: 1 punto.
6. Siente interés por varias cosas al mismo tiempo, y ya le han reprochado más de una vez su voluntad de querer abarcar mucho.
Sí: 9 puntos. A veces: 5 puntos. Casi nunca: 1 punto.
7. Su apertura de miras le hace cambiar de punto de vista, aun a riesgo de acabar sosteniendo opiniones contradictorias por necesidad.
Sí: 9 puntos. A veces: 5 puntos. Casi nunca: 1 punto.
8. No puede soportar que se critique delante de usted a las personas que quiere o admira.
Sí: 9 puntos. A veces: 5 puntos. Casi nunca: 1 punto.
9. Hasta la actualidad ha conseguido superar responsabilidades muy importantes debido a su necesidad de cambiar.
Sí: 9 puntos. A veces: 5 puntos. Casi nunca: 1 punto.
10. Sus actividades sociales o profesionales le exigen tener la capacidad de improvisar.
Sí: 9 puntos. A veces: 5 puntos. Casi nunca: 1 punto.
11. Ha rechazado perspectivas de éxito profesional para poder conservar su libertad de movimiento o proteger sus intereses afectivos.
Sí: 9 puntos. A veces: 5 puntos. Casi nunca: 1 punto.
12. Deja a un lado todas sus ambiciones personales (o intereses materiales) cuando se trata de demostrar valores y principios fundamentales.
Sí: 9 puntos. A veces: 5 puntos. Casi nunca: 1 punto.

GRUPO «E» (Existencia extensiva)

Es probable que dos o tres planetas de este grupo (Júpiter, Marte, Saturno) sean dominantes si la puntuación resultante de las respuestas a las doce afirmaciones siguientes supera los 60 puntos.

1. Sus actividades profesionales están dirigidas, de forma prioritaria, a la ampliación de sus haberes y la mejora de su situación.
Sí: 9 puntos. A veces: 5 puntos. Casi nunca: 1 punto.
2. Ha hecho gala de una gran valentía al soportar temporadas de vacas flacas antes de haber alcanzado sus ambiciones totalmente.
Sí: 9 puntos. A veces: 5 puntos. Casi nunca: 1 punto.
3. Ya se ha visto obligado a superar importantes pruebas morales y dolencias físicas sin «hundirse» (es usted «duro de pelar»).
Sí: 9 puntos. A veces: 5 puntos. Casi nunca: 1 punto.
4. Su profesión no sólo le exige saber organizarse y dirigir, sino también ser una persona «con los pies en el suelo».
Sí: 9 puntos. A veces: 5 puntos. Casi nunca: 1 punto.
5. Ha sabido invertir, rentabilizar y proteger los frutos de sus actividades ante los riesgos y reveses del destino.
Sí: 9 puntos. A veces: 5 puntos. Casi nunca: 1 punto.
6. Sabe imponerse una autodisciplina estricta y diaria para mantener su espíritu de lucha intacto.
Sí: 9 puntos. A veces: 5 puntos. Casi nunca: 1 punto.
7. Ha conseguido imponerse en su ámbito de actividad a través de su espíritu de lucha, realismo y dinamismo.
Sí: 9 puntos. A veces: 5 puntos. Casi nunca: 1 punto.
8. Se le conoce y valora como una persona que basa sus decisiones y opiniones en un análisis minucioso y riguroso de las situaciones.
Sí: 9 puntos. A veces: 5 puntos. Casi nunca: 1 punto.
9. Ha sabido extraer de sus experiencias de lucha y enfrentamiento una filosofía, una sabiduría o una nueva metodología a la hora de actuar.
Sí: 9 puntos. A veces: 5 puntos. Casi nunca: 1 punto.
10. Es usted una persona decidida: su capacidad de trabajo le permite dinamizar y dirigir un equipo hasta el límite de sus posibilidades.
Sí: 9 puntos. A veces: 5 puntos. Casi nunca: 1 punto.
11. Al basar sus ambiciones en competencias reales, ha tenido la posibilidad de acceder a responsabilidades de gran importancia.
Sí: 9 puntos. A veces: 5 puntos. Casi nunca: 1 punto.
12. Las tareas materiales que requieren paciencia, resistencia y minuciosidad nunca le desaniman, a pesar de que le aíslen.
Sí: 9 puntos. A veces: 5 puntos. Casi nunca: 1 punto.

GRUPO «T» (Trascendencia extensiva)

Es probable que dos o tres planetas de este grupo (Urano, Neptuno, Plutón) sean dominantes si la puntuación resultante de las respuestas a las doce afirmaciones siguientes supera los 60 puntos.

1. A pesar de los obstáculos y problemas externos, ha realizado al menos en una ocasión una proeza que podría calificarse de milagro.
Sí: 9 puntos. A veces: 5 puntos. Casi nunca: 1 punto.
2. Ha conseguido resolver con soluciones de gran sencillez situaciones especialmente confusas.
Sí: 9 puntos. A veces: 5 puntos. Casi nunca: 1 punto.
3. En relación con su medio de origen o entorno, existe un abismo entre su punto de partida y su punto de llegada (lo que pudiese pensarse de usted en el pasado y lo que se piensa actualmente).
Sí: 9 puntos. A veces: 5 puntos. Casi nunca: 1 punto.
4. Ha experimentado situaciones lo bastante insólitas (premoniciones, fenómenos paranormales) como para abrirle a una nueva percepción del mundo que antes le parecía inconcebible.
Sí: 9 puntos. A veces: 5 puntos. Casi nunca: 1 punto.
5. Nunca ha conseguido alcanzar objetivos importantes sin aunar su espíritu sistemático (o grandes teorías) y sus profundos sentimientos. Es usted un filósofo con corazón.
Sí: 9 puntos. A veces: 5 puntos. Casi nunca: 1 punto.
6. Tiene una forma de hablar y pensar (mediante la lógica, códigos, nombres y símbolos) que le permite oponerse al sentido común.
Sí: 9 puntos. A veces: 5 puntos. Casi nunca: 1 punto.
7. Son los momentos de mayor desesperación (sus travesías por el desierto personales) los que le hacen descubrir el sentido misterioso de la vida.
Sí: 9 puntos. A veces: 5 puntos. Casi nunca: 1 punto.
8. Su situación social, buena o mala, pero siempre poco mundana, se debe por completo a un conjunto de circunstancias (imprevistos) aparentemente inexplicable.
Sí: 9 puntos. A veces: 5 puntos. Casi nunca: 1 punto.
9. Es precursor, creador o promotor de un producto (servicio, idea, proyecto) a priori invendible, pero que, sin embargo, se ha vendido bien.
Sí: 9 puntos. A veces: 5 puntos. Casi nunca: 1 punto.

10. Pertenece, se siente cómodo o incluso es el responsable de un grupo cuyo objetivo consiste en rehacer el mundo a través de los sentimientos.

Sí: 9 puntos. A veces: 5 puntos. Casi nunca: 1 punto.

11. No duda a la hora de utilizar a fondo su imagen de marca y su autoridad personal para asumir prácticamente la defensa de una causa humanitaria incomprendida.

Sí: 9 puntos. A veces: 5 puntos. Casi nunca: 1 punto.

12. Las ideas, teorías y sistemas que ha tenido la ocasión de aprender le han estimulado más cuanto más mostraban aquello que todavía queda por descubrir.

Sí: 9 puntos. A veces: 5 puntos. Casi nunca: 1 punto.

GRUPO «r» (representación intensiva)

Es probable que dos o tres planetas de este grupo (Sol, Júpiter, Urano) sean dominantes si la puntuación resultante de las respuestas a las doce afirmaciones siguientes supera los 60 puntos.

1. Las obligaciones de su carrera profesional le exigen estar a menudo en primer plano.

Sí: 9 puntos. A veces: 5 puntos. Casi nunca: 1 punto.

2. Sus actividades le exigen tomar decisiones a menudo tajantes (y no suele reconsiderar sus opiniones).

Sí: 9 puntos. A veces: 5 puntos. Casi nunca: 1 punto.

3. Tiene la capacidad de reducir a pocas palabras, mediante fórmulas incisivas, los discursos más complejos y los pensamientos más abstractos.

Sí: 9 puntos. A veces: 5 puntos. Casi nunca: 1 punto.

4. Lo quiera o no, no puede entrar en un grupo sin convertirse en el centro de atención o el tema principal.

Sí: 9 puntos. A veces: 5 puntos. Casi nunca: 1 punto.

5. Le cuesta trabajar con una o varias personas más. No sabe compartir su sentido de la responsabilidad.

Sí: 9 puntos. A veces: 5 puntos. Casi nunca: 1 punto.

6. Sabe adaptar su intransigencia a los objetivos concretos de su política o intereses del momento.

Sí: 9 puntos. A veces: 5 puntos. Casi nunca: 1 punto.

7. Ha sabido escoger desde muy pronto principios nítidos y objetivos concretos y fijos para conducir su existencia.
Sí: 9 puntos. A veces: 5 puntos. Casi nunca: 1 punto.
8. Debe su imagen de marca a una obra, idea o pasión excepcional en la que ha depositado todas sus energías.
Sí: 9 puntos. A veces: 5 puntos. Casi nunca: 1 punto.
9. A menudo organiza el trabajo de los demás, impone la ley a su entorno o dicta normas y reglamentos.
Sí: 9 puntos. A veces: 5 puntos. Casi nunca: 1 punto.
10. Le gustan las definiciones rigurosas (de diccionario) y le horrorizan las aproximaciones y el desorden.
Sí: 9 puntos. A veces: 5 puntos. Casi nunca: 1 punto.
11. Su ascensión social acostumbra a basarse en el respeto de una jerarquía restrictiva en cuyo marco no le ha costado mucho subir escalones.
Sí: 9 puntos. A veces: 5 puntos. Casi nunca: 1 punto.
12. Con independencia de sus proyectos, ideas o trabajo, siempre escapa de lo oscuro y mediocre para proyectarse hacia los objetivos más elevados.
Sí: 9 puntos. A veces: 5 puntos. Casi nunca: 1 punto.

GRUPO «e» (existencia intensiva)

Es probable que dos o tres planetas de este grupo (Venus, Marte, Neptuno) sean dominantes si la puntuación resultante de las respuestas a las doce afirmaciones siguientes supera los 60 puntos.

1. En sus relaciones amorosas existe una porción de rivalidad superior a la media. Los enfrentamientos estimulan y añaden gracia a su vida sentimental.
Sí: 9 puntos. A veces: 5 puntos. Casi nunca: 1 punto.
2. Ha puesto su espíritu de lucha al servicio de una causa humana, generosa, que le permite abstraerse de sí mismo.
Sí: 9 puntos. A veces: 5 puntos. Casi nunca: 1 punto.
3. Le disgustan los excesos de su sensibilidad (llorar, enrojecerse, estremecerse), a pesar de buscarlos en sus disciplinas favoritas (sobre todo la música).
Sí: 9 puntos. A veces: 5 puntos. Casi nunca: 1 punto.

4. Los caracteres violentos y tiernos le atraen más de lo que sería normal.
Sí: 9 puntos. A veces: 5 puntos. Casi nunca: 1 punto.
5. Son sus intuiciones y estados de ánimo los que determinan sus frentes de batalla y revueltas. No le importa asumir riesgos desproporcionados en nombre de los mismos.
Sí: 9 puntos. A veces: 5 puntos. Casi nunca: 1 punto.
6. Es muy sensible ante lo armonioso y discordante que encuentra a su alrededor (entorno, objetos, clima, seres y cosas).
Sí: 9 puntos. A veces: 5 puntos. Casi nunca: 1 punto.
7. Cuando está seguro de lo que desea, pasa rápidamente a la acción sin considerar de forma cuidadosa los eventuales obstáculos.
Sí: 9 puntos. A veces: 5 puntos. Casi nunca: 1 punto.
8. Le gustan los héroes como Don Quijote, que se lanzan a batallas peligrosas armados con la riqueza de su imaginación y su corazón.
Sí: 9 puntos. A veces: 5 puntos. Casi nunca: 1 punto.
9. En su vida de pareja, el entendimiento moral e intelectual es menos importante que el sexual. El erotismo y los goces físicos compartidos son elementos indispensables en su vida.
Sí: 9 puntos. A veces: 5 puntos. Casi nunca: 1 punto.
10. Sus apetitos sensoriales y sensuales son insaciables; tiene lo que se denomina un «temperamento fuerte».
Sí: 9 puntos. A veces: 5 puntos. Casi nunca: 1 punto.
11. Aun a riesgo de perderse por completo, puede llegar muy lejos en la defensa de los seres que le necesitan. Su sentido del sacrificio por amor puede parecer excesivo.
Sí: 9 puntos. A veces: 5 puntos. Casi nunca: 1 punto.
12. Idealiza a aquellos a quienes ama hasta el punto de estar ciego ante sus defectos y motivaciones. Sus amores abundan en desilusiones.
Sí: 9 puntos. A veces: 5 puntos. Casi nunca: 1 punto.

GRUPO «t» (trascendencia intensiva)

Es probable que dos o tres planetas de este grupo (Mercurio, Saturno, Plutón) sean dominantes si la puntuación resultante de las respuestas a las doce afirmaciones siguientes supera los 60 puntos.
1. Su sutileza de espíritu acaba por complicarle la vida, y también la de los demás.
Sí: 9 puntos. A veces: 5 puntos. Casi nunca: 1 punto.

2. Su evolución intelectual o actividades le llevan a descubrir lo que todo el mundo oculta (o pone cara de no saber).

Sí: 9 puntos. A veces: 5 puntos. Casi nunca: 1 punto.

3. Entre sus pertenencias (archivos, baúles, cuarto de los trastos, desván) se cuentan colecciones originales, libros inéditos, objetos sorprendentes e incluso documentos comprometedores para ciertas reputaciones.

Sí: 9 puntos. A veces: 5 puntos. Casi nunca: 1 punto.

4. Las agotadoras experiencias que ha tenido la ocasión de vivir le hacen pensar que no vale la pena tomarse nada en serio.

Sí: 9 puntos. A veces: 5 puntos. Casi nunca: 1 punto.

5. El hecho de ser muy diferente de los demás le lleva a experimentar revueltas fundamentales y a plantearse grandes preguntas (filosóficas, científicas, metafísicas...).

Sí: 9 puntos. A veces: 5 puntos. Casi nunca: 1 punto.

6. Sus travesías del desierto (temporadas en el infierno) han acabado por abrirle a todas las curiosidades y posibilidades.

Sí: 9 puntos. A veces: 5 puntos. Casi nunca: 1 punto.

7. Se desencanta con facilidad tras la embriaguez de los primeros contactos.

Sí: 9 puntos. A veces: 5 puntos. Casi nunca: 1 punto.

8. Ha notado que sus opiniones críticas pueden encontrarse muy por debajo de la verdad.

Sí: 9 puntos. A veces: 5 puntos. Casi nunca: 1 punto.

9. Su sentido del humor, sus bromas o chistes suelen hacer que sus interlocutores se sientan incómodos (sobre todo cuando su intención es hacerles reír).

Sí: 9 puntos. A veces: 5 puntos. Casi nunca: 1 punto.

10. Ha encontrado tesoros inesperados (ideas, objetos o personas) en los lugares menos frecuentados.

Sí: 9 puntos. A veces: 5 puntos. Casi nunca: 1 punto.

11. Siempre sabe sacar algo, por muy poco que sea, de aquello que los demás consideran inútil o carente de importancia (sueños, fantasmas, deshechos, objetos o ideas descabelladas).

Sí: 9 puntos. A veces: 5 puntos. Casi nunca: 1 punto.

12. Siente interés por todo lo paranormal, lo relacionado con la mente, lo marginal y lo secreto.

Sí: 9 puntos. A veces: 5 puntos. Casi nunca: 1 punto.

Cálculo del ascendente

Los datos necesarios para calcular el ascendente son: la fecha, el lugar y la hora exacta de nacimiento (se acepta una aproximación de 15-20 minutos).

El procedimiento es sencillo, sólo con algunos cálculos se podrá obtener la posición del ascendente con cierta precisión.

Veamos un ejemplo con un nacimiento que tuvo lugar en Burgos, el 15 de junio de 1970, a las 17 h 30 min hora oficial.

1. La primera operación que se debe hacer siempre es consultar la tabla de las págs. 91-92 para ver si en ese momento había alguna alteración horaria con respecto a la hora de Greenwich, que es la referencia horaria mundial y la meridiano patrón para España. En el caso de este ejemplo, había una diferencia de una hora y por ello es necesario restar una hora de la hora de nacimiento. Por lo tanto, tendremos: 17 h 30 min – 1 h (huso horario) = 16 h 30 min.

En el caso de no haber hora de verano, como se denomina generalmente, no se deberá restar nada; en cambio, si hay dos horas de diferencia con la hora oficial, entonces habrá que restar dos horas.

2. El resultado que se obtiene se suma a la hora sideral, que se puede localizar en la tabla de la pág. 93. La hora sideral para la fecha tomada como ejemplo es 17 h 31 min; por lo tanto: 16 h 30 min + 17 h 31 min = 33 h 61 min. Este resultado precisa una corrección: de hecho, es necesario recordar que estamos realizando operaciones sexagesimales (es decir, estamos sumando horas, minutos y segundos). Los minutos no pueden superar los 60, que es el

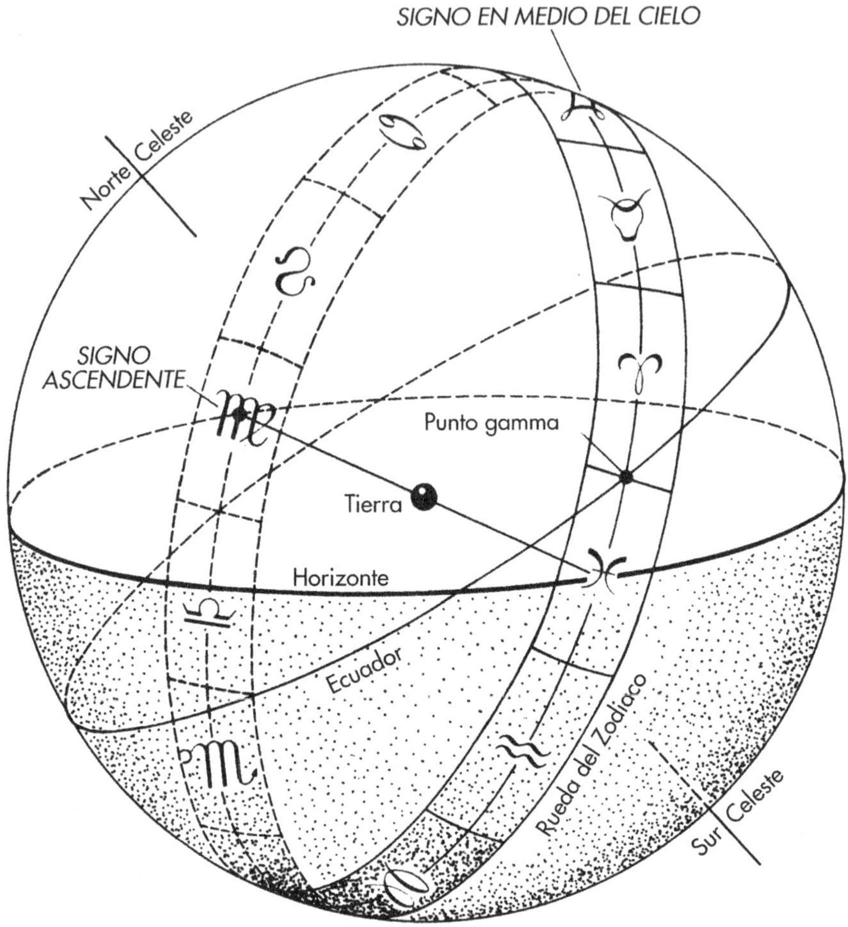

FIGURA 17: La rueda del Zodiaco desfila en el horizonte, a razón de una vuelta cada 24 horas. Los signos ascienden sucesivamente por el este del lugar del observador (a la izquierda de la figura). La intersección del horizonte astronómico con el círculo eclíptico (en medio de la rueda zodiacal) indica el ascendente. Aquí, el 2.º decanato de Virgo. Enfrente, se sitúa el descendente (2.º decanato de Piscis en esta figura).

número de minutos que hay en una hora. Por lo tanto, el resultado se tiene que modificar transportando estos 60 minutos a la izquierda, transformándolos en 1 hora y dejando invariable el número de minutos restantes. Corregido de esta forma, el resultado originario de 33 h 61 min se ha convertido en 34 h 01 min.

3. A continuación, para llegar hasta la definición exacta del tiempo sideral de nacimiento, es necesario sumar al resultado obtenido la longitud traducida en tiempo relativa al lugar de nacimiento. La tabla de la pág. 94 proporciona la longitud en tiempo para las principales ciudades españolas. En el caso de Burgos tenemos que restar 0 h 14 min 49 s. Podemos quitar los segundos para facilitar el procedimiento, ya que no alteran prácticamente el resultado. Para poder restar los minutos, debemos transformar una hora en minutos. Quedará así: 34 h 01 min = 33 h 61 min; 33 h 61 min – 0 h 14 min = 33 h 47 min. Puesto que el resultado supera las 24 horas que tiene un día, es necesario restar 24. Quedará así: 33 h 47 min – 24 = 9 h 47 min, que indica el tiempo sideral de nacimiento.

4. Después de obtener, finalmente, este dato, sólo queda consultar la tabla de la pág. 90 para descubrir en qué signo se encuentra el ascendente: en el caso que hemos tomado como ejemplo, el ascendente se encuentra en el signo de Escorpio.

Resumimos el procedimiento a seguir en el siguiente esquema, muy útil para realizar el cálculo del propio ascendente.

....	–	HORA DE NACIMIENTO	–	
1.00	=	1 HORA DE HUSO	=	(en caso necesario hay que restar 2 horas)
....	+	HORA DE GREENWICH	+	
....	=	HORA SIDERAL (tabla de la pág. 93)	=	
....	+	RESULTADO	+	
....	=	LONGITUD EN TIEMPO (tabla de la pág. 94)	=	
....		TIEMPO SIDERAL DE NACIMIENTO		

TIEMPO SIDERAL DE NACIMIENTO	=	....
ASCENDENTE (tabla en la pág. 90)	=	....

N.B. Al hacer los cálculos, hay que recordar siempre que se debe verificar que los minutos no superen los 60 y las horas no superen las 24 y realizar las oportunas correcciones como muestra el ejemplo. También se pueden efectuar todas las correcciones juntas al final del cálculo.

Busque aquí su ascendente

de 0.35' a 3.17' .... ascendente en Leo
de 3.18' a 6.00' .... ascendente en Virgo
de 6.01' a 8.43' .... ascendente en Libra
de 8.44' a 11.25' .... ascendente en Escorpio
de 11.26' a 13.53' .... ascendente en Sagitario
de 13.54' a 15,43' .... ascendente en Capricornio
de 15.44' a 17.00' .... ascendente en Acuario
de 17.01' a 18.00' .... ascendente en Piscis
de 18.01' a 18.59' .... ascendente en Aries
de 19.00' a 20.17' .... ascendente en Tauro
de 20.18' a 22.08' .... ascendente en Géminis
de 22.09' a 0.34' .... ascendente en Cáncer

TABLA DE LA HORA OFICIAL EN ESPAÑA

Desde el 1 de enero de 1901, en España rige la hora del Meridiano de Greenwich (0 00'). El 15 de abril de 1918, se introduce por primera vez la llamada *hora de verano*. Hasta esa fecha no se produce ningún cambio en la hora legal.

Año	*Fecha*	*Hora*	*Modificación*	*Fecha*	*Hora*	*Modificación*
1918	15 abril	23.00	adelanto 1 hora	6 octubre	24.00	restablecimiento hora normal
1919	6 abril	23.00	adelanto 1 hora	6 octubre	24.00	restablecimiento hora normal
1920 a 1923, rige la hora legal sin ningún cambio						
1924	16 abril	23.00	adelanto 1 hora	4 octubre	24.00	restablecimiento hora normal
1925	rige la hora legal sin ningún cambio					
1926	17 abril	23.00	adelanto 1 hora	2 octubre	24.00	restablecimiento hora normal
1927	9 abril	23.00	adelanto 1 hora	1 octubre	24.00	restablecimiento hora normal
1928	14 abril	23.00	adelanto 1 hora	6 octubre	24.00	restablecimiento hora normal
1929	20 abril	23.00	adelanto 1 hora	6 octubre	24.00	restablecimiento hora normal
1930 a 1936, rige la hora legal sin ningún cambio						
1937	16 junio	23.00	adelanto 1 hora	6 octubre	24.00	restablec. hora normal (Z. R.)
1937	22 mayo	23.00	adelanto 1 hora	2 octubre	24.00	restablec. hora normal (Z. N.)
1938	2 abril	23.00				
	30 abril	23.00	adelanto otra hora	2 octubre	24.00	se suprime 1 hora. Queda otra de adelanto (Z. R.)
1938	26 marzo	23.00	adelanto 1 hora	1 octubre	24.00	restablec. hora normal (Z. N.)
1939	hasta el 1 de abril en que se restablece el horario normal, rige 1 hora de adelanto (Z. R.)					
1939	15 abril	23.00	adelanto 1 hora	7 octubre	24.00	restablec. hora normal (Z. N.)
1940	16 marzo	23.00	se adelanta permanentemente, hasta hoy, 1 hora			
1942	2 mayo	23.00	adelanto 1 hora (total 2)	1 sept.	24.00	se suprime 1 h. Queda 1 h de adelanto
1943	17 abril	23.00	adelanto 1 hora (total 2)	2 octubre	24.00	se suprime 1 h. Queda 1 h de adelanto
1944	15 abril	23.00	adelanto 1 hora (total 2)	1 octubre	24.00	se suprime 1 h. Queda 1 h de adelanto
1945	14 abril	23.00	adelanto 1 hora (total 2)	30 sept.	24.00	se suprime 1 h. Queda otra de adelanto
1946	13 abril	23.00	adelanto 1 hora (total 2)	28 sept.	24.00	se suprime 1 h. Queda otra de adelanto
1949	30 abril	23.00	adelanto 1 hora (total 2)	2 octubre	24.00	se suprime 1 h. Queda 1 h de adelanto (hasta 1974)
1974	13 abril	23.00	adelanto 1 hora (total 2)	6 octubre	1.00	se suprime 1 h. Queda 1 h de adelanto
1975	12 abril	23.00	adelanto 1 hora (total 2)	4 octubre	24.00	se suprime 1 h. Queda 1 h de adelanto
1976	27 marzo	23.00	adelanto 1 hora (total 2)	25 sept.	24.00	se suprime 1 h. Queda 1 h de adelanto
1977	2 abril	23.00	adelanto 1 hora (total 2)	24 sept.	24.00	se suprime 1 h. Queda 1 h de adelanto
1978	2 abril	23.00	adelanto 1 hora (total 2)	1 octubre	3.00	se suprime 1 h. Queda 1 h de adelanto
1979	1 abril	2.00	adelanto 1 hora (total 2)	30 sept.	3.00	se suprime 1 h. Queda 1 h de adelanto
1980	6 abril	2.00	adelanto 1 hora (total 2)	28 sept.	3.00	se suprime 1 h. Queda 1 h de adelanto
1981	29 marzo	2.00	adelanto 1 hora (total 2)	27 sept.	3.00	se suprime 1 h. Queda 1 h de adelanto

1982	28 marzo	2.00	adelanto 1 hora (total 2)	26 sept.	3.00	se suprime 1 h. Queda 1 h de adelanto
1983	27 marzo	2.00	adelanto 1 hora (total 2)	25 sept.	3.00	se suprime 1 h. Queda 1 h de adelanto
1984	24 marzo	2.00	adelanto 1 hora (total 2)	30 sept.	3.00	se suprime 1 h. Queda 1 h de adelanto
1985	31 marzo	2.00	adelanto 1 hora (total 2)	29 sept.	3.00	se suprime 1 h. Queda 1 h de adelanto
1986	23 marzo	3.00	adelanto 1 hora (total 2)	28 sept.	3.00	se suprime 1 h. Queda 1 h de adelanto
1987	22 marzo	3.00	adelanto 1 hora (total 2)	27 sept.	3.00	se suprime 1 h. Queda 1 h de adelanto
1988	19 marzo	3.00	adelanto 1 hora (total 2)	24 sept.	3.00	se suprime 1 h. Queda 1 h de adelanto
1989	19 marzo	3.00	adelanto 1 hora (total 2)	23 sept.	3.00	se suprime 1 h. Queda 1 h de adelanto
1990	17 marzo	3.00	adelanto 1 hora (total 2)	23 sept.	3.00	se suprime 1 h. Queda 1 h de adelanto
1991	17 marzo	3.00	adelanto 1 hora (total 2)	27 sept.	3.00	se suprime 1 h. Queda 1 h de adelanto
1992	14 marzo	3.00	adelanto 1 hora (total 2)	27 sept.	3.00	se suprime 1 h. Queda 1 h de adelanto
1993	20 marzo	3.00	adelanto 1 hora (total 2)	26 sept.	3.00	se suprime 1 h. Queda 1 h de adelanto
1994	20 marzo	3.00	adelanto 1 hora (total 2)	25 sept.	3.00	se suprime 1 h. Queda 1 h de adelanto
1995	26 marzo	3.00	adelanto 1 hora (total 2)	24 sept.	3.00	se suprime 1 h. Queda 1 h de adelanto
1996	24 marzo	3.00	adelanto 1 hora (total 2)	22 sept.	3.00	se suprime 1 h. Queda 1 h de adelanto
1997	23 marzo	3.00	adelanto 1 hora (total 2)	28 sept.	3.00	se suprime 1 h. Queda 1 h de adelanto
1998	22 marzo	3.00	adelanto 1 hora (total 2)	27 sept.	3.00	se suprime 1 h. Queda 1 h de adelanto
1999	21 marzo	3.00	adelanto 1 hora (total 2)	26 sept.	3.00	se suprime 1 h. Queda 1 h de adelanto
2000	25 marzo	2.00	adelanto 1 hora (total 2)	24 sept.	3.00	se suprime 1 h. Queda 1 h de adelanto
2001	25 marzo	2.00	adelanto 1 hora (total 2)	23 sept.	3.00	se suprime 1 h. Queda 1 h de adelanto
2002	31 marzo	2.00	adelanto 1 hora (total 2)	27 oct.	3.00	se suprime 1 h. Queda 1 h de adelanto
2003	30 marzo	2.00	adelanto 1 hora (total 2)	26 oct.	3.00	se suprime 1 h. Queda 1 h de adelanto
2004	28 marzo	2.00	adelanto 1 hora (total 2)	31 oct.	3.00	se suprime 1 h. Queda 1 h de adelanto
2005	27 marzo	2.00	adelanto 1 hora (total 2)	30 oct.	3.00	se suprime 1 h. Queda 1 h de adelanto
2006	26 marzo	2.00	adelanto 1 hora (total 2)	29 oct.	3.00	se suprime 1 h. Queda 1 h de adelanto
2007	26 marzo	2.00	adelanto 1 hora (total 2)	28 oct.	3.00	se suprime 1 h. Queda 1 h de adelanto
2008	30 marzo	2.00	adelanto 1 hora (total 2)	25 oct.	3.00	se suprime 1 h. Queda 1 h de adelanto

Tabla para la búsqueda de la hora sideral												
Día	**En.**	**Feb.**	**Mar.**	**Abr.**	**May.**	**Jun.**	**Jul.**	**Ag.**	**Sept.**	**Oct.**	**Nov.**	**Dic.**
1	6.36	8.38	10.33	12.36	14.33	16.36	18.34	20.37	22.39	0.37	2.39	4.38
2	6.40	8.42	10.37	12.40	14.37	16.40	18.38	20.41	22.43	0.41	2.43	4.42
3	6.44	8.46	10.40	12.44	14.41	16.43	18.42	20.45	22.47	0.45	2.47	4.46
4	6.48	8.50	10.44	12.48	14.45	16.47	18.46	20.49	22.51	049	2.51	4.50
5	6.52	8.54	10.48	12.52	14.49	16.51	18.50	20.53	22.55	0.53	2.55	4.54
6	6.56	8.58	10.52	12.55	14.53	16.55	18.54	20.57	22.59	0.57	2.59	4.57
7	7.00	9.02	10.56	12.58	14.57	16.59	18.58	21.00	23.03	1.01	3.03	5.01
8	7.04	9.06	11.00	13.02	15.01	17.03	19.02	21.04	23.07	1.05	3.07	5.05
9	7.08	9.10	11.04	13.06	15.05	17.07	19.06	21.08	23.11	1.09	3.11	5.09
10	7.12	9.14	11.08	13.10	15.09	17.11	19.10	21.12	23.14	1.13	3.15	5.13
11	7.15	9.18	11.12	13.15	15.13	17.15	19.14	21.16	23.18	1.17	3.19	5.17
12	7.19	9.22	11.16	13.18	15.17	17.19	19.18	21.20	23.22	1.21	3.23	5.21
13	7.23	9.26	11.20	13.22	15.21	17.23	19.22	21.24	23.26	1.25	3.27	5.25
14	7.27	9.30	11.24	13.26	15.24	17.27	19.26	21.28	23.30	1.29	3.31	5.29
15	7.31	9.33	11.28	13.30	15.28	17.31	19.30	21.32	23.34	1.32	3.35	5.33
16	7.35	9.37	11.32	13.34	15.32	17.34	19.34	21.36	23.38	1.36	3.39	5.37
17	7.39	9.41	11.36	13.38	15.36	17.38	19.38	21.40	23.42	1.40	3.43	5.41
18	7.43	9.45	11.40	13.42	15.40	17.42	19.42	21.44	23.46	1.44	3.47	5.45
19	7.47	9.49	11.44	13.46	15.44	17.46	19.46	21.48	23.50	1.48	3.50	5.49
20	7.51	9.53	11.48	13.50	15.48	17.50	19.49	21.52	23.54	1.52	3.54	5.53
21	7.55	9.57	11.52	13.54	15.52	17.54	19.53	21.56	23.58	1.56	3.58	5.57
22	7.59	10.01	11.55	13.58	15.56	17.58	19.57	22.00	0.02	2.00	4.02	6.01
23	8.03	10.05	11.58	14.02	16.00	18.02	20.02	22.04	0.06	2.04	4.06	6.05
24	8.07	10.09	12.02	14.06	16.04	18.06	20.06	22.08	0.10	2.06	4.10	6.09
25	8.11	10.13	12.06	14.10	16.08	18.10	20.10	22.12	0.14	2.12	4.14	6.13
26	8.15	10.17	12.10	14.14	16.12	18.14	20.14	22.16	0.18	2.16	4.18	6.17
27	8.19	10.21	12.14	14.18	16.16	18.18	20.18	22.20	0.23	2.20	4.22	6.21
28	8.23	10.25	12.18	14.22	16.20	18.22	20.22	22.24	0.26	2.24	4.26	6.24
29	8.26	10.29	12.22	14.26	16.24	18.26	20.26	22.27	0.30	2.28	4.30	6.28
30	8.30		12.26	14.29	16.28	18.30	20.30	22.31	0.34	2.32	4.34	6.32
31	8.34		12.30		16.32		20.33	22.35		2.36		6.36

TABLA DE COORDENADAS DE LAS PRINCIPALES CIUDADES DE ESPAÑA

Ciudad	*Latitud*	*Longitud*	*Ciudad*	*Latitud*	*Longitud*
ALBACETE	39° 00'	– 7' 25"	LINARES	38° 06'	– 14' 32"
ALCUDIA	39° 52'	+ 11' 36"	LOGROÑO	42° 28'	– 9' 47"
ALGECIRAS	36° 09'	– 21' 52"	LORCA	37° 41'	– 6' 48"
ALICANTE	38° 20'	– 1' 56"	LUGO	43° 01'	– 30' 14"
ALMERÍA	36° 50'	– 9' 52"	MADRID	40° 24'	– 14' 44"
ANDORRA			MAHÓN	39° 50'	+ 17' 12"
LA VELLA	42° 30'	+ 6' 00"	MÁLAGA	36° 43'	– 17' 41"
ÁVILA	40° 39'	– 18' 47"	MANACOR	39° 34'	+ 12' 53"
BADAJOZ	38° 53'	– 27' 53"	MANRESA	41° 44'	+ 7' 20"
BARCELONA	41° 23'	+ 8' 44"	MARBELLA	36° 30'	– 19' 36"
BILBAO	43° 15'	– 11' 42"	MIERES	43° 15'	– 23' 04"
BURGOS	42° 20'	– 14' 49"	MURCIA	37° 59'	– 4' 31"
CÁCERES	39° 28'	– 25' 29"	ORENSE	42° 20'	– 31' 27"
CADAQUÉS	42° 17'	+ 13' 08"	OVIEDO	43° 22'	– 23' 22"
CÁDIZ	36° 32'	– 25' 11"	PALENCIA	42° 00'	– 18' 08"
CALATAYUD	41° 20'	– 6' 40"	P. MALLORCA	39° 34'	+ 10' 36"
CARTAGENA	37° 38'	– 3' 55"	PAMPLONA	42° 49'	– 6' 36"
CASTELLÓN	39° 50'	– 0' 09"	PLASENCIA	40° 03'	– 24' 32"
CIUDAD REAL	38° 59'	– 15' 43"	PONFERRADA	42° 33'	– 26' 20"
C. RODRIGO	40° 36'	– 26' 08"	PONTEVEDRA	42° 26'	– 34' 35"
CÓRDOBA	37° 53'	– 19' 07"	SALAMANCA	40° 57'	– 22' 40"
CORUÑA	43° 23'	– 33' 34"	SAN SEBATIÁN	43° 19'	– 7' 56"
CUENCA	40° 04'	– 8' 32"	STA. CRUZ DE		
ÉIBAR	43° 11'	– 11' 52"	TENERIFE	28° 28'	– 1h 5' 57"
ELCHE	38° 15'	– 2' 48"	SANTIAGO DE		
FRAGA	41° 32'	– 1' 24"	COMPOSTELA	42° 52'	– 34' 12"
FUERTEVENTURA	28° 30'	– 56' 00"	SANTANDER	43° 28'	– 15' 13"
GERONA	41° 59'	+ 11' 18"	SEGOVIA	40° 57'	– 16' 30"
GIJÓN	43° 32'	– 22' 48"	SEVILLA	37° 23'	– 23' 58"
GOMERA	28° 10'	– 1h 08 ' 20"	SORIA	41° 46'	– 9' 52"
GRANADA	37° 11'	– 14' 24"	TARRAGONA	41° 07'	+ 5' 02"
GUADALAJARA	40° 38'	– 12' 39"	TERUEL	40° 20'	– 4' 26"
HIERRO	27° 57'	– 1h 11' 44"	TOLEDO	39° 51'	– 16' 05"
HUELVA	37° 16'	– 27' 47"	TORTOSA	40° 49'	+ 2' 04"
HUESCA	42° 08'	– 1' 38"	TUDELA	42° 04'	– 6' 24"
IBIZA	38° 54'	+ 5' 44"	VALENCIA	39° 28'	– 1' 30"
JAÉN	37° 46'	– 15' 09"	VALLADOLID	41° 39'	– 18' 53"
LA PALMA	25° 40'	– 1h 11' 20"	VIELLA	42° 42'	+ 3' 16"
LANZAROTE	29° 00'	– 54' 40"	VIGO	42° 18'	– 34' 44"
LAS PALMAS G.C.	28° 06'	– 1 h 01' 40"	VITORIA	42° 51'	– 10' 42"
LEÓN	42° 36'	– 22' 16"	ZAMORA	41° 30'	– 23' 01"
LÉRIDA	41° 37'	+ 2' 30"	ZARAGOZA	41° 34'	– 3' 31"

SEGUNDA PARTE

1.
El trío de la energía

Aries

Tauro

Géminis

Aries

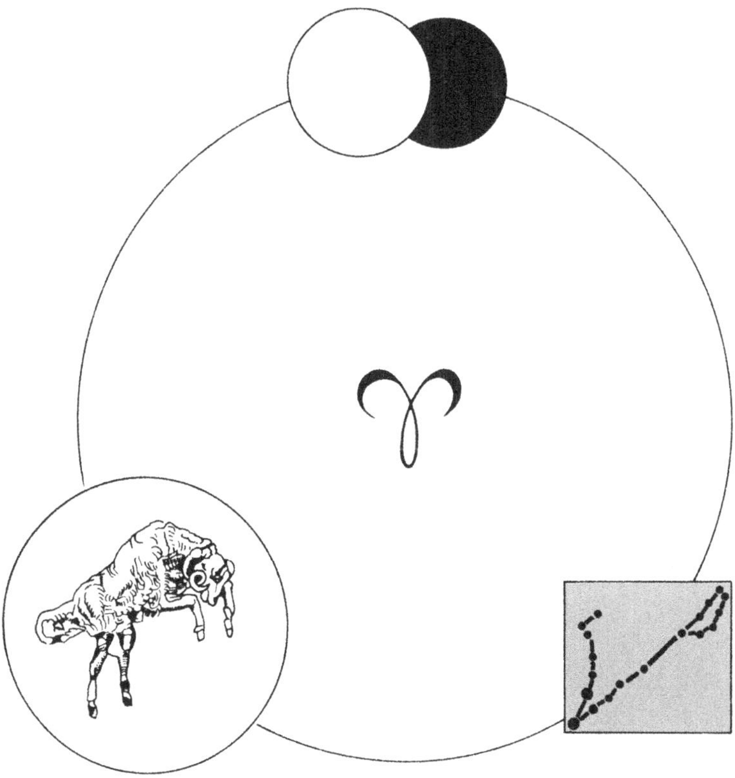

FÓRMULAS

EN ASTROMETRÍA

Con una latitud geográfica media de 45°, cuando el Sol atraviesa este signo entre el 22 de marzo y el 22 de abril, o bien cuando un astro (sin latitud celeste) pasa de 0° a 30° de este signo.

- Su tiempo de presencia por encima del plano del horizonte pasa de 12:00 h a 13:34 h.
- Su altura máxima o culminación superior pasa de 45° a 56° 29' Norte.
- Su altura en relación con el plano de la eclíptica o declinación pasa de 0° 0' a 11° 29' Norte.
- Su acimut en el orto pasa de 90° 0' a 106° 21'.

FÓRMULAS CONDICIONALISTAS

(véase primera parte de la obra)

En relación con el modo «adaptado»:

- Fuerza de excitación (F +): ¡adelante!
- Velocidad de excitación (V +): ¡a la primera!

En sentido de los contrarios.

En relación con el modo «contraadaptado»:

- Debilidad de inhibición (d –): ¡sin freno!
- Inercia de inhibición (I –): ¡desembraga, esto echa humo!

En fase igualitaria.

CONTEXTO

Aries reacciona con respecto al conjunto del ciclo zodiacal anterior. Con su signo se produce una vuelta a la «línea de salida». Todo debe volverse a hacer: hay que reaccionar, no dejarse llevar y no flaquear, todo lo contrario que con el signo Piscis, que le precede y ante el que, en definitiva, reacciona de forma más específica.

También se ha acabado el soñar despierto, fantasear o dejar volar la imaginación, y se hace imperativo actuar, reaccionar, coger las riendas y reponerse. Como decía el Aries Descartes, las exigencias de la acción «no soportan demora alguna», no soportan que nos hundamos en la meditación y la reflexión, que complican y paralizan la toma de decisiones. Así pues, rechaza de forma inconsciente los valores de Piscis, toda una forma de ver, sentir y pensar que considera anacrónica.

Sin lugar a dudas, le cuesta entender cómo es posible carecer de contactos y enfrentamientos con el mundo exterior, no tener interés ni prestar atención a lo que pasa a nuestro alrededor, no tomar partido en la batalla de la vida y no comprometerse de forma transparente. Le desagradan los equívocos, las soluciones que no lo son; no le gusta que las cosas terminen en agua de borrajas.

De todas las cualidades de Piscis tan sólo alcanza a comprender bien las insuficiencias: las personas de este signo le parecen caricaturas, sobre todo su sentido de la complejidad, que considera una falta de capacidad de decisión o una filosofía de la ambigüedad; su alejamiento de los odios y enfrentamientos entre clanes que agitan la superficie del mundo le parece muy criticable.

Seguramente en su entorno, alrededor de usted, haya nativos de Piscis. Sería interesante analizar las relaciones que mantiene con ellos, las reacciones que tiene frente a algunos de sus comportamientos. Es probable que sienta ganas de despertarlos, de zarandearlos, a menos, como es obvio, que posea un ascendente Piscis o que un dominante planetario «T» le incite a tomar una mayor distancia con respecto al mundo. En estos casos, tendrá una mejor comprensión de los Piscis, y quizá le despierten ecos lejanos de otro universo, la nostalgia de un paraíso perdido donde el hombre no tenía que luchar para vivir ni combatir para afirmarse.

Si es posible que sus periodos de poca energía le dejen un regusto de «Piscis», también le ocurrirá a la inversa, que tenga un regusto de «Tauro» cuando sueñe con el futuro y lo imagine más factible incluso que el presente. Sea como sea, en usted existe un Tauro que dormita de acuerdo con la lógica de la evolución zodiacal.

También es posible que aspire, de forma inconsciente, a cambiar su forma de aprehender las cosas, y en ocasiones se ponga a «rumiar» imágenes de felicidad tranquila: tomarse la vida con calma, saborear los placeres de la existencia lejos de los alborotos de la vida. En definitiva, detrás de su inclinación por la lucha se perfilan la promesa y el espejismo de un «descanso del guerrero».

Por otra parte, no cabe duda de que los nativos de Tauro no le dejan indiferente en absoluto (o las nativas, en función de los gustos de cada cual). Si tiene personas del signo Tauro a su alrededor, pregúntese qué es lo que tienen, qué es lo que tanto le atrae de ellas. Quizá le guste su «fuerza tranquila» o le aporten una mayor moderación mediante su sentido positivo del realismo, que de esta forma constituye un freno saludable a su forma de precipitarse. Para usted no pueden ser más que buenos consejeros. Además, siente envidia por su tenacidad y obstinación: hay días en que le gustaría ser como ellos, menos impulsivo y más reflexivo, menos combativo y más eficaz, lo que a veces le hace sentir pena por no ser aún Tauro.

LAS CUATRO DIMENSIONES DE SU PERSONALIDAD

¡Adelante! (fuerza de excitación)

Posicionarse a través de la oposición: este podría ser el lema de la primera faceta de su personalidad. Siente la necesidad de probar y medir su fuerza, sea esta moral o física. Además, el resto de la gente suele atribuirle, en general, un espíritu de lucha y una gran capacidad de acción que le permiten enfrentarse a las situaciones más diversas y superar las adversidades, cueste lo que cueste.

Así pues, dispone de una gran reserva de vitalidad y dinamismo que puede traducirse sencillamente en unas ganas naturales de vivir, que le hacen morder la existencia con la boca bien abierta y que necesita expresar o utilizar de una u otra forma. En este sentido, su problema radicará, sin duda, en encontrar una «forma de expresión» o «aplicación» de la energía que hay en su interior. En efecto, y al menos en principio, le costará soportar una existencia plana, aburrida y monótona, que le haga sucumbir bajo el peso de la rutina y la carga de la costumbre. Tiene la necesidad de coger la vida por los cuernos, de sentirse vivo con intensidad, de estar a la cabeza: en sentido literal o figurado, debe avanzar o hacer avanzar, algo que le puede aportar espíritu de iniciativa, inclinación por la aventura, deseo de innovación e incluso motivación para ser dirigente, entrenador o animador, dependiendo de su ámbito de actividad o de sus gustos personales.

En cualquier caso, lo fácil no es su fuerte. Para afirmarse necesita un contrincante de su talla y obstáculos hechos a su medida. En este sentido, le gusta sentir resistencia y busca de forma espontánea personas polemistas. En el fondo, lo fundamental es sentir, frente a usted, una fuerza contraria que le estimule, o a la que pueda provocar cuando nada ni nadie se manifieste en su contra. Usted necesita un enemigo, por muy metafórico que sea. Siente la necesidad de reaccionar o hacer reaccionar; a este respecto, el hecho de lanzarse a la aventura (si es que forma parte de los Aries que lo arriesgan todo) no es más que una forma de ponerse en situación de reaccionar al tener que enfrentarse a lo desconocido, midiendo sus fuerzas con las del azar y provocando y forzando el destino. Ahora bien, cada Aries mantiene su combate personal, ya que no existe un único estereotipo: el sentido de la dualidad conflictiva puede conferirle tanto un espíritu de contradicción o revuelta como una inclinación a la lucha o la polémica, una conciencia de la dualidad propia o la sensación de fuerzas opuestas que se enfrentan en su interior.

Por otra parte, de su voluntad de afirmación individual deriva una necesidad imperiosa de independencia. De esta forma, es posible que sienta un horror visceral ante todo lo disciplinado o limitado que se ejerce en su entorno, o bien que, en general, ejerza presión sobre los derechos de la persona a disponer de sí misma. De hecho, le cuesta mucho soportar que las normas sociales de todo tipo puedan transgredir las leyes de su instinto natural, o bien atentar de cualquier modo contra su libertad de pensamiento y actuación. Así pues, es posible que sea profundamente individualista a pesar de aceptar las normas de la vida en común. En particular, muy a menudo sus acciones y palabras vienen dictadas por los sentimientos y convicciones propios, sin preocuparse demasiado por los demás ni dejarse influir por consideraciones relativas a las costumbres y el decoro. En este sentido, su reputación de persona sincera, que habla y actúa con franqueza, podría no ser más que una voluntad de seguir siendo usted mismo al margen de las circunstancias y los interlocutores.

Además, la mayoría de las veces sus decisiones son bruscas y sus posiciones inamovibles. Le gustan las situaciones claras y tajantes, y se esfuerza por no dejar ni un resquicio de ambigüedad o confusión, así como por poner las cosas en su sitio, una actitud que no da cabida a sutilezas artísticas o diplomáticas, a soluciones intermedias ni a compromisos hipócritas. De hecho, su afán por ser honesto constituye ante todo una necesidad de transparencia. Para usted, hablando en términos generales y retomando una fórmula de Zola, famoso nativo de este signo, «la necesidad de un sí o un no es absoluta». Sin lugar a dudas, los demás le considerarán una persona entera, de una pieza, tajante, un hombre que predica el «ahora o nunca» y el «así o de ninguna forma»; en ocasiones se le reprochará el lado contundente y avasallador de sus argumentos, aunque se valorará, en muchas ocasiones, su rectitud y capacidad de determinación. Si no cae en las medias tintas, no habla con medias palabras ni pasa a la acción a medias, su compromiso será total y absoluto. Tomada una decisión, sabe entregarse por completo a ella cueste lo que cueste. De hecho, no escatima energía, algo que, sin duda, constituye el secreto de su legendaria generosidad.

Las debilidades vinculadas a la primera faceta de su signo evocan un Aries algo caricaturesco, del estilo «luchador a toda costa» o «perro ladrador, poco mordedor». Su apetito por la vida resulta abrumador. Vive a tambor batiente, en un mundo que nunca se detiene: todo se convierte en un pretexto para ponerse manos a la obra, para gastar o agotar una energía que le cuesta canalizar. Le gustaría combatir en todos los frentes, responder siempre y en todos los lados con un «¡presente!»... Y así ocurre que se lanza de experiencia en experiencia, siempre preparado para emprender nuevas aventuras o múltiples proyectos.

¡A la primera! (velocidad de excitación)

Si la primera faceta de su signo ponía de manifiesto una tendencia a actuar, la segunda subraya la rapidez y energía con que se acometen estas reacciones. Esta «velocidad de excitación» (V +), para usar el término técnico, da cuenta de su impaciencia, su entusiasmo y su eventual violencia. En este caso, se trata de respuestas instintivas, espontáneas e inmediatas que hacen hincapié, cada una a su manera, en una capacidad para vivir con intensidad el momento presente. Consigue «arrancar a la primera», como suele decirse, lo que conlleva una sensibilidad despierta al entorno, algo que explicaría sus cambios de humor, relativamente frecuentes.

De hecho, es usted una persona de instintos e instantes: sus opiniones y decisiones son rápidas por norma general, sabe no encallarse en la reflexión ni perderse en divagaciones y vacilaciones varias. Así pues, en usted no existe una gran distancia entre pensamiento y acción: casi siempre actúa influido por la impresión y el impulso del momento, sin calcular ni tener dobles intenciones (llegando a veces incluso a ser ingenuo), aun a riesgo de verse obligado a hacer reajustes y volver al punto de partida. A este respecto, está más dotado para la táctica y el sentido de la acción puntual y circunstancial que como estratega que esboce sobre el papel el escenario de sus futuras actividades. Esta forma de proceder le confiere una buena intuición para la improvisación; siente alergia ante los proyectos muy madurados y los planes largamente programados: sabe generar lo inesperado o sorprender, ser imprevisible e incluso desconcertante.

En el fondo, es usted de los que sólo lo intentan una vez, de los que deben acertar a la primera. Esto le aportará golpes de inspiración, momentos de genio o, en un sentido más negativo, accesos de obstinación; no obstante, no cabe duda de que también le proporcionará un sentido de la réplica y la contestación: golpe por golpe, ojo por ojo, cara a cara, lo normal es que sus respuestas no se hagan esperar, llegando incluso a considerar que la mejor de las defensas es un ataque, un ataque sorpresa y relámpago. No obstante, sus ataques repentinos también podrán ser verbales, de forma que destacará por la energía de sus afirmaciones y el ímpetu de su pensamiento o imaginación.

En definitiva, sabe indignarse *contra* algo del mismo modo que se entusiasma *por* algo. Sus sentimientos adolecen de un contraste violento: de esta forma, pasión y odio, sentimiento y resentimiento constituyen a sus ojos una prueba fundamental de la existencia. Nada le horroriza más que la indiferencia. También puede ocurrirle que, para sacudir la apatía que le rodea, suscite respuestas y provoque reacciones: si a veces la indignación hace que se rebele, también ocurre que, por sus actitudes y palabras provocadoras, termina despertando la indignación y el clamor generales. Evolucionar o hacer evolucionar: lo importante es que el mundo se mueva, que la vida, de una forma u otra, ponga de manifiesto su presencia.

Sea de carácter interno o externo, su efervescencia también le hace huir de cualquier modalidad de inmovilismo. También es posible que le guste el ambiente de las despedidas y los comienzos, la emoción vinculada a ellos, así como saborear lo inédito, lo imprevisto, lo improvisado y la aventura, además de ser sensible a todo aquello que constituya una manifestación o agitación espontáneas: la insurrección del amor propio, los sentidos, la conciencia e incluso la plenitud del espíritu que constituye la capacidad de maravillarse. En este último caso, la segunda faceta de su signo posee el rostro de la infancia, una infancia de la que ha conservado toda la frescura de espíritu y de sentimientos, a pesar del paso de los años.

Esta segunda dimensión del signo también incluye puntos débiles: por ejemplo, puede conllevar el inconveniente de convertirle en una persona excesivamente «reactiva», de hacerle tambalearse entre el impulso y la reacción, como si todo le concerniese, le afectase o implicase, y nada pudiese dejarle indiferente. Es posible que este temperamento tan excitable le acarree una inestabilidad global y una falta de constancia en sus opiniones y de continuidad en su conducta. De hecho, puede llegar un momento en que la única verdad y norma de conducta de que disponga sea la del sentimiento actual: percibe los proyectos como hipotecas sobre el futuro, como costumbres y corsés insoportables. Tiene tendencia a dar prioridad a la emoción como manifestación única y auténtica de su ser, y desea ser usted mismo hasta en lo inconsecuente y contradictorio que posee su personalidad. Por otra parte, sus sucesivos actos de sinceridad rara vez carecerán de cambios repentinos y giros de última hora.

¡Sin frenos! (debilidad de inhibición)

Si la segunda faceta de su signo podría corresponderse, de forma metafórica, con la velocidad de aceleración de su vehículo (V +), la tercera, siguiendo con esta misma comparación, pone de manifiesto los defectos del sistema de frenado e incluso su incapacidad para detenerse. Al contrario que Piscis, su signo inverso, usted no sabe levantar el pie, apagar el contacto, retirarse de la carrera, desconectar, abandonar o descansar. Por ello, deberá tener cuidado con sobrecalentar el motor, con salirse de la carretera, con los accidentes, choques y colisiones de todo tipo.

Hablando en términos menos metafóricos, resulta manifiesto que, en los momentos difíciles, carece de control y dominio sobre sí mismo: normalmente, aquello que le retenga y limite suscitará excesos y arrebatos en su persona. En el extremo, llegará un momento en que pierda el control y esté «fuera de sí» en sentido literal. De esta forma, puede convertirse en una caricatura de sí mismo: su tendencia a actuar se transforma en impulsividad; su rapidez de decisión, en inconsciencia e irreflexión; su gusto por lo imprevisto, en imprevisión; su inclinación hacia el riesgo, en imprudencia. Si no cuenta con ciertas contenciones, tenderá a vivir en el exceso, la exageración y la desmesura, pasándose continuamente de la raya o yendo demasiado lejos. Con esta actitud, imprimirá a su vida un ritmo desenfrenado, a menos que su frenesí sea de carácter interno y, por tanto, no deba expresarse mediante el delirio y el desorden de sus sentimientos.

En cualquier caso no podrá escatimar energías, reprimir sentimientos, contener impulsos ni superar arrebatos. Desbordado de sí mismo, se entregará por completo a la furia de sus pasiones y al frenesí de sus acciones. Quiere vivir con plenitud e intensidad, a todo gas, y no con medias tintas o de forma amortiguada: odia las costumbres en la medida en que suavizan los entusiasmos más intensos y las pasiones más enérgicas. Habida cuenta del carácter absoluto de sus exigencias, de su deseo de vivir a plena luz, sin dejar en la penumbra ninguna parte de su persona, no hay nada que le parezca imposible: se lanza hasta el límite de sus sueños, haciendo caso omiso de los consejos de prudencia y las limitaciones impuestas incluso por la realidad.

En otro orden de cosas, su «falta de inhibición» (d –) puede desembocar en el exhibicionismo, en la tentación de «soltarlo» todo, como suele decirse, de no callarse ni ocultar nada, de desvelar sin consideración ni restricción alguna lo más profundo de su pensamiento o, parafraseando a Baudelaire, de «desnudar su corazón».

Su falta de freno, por otra parte, le impide limitar sus impulsos. Ya se trate de asuntos sentimentales o profesionales, podría decirse que le cuesta «desinvertir». Además, por perdida que pueda parecer una situación, por desfavorable que parezca la eventual conclusión, tenderá a llevar hasta el final sus energías o pasiones, sus errores o ilusiones, aun a riesgo de pillarse los dedos. No sabe renunciar ni resignarse. En el ámbito afectivo en particular, la supervivencia de sus sentimientos puede provocarle emociones siempre vivas, remordimientos y rencores todavía tenaces, a pesar de haber transcurrido años. Las experiencias más importantes del pasado no pierden ni un ápice de intensidad: como cantaba Brel, que también es Aries, «no olvidamos nada de nada». De este modo, las impresiones de la infancia y los estigmas de la adolescencia pueden permanecer pasmosamente presentes en su memoria, como tantos otros recuerdos vergonzosos, heridas abiertas o alegrías inmutables.

En el fondo, para usted nada se acaba verdaderamente, nada queda totalmente «liquidado». Nunca pasa página. En este sentido, su espíritu de revuelta puede aferrarse a los diversos silencios con que la sociedad rodea aquello y aquellos que la perturban (Brando). De esta forma, es posible que acabe tomando partido por los reprobados, los parias, las víctimas de la indiferencia y la apatía generales, por todos aquellos que, de un modo u otro, caen en las trampas y calabozos de la buena conciencia colectiva. Denunciar las injusticias, gritar a pleno pulmón la verdad constituyen sendas formas de negarse a cerrar los ojos de forma tácita, de no aceptar los mecanismos sociales del olvido.

De esta forma, puede erigirse como un «perturbador», una persona que obstaculiza el curso habitual de las cosas. Y es que, además, sabe cómo no caer en el olvido, cómo permanecer en el recuerdo de la normalidad bien pensante a través de la enormidad, así considerada, de su comportamiento y sus sentencias. Esto puede hacer que el sentimiento de su libertad individual degenere con mucha facilidad en una afirmación libertaria que se erija en contra de todas las censuras cuya realidad tratan de velar con pudor los hombres.

¡Desembraga, esto echa humo! (inercia de inhibición)

Para pasar de la tercera a la cuarta dimensión de su signo, bastaría evocar la recaída que normalmente suele seguir a los periodos de extrema excitación. No obstante, este estado de ausencia y abatimiento, que señala una ruptura con el entorno, tan sólo constituye el grado cero de una inadaptación al momento actual susceptible de adquirir formas tanto más variadas cuanto más acusadas. Si este proceso de inadaptación persiste y se instala como una constante en su comportamiento, la cuarta faceta de su signo resaltará su rechazo o imposibilidad de adaptación, así como su tendencia a permanecer fijo en otros lugares diferentes del aquí y el ahora.

En efecto, es posible que para usted adaptarse equivalga a traicionarse, negarse, aceptar ser domesticado y sacrificar algo de sí mismo, una infidelidad a aquello que forma parte integrante de su persona, que le resulta, a todas luces, intolerable.

De esta actitud mental fundamental puede derivar el sentimiento profundo de su permanencia, una impresión de continuidad que le permite resistir masiva y pasivamente ante la adversidad. No está dispuesto a moverse ni un ápice de su posición. Nada ni nadie pueden doblegarle, disuadirle, hacerle entrar en razón o dar marcha atrás. Anclado en las profundidades de sí mismo, fuertemente amarrado a sus convicciones, se niega a transigir o ceder a las influencias, a rendirse ante la evidencia. En el mejor de los casos, se erigirá como una figura indefectible, como un «valor seguro» frente a las devaluaciones que sufren las maneras y los caprichos pasajeros, como una roca inalterable que resiste la erosión del tiempo y la presión de los acontecimientos. En el extremo, se le asimilará con un capitán a las anchas en su navío; en el peor de los casos, caerá en el anacronismo, emprendiendo batallas de retaguardia cuando la guerra ya ha acabado, siguiendo con el interrogatorio cuando el juicio ha finalizado. En definitiva, se niega a aceptar el veredicto del tiempo y los acontecimientos.

A un nivel más banal y pasivo, le cuesta acostumbrarse a los cambios de su vida: no consigue ni hacerse a ellos ni reinventarse. En este sentido, la incapacidad para olvidar que caracterizaba la tercera faceta de su signo puede verse impulsada por un inmovilismo en el pasado: permanecer fiel y similar a uno mismo también puede equivaler a rechazar el presente y sus transformaciones inevitables para volver a un pasado engalanado con todos los atributos de la estabilidad. Nostálgico irredento, da la espalda a la realidad presente para vivir en su universo mental, en la torre de marfil de sus pensamientos y sentimientos.

También puede desarrollar una tendencia a no desprenderse de nada de lo que ya haya ocurrido. De esta forma, toda evolución se convierte en sinónimo de pérdida inevitable, superación de lo pasado o desarraigo. A un nivel estrictamente individual, puede ser sensible de forma exagerada al paso del tiempo, a la lenta decrepitud que constituye el envejecimiento, a la pérdida irremediable que supone la salida de la infancia y el acceso al mundo adulto, o bien, de forma más general, percibir en cualquier avance una decadencia irremediable. A este respecto, su frente podría consistir en denunciar los trastornos del mundo contemporáneo, en procurar que el presente no acabe desdibujando el pasado y que este se perpetúe en el presente. En el extremo, para usted, ir a la cabeza equivaldría a retroceder, algo que podría derivar, ocasionalmente, en ideas reaccionarias o sencillamente «retro», así como en un gusto acusado por las antigüedades y lo anticuado.

En cualquier caso, no pertenece usted a su época, pudiendo desarrollar una fascinación por lo arcaico, lo pasado de moda y las civilizaciones antiguas (Baudelaire) o extranjeras, así como por todo aquello que lleve la marca de otro lugar al que huir del mundo contemporáneo y su fluir. Y es que es usted sensible a la perennidad de las cosas, y no le hace falta nada más para desarrollar una inclinación por lo absoluto o por la abstracción, siempre que su espíritu se preste a ello y su educación lo permita. Abstraerse es apartarse de la realidad, y su atracción por lo inmaterial y por el mundo de las ideas puras traducirá su desvinculación de la realidad. El peligro consistiría en cerrarse al mundo, parapetarse en el hermetismo, en un universo aparte cuyos secretos tan sólo conozca usted, acomodándose de este modo en una situación de inadaptación a la vida ordinaria, práctica y cotidiana.

PERCEPCIÓN DEL RESTO DE SIGNOS

Piscis

Dado que es su signo «inverso», lo cierto es que Aries y Piscis son la noche y el día. Los Piscis son, de alguna manera, su «mundo al revés». Además, las personas de este signo, consideradas misteriosas y enigmáticas, deben serlo aún más a sus ojos. Si siente atracción por ellas es, sin duda, porque le fascina lo desconocido, y también porque quizá sea un Aries «T». En caso contrario, usted posee las cualidades de las que, en teoría, ellos carecen. Seguramente, no le costará reprocharles su falta de energía, voluntad y espíritu de lucha. Si es un auténtico Aries, debe tener cuidado con negarse a comprender un universo del que se siente totalmente ajeno.

Pareja: valora la ternura y comprensión de Piscis, así como su forma de no dar demasiada importancia a sus reacciones, en ocasiones demasiado enérgicas o brutales. Ahora bien, si le gustan las explicaciones sinceras, si quiere que le hagan frente, desde luego un Piscis no será su compañero ideal, ya que podría sufrir con su actitud y terminar escapando. En términos absolutos, ambos signos carecen de complementariedad. No obstante, consulte los signos ascendentes y compare los dominantes planetarios (respuestas a los cuestionarios), ya que es posible que le digan mucho más sobre el secreto de su relación.

Amigo: su compañía le desorienta por completo.

Enemigo: no hay manera de saber lo que le pasa por la cabeza.

Aries

En principio, la rivalidad puede sentirse claramente en el ambiente. Lo que falta por saber es cuál de los dos conseguirá imponerse, algo que quizá puedan decirle sus signos ascendentes y los dominantes planetarios. A menudo, alcanzarán el entendimiento a costa de un tercero en discordia. Por tanto, resulta conveniente tener enemistades comunes.

Pareja: por mucho que la relación vaya sobre ruedas, y muy especialmente en este caso, le resultará difícil no echar leña de vez en cuando al fuego de su pareja. Dado que esto será recíproco, cabe prever de todo excepto aburrimiento.

Amigo: uno tira del otro, y precisamente por ello cabrá preguntarse si alguno de los dos contará alguna vez con un freno.

Enemigo: es muy probable que usted le lance reproches, ridiculizándolo con sus propios defectos.

Tauro

Ambos signos se complementan y oponen de forma simultánea. En términos absolutos, su relación con Tauro puede ejercer un efecto equilibrante y estabilizador, pero también provocar importantes enfrentamientos.

Pareja: aprecia su gusto por la buena vida. En el otro extremo, le gusta menos su tendencia a frenarle, molestarle y hacer frente a su entusiasmo con la desconfianza de él. Si trata con un Tauro del género irritable, su relación no carecerá de turbulencias; de lo contrario, chocará con el muro de su mutismo y su obstinación.

Amigo: ideal para saborear juntos los placeres de la vida.

Enemigo: no hay peor sordo que el que no quiere oír.

Géminis

La relación es de tipo enérgico. En términos absolutos, parecen favorecerse las relaciones amistosas.

Pareja: si usted es autoritario y le gusta llevar la batuta, como a un buen Aries, deberá enfrentarse a su rebeldía; con él o ella nunca dirá la última palabra: Géminis siempre guarda un as en la manga, y se las arreglará para escapar de su control.

Amigo: ideal para salir juntos y lanzarse a aventuras de seducción o de otro tipo.

Enemigo: se trata de un adepto del «con quien sea, como sea».

Cáncer

En teoría, las mentalidades de ambos signos no están demasiado en consonancia: para usted, la vida es improvisación, mientras que para él o ella es organización. Al no vivir al mismo ritmo, es posible que les cueste evolucionar juntos, en todos los sentidos de la expresión.

Pareja: sin duda, considera que Cáncer está demasiado atado a sus pequeñas costumbres, y le costará un gran esfuerzo sacarlo de ellas. En el peor de los casos, le reprochará que transforme el amor en rutina, en ritos cotidianos que le producen exasperación. En pocas palabras, siente que le fosiliza. Aunque, como es evidente, no carece de ternura, a veces su atención excesiva le resulta abrumadora.

Amigo: en la medida en que la amistad implica un mínimo de afinidades electivas, averigüe si estas derivan de sus dominantes planetarios o de sus ascendentes.

Enemigo: ¡se trata de un chupatintas, de un enchufado!

Leo

Existen puntos en común entre ambos signos que favorecen especialmente las relaciones de amistad.

Pareja: no cabe duda de que le cuesta digerir las actitudes dominantes y exigentes de Leo, ante las que se ve obligado a reaccionar con firmeza. Así pues, cabe la posibilidad de que, a menudo, los conflictos lo sean de autoridad. Leo es más diplomático que usted y posee un mayor control de sí mismo; no obstante, ello le produce irritación y podría acabar reprochándole sus aires de superioridad.

Amigo: las relaciones de amistad conllevan menos vínculos de fuerza que las relaciones privilegiadas, así que si no puede soportar a su pareja, siempre le queda la posibilidad de convertirla en un amigo.

Enemigo: ¡todo es demasiado estudiado!, le falta naturalidad y espontaneidad.

Virgo

Teóricamente, ambos signos se encuentran en las antípodas entre sí. Por ello, pueden formar una bonita pareja, en el sentido más «físico» del término, es decir, una pareja formada por dos fuerzas de idéntica magnitud pero signo contrario.

Pareja: la adversidad hace a estos dos signos solidarios y complementarios: Virgo evita los golpes y usted los da. En caso contrario, ocurrirá que él pise el freno mientras usted aprieta el pedal del acelerador; desde luego, no se trata de la combinación perfecta.

Amigo: debe reconocer que la personalidad cáustica de Virgo no le disgusta.

Enemigo: usted gasta sin contar, él cuenta sin gastar.

Libra

Dado que ambos signos se encuentran frente a frente, en un primer momento no les costará mirarse directamente a los ojos. No obstante, en una etapa posterior, podría ocurrir que ya no pudiesen mirarse a la cara: si bien la oposición de caracteres constituye una fuerza de atracción recíproca, también es una fuente de repulsión mutua.

Pareja: le gustan el tacto y la delicadeza de Libra, aunque dichas cualidades le parezcan por momentos una forma de no decir las cosas con franqueza y a la cara. Su falta de determinación le produce exasperación.

Amigo: no ejerce oposición, y eso facilita mucho las cosas.

Enemigo: ¡no sabe lo que quiere!, ¡uno no puede contar con él!

Escorpión

A pesar de ser diferentes, tanto en naturaleza como en expresión, sus respectivos individualismos pueden provocar colisiones.

Pareja: los sentimientos de Leo son tan apasionados como sus resentimientos. Cuando no le persiga con sus costumbres, lo hará con sus asperezas: es posible que la pareja avance a ritmo de peleas y reconciliaciones.

Amigo: le gusta sobre todo su espíritu crítico y temperamento agresivo. Se trata del compañero perfecto para hacer tándem a costa de los demás.

Enemigo: ¡no es precisamente la alegría de la huerta!

Sagitario

En teoría no existen demasiados problemas de entendimiento entre ambos signos.

Pareja: la facilidad de Sagitario para las relaciones sociales le provoca alternativamente sorpresa y exasperación. Además, posee un sentido de la diplomacia más desarrollado, aunque a veces le gustaría que dijese las cosas con mayor claridad, e incluso de forma más brutal, en vez de edulcorarlas tanto. Resulta recomendable que tengan objetivos en común, ya que la colaboración entre ambos promete ser especialmente eficaz.

Amigo: le gusta su espíritu emprendedor.

Enemigo: ¡pierde la fuerza por la boca! ¡Es un charlatán y un demagogo!

Capricornio

Sus relaciones con Capricornio no serán idílicas: le parece demasiado distante y poco enérgico para su gusto.

Pareja: Capricornio apaga su entusiasmo y usted trata de encender su frialdad. Desde luego, a priori la relación no parece fácil, a menos que, como es evidente, existan contraindicaciones en sus signos ascendentes y dominantes planetarios; así que no pierda un minuto más y consúltelos.

Amigo: le gusta su sentido del humor frío, que siempre le produce el placer de lo inesperado.

Enemigo: su lado respetuoso hacia el orden y las estructuras establecidas le hace reaccionar.

Acuario

En principio, su entusiasmo y el optimismo de Acuario no constituyen una mala combinación.

Pareja: sin lugar a dudas, aprecia su horror ante la rutina, su negativa a dejarse engatusar por lo cotidiano, en cuyo caso más valdrá tomar la decisión de no formar una pareja en el sentido tradicional y «convencional» del término. Eso sí, aunque la relación abunde en energía, también podrá carecer de estabilidad.

Amigo: se estimulan mutuamente, es decir, es posible que Acuario le anime en relación con sus imprudencias y le empuje a la irreflexión.

Enemigo: ¡sus aires etéreos le irritan sobremanera!

QUÉ DICE SU ASCENDENTE

Aries ascendente Aries

Esta fórmula debería intensificar las características de su signo solar en lo que concierne tanto a los puntos fuertes como a las debilidades.

Su fuerza reside fundamentalmente en la capacidad dc afirmarse mediante la oposición. Sin ninguna duda, esta inclinación anímica hará que se rebele desde una edad muy temprana contra los excesos de cualquier disciplina, de cualquier «adiestramiento» procedente de una autoridad que tienda a imponerse mediante la represión de su naturaleza, o bien a través de cualquier atentado contra el sentimiento de su libertad individual.

No obstante, el espíritu de revuelta tan sólo constituye un aspecto posible de su sentido de la oposición. En general, necesita llevar la delantera y perturbar las cosas. En este sentido, le gustan los obstáculos, las dificultades y las experiencias intensas que endurezcan el carácter y templen la voluntad. En cualquier caso, necesita sentir resistencia, incluso provocándola usted mismo. En general, sus gustos, sentimientos y convicciones están bien definidos, y no duda en llevarlos a menudo al extremo para no dejar lugar a dudas. Es posible que tenga fama de ser una persona entera, de una pieza, y, en un sentido menos peyorativo, de ser alguien que se entrega por completo a lo que hace, quizá porque la energía y espontaneidad de sus reacciones le impiden casi siempre calcular y prever sus acciones.

Sus debilidades suelen ser fruto de una reactividad excesiva e incontrolable que le hace prisionero de sus estados de ánimo y sentimientos.

Aries ascendente Tauro

La influencia de Tauro, su signo ascendente, en teoría debería permitirle reaccionar contra sus propios excesos, refrenar sus arrebatos, templar sus accesos de entusiasmo y alcanzar una mayor contención de sus impulsos. Su deseo de avanzar subsiste, pero puede preverse que, con la experiencia, acabará depositando menos ardor en sus batallas y compromisos, para adoptar actitudes aparentemente más conciliadoras, que en realidad resultan más temibles y eficaces. No desea desperdiciar su energía para nada. Además, sus impulsos precipitados deberían ceder su posición progresivamente a acciones más reflexivas y pertinaces.

En cualquier caso, la energía de sus reacciones y emociones sigue ahí: por mucho que el paso de los años le haya aportado una apariencia más plácida, sigue estando sometido a arrebatos bruscos, accesos repentinos y excesos de mal humor.

En el mejor de los casos, la fórmula Aries-Tauro debería permitirle canalizar su energía hacia un objetivo determinado, o bien otorgar a sus impulsos un objeto privilegiado sobre el que depositar su pasión. En el peor de los casos, podría terminar bloqueando sus iniciativas con reflexiones interminables, o bien yendo hasta el final, a toda costa, cada vez que tome una decisión, incluso cuando, en lo profundo de sí mismo, siente que se está equivocando.

Aries ascendente Géminis

Con su fórmula primaveral Aries-Géminis, su animación innata se ve complementada por una curiosidad que no lo es menos. Así, puede preverse que nada le dejará indiferente o que, a la inversa, su espíritu travieso e inquieto le llevará a trastocar aquello que percibe como indiferencia general. En cualquier caso, le cuesta soportar la rutina y la monotonía, y, por el contrario, se siente cómodo con el movimiento y el cambio, lo que puede llevarle a diversificar y variar al máximo sus focos de interés.

Por otra parte, no cabe duda de que la influencia de Géminis hace que sea menos «de una pieza» y más «polifacético»: su arco tiene más de una cuerda, y guarda más de una flecha en su carcaj. Así pues, su sentido de la diversidad mostraría más bien una tendencia a alejarle de las tomas de posición por resultar demasiado tajantes y divisorias, para, al contrario, situarse en puntos de vista de mayor amplitud y abordar los problemas de forma más abstracta y general, algo que en ningún caso le impedirá, cuando sea necesario, formular sus compromisos con ímpetu y claridad.

Por último, la influencia de Géminis puede modular su sentido del enfrentamiento en un gusto por el descaro, en cuyo caso sus batallas y conflictos se convertirían en simples juegos a los que, en el fondo, no otorga demasiada importancia. De esta forma, podría desarrollar una inclinación específica por el combate oratorio, sobre todo porque este ejercicio satisface tanto su espíritu de lucha como su sentido del contacto y la comunicación.

Aries ascendente Cáncer

En principio, su fórmula signo solar-signo ascendente resulta, como mínimo, conflictiva: el efervescente y combativo Aries que existe en su interior siente nostalgia de una existencia pacífica y bucólica. Así, puede ocurrir que perciba las luchas y conflictos de la vida como atentados permanentes contra su deseo de tranquilidad, o bien que sueñe con la comodidad y la intimidad en el mismo centro de los tumultos y turbulencias. Quizá, con la ayuda de la experiencia, al cabo de los años comprenda la necesidad de contar con un hogar, o sencillamente con un jardín interior donde poder retirarse, aunque sólo sea para sanar las heridas de su corazón, demasiado grande como para ser invulnerable.

En cualquier caso, no siempre sabrá si debe abrazar la realidad con la táctica cuerpo a cuerpo o aprehenderla con la del «corazón a corazón». De ello podría derivar una sensibilidad demasiado despierta, con tendencia a reaccionar en ocasiones de forma violenta. Sin embargo, será el primero en sufrir los conflictos que puedan surgir entre usted y su entorno. De todas formas, será preferible poner su ardor combativo al servicio de un grupo o comunidad, grandes o pequeños, cuyos intereses sepa defender de forma enérgica.

Por último, su inclinación a dejar volar la imaginación podría retener ocasionalmente su tendencia a la actuación. En el peor de los casos, el temor podría impedir la realización de sus iniciativas; en el mejor, Cáncer debería limitar las imprudencias, refrenar los impulsos y permitirle gestionar su dinamismo de una forma eficaz.

Aries ascendente Leo

En principio, su signo ascendente constituye una prolongación positiva de su signo solar: en teoría, la alianza Aries-Leo le permitirá añadir voluntad y tenacidad a su dinamismo y espíritu de lucha innatos. En cualquier caso, la influencia de Leo le permite disciplinar mejor sus instintos y dominar mejor sus impulsos; proporciona a Aries una mayor constancia en la consecución de los objetivos. Por otra parte, su potencia y voluntad de afirmación se verán aumentadas. No obstante, puede preverse que, con el tiempo, acabe buscando menos pruebas de fuerza y prefiera afirmarse en su posición, limitándose a tener la situación bajo control. De cara a asentar mejor su éxito, aprenderá a no malgastar energía en luchas inútiles o empresas arriesgadas, así como a transigir ante la realidad para dominarla mejor, mantener su supremacía o asegurar su ascensión.

Sin embargo, lo anterior no excluye que siga experimentando los accesos de rebeldía e impulsos bruscos que caracterizan su individualismo; estos podrían resurgir cada vez que sienta la presión del yugo de la injusticia, la limitación o la autoridad.

Aries ascendente Virgo

Aries le empuja y Virgo le retiene, siendo víctima de fuerzas, como mínimo, contradictorias. Por otra parte, teniendo en cuenta que sus dos signos, el solar y el ascendente, poseen lo que denominamos «sentido de los contrarios», cabe suponer que será especialmente apto para aprehender las cosas en su dualidad, y que es usted una persona particularmente consciente de sus propias contradicciones. Este tipo de personalidad puede plantearle dificultades a la hora de tomar decisiones: allí donde Aries se incline por hablar con franqueza, los razonamientos de Virgo le harán descubrir la ambivalencia y ambigüedad de todas las cosas. Así pues, casi siempre se decidirá por accesos de obstinación, a fin de cortar de golpe las reflexiones, que podría percibir como una fuerza paralizante.

Desde otro punto de vista, sus aspiraciones de proyección hacia el mundo exterior, de estar preparado para cualquier batalla y combate, serán de una intensidad equiparable a su propensión a cerrarse en su interior para protegerse de las vicisitudes de la vida. El peligro consistiría en que, dado que sus ganas de luchar vienen sucedidas de temor, podría acabar renunciando a proyectos y empresas aumentando así las dificultades que las obstaculizan.

En un sentido más positivo, Virgo le aporta claridad de visión y lucidez. Esto debería llevarle a poner en duda las decisiones demasiado rápidas y los compromisos irreflexivos. No obstante, tomada una decisión, será muy difícil hacerle dar marcha atrás, debido a la intensa sensación y convicción que tiene de estar en posesión de la verdad; y, posteriormente, puede preverse que siempre sabrá justificar sus acciones.

Aries ascendente Libra

A priori, su fórmula signo solar-signo ascendente le exige que aúne los instintos individualistas y la propensión a la sociabilidad, que alíe su gusto por el enfrentamiento con el sentido del contacto. Además, en los mejores momentos, cabe suponer que su franqueza no será brutal, sino que sabrá dotar su conducta de vigor y flexibilidad, ardor y delicadeza. La espontaneidad de Aries se complementa con el encanto de Libra, algo que podría dotarle de una capacidad de contacto cálida y de un entusiasmo por la comunicación.

Por el contrario, no le resultará nada fácil conciliar su inquietud por gustar y contentar a todo el mundo con la voluntad de afirmarse sin ambages ni ambigüedades: resulta difícil cortar por lo sano y limar las asperezas a la vez. En términos absolutos, el compromiso sin posicionamiento y la elección sin exclusión parecen, como mínimo, delicados. De esta forma, podría ocurrir que se vea obligado a modular sus actitudes demasiado bruscas tras haber reflexionado y a dar marcha atrás en decisiones demasiado impulsivas, o bien tratar de reparar a posteriori las consecuencias eventualmente molestas de sus acciones impacientes, impulsos o brusquedades. En un plano más positivo, Libra le proporciona una mayor facultad de conciliación: cabría suponer que será capaz de evitar conflictos inútiles y luchas estériles, así como que sus declaraciones de guerra se quedarán en el terreno de lo verbal.

Aries ascendente Escorpión

La aportación de Escorpión, su signo ascendente, refuerza el carácter individualista y reacio. En general, es usted una persona poco conciliadora, que no pretende caer bien, y poco capacitada para doblegarse ante aquello que los demás esperan de su persona, así como para respetar las normas y convenciones, los juicios y comportamientos de su medio o época. En cierto sentido, podría afirmarse que no le da miedo montar escándalos. Este tipo de actitudes podría desembocar en una mentalidad de eterno polemista, así como en una inclinación pronunciada hacia lo marginal.

Por otra parte, sabe mantenerse firme en sus convicciones y otorgar exclusividad a sus sentimientos. En el fondo, es usted una persona instintiva y pasional, para bien y para mal: dado que la intensidad de sus sentimientos tan sólo se ve equiparada a la violencia de sus resentimientos, será preferible no buscar pelea ni disputas.

Desde otra perspectiva, y en el mejor de los casos, la selectividad de Escorpión le ahorrará los proyectos arriesgados, los esfuerzos inútiles y las hazañas estériles asociados a su impulsividad. Sabe oler las oportunidades y cuándo pasar a la acción o aprovechar una ocasión. Dado que, en usted, perspicacia rima con eficacia, la mayoría de las veces las iniciativas que emprenda resultarán pertinentes y, al mismo tiempo, contundentes.

Aries ascendente Sagitario

La influencia de Sagitario, su signo ascendente, otorga una mayor amplitud al signo solar. En particular, su espíritu activo y emprendedor nutrirá aspiraciones de mayor magnitud, y sus ganas de combatir y enfrentarse a la vida cara a cara se orientarán hacia proyectos más trascendentes. Asimismo, la fórmula Aries-Sagitario puede otorgarle una intensa ambición personal, el deseo de ocupar un rol importante en su esfera de actividad o ámbito de evolución. Por el contrario, su espíritu profundamente individualista puede verse ampliado, en un sentido social, hasta convertirse en un sentido de pertenencia: de este modo, es posible que ponga su dinamismo al servicio de una actividad o empresa colectiva, o sencillamente que tenga facultades para enardecer grupos, dirigir conjuntos y personas o ser líder de movimientos, organizaciones o asociaciones. En cualquier caso, cuenta con competencias para orquestar la cacofonía y hacer converger las diferencias con vistas a un objetivo o interés comunes, con independencia del carácter de la gente que haya reunido al ritmo de su batuta.

Si apunta alto, a objetivos trascendentes, su sentido del desafío personal y el enfrentamiento individual podría orientarse hacia batallas colectivas o conflictos sociales, abriéndose a una conciencia política de las relaciones de fuerza. Su prodigalidad natural también puede llevarle a ponerse al servicio de causas generosas o ideales humanitarios. No obstante, procure que su eventual espíritu de reparador de injusticias no le lleve demasiado lejos en el camino de la revuelta y la rebelión.

Aries ascendente Capricornio

En principio, su signo solar y su signo ascendente no tienen muchos puntos en común, lo que podría derivar en actitudes contradictorias: sus ganas de comprometerse, de manifestar espíritu de lucha y lanzarse de cabeza a los enredos de la vida se verán refrenadas por la tendencia contraria a permanecer en la retaguardia y no lanzarse a ciegas a luchas que considera inútiles e irrisorias. Pueden darse varias situaciones: podría alternar arrebatos e impasibilidad, sangre caliente y sangre fría, así como pasar de la indiferencia más supina ante lo que le rodea a accesos de impulsividad guerrera y desordenada. Pero también podría desarrollar una tendencia a «desconectar» y renunciar a sus empresas debido a una falta o ausencia repentina de motivación.

Una alianza más positiva de Aries y Capricornio daría como resultado el encuentro satisfactorio de una potencia controlada y una voluntad inflexible, algo que debería permitirle orientar su energía hacia aquellos objetivos que considere fundamentales. Si se trata de ambición personal, su sentido de la estrategia y su resistencia otorgarán la máxima eficacia a su espíritu de lucha. En este sentido, podría desarrollar una inclinación por los proyectos difíciles, las batallas pertinaces y los combates y trabajos de larga duración que requieran una capacidad de determinación lenta e implacable.

Aries ascendente Acuario

La fórmula Aries-Acuario aúna individualismo y espíritu de independencia, es decir, que su afirmación tan sólo requerirá la elaboración de normas y convenciones que pretendan regir el comportamiento de todo el mundo. Incluso sentirá cierto placer al desafiar las convenciones y sustituir la etiqueta «como debe hacerse» por la de «como yo quiero», de carácter mucho más personal.

En cualquier caso, se siente presionado por la rutina y por cualquier forma de conservadurismo. Es posible que tenga ganas de cambiar el mundo, o al menos de trastocar las cosas y sacudir la gravedad imperante en el entorno. Siente tal necesidad de vivir de pie que no alcanza a comprender que se pueda renunciar o abdicar de un modo u otro. A este respecto, un entusiasmo ingenuo y cierta frescura heredada de la infancia podrían constituir el núcleo de su negativa a aceptar las cosas como son. Este tipo de actitudes podría originar visiones idealistas o creaciones poéticas.

Desde una perspectiva más estable, sus acciones estarán orientadas por la voluntad de abrir nuevas perspectivas y otorgar a su ámbito de actividad una nueva dimensión: es posible que termine dedicando sus generosos esfuerzos a mejorar lo ya existente, dando de este modo a sus proyectos un carácter filantrópico.

Aries ascendente Acuario

Su ascendente invierte las tendencias de su signo solar. En principio, esto le proporcionará la facultad de compensar sus propios excesos. Ahora bien, antes de alcanzar este equilibrio, es posible que se vea enfrentado al importante inconveniente de percibirse bajo el signo de la dualidad.

En particular, su tendencia a actuar y reaccionar choca con una inclinación hacia la pasividad. De esta forma, su aspecto combativo y enérgico, lleno de ímpetu, oculta un temperamento más indolente. Esto puede tener como consecuencia que sus exaltaciones y entusiasmos acaben quedando en nada, apagándose debido a un desinterés repentino o una profunda indiferencia. Su voluntad de vencer e imponerse se encontrará en ocasiones desactivada y falta de motivación.

Desde otro punto de vista, su aspecto de ser de una pieza oculta una personalidad más compleja, sus aires decididos, una eventual confusión interna y sus maneras bravuconas, una ternura profunda, así como una sensibilidad que le hace vulnerable. En este sentido, la necesidad de afirmación podría conducirle a colisiones y conflictos que, en el fondo, estén relacionados con la necesidad de comunión y comprensión.

Por otra parte, una alianza más positiva de ambos signos le permitirá comprender que, dada la imposibilidad de reducir las decisiones a una única alternativa, es posible seguir siendo fiel a uno mismo sin adoptar posiciones tajantes ni pronunciar sentencias exclusivas. Para acabar, será luchando por los demás y comprometiéndose en acciones de carácter social o con un objetivo humanitario cuando podrá conciliar su espíritu combativo con la profunda generosidad que habita en su interior.

QUÉ DICEN SUS TEST

Aries R extensivo

El resultado de sus test denota una necesidad de exteriorizarse que, en resumidas cuentas, coincide a la perfección con las características de su signo solar.

Todo ello hace que goce de presencia y que posea una personalidad expresiva y atractiva, así como un sentido del humor extrovertido que en ocasiones puede llegar a ser excesivo.

En cualquier caso, sabe ganarse la aceptación de los demás con su aspecto sonriente y relajado, sin hipocresías ni maquillajes. Su deseo de comunicarse no va con segundas intenciones. De hecho, le caracteriza una afabilidad sin rodeos ni edulcorantes, lo que no excluye una franqueza que, en ocasiones, puede resultar algo brutal cuando dice lo que piensa de forma directa. No obstante, a pesar de no dar cancha a las «buenas maneras», sí pone en práctica una manera personal de hacer las cosas que le permite compensar su posible brusquedad con una amabilidad espontánea o hábiles maniobras.

De hecho, esta fórmula planetaria tiene por efecto limar de algún modo las asperezas de su carácter. Una sabia mezcla de naturalidad, encanto y sentido del humor le sirve de desahogo, le permite mantener contactos espontáneos y ganarse simpatías con rapidez. De esta forma, es posible que termine descubriendo que no hacía falta «echar la puerta abajo», ya que la potencia de su encanto y liderazgo naturales es más que suficiente para conseguir abrirlas: utiliza con facilidad sus armas de seducción y el buen humor para vencer las posibles reticencias y resistencias, así como para vencer los obstáculos y dificultades que se encuentra en su camino. Así pues, por bruscos que sean sus impulsos o por poco que los comparta, podría terminar confundiendo con facilidad ir por delante con realizar avances.

Por otra parte, su dinamismo es comunicativo, algo que puede darle fama de animador o, en caso de que domine su espíritu rebelde, de líder o cabecilla. En un plano más simple, es posible que su afán de contacto, unido a la tendencia al enfrentamiento de Aries, se manifieste a través de un sentido del humor travieso y burlón con el que atice su entorno y que, además, le sirva para romper el hielo al conocer nuevas personas. Le gusta competir con indirectas y comentarios punzantes, con pullas y ocurrencias, y para ello se sirve de la energía de sus réplicas, así como de un instinto para la respuesta directa que le convierte en un adversario temible en los combates verbales o las polémicas. En cualquier caso, si bien es cierto que no le falta nervio, también lo es que debería evitar tomarla de forma sistemática con sus interlocutores.

En el fondo, la alianza entre signo y planetas le permite ser sociable al tiempo que seguir siendo fiel a sus convicciones. En este sentido, sabe cómo no dejarse avasallar ni pisotear. Es cierto que posee la facultad de establecer contacto, pero también la de cortarlo cuando la relación deja de convenirle o compromete su independencia de algún modo. Le gusta ganar terreno, pero no tanto cederlo: la concesión no será necesariamente uno de sus puntos fuertes, algo que, en definitiva, no le impide en absoluto dar muestras de enorme generosidad hacia aquellos que le rodean o a los que se siente apegado, pase lo que pase.

Aries r intensivo

La influencia de Aries, debido a los dominantes planetarios, se expresa mediante una gran fuerza de carácter, mediante una voluntad inflexible que le hace ser exigente tanto consigo mismo como con los demás. No es de los que buscan excusas echando las culpas al destino. Al contrario, su sentido de la responsabilidad individual le hará adquirir cierta dureza, así como atribuir los fracasos, errores y defectos de cualquier persona exclusivamente a la falta de fuerza moral y energía. En cualquier caso, lo cierto es que no acepta sus debilidades; sin duda, se siente notablemente indignado por los caracteres pusilánimes y blandos de cualquier tipo. Al contrario, le gusta que le opongan resistencia, aunque, a pesar de todo, le cueste soportar las réplicas estériles o los cuestionamientos de su personalidad.

Así pues, su dominante planetario le aporta un ideal de autocontrol y un deseo de dominio relacionado sobre todo con la doma de un temperamento rebelde de forma espontánea, así como de una violencia interior cuyos excesos le gustaría poder contener. Ahora bien, esta mezcla de sangre fría y sangre caliente en ocasiones puede resultar explosiva, pudiendo quedar anulado por sus propios impulsos.

Siente desconfianza ante las decisiones tomadas «en caliente». Tiene la necesidad de trazar un plano esquemático de la batalla en que depositará sus energías, algo que no le impide, en sus mejores momentos o cuando se ve presionado por la urgencia de las circunstancias, adoptar posiciones rápidas y firmes, así como tomar decisiones con prontitud y lucidez.

Sin duda, sabe lo que quiere: necesita triunfar, aunque sea sobre sí mismo, imponer su marca, el poder de concentrar su energía y su voluntad en el objetivo que se ha fijado. Debería desconfiar de cierta tendencia a imponerse tareas sobrehumanas o a cargarse, tanto por heroísmo como por perfeccionismo, con responsabilidades demasiado pesadas. De forma más simple, necesita ejercer autoridad, y esto puede llevarle a buscar funciones importantes y ocupar, en definitiva, cargos de gran importancia.

Esta fórmula planetaria, por otra parte, no hará sino reforzarle en sus convicciones y seguridades. Dice lo que piensa sin rodeos ni ambigüedades, con sentencias perentorias y fórmulas terminantes que pretenden ser expeditivas y definitivas. Conoce muy bien el poder de las palabras y sabe aprovecharlo. Entero y autoritario, no trata de ocultar sus ideas, ni tampoco matiza sus afirmaciones o sentimientos. Se dedica ante todo a ser honesto consigo mismo y, por tanto, a poner las cosas sobre la mesa. De este modo, no le cuesta llegar a sentencias del tipo «esto o nada» o «es así y punto»; así pues, cabe temer que el diálogo no sea uno de sus puntos fuertes: poco inclinado a ceder o conceder, más bien es propenso a regir y reglamentar la vida de los demás, a asestar consejos y preceptos, «por su propio bien», como es evidente.

En cualquier caso, no siempre podrá imponer su ley ante la adversidad. Por ello, será mejor para usted y su propio éxito tratar de transigir más en función de las circunstancias, sustituir sus impacientes exigencias por una mayor flexibilidad de pensamiento y comportamiento.

Aries E extensivo

Su fórmula planetaria saca a la luz los aspectos dinámicos y combativos de su signo solar. En este caso, es usted más acorde al retrato que se ha dibujado de Aries. Es un hombre práctico, y para usted la práctica normalmente es sinónimo de batalla. Le gusta la acción, y, para sentirse afirmado, necesita enfrentarse a la vida de cara, afrontar la realidad cuerpo a cuerpo, lanzarse por delante del mundo y, por tanto, por delante de los problemas y preocupaciones. Además, no le importan demasiado las adversidades, que, lejos de desanimarle, le estimulan. En efecto, su voluntad de realización requiere obstáculos con que medirse, y que usted teme tanto o más que a la facilidad y el inmovilismo. Esperar no es su fuerte, ya que prefiere suscitar las cosas, desencadenar los acontecimientos y, cuando es necesario, provocar a las personas.

En el fondo, tan sólo conoce las cosas cuando las ha experimentado, cuando se ha enfrentado a ellas. Prefiere el contacto de la experiencia vivida, de la aventura y el riesgo, que en ocasiones llegará a ser imprudencia, a un descubrimiento teórico del mundo y a la comprensión especulativa del mismo. Esta necesidad de estar en contacto directo con la realidad le confiere un importante espíritu emprendedor: para usted, hacer es ser, una persona es aquello que hace. Sus reflexiones y dudas siempre son a corto plazo, ya que en un mismo impulso sopesará, decidirá y actuará. De hecho, tiene plena conciencia del objetivo a alcanzar, y a menudo eso le basta para comprometerse sin perderse en conjeturas, sin ni siquiera prever las consecuencias de sus acciones. Así pues, es usted un hombre que vive el momento, algo que le permite alcanzar una comprensión rápida de las situaciones, así como disfrutar de una excepcional facultad de improvisación. Sin caer en la imprevisión, no es de los que planifican la vida, y desea permanecer libre ante cualquier movimiento o cambio. Con el tiempo, no obstante, es posible que acabe transformando sus «experiencias» en «experiencia», gestionando así su energía con mayor sabiduría y un mayor afán de eficacia.

El realismo que implica su fórmula planetaria le otorga, además, una clara conciencia de los vínculos de fuerza que rigen las relaciones entre las personas. Sin duda, acabará concluyendo que es preferible no depender de nadie y aprender a contar, en primer lugar, con uno mismo. De esta forma, no esperará nada de nadie que no esté en condiciones de dar, y se tomará las cosas tal como son, sin aumentarlas ni idealizarlas. Su capacidad de juicio es sana y sus críticas, constructivas, ya que la misma prodigalidad que ejerce con sus impulsos le servirá para no dudar a la hora de decir unas cuantas verdades al que lo merezca: a menudo no sabrá tratar las susceptibilidades, y su comprensión de las personas no siempre tendrá en cuenta los estados de ánimo o las motivaciones profundas. A sus ojos, tan sólo cuentan las acciones (en realidad habría que decir a sus oídos). Por ello, siempre preferirá el respaldo concreto y la ayuda eficaz que trata de proporcionar a aquellos que son dignos de recibir su generosidad que las grandes declaraciones y las buenas intenciones.

Aries e intensivo

El resultado de sus test denota un dominante sensible y afectivo que Aries rechaza de buena gana en su modalidad más torrencial y tumultuosa. Así pues, esta alianza signo-planetas subraya la vivacidad, e incluso violencia, de sus reacciones y emociones. Es usted una persona sensible, siempre a flor de piel, a quien nada deja indiferente, e incluso la misma indiferencia le afecta al más alto nivel.

Esta receptividad tan acusada le hace desarrollar una dependencia con respecto a la sensación presente, de forma que pasa muy rápidamente de un sentimiento a otro de la misma intensidad. De esta manera podrá hacer gala de un humor inestable y versátil. En cualquier caso, su principal problema deriva de la práctica imposibilidad de controlar las emociones y dominar las reacciones, así como de contener la excitación que le recorre los nervios. Así pues, a menudo puede vivir sus sentimientos como un vértigo irresistible.

Desde otro punto de vista, la necesidad de afirmar su individualidad e independencia se aviene mal con la dependencia afectiva a que se ve necesariamente abocado en el marco de cualquier relación privilegiada. Para ser intensas, con frecuencia sus relaciones duales deberán ser conflictivas. Así pues, sus sentimientos se ven sujetos a violentos contrastes: los impulsos más apasionados conllevan una parte de agresividad latente que se manifiesta de forma intermitente. En sentido inverso, y como efecto de lo anterior, de sus colisiones y disputas nacen profundos arrebatos de ternura. Este conflicto de pulsiones puede conferirle una sensación de dualidad interna, la impresión de que, en su interior, se enfrentan fuerzas contrarias; por ello, no sería extraño, en función de su personalidad, que esta situación le hiciese lanzar inconscientemente contra sí mismo su propia agresividad.

A un nivel más ordinario, en lo que podríamos denominar la media, sus cambios de humor y giros repentinos resultan, sin lugar a dudas, agotadores para el entorno que le rodea. No obstante, la frescura de sus sentimientos, la misma mezcla de violencia y ternura que hay en usted, le convierten en una persona especialmente atractiva. A pesar de su temperamento, o quizás a causa del mismo, tiene un gran corazón, y sus actos de generosidad pueden desembocar en excesos y desmesuras. Por otra parte, su fórmula planetaria le hace hostil a toda lógica y razonamiento, sea o no razonable. De hecho, tan sólo percibe a las personas y cosas por la impresión que le dejan. Sus juicios son, como mínimo, subjetivos, y sus conductas se ven determinadas por la potencia de sus intuiciones. Además, sus inclinaciones casi siempre serán repentinas, y sus antipatías, violentas. Dado que utiliza los estados de humor como principios, su forma de comportarse podría implicar numerosos giros y cambios súbitos. Por último, en usted la alianza signo-planetas puede reforzar la preponderancia de las primeras emociones y sensaciones de la infancia, la supervivencia de imágenes e impresiones antiguas. A este respecto, el peligro de su fórmula radicaría en poder quedar prisionero de sus sentimientos, ya sea de los actuales o de los de los mejores momentos del pasado.

Aries T extensivo

Su fórmula signo-planetas subraya el poder de rebelión y la amplitud de sus aspiraciones. De esta forma, su individualismo innato se transforma en inconformismo. Rebelde ante cualquier modalidad de tradición, se siente cómodo en el rol de polemista, de rebelde incapaz de someterse a ninguna norma ni disciplina. Usted opone sus propias exigencias a las limitaciones de la realidad, de manera que una potente determinación interior le impulsa a desmarcarse de lo que percibe como la mediocridad ordinaria y la banalidad cotidiana. En cualquier caso, no duda al exhibir y vivir la diferencia de su carácter. Incluso podría tender a exagerarla, a manifestar su verdad profunda con los colores de la desmesura y el exceso. En esta línea, es posible que le guste el escándalo, en el sentido de voluntad de sorprender y, eventualmente, provocar: no le disgusta chocar con las convenciones y conformismos de todo tipo. Le gusta perturbar. En cualquier caso, en relación con su insatisfacción fundamental de las cosas presentes, necesita una cabeza de turco, un chivo expiatorio, un exutorio que le permita expresar su indignación.

En efecto, para usted indignarse constituye la forma más natural e inmediata de formular lo absoluto que le anima. A este respecto, es usted especialmente sensible a la injusticia, y en ocasiones se siente como un auténtico justiciero. Lo que está claro es que, debido a su honestidad innata hacia sí mismo, le costará aceptar una realidad en la que abunden malentendidos y compromisos.

Es propenso a rechazar las cosas como son, a perturbar los pensamientos y las prácticas demasiado rutinarios, pero también tiene la fantástica capacidad de ver las cosas de otro modo, de vivir otra realidad y dirigir su mirada a otra parte que lleva en su interior. Se siente atraído por lo inexplorado, sea lo que sea, y este sentimiento le hace huir de las vidas demasiado acomodadas y edulcoradas: vivir a fuego lento no le va nada bien a su voluntad de vivir de pie y pensar en voz alta. Más concretamente, su deseo de originalidad podrá expresarse, en su ámbito de actividad, mediante una preocupación por descubrir nuevos horizontes, por abrir nuevas perspectivas. Si el oficio que ha escogido no le ofrece la posibilidad de vivir su interior y expresarse con plenitud, deberá tratar de concretar sus facultades imaginativas e inventivas, de dar forma y vida a la necesidad de creatividad que habita en su interior.

Para acabar, el peligro de su fórmula consistiría en encerrarse en una actitud rebelde, en un extremismo desenfrenado, y terminar rechazándolo todo en bloque, sin distinciones ni diferencias, en nombre, sencillamente, de su forma de ser.

Aries t intensivo

Su dominante planetario refuerza en ciertos aspectos el carácter individualista. Es consciente de su particularidad y no le disgusta mostrarse de forma inquietante, aunque sólo sea para escapar de la imagen en que le ha encasillado su entorno o del rol que la sociedad desearía que desempeñase. A este respecto, es posible que se haya sentido muy alejado de las personas más próximas, incluso hasta el punto de alzarse contra ellas.

Sea como sea, la influencia de Aries otorga a su fórmula planetaria un gusto por las antífrasis y las paradojas, así como la necesidad infundada de desmarcarse de las evidencias calmantes, las apariencias y las falsas apariencias. A la miel de las buenas acciones o los discursos bonitos usted opone de buena gana la hiel de su espíritu crítico. En este sentido, le gusta adoptar el papel de acusador o denunciante, y posee un don como polemista. Sus ataques son vehementes y sus críticas incendiarias: su espíritu incisivo no presta demasiada atención a las florituras de la retórica, prefiriendo las reflexiones tajantes, las caricaturas virulentas, los retratos feroces y cualquier fórmula que resulte aplastante, sea cual sea. A un nivel más profundo, esta alianza signo-planetas puede llevarle a rechazar todo lo que resulte demasiado convencional o académico, el lado más corrompido e hipócrita del mundo denominado civilizado, en pro de un culto a la sinceridad, la naturalidad y la autenticidad.

En otro orden de cosas, no siempre estará seguro de si es necesario lanzarse a los enredos de la vida o retirarse a su torre de marfil, es decir, responder «presente» o abstenerse de responder. Sus convicciones podrían calificarse de escépticas y sus pasiones de pesimistas. Este sentimiento de distancia podría otorgarle un mayor sentido del humor, una mayor independencia, una actitud reflexiva y meditabunda o un mayor misterio..., pero también le acarreará depresiones que le abrumarán sin razón aparente. Como mínimo, a veces le resultará difícil no comparar la fuerza del azar o el destino universal con la inanidad de sus decisiones y el lado irrisorio de sus compromisos, así como con la vanidad e insignificancia de sus esfuerzos y batallas. A pesar de ser demasiado lúcido para conformarse tras la obtención de un cargo cualquiera o quedar totalmente satisfecho con la conquista ilusoria de los bienes de este mundo, sí podrá ocurrirle, sin embargo, que se lance de forma desenfrenada a varios proyectos cuyo resultado, en el fondo, tan sólo le importa de una forma secundaria, para huir y conseguir un cambio. En usted, el gusto por lo «inesperado» cobra tintes de incomprensión: es posible que sienta una atracción especial por lo extraño, lo insólito, lo macabro y lo maravilloso, por todo aquello que se desmarque de una vida ordinaria y banalizada, y acceda a una realidad más o menos fantástica. También es posible que se sienta atraído por el más allá y lo lejano, y trate de buscar de este modo la alienación, de una u otra manera. El peligro radicaría en que, al querer escapar de la realidad mundana y el sentido común, desconectase de su medio y época, rompiese con su tiempo o se encerrase en roles de marginado, incomprendido o rechazado que opta por rechazarlo todo en bloque.

EJEMPLOS

VAN GOGH. El e intensivo domina la carta de Van Gogh: la v + aviva los sentimientos hasta la imposibilidad de contención (d –). El sentido de los contrarios se expresa al nivel de los colores, a través de «ardientes oposiciones cada vez más violentas».

GOYA. La fuerza de planetas, cardinales, en tensión y angulares cooperó con los contrastes de las diversas etapas en que se desarrollaron tanto su obra como su vida, por lo que, al igual que ocurre con muchos otros artistas marcados por el signo, es muy difícil encajar bien al pintor en los «ismos» en que se le pretende ubicar. Cáncer se levanta y Aries culmina: Cáncer con Luna/Neptuno y Aries con Venus/Sol/Mercurio/Marte, mientras Saturno se oculta en Libra: la sordera, consecuencia del «saturnismo» de los materiales, aportó dramatismo a su última etapa profesional *(Saturno devorando a sus hijos)*. El R extensivo está realzado por Marte, que le permitió ser siempre él, a pesar de su figura y rango. El buen ángulo de Júpiter en Sagitario le ayudó a conseguir clientes y encargos, a ser un pintor muy solicitado, especialmente en la Corte. El e intensivo propicia una vertiente de crítica social que se plasma, sobre todo, en los grabados, una de sus grandes aportaciones. Más que realizar una crónica de la guerra, estos grabados reflejan todo aquello que la provoca; y el propio pintor es muchas veces testigo presencial en su tierra, Aragón (Luna en Cáncer). Como muchos pintores del signo, fue un gran retratista, incluso, cómo no, de sí mismo.

BAUDELAIRE. El sentido de los contrarios se encuentra omnipresente a través de una signatura Aries-Virgo-Piscis. De acuerdo con Baudelaire, «los contrarios conforman la naturaleza», también la naturaleza humana, ya que en todo ser humano se descubre «un doble postulado simultáneo, uno hacia Dios y el otro hacia Satán». Su teoría de un arte que debe «sorprender» y, por tanto, en un sentido, impactar e incluso provocar, también pone de manifiesto la dinámica de los contrarios propia de Aries.

CHARLOT. El sentido de los contrarios es fuerte en el inolvidable Charlot. Aries-Tauro/Escorpio, donde se levanta la Luna, hacen que la provocación y el impacto radiquen en la imagen, grotesca, humilde pero inmensamente tierna. Marte-Venus en Tauro se hallan ligados a Saturno elevado.

LENIN. El título de su publicación *Adelante* resume bastante bien la F + de Aries. El sentido de los contrarios se traduce claramente en su rechazo de las concesiones y sus actitudes claras e inequívocas: en particular, se negará a preconizar la colaboración de las clases con el enemigo, rechazando cualquier tipo de respaldo al gobierno provisional.

BRANDO. Se trata de un buen ejemplo de d –: su espíritu indisciplinado lo convierte en un rebelde contra los valores paternos y, posteriormente, en un opositor del *star system*. La d – extintiva también se pone de manifiesto en su voluntad de no ocultar lo que piensa, de denunciar alto y claro todo aquello que acalla púdicamente la sociedad americana en relación con los indios americanos, los negros y Vietnam.

ZOLA. La famosa fórmula «Yo acuso» se corresponde con un Aries t intensivo con sentido de los contrarios: a favor de Dreyfus, en contra de los prejuicios antisemitas de la época. Actuar contra el signo de los tiempos equivale, asimismo, a provocar escándalo, y eso es lo que hizo con sus primeras novelas, *Teresa Raquin* y *La Carnaza*. En Zola encontramos un gusto por la batalla, esa voluntad de ir hacia delante, de imponerse, que caracteriza la F +: «Aceptaré todas las batallas que se me ofrezcan, batallas contra mí mismo, batallas contra el público».

BREL. La F + natural y el sentido de los contrarios convierten a Brel en un combatiente de la canción, en un ganador y un abanderado: «En la vida hay que atreverse, hay que asumir riesgos», «Aquel que no avanza, es un hombre muerto». En el fondo, Brel es un hombre impulsivo, un «tipo instintivo» (V +), como él bien dice, que necesita vivir el momento con exceso y desmesura, debido a su falta de inhibición (d –): «Lo que más me irrita es la prudencia y el inmovilismo». El r intensivo dominante le otorga un gusto por las fórmulas breves y expeditivas, que lo convierten en un patriarca autoritario y exigente.

BENEDICTO XVI. Júpiter en hora de máxima activación se levanta con Mercurio en Piscis (signo tradicionalmente ligado al cristianismo), seguidos por Urano y el Sol. Júpiter enlaza dos grupos que, normalmente, si la disposición es fuerte, como en este caso, pueden hacer llegar muy lejos a un Aries. Los tres planetas del r intensivo (Júpiter, Urano y el Sol) ocupan el sector personal de Benedicto XVI y le proporcionan el autodominio propio del sacerdocio, posibilidades de llegar alto dejando su impronta personal, seguridad en las convicciones, sin matices, y conocimiento de la importancia de la palabra y del modo de servirse de ella, hecho que se acentúa por la F + natural. En el E extensivo Marte se oculta y Saturno aparece en Sagitario, lo que hace resaltar el lado dinámico, combativo, y la sólida convicción que aporta la experiencia propia, lo cual, no obstante, no libra a este Aries de obstáculos (Marte en tensión con Júpiter) que le estimulan. Por su posición sectorial, incluso partiendo de las bases, Júpiter es el planeta más fuerte. El realismo de esta fórmula aporta una amplia visión de las fuerzas en juego en las relaciones, estimulada por la Luna en Libra, que finalmente sintetiza el juego de las dos combinaciones y el sentido de los contrarios que da dicha posición.

IGNACIO BARRAQUER Y BARRAQUER. Continúa la saga de oftalmólogos iniciada por su padre, José Antonio, y seguida luego por su hijo, Joaquín. Júpiter en hora de máxima activación se levanta en Cáncer y Marte/Saturno está ligado al Sol/Mercurio; es habitual encontrarlos en las sagas y señalan un buen E extensivo. En un tema sin disonancia mayor, esta combinación hace sacar lo mejor del signo, que se manifiesta en la acción. Es el propio Ignacio

Barraquer quien planifica sus desafíos, en la medida en que el momento o la realidad lo requieren. Reúne todos los requisitos para el «mito del héroe» que propone Aries, sin excluir la intuición. Luna viene de culminar en Piscis en excelente ángulo, lo cual favorece la importante aportación de este Aries al tratamiento de cataratas. La ayuda del t intensivo Mercurio/Plutón halla en Saturno el enlace, especialmente en su fase preparatoria, y ello impulsa los grandes avances en técnica instrumental que llegaron después. En cuanto al sentido de los contrarios, se entrevé una F+ mediatizada por Saturno, que busca diferenciarse del padre, aunque dentro de la continuidad.

Tauro

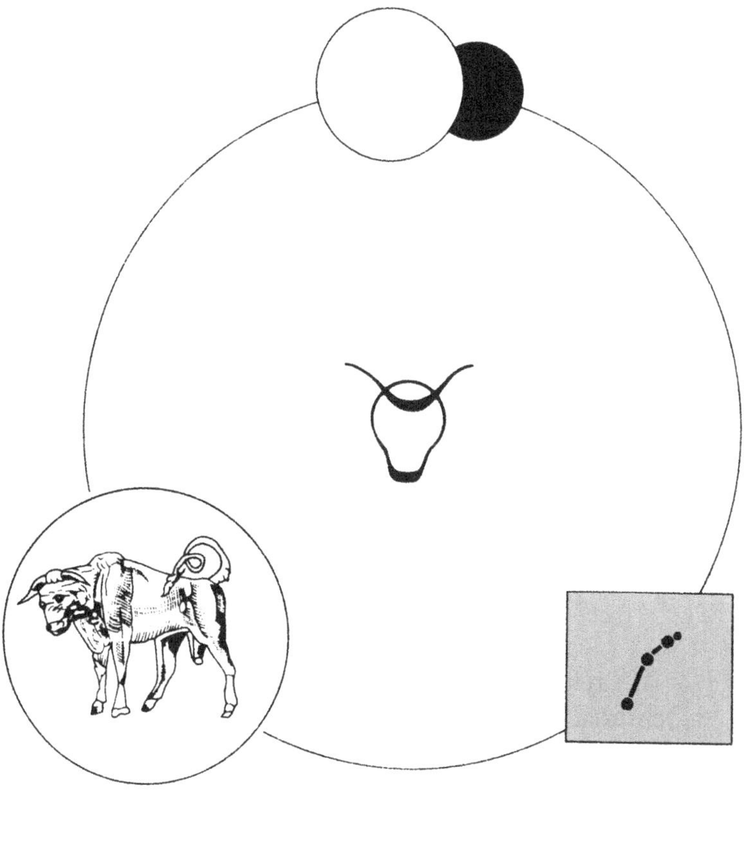

FÓRMULAS

EN ASTROMETRÍA

Con una latitud geográfica media de 45°, cuando el Sol atraviesa este signo entre el 22 de abril y el 21 de mayo, o bien cuando un astro (sin latitud celeste) pasa de 0° a 30° de este signo.

- Su tiempo de presencia por encima del plano del horizonte pasa de 13:34 h a 14:52 h.
- Su altura máxima o culminación superior pasa de 56° 29' a 65° 10' Norte.
- Su altura en relación con el plano de la eclíptica o declinación pasa de 11° 29' Norte a 20° 10' Norte.
- Su acimut en el orto pasa de 106° 21' a 119° 10'.

FÓRMULAS CONDICIONALISTAS

(véase primera parte de la obra)

En relación con el modo «adaptado»:

- Fuerza de inhibición (F –): en nombre del sentido común.
- Velocidad de excitación (V +): la savia y la sangre.

En sentido de las combinaciones.

En relación con el modo «contraadaptado»:

- Debilidad de excitación (d +): la suerte está echada.
- Inercia de inhibición (I –): el rebelde.

En fase paradójica.

CONTEXTO

Después de Aries, llega la tranquilidad forzosa

Muchos manuales de divulgación afirman que los nativos de Tauro son avariciosos, y razón no les falta, aunque, eso sí, lo son de forma superficial, anecdótica y, sobre todo, muy parcial, como suele ocurrir con este signo.

Signo de los impulsos primigenios, Aries gastaba por gastar, gastaba sus energías por gastarlas y se agotaba de vivir por vivir. Tauro, por su parte, prefiere evitar los gastos innecesarios. Por el contrario, tiende a invertir, construir y anclarse con firmeza en la realidad tangible.

Así pues, su primer acto reflejo será de desconfianza: desea asegurarse de la firmeza del terreno antes de lanzarse a la aventura.

Aquel que no se haya garantizado unas bases sólidas, no puede progresar ni perdurar.

Perdurar: la época en que era absolutamente necesario combatir y realizar pruebas ha finalizado, y ahora el día ha tomado el relevo a la noche.

En su fase actual de evolución, le falta asegurarse condiciones propicias para su permanencia: cimientos sólidos, una gestión escrupulosa, alianzas útiles y una consolidación de lo conseguido mediante inversiones bien meditadas.

Doce horas de día y doce de noche: la situación que mejor se ajustaba a Aries era aquella en que se enfrentaban dos campos, dos puntos de vista o dos fuerzas claramente opuestas.

Antes de Géminis siempre es posible discutir

Así pues, el enfrentamiento de Aries se ve sucedido por el intercambio y la confrontación. Se ha dejado de negar el ámbito del contrincante y ya no se desea eliminarlo, sino dominarlo. En este contexto, la apertura de miras no siempre lleva las de ganar, sino que más bien reina la desconfianza. Se trata de una primera negociación llena de sobreentendidos. Lo importante es, sobre todo, embaucar al otro. Será necesario esperar al siguiente signo, Géminis, para que se desarrolle una dinámica de apertura total.

Además, a menudo le cuesta soportar a los Géminis, entrometidos e inconstantes, frívolos y agitados. Sin embargo, consiguen trastornarle o hacerle sentir pánico, quizá porque alcanzan a tocar una de sus fibras sensibles. En el fondo, en su interior existe una dimensión de espontaneidad juvenil que aspira a la misma libertad de espíritu, esplendor y relajación. De esta forma, el prudente administrador se ve tentado por la inconsecuencia que tanto critica. En Tauro existe una vivacidad que salta de impaciencia bajo las limitaciones que le imponen, una jovialidad agotada por el exceso de seriedad, una exuberancia que desea manifestarse sobre la contención. A veces le gustaría volar a su aire, ebrio de libertad, embriagado de inmensidad, sin pasado ni futuro. En estos momentos, su obstinación le parece inútil y sus decisiones demasiado limitadas y restrictivas, cargadas de demasiados sacrificios y tensiones. Por otra parte, podría correr el riesgo de la dispersión: al no querer perder nada, acabaría por perderse a sí mismo. Por muy tentadora que le resulte la libertad despreocupada de Géminis, le corresponde vivir la etapa que la prepara y, por tanto, garantizar la solidez de su persona y sus decisiones. Hay que centrarse en una permanencia del yo antes de probar la disponibilidad de los esparcimientos momentáneos.

LAS CUATRO DIMENSIONES DE SU PERSONALIDAD

En nombre del sentido común

Tauro, que reacciona ante una estación de enérgica excitación, se caracteriza por una obstinación circunspecta, por una potencia pesada y lenta no carente de inesperadas sutilidades y delicadezas, lo que nos traería a la mente un paquidermo caminando sobre huevos... sin hacer tortilla.

Debido a su incontrolable paciencia, en ocasiones dará la impresión de ser un holgazán, y lo cierto es que es una persona sana para la que la buena mesa y el sueño constituyen, si no dos elementos suficientes, sí totalmente necesarios. También es verdad que detesta malgastar la energía o que su ritmo, costumbres y hábitos se vean trastocados. Sin embargo, sabe afrontar las situaciones con eficacia cuando se respeta su tiempo de reflexión. En su caso, además, la toma de decisiones en caliente pone de manifiesto una importante inconsecuencia. En efecto, a menudo tiene la impresión de que lo más importante de una situación permanece oculto, o es más complejo de lo que parecía al principio. Así, muchas de sus decisiones y sentimientos se basan en indicios pasados por alto por la gran mayoría de las personas.

Poco propenso a confundir velocidad con precipitación, será más bien de los que se apresuran con lentitud y hacen oídos sordos cuando los más agitados llaman a la batalla. Sabe permanecer lúcido y amo de sí mismo en cualquier circunstancia, impermeable a las emociones intempestivas. A fin de mantener la justa medida en todas las cosas, opone su fuerza de inercia a los excesos del entorno. Suele decirse que las apariencias engañan. Y, en efecto, su aspecto tranquilo de rumiante bien alimentado puede ocultar un ser atormentado en permanente ebullición, susceptible de ilustrar la historia de la gota de agua que finalmente colma el vaso. Con usted, más vale saber hasta dónde se puede llegar.

Y es que es usted una persona apasionada. Ya se trate de un amor exclusivo, de una compañía tiránica o del trabajo, lo cierto es que sus ideas no tardan en convertirse en obsesiones. Las pasiones devoradoras no dejan ileso ni al objeto de la pasión ni al que las experimenta. Por tanto, uno de sus problemas más delicados será el de conciliar duración con intensidad.

Si no le gustan los cambios y es poco propenso a admitir sus errores, se debe, sin duda, al miedo a malgastar. Le cuesta mucho renunciar a una perspectiva en la que ya había invertido. Una vez se haya tomado el tiempo de tomar una decisión, hará todo lo posible para no tener que volver sobre sus pasos. Es una persona decidida que lleva sus acciones hasta las últimas consecuencias, para bien o para mal. Este mismo afán de ahorro da cuenta de su desconfianza. Sus escasas muestras de estima suelen estar dirigidas a valores comprobados. Sospecha de toda novedad que no haya sido sometida a la prueba del tiempo. Tanto en el ámbito financiero como afectivo, amistoso o intelectual, no suele otorgar crédito a la ligera.

En el fondo, es usted un individualista visceral: que cada cual haga lo que más le plazca, siempre que le dejen vivir su vida. De esta forma, podría dar la impresión de ser muy conciliador con respecto a Aries, su turbulento vecino. Aunque se preocupa por adaptarse a las circunstancias y sólo realiza concesiones cuando resultan útiles, nunca cede ni un palmo en lo que a la esencia se refiere. A menudo, aquel que crea haberle manipulado se dará cuenta demasiado tarde de que fue él el manipulado, justamente allí donde pretendía abusar de usted. Es usted plenamente consciente de las relaciones de fuerza establecidas a su alrededor. Evitando las sacudidas importantes o los bandazos peligrosos, realiza maniobras de gran precisión para mantener el rumbo aprovechando al máximo los avatares naturales y humanos. Dando un paso más en esta dirección, tan sólo se interesará por el exterior en la medida en que realice una aportación a su trayectoria, o bien pueda explotarlo o alimentarse de él.

Este tipo de actitudes le convierten en un adversario temible, sobre todo teniendo en cuenta que sabe hacer que le subestimen profesando una naturalidad agradable con cara de buenazo, o bien dando muestras de una sencillez rústica y una alegría de vivir tranquilizadora. El que calla otorga, pero, en su caso, esto no siempre es así. El mismo que un día creía poder contar con su neutralidad benevolente, le encontrará el día siguiente en medio de su propio camino. Es usted de los que saben esperar el momento. Prefiere las presiones insidiosas y las maniobras sutiles a los choques frontales de Aries. Desgasta la resistencia del adversario antes de lanzarse al ataque; ello a menos que utilice directamente a dicho adversario, aunque sólo sea para neutralizar a otro enemigo. En cualquier caso, prefiere dominar que vencer. En vez de ir a contracorriente de los acontecimientos, usted desvía su curso como quien no quiere la cosa. En el mejor de los casos, nada le impedirá labrarse un camino profundo y directo, inexorable. En este ámbito, Tauro es una auténtica mula de carga, aunque no por ello carece de la energía vital de la primavera: lo de mula era sólo un símil.

La savia y la sangre (velocidad de excitación)

«Venero los zuecos que suenan en la sangre [...]». Extraído de un canto cuyo título, *La sève et le sang* (La savia y la sangre), ya es todo un poema en sí mismo, este sonoro verso de Claude Vaillant dice mucho de su pertenencia a la primavera, y sin lugar a dudas usted sabrá, mejor que otros, oír en él las fuerzas que se elevan en su interior. Si dichas fuerzas poseen una presencia suficiente, será usted de los que saben vivir la vida; y, si ama la vida, es por su inmediatez, sencillez y naturalidad. Movido por impetuosos instintos, vive en caliente, en contacto directo con las energías vitales esenciales. *La savia y la sangre*, una misma pulsión potente, primitiva y profunda, pero también generosa, que conviene más vivir que comprender. El mundo debe aprehenderse a través de las sensaciones y sentimientos, de las emociones, unas veces llegando incluso a la glotonería y otras con una mayor delicadeza y refinamiento.

Estas ganas de vivir, despojadas de toda contención, le dibujan como una persona truculenta, estancada en los excesos, desplegando sus iras e impetuosidades en el furor del deseo del instante, en la perturbación de las pasiones insaciables y los impulsos incontrolables. Frente a la frialdad convencional, se erigen la insurrección de los sentidos y la insubordinación ante la vida. Dando un paso más, no desaprovechará ninguna oportunidad de enfrentar la «enormidad» de las verdades primigenias de la vida a las abstracciones descarnadas. Poniendo fin a toda modalidad de hipocresía, se complacerá de hacer emerger el impulso de los instintos primitivos de la mentira en los discursos más tranquilizadores.

El fragor en ebullición de los apetitos y necesidades primitivos se interioriza como consecuencia de la atemperación y la disciplina impuestas por la contención de Tauro, no quedando más que una palpitación íntima, secreta, pero siempre poderosa. Los sentidos afinados de esta forma degustan mejor los matices, las composiciones inusuales y los equilibrios sutiles. El alquimista sabe que no existen los milagros gustativos sin el último toque de especias, que conforma el estilo personal de toda obra, su sabor profundo. Como es evidente, será poco propenso a conformarse o sufrir; al contrario, sabe adaptarse a la naturaleza, aunque se trate de la suya propia. Esto no es nada nuevo: el Cordobés es nativo de Tauro. De esta forma, tratará de dominar y utilizar al animal en la coreografía roja y dorada de la potencia y el poder, de la vida y la muerte. Eso sí, nada de considerarse un toro de lidia, ya que no es de las personas que se dejan manejar de esa forma. Reaccionario ante cualquier disciplina o limitación exteriores, tan sólo admite las interferencias impuestas por su propia naturaleza.

En caso de conflicto entre contención e instinto, no cabe duda de que usted será el primero en sufrir los efectos de su propia reactividad. A pesar de permanecer imperturbable ante los ataques más virulentos, puede dejarse llevar por auténticas naderías: la barrera de contención cede, la inmovilidad total y disciplinada rompe el dique y se libera con una potencia devastadora. Como una venganza de la naturaleza, la liberación de las energías en ebullición da lugar al desastre, la sorpresa y la consternación de los ribereños.

La suerte está echada (debilidad de excitación regeneradora)

Se muestra reactivo e impulsivo cuando le gustaría dominarse a sí mismo y controlar la situación, y es capaz de hacer auténticas locuras cuando aspira a una prudencia y administración sanas; por ello, vive con más dramatismo que otros las colisiones, fracasos y decepciones de la vida. Esto también le hará extraer lecciones que confirmarán su desconfianza, algo que podría reducir claramente sus posibilidades vitales: no puede ni quiere creer en nada, cualquier proyecto está abocado necesariamente al fracaso. La esperanza es una mentira y el futuro una ilusión. Más vale aferrarse a lo que existe, a lo que se piensa y se hace. Cambiar es volver a empezar, y el que vuelve a empezar siempre se equivoca. ¿Para qué retornar al punto de partida? Tropezamos dos veces en la misma piedra. No hay razón alguna para que las cosas mejoren, para que el que ha fracasado una vez triunfe ahora. De esta forma, el rumiante rumia y se cierra en banda. Esta actitud debe comprenderse en el marco de la relación de Tauro con Acuario, caracterizada por el antagonismo y la complementariedad. Acuario es el signo de la esperanza y la renovación. La noche dominante decrece; el día, de forma encubierta, prepara su reinado. El presente de Acuario olvida el pasado y germina el futuro. Lo más importante de todo es el cambio, un cambio que se percibe libre de las escorias del pasado. De forma simétrica a este fantástico optimismo, el dinamismo de Tauro desarrolla un escepticismo altanero. No se puede vivir de la esperanza. Y, después, el día se instala en su posición dominante. La suerte está echada. Sólo queda jugar lo mejor posible nuestra mano.

Así pues, piensa usted que, si no permite que cuenten con su persona, no será engatusado con bonitas promesas. Está a un paso de pensar que el hoy es similar al ayer, y que el mañana será como hoy. Lo que otros llaman evolución tan sólo le parece una forma lamentable de querer otorgar vigor a lo pasado. Lo único que tienen de nuevo las «nuevas filosofías» es su vocabulario, y esto cuando mantienen algo de coherencia. Donde algunos hablan de revolución, usted consigue descubrir los indicios de una continuidad ineluctable. El futuro ya está lleno del pasado y nada puede ser realmente nuevo. La carga de lo heredado es demasiado pesada.

De este adormecimiento de la inventiva puede derivar el aburrimiento más sombrío. A un nivel más técnico, hablaremos de «falta de excitación regeneradora» o «falta de labilidad de los vínculos condicionales», una manera algo formal de decir que le resulta difícil desmarcarse de su interpretación de la realidad. Ante una situación bloqueada, no es capaz de modificar la perspectiva de visión para actualizar las nuevas soluciones. Sus juicios son definitivos. Los mismos indicios anuncian, de forma invariable, los mismos acontecimientos y las mismas causas y efectos. En el extremo, sus reacciones pasarán a ser inmutables y su vida se convertirá en la eterna pero cansina repetición de una historia estratificada. Con cuatro planetas en Tauro, Freud prestó mucha atención a este fenómeno de repetición a lo largo de una vida compuesta por imágenes heredadas de la primera infancia. De esta forma, de acuerdo con Freud, nunca encontraremos nuestro amor, sino que lo reencontraremos. Bajo la aparente variedad, existen pequeños indicios que siempre lo muestran similar a sí mismo, determinado por lo que fueron las primeras relaciones. Al leer a Freud uno tiene la sensación de estar tartamudeando su vida. Todo está escrito desde hace tiempo en el momento en que nos jactamos de estar tomando una decisión o eligiendo. No hay nada nuevo bajo el cielo.

Esta estructura mental le protege de los accesos de entusiasmo momentáneo. Ante la afirmación de que todo lo nuevo es bello, usted desea examinarlo en primer lugar: a menudo, bajo la apariencia del oro no se esconde más que bisutería barata. El futuro deriva del pasado, y no puede ser mejor que el presente si no se curan las raíces. Tauro, segundo tiempo del ciclo zodiacal, ha aprendido mucho de las batallas de la vida que tanta agitación generaban en Aries. Su facultad de fascinación ha quedado apagada. Ya no cree en los milagros, prefiere continuar con obstinación por el camino emprendido, armándose de paciencia. Sin nada, uno no tiene nada que perder.

El rebelde (inercia de inhibición)

Por último, podría llegar perfectamente a un estado en el que ya no espere nada del exterior y pierda el interés por completo. Aunque esto supondrá una pérdida de eficacia, resultará muy difícil conseguir apagarle y trastornarle. Aquí, la perseverancia roza con la obstinación, la constancia con el encabezonamiento. Nada parece poder influir sobre usted. Resulta más que difícil manipularle, y muy pocos pueden vanagloriarse de haberle inducido a hacer algo contra su voluntad.

Dado que no se siente motivado por ninguna perspectiva personal, más de uno denunciará su práctica de la obstinación sistemática. No es que vaya a convertirse necesariamente en un polemista ruidoso y vengativo, sino que más bien se expresará a través del mutismo, el rechazo sordo o la mala voluntad sistemática pero manifiesta mediante pequeños detalles difíciles de concretar para su entorno. En el mejor de los casos, su actitud le permitirá desmovilizar las energías más valerosas con actitudes imperceptibles. Quizá paralizado por un sentimiento de inutilidad, usted permanece inaccesible, abstraído de todo y todos mediante una indiferencia compacta. El no ceder a la presión de los acontecimientos puede dar la impresión de dominarlos. Sin lugar a dudas, de lo inmutable e imperturbable que existe en su interior sabrá derivar una sensación de poder. Aislado en su desconfianza, podría convertirse en una persona que sufre en silencio, taciturna o que cultiva la misantropía, rumiando permanentemente los fracasos, decepciones o rencores.

Si bien es cierto que le atormenta su trayectoria totalmente personal, no lo es menos que sabrá llevar sus ideas hasta las últimas consecuencias, preocupado en todo momento por no ceder ni un ápice. Ni la adversidad ni los fracasos le afectarán de forma duradera. Inquebrantable y sistemático, se hará fuerte a base de no tener en cuenta ni las circunstancias externas ni los puntos de vista periféricos. Nadie ni nada en el mundo puede hacerle cambiar de idea o ritmo. Por poco que exista un componente de pasión, usted vivirá como un auténtico sordo, indiferente a todo lo que se encuentre fuera de dicha pasión, desdeñoso incluso de las consecuencias concretas de sus actitudes. Cuando avanza, lo hace a la manera de una apisonadora cuya trayectoria nada puede desviar.

En cualquier caso, el lado rebelde de Tauro está muy acentuado. Su individualismo carece de fallas, e incluso raya en lo asocial, al menos cuando se requiere un esfuerzo personal de adaptación a los ritmos y la sensibilidad de los demás para garantizar la armonía de las relaciones humanas. Dado que toda moneda tiene cara y cruz, lo anterior queda compensado por una fantástica fidelidad a sí mismo. Nadie podrá acusarle con razón de haber traicionado su propia naturaleza. Nada le es más ajeno que la actitud de una veleta cuyo discurso cambia con la dirección del viento. No cabe duda de que, en ocasiones, se encalla en callejones aparentemente sin salida; sin embargo, como suele decirse, la fe hace milagros, y es posible que acabe realizando cosas imposibles a fuerza de perseverancia.

PERCEPCIÓN DEL RESTO DE SIGNOS

Acuario

Para usted, el modelo indiscutible de otredad es Acuario. Lo que en él es fuerte, en usted es débil, y viceversa. Por tanto, en ocasiones sus respectivos ritmos pueden verse enfrentados. Aunque se tratará de una relación exigente, no cabe duda de que aprenderá mucho de ella: en primer lugar, que nada es definitivo y, además, que en ocasiones resulta positivo reconsiderar las opiniones, objetivos y juicios.

Con Acuario resulta imposible quedarse inmóvil o anclado en un fracaso: cambiando de perspectiva es posible que surjan nuevos aspectos del problema que admitan soluciones que había pasado por alto debido a su obstinación. De esta forma, el optimismo de Acuario le ayudará a superar cualquier momento de derrotismo.

Cuando todo le parezca determinado y, a menudo, perdido por anticipado, Acuario entreverá la posibilidad de una evolución positiva. En resumen, le ayudará a evitar rencores inútiles y obstinaciones nefastas cuando su camino de trabajador paciente se convierta en un corsé.

Si la relación es mala, Acuario le resultará completamente exasperante. Incapaz de respetar los ritmos de los demás, le resulta tan perturbador y le trastorna y presiona tanto y tan bien que no conseguirá hacer nada correctamente. En su opinión, la agitación deslavazada de Acuario imposibilita la continuidad necesaria para cualquier esfuerzo constructivo. Al confundir velocidad con precipitación, no sabe detenerse en un problema ni aferrarse a una decisión u objetivo. Con él, usted pierde la noción de su posición. Es un auténtico remolino: su falta de realismo le deja estupefacto, su ingenuidad le desarma. Puede que esté movido por el ímpetu de la misma vida, pero desde luego no sabe aprovecharla.

Piscis

Lo peor de todo es que, en ocasiones, los acontecimientos acaban dando la razón a Piscis hasta en sus despropósitos..., y la aparente tranquilidad que en usted es resultado de un intenso control en él parece totalmente natural.

Pareja: existen complicidades silenciosas y desacuerdos muy ruidosos. A veces tiene la desagradable impresión de que, en el fondo, se le va de las manos.

Amigo: tienen en común su resentimiento ante las asperezas de la vida social, aunque en algunas ocasiones Piscis consigue olvidarse de ellas.

Enemigo: el colmo de los Piscis es que se ahogan en un vaso de agua y confían en la providencia para conseguir superar los problemas. Uno no puede contar con personas así.

Aries

Quizás Aries pudiese conseguir mejores resultados con una inversión menor si se tomase el tiempo de respirar hondo y pensar. Eso sí, hay que reconocer que, en ocasiones, siente un perverso placer al hacerlo ponerse en marcha o incluso correr.

Pareja: aunque la relación sea excelente, en ocasiones consigue sacarle de sus casillas. Al menos, tiene el mérito de conseguir que no se aburra.

Amigo: cuando no le trastorna demasiado, aprecia su franqueza, naturalidad y dinamismo.

Enemigo: en última instancia, lo cierto es que prefiere tenerlo como enemigo. Nada mejor que su estruendoso apoyo para hacer descarrilar los proyectos.

Tauro

No confía en él, sobre todo cuando intenta ponerse de acuerdo con usted. Posee la perspectiva necesaria para darse cuenta de que Tauro sabe ocultar su estrategia.

Pareja: complicidad y pasión, cadena y bola. No se perdonará ninguna traición. Estarán constantemente preguntándose quién domina a quién de forma encubierta.

Amigo: se trata de una amistad posesiva y recelosa. No obstante, se comprenderán con medias palabras e incluso sin necesidad de hablar.

Enemigo: es posible que ninguno de ustedes se acuerde demasiado bien de cuándo se generaron las diferencias, pero, de hecho, no importa. En cualquier caso, a usted le parece totalmente obstinado, rencoroso, pesado, incorregible..., pero fiel en su enemistad.

Géminis

Es una persona algo atolondrada, pero que a veces tiene buenas ideas a las que usted sacará partido mejor que ella. Más que cansarle, le divierte.

Pareja: Géminis le aporta distensión e imaginación, aunque con mucha frecuencia le reprochará que se muestre demasiado indiferente hacia usted o esté demasiado encima, dándole dolores de cabeza.

Amigo: vivirán momentos de auténtica alegría. Sabe cómo sacar lo mejor de usted, y en ocasiones le descubrirá horizontes insospechados.

Enemigo: molesto, vacilón, irresponsable, fútil..., pero quien ríe el último, ríe mejor. No le cabe duda de que el tiempo juega a su favor.

Cáncer

A veces envidia la tranquilidad y la profunda estabilidad de Cáncer, cuando parece encontrarse en un universo tranquilizador donde se vive con plenitud sin depender en absoluto de los azares de la vida exterior.

Pareja: le tranquiliza y le mima, aunque tantas atenciones pueden llegar a aburrirle. A Cáncer le costará comprender sus periodos de agitación.

Amigo: se trata de una de esas amistades que cuesta explicar, pero con las que uno se siente muy bien.

Enemigo: incapaz de aferrarse a lo que ha decidido, lo mezcla todo y es ineficaz. Demasiado pretencioso.

Leo

Admiración llena de celos, desprecio respetuoso, una relación pasional al tiempo que ambigua. Si se encuentran en una posición de rivalidad, el tono no tardará en subir.

Pareja: guerra fría por el poder: en ocasiones él decidirá por usted y hablará en su lugar; y usted acabará por imponer su voluntad de forma tangencial.

Amigo: su aplomo le deja estupefacto e incluso le asusta, pero puede contar con él.

Enemigo: desde luego no será a usted a quien consiga impresionar con sus espectaculares efectismos. Es fácil deslumbrar consiguiendo lanzar un relámpago de vez en cuando sin preocuparse de darle continuidad constructiva.

Virgo

No se compromete a la ligera, de forma que uno puede confiar en Virgo; no obstante, si bien aprecia su rigor, discreción y prudencia, su falta de naturalidad le resulta molesta.

Pareja: ninguno de los dos desea ser controlado. Por ello, será recomendable que cada cual goce de un territorio personal. Usted le reprochará su falta de exquisitez.

Amigo: dedican mucho tiempo a burlarse o criticar a los demás, pero con buena intención, claro está.

Enemigo: un aguafiestas, un mezquino y un envidioso que no conseguirá engañarle con su falsa modestia.

Libra

¿Demasiado educado para ser honrado? Le gusta su sensibilidad, pero desconfía cuando le sigue la corriente.

Pareja: ¿qué necesidad tiene de gustar a todo el mundo cuando le tiene a usted cerca? En ocasiones, su coquetería pone de manifiesto un viejo poso de celos. Por suerte, sabe cómo resultar indispensable.

Amigo: la alegría de saberse aceptado hasta en las sutilidades más secretas. A veces comprende mejor que usted el sentido de sus convicciones y descubrimientos.

Enemigo: ¿cómo se puede contar con alguien que está de acuerdo con todo el mundo? Desde luego, no será usted el que se deje engatusar por su supuesta amabilidad.

Escorpión

La relación no tardará demasiado en alcanzar una dimensión pasional, y en ocasiones un paso bastará para pasar del amor al odio, o viceversa.

Pareja: ¿quién dominará al otro? Se querrán hasta despellejarse y convertirse en enemigos inseparables.

Amigo: una relación tan completa como sospechosa. Nadie podrá meterse entre los dos. Nunca conseguirán alcanzar un acuerdo, excepto cuando se dediquen a criticar a los demás.

Enemigo: una persona enfermiza, pero un rival de primera categoría a quien podría terminar por sentirse ligado. La mayoría de las veces, se tratará de un enfrentamiento subrepticio.

Sagitario

Molesto, generoso y, por último, de una ingenuidad que desarma, en ocasiones Sagitario hará bien en guardarse sus buenos consejos para sí mismo.

Pareja: suele contar con usted en sus conversaciones y aventuras, aunque en ocasiones le pasará por alto. Sagitario deberá aprender a respetar su ritmo.

Amigo: una amistad que se vivirá mejor en la distancia para evitar los excesos de entusiasmo de Sagitario. Puede hacerle ganar tiempo cuando se trate de conseguirle apoyos o un público.

Enemigo: agitado o pretencioso, soñador o engreído, una insignificancia con ínfulas de ser algo grande. En el fondo, si tiene cierto éxito es por su falta de personalidad.

Capricornio

Capricornio posee una tranquilidad y seriedad valiosas, aunque sus cualidades le impiden en ocasiones apreciar lo mejor de la vida.

Pareja: Capricornio ayuda a estructurarse, aunque a veces le falta apetito. Por suerte, usted lo tiene por los dos. Podrán llegar muy lejos, aunque su relación deberá perfeccionarse con el tiempo.

Amigo: Capricornio es poco receptivo a la chulería y sabe reconocer los auténticos valores. Discreto y entregado, le obliga a dar lo mejor de sí mismo.

Enemigo: no saber apreciar una buena comida es una modalidad de estupidez. Le gustaría poder despreciar su desprecio: ¿por quién se ha tomado? ¡Más le valdría aprender a vivir!

QUÉ DICE SU ASCENDENTE

Tauro ascendente Tauro

Esta fórmula acentúa las cualidades y defectos de su signo. Así pues, será una persona con sentido común, totalmente capaz de ceñirse a sus exigencias propias sin renunciar por ello al entendimiento con la sensibilidad de los demás. En efecto, con el paso de los años, ha aprendido a negociar con mayor justicia tanto su rechazo como sus pasiones. Ahora bien: si alguien toca sus puntos susceptibles o sobrepasa los límites de lo aceptable, la energía de sus reacciones hará frente a aquellos que se hayan permitido abusar de su aparente generosidad. No cabe duda de que tiene usted sus dudas y vacilaciones, y de que desconfía de los excesos de entusiasmo: cuando la leche hierve, nadie puede saber su volumen real, y tiene miedo de sufrir eventuales decepciones. No obstante, su circunspección no impide que existan la pasión, la prudencia y el fervor. Enemigo de la mediocridad y la frivolidad, es una persona exigente e idealista, a menudo hasta llegar a la intransigencia y en ocasiones hasta la intolerancia. Se siente molesto por muchas cosas, y sus decepciones alimentan rabiosos accesos de ira. Además, es usted una persona con la que se puede contar, ya que permanece fiel a sí mismo y a sus principios.

Tauro ascendente Géminis

Esta fórmula le insta a conseguir conciliar independencia y libertad, algo que no resulta nada fácil. Para ello, debe tanto resistir a las presiones exteriores, para seguir fiel a sí mismo, como desprenderse de todo prejuicio, a fin de gozar de una apertura sin restricciones. Debe inscribirse al mismo tiempo en el corto y el largo plazo, en lo fijo y lo móvil, en el control y la improvisación. Le gustaría anclarse en sí mismo pero sin ninguna traba, conservar aquello por lo que siente apego, pero sin sentirse apegado a nada. Le gustaría disfrutar un presente que fuese al mismo tiempo continuidad e invención... Sus eventuales tormentos estarán ligados a esta confrontación entre el caos de una curiosidad heteróclita y el sedentarismo requerido por el afán de control, construcción y capitalización de la experiencia.

¿Cómo diversificar los centros de interés sin dispersarse? Todo le resultará más fácil si dispone de una pasión o especialidad lo bastante esenciales para hacer las veces de llave universal y enriquecerse de cualquier contacto, si está dotado de una idea o fuerza capaz de estructurar, articular, organizar y unificar los conocimientos más diversos.

Tauro ascendente Cáncer

En este caso domina el afán de control, y sin duda tratará en todo momento de consolidar sus estructuras con el objetivo de protegerse de los azares y los golpes de la vida. Debido a su vulnerabilidad profunda y a su emotividad y sensibilidad, a menudo terminará decantándose por el retiro. Quizás incluso sueñe con vivir en autarquía con las personas más próximas, a fin de no depender en absoluto de factores que no pueda controlar.

En cualquier caso, vive en un mundo totalmente personal en el que no puede penetrar nada que no posea su misma sensibilidad; un mundo cuya coherencia se articula en torno a una lógica que, más que explicarse, se vive, adivina y siente; un mundo lleno de matices cuyas únicas leyes son las impuestas por su ritmo natural, por sus deseos y emociones; un mundo, por último, del que podría ser patriarca, dios o déspota. No soportará en ningún caso que se perturben sus hábitos, ni verse trastornado.

No es usted de los que se adhieren a otras causas. Por ello, deberá procurar no encerrarse en las particularidades de su lógica o subjetividad llegando a la conclusión de que todo lo demás carece de sentido. A su lado más ambicioso le costará aceptar la pasividad derivada de lo anterior.

Tauro ascendente Leo

En este caso predomina el afán de autocontrol y de control del universo propio, así como la voluntad de no ceder ante la presión de los acontecimientos. Ambicioso y exigente, siempre apuntará alto. Por otra parte, no carece de contradicciones. Al apostar por una obstinación paciente, corre el riesgo de terminar quemándose con un estallido repentino. A pesar de la valiente tentación de apostarlo todo a una carta, no podrá deshacerse de la inquietud por no gastar su energía a la ligera. De esta forma, a menudo estará tenso y será preferible que aprenda a gestionar su susceptibilidad. Sus reacciones son desproporcionadas, inesperadas y teatrales.

En el mejor de los casos, sabrá entregarse a una labor escrupulosa mientras espera su momento, socavar la resistencia del obstáculo antes de asestar el golpe definitivo, preparar un éxito espectacular en la sombra y, en pocas palabras, coger carrerilla para realizar un salto mejor. Tauro le garantiza unos cimientos sólidos y Leo le permite realizar el saludable esfuerzo final.

En el caso de que exista un gran abismo entre forma y fondo, se convertirá en una persona caprichosa que no posee ni el descaro necesario para realizar sus audacias ni los medios para llevar a cabo sus ambiciones. En el peor de los casos, podrían sobrevenir fracasos decisivos a causa de un exceso de prudencia y arruinarse los beneficios de prolongados esfuerzos debido a accesos de impaciencia y temeridades inútiles. En estos casos dará muestras de un humor despótico tanto hacia usted como hacia su entorno.

Tauro ascendente Virgo

De una forma u otra, sabe resultar autosuficiente y dejar de estar, poco a poco, a merced de los azares de la vida. Esta exigencia de control le impide ceder a las influencias o presiones exteriores. Cuando cuente con esta magnífica autonomía, su constancia no tendrá parangón. Avanzará paso a paso sin pasar por alto ningún detalle ni permitir que nada le desvíe de su camino. Obstinado y metódico, es posible que carezca del impulso necesario para volver a empezar, y que no destaque en aquellos ámbitos en que sea necesario improvisar o exagerar; sin embargo, sí cuenta con una capacidad de adaptación notable en relación con los proyectos a largo plazo. De esta forma, podría alcanzar grandes éxitos al final de humildes recorridos. En cualquier caso, le gusta llevar sus proyectos a buen puerto.

Virgo agudiza todavía más el espíritu crítico de Tauro, además de contribuir a concretar objetivos muy personales. Incluso en este caso, el riesgo sería encerrarse en especificidades que impidiesen una auténtica comunicación. Por ello, en ocasiones se le reprochará que carezca de imaginación y apertura de miras. Sin embargo, no cabe ninguna duda de que usted es capaz de sentir calor humano e incluso pasión.

Tauro ascendente Libra

En este caso se conjugan la rugiente pasión y la ternura murmurante, los placeres de los sentidos y los del corazón. La fuerza se convierte en gracia, el glotón en *gourmet* y el conquistador en una persona encantadora. No obstante, si bien la sensibilidad se afina y desarrolla, la emotividad conservará toda su energía y en ocasiones resultará turbulenta.

Dicho esto, y debido a su exigencia de fidelidad consigo mismo y a su dimensión rebelde y escéptica, Tauro puede entrar en conflicto con la apertura de espíritu de Libra, con su sociabilidad rayana en lo ingenuo, con su forma de entender al otro hasta en ocasiones confundirse con sus convicciones. En todo caso, esta dinámica puede permitir negociar con mayor justicia la especificidad de sus intereses y coordinar su trayectoria propia con los pasos de otra persona. Tauro disciplina los impulsos naturales y Libra los hace sociables. De esta forma, es posible enriquecer el diálogo con diferencias que no se niegan ni olvidan en el intercambio. Aspira a una comunión auténtica en la que ninguna de ambas partes pierda su naturaleza. Ahora bien, no cabe duda de que es usted capaz de llegar muy lejos en el arte a veces tortuoso de la diplomacia. No siempre resulta fácil saber con exactitud cuáles son sus pensamientos profundos. Su cortesía también puede constituir una máscara, y su educación exquisita, una forma de engatusar al interlocutor.

Tauro ascendente Escorpión

Tensión y pasión, susceptibilidad y despotismo: esta fórmula define a personas con las que a veces puede resultar difícil convivir. Para usted, todo carece de valor excepto sus intereses específicos. No obstante, cuando siente afecto por algo o alguien, lo hace de forma impetuosa, apasionada y dominante. Desea llevar las cosas hasta sus últimas consecuencias, y sigue esta misma política consigo mismo. Una vez tomada una decisión, la explotará hasta el final. Algunos hablan de prejuicios o inmovilismo. Sin embargo, cuando cree estar en posesión de la verdad, es capaz de multiplicar sus aspectos y matices hasta el infinito, elaborando así un sistema implacable cuyos diversos componentes encajen en una lógica imparable, en una construcción llena de sabiduría que pretenderá ser una verdad universal.

A pesar de su espíritu crítico siempre alerta, no resulta indemne a la ceguera de la pasión. No obstante, también puede ser el más tortuoso de los diplomáticos y el más retorcido de los estrategas. En usted predomina el afán de obtener el máximo de resultados con el mínimo de esfuerzo. Le gusta adivinar, presentir, rastrear el secreto de personas y cosas, sacar a la luz lo inconfesable. Deberá procurar no encerrarse en una negatividad sistemática, en un inmovilismo obstinado y una impotencia altanera.

Tauro ascendente Sagitario

Esta fórmula abunda en contradicciones: sedentarismo y movilidad, desconfianza reacia y adhesión cosmopolita, prudencia y desmesura, naturalidad y cultura, lenguaje de los sentidos y sentido del lenguaje. Cuando Tauro se arraiga en sí mismo, Sagitario cede a la llamada de los grandes espacios geográficos, intelectuales o espirituales.

Las contradicciones también pueden complementarse: el sentido común, lleno de realismo, de Tauro puede protegerle de los entusiasmos y utopías de Sagitario, así como de su esnobismo. Sagitario, por su parte, actuará como dinamizador de Tauro. Su permeabilidad a las exigencias culturales le pondrá a salvo del aburrimiento. En el mejor de los casos, el trabajo obstinado en una vía muy personal le proporcionará acceso a una apertura universal. De forma simétrica, su especificidad se verá enriquecida por una apertura de miras carente de prejuicios hacia el mundo que le rodea. Además, puede convertirse en un diplomático temible, capaz de enmascarar sus ambiciones y hacer pasar su voluntad personal por un deseo general. Una integración menos buena de esta fórmula daría como resultado una persona caprichosa siempre insatisfecha. A pesar de no saber explotar sus posibilidades ni ocupar el lugar que le corresponde, sí juzgará con justicia las aspiraciones y preocupaciones comunes.

Tauro ascendente Capricornio

Si Tauro disciplina los impulsos naturales y se resiste a las temeridades inconsecuentes del entorno, Capricornio se atrinchera en las creencias comunes, las verdades convenidas y los significados aprendidos. Por consiguiente, esta fórmula hace hincapié en los valores de autonomía y estabilidad. Aunque quizá sea lento y le cueste adaptarse a las situaciones que requieran brío e ímpetu, su capacidad de trabajo le permitirá dar la talla en proyectos de largo recorrido que requieran una perseverancia sin tacha ni distracción. Si bien su capacidad de indiferencia le permite permanecer imperturbable mientras todo se agita a su alrededor, siempre será capaz de demostrar reacciones incontroladas y en ocasiones violentas. Sus elevadas ambiciones no estarán desprovistas de tensión ni inquietud. Ya sea a nivel intelectual, socioprofesional o afectivo, lo cierto es que tendrá dificultades para conformarse con una consecución aproximada de sus exigencias. En este caso, corre el riesgo de pecar de excesivo. Del desinterés puede derivarse el aburrimiento de una pasividad fatalista y resignada, aunque no por ello menos dolorosa debido a la insatisfacción de sus ambiciones. Deberá tratar de conservar la parte de simplicidad, curiosidad y espontaneidad inherente al componente primaveral de su signo solar.

Tauro ascendente Acuario

Se trata de una fórmula contradictoria en que se enfrentan escepticismo realista y optimismo agitado, arraigo y nomadismo, las cadenas del pasado y el incentivo del futuro, continuidad e innovación, fidelidad y libertad, control e invención, seguridad y audacia... Estas contradicciones podrían desembocar en tensiones y susceptibilidad, en cuyo caso hará gala de reacciones inoportunas y desproporcionadas, tanto en sus negativas como en sus adhesiones. Sin motivo aparente, pasará de periodos de optimismo conquistador a fases de abatimiento sombrío. No obstante, siempre le quedarán la independencia de carácter y la autonomía y originalidad. En este caso se produce un fenómeno de síntesis que no puede sino rebosar de riqueza. Así pues, será de esas personas que caminan decididas al margen de los caminos trillados, que se inventan a sí mismas e inventan el mundo sin ceder ni un palmo a las verdades convenidas y las sentencias comunes. De esta forma, elaborará su propio pan partiendo de las migajas olvidadas o despreciadas por los demás. En el mejor de los casos, sabrá renovarse sin dejar nada atrás, con una incansable fidelidad a sí mismo. Será aferrándose al máximo a su propia naturaleza y asumiendo toda la carga de su pasado como conseguirá superarlos, para poder reinventarse a cada paso sin perder su pista en ningún momento.

Tauro ascendente Piscis

Tauro, que desconfía de las primeras reacciones, disciplina los impulsos naturales y se resiste a las exigencias del medio. A través de Piscis, aprenderá a protegerse cada vez mejor de la insipidez de las ideas y las sentencias asumidas por la colectividad. Gracias a su capacidad de indiferencia ante las convenciones, sabe salirse de las vías del pensamiento trillado y señalizado. Con una fidelidad a sí mismo a prueba de bombas, se arraiga en la inmediatez de los sentidos o en sus ritmos propios para adherirse mejor a las verdades universales, que más que aprenderse deben entreverse. En el mejor de los casos, podrá partir de sus primeras intuiciones para elaborar un sistema de compresión cuyas múltiples articulaciones respondan a una lógica inexorable. Sin embargo, a veces le puede resultar difícil conciliar el sentido común más terrenal con la apertura metafísica, las virtudes de lo natural con la sensibilidad ante lo sobrenatural. Siempre correrá el riesgo de limitarse a una lógica demasiado restrictiva y perderse en los meandros y rarezas de su sensibilidad. Debido a su indiferencia, también existe la posibilidad de que se vea aquejado de una pasividad mal vivida, característica de una persona emotiva e inquieta que busca una actividad que se ajuste al absoluto que le atormenta.

Tauro ascendente Aries

Esta fórmula primaveral no puede sino definir a una persona muy reactiva: sin duda, a su entorno le costará olvidar algunos de sus santos accesos de ira.

Debido a la influencia de Tauro, será de los que predican las virtudes de la paciencia y la perseverancia; sin embargo, cuando llega la gota que colma el vaso, su forma de devolver las cosas a su lugar no podrá calificarse en ningún caso de minuciosa. Digamos sencillamente que más le valdrá delimitar con precisión sus puntos de susceptibilidad y que habrá días en que no podrá mostrarse muy sociable. De esta forma, será capaz de acabar de cualquier manera un trabajo cuando le venza la impaciencia y se vea presionado por la rutina. En ocasiones arruinará los resultados de prolongados esfuerzos por culpa de un acceso de obstinación inopinado. Así se expresará el eterno debutante que agita su interior cuando se esfuerza por ser razonable.

El afán emprendedor de Aries, que en este caso se encuentra mejor integrado, dinamizará un Tauro ocasionalmente empantanado en una rutina carente de toda sorpresa. Además, le dotará del ánimo y la fuerza para volver a empezar de cero. De esta forma, debería aprender a administrar y rentabilizar su riqueza de temperamento, incluso en los excesos.

QUÉ DICEN SUS TEST

Tauro R extensivo

Propenso a los placeres y goces de la vida, le gusta concebir la existencia humana como una fiesta que nunca acaba. Esta tendencia, que se ve atemperada tan sólo a medidas por el realismo de su signo solar, le generará más de un problema grave frente a las limitaciones de la vida social, que le costará soportar y que criticará y ridiculizará constantemente. En cualquier caso, es usted una persona comunicativa. No obstante, bajo su apariencia hedonista y en ocasiones frívola y despreocupada, se esconde un fondo de desconfianza, una timidez más o menos acusada y una inquietud punzante. En sus peores épocas, se sentirá atormentado por la ansiedad, preguntándose qué le deparará el mañana, pero sin que ello le impida actuar en contra del sentido común, de forma perfectamente inconsecuente. Lo anterior derivará en cambios de humor impredecibles: tan pronto se encerrará en un mutismo gruñón, refunfuñando críticas desengañadas, como rebosará de imaginación, alegría de vivir y libertad. Lo que predomina en usted es el problema de la confianza.

Para poder expresarse usted necesita, más que otros, sentir confianza. A menudo se siente desarmado y abatido por la incomprensión o los obstáculos. Convencido de que todo debería ser más fácil, no le cuesta denunciar la mala fe de los demás ante cualquier contrariedad. Si alguien o algo no mantienen su promesa o tocan mal la partitura acordada, usted dejará de confiar y de estar disponible para cualquier otro proyecto. Ahora bien, si todo va según sus deseos, se volverá a llenar de energía y desbordará curiosidad, dando muestras de un apetito voraz. A pesar de su enorme ternura y amor, no puede soportar sentirse limitado u obligado en una relación. Aunque para usted sea fundamental sentirse comprendido o amado, lo que desea ante todo es no tener que hacer nada para ello, no realizar ninguna concesión. Hay que aceptarle tal como es. Algunos dirán que quien desee tener una relación armoniosa con usted debe aprender a vérselas con su sensibilidad y su susceptibilidad y, sobre todo, a no atentar contra su independencia.

Una buena integración de estas tendencias le permitirá manejar con destreza seducción y crítica, ternura y sentido del humor, apego y libertad, obstinación y flexibilidad. Sabrá burlar la amenaza del aburrimiento trufando el día a día con divertimentos y fantasías improbables. En el fondo, para usted no es posible conseguir nada sólido ni duradero si no se mezclan la alegría y el placer, el encanto o el deseo, el amor o la pasión.

Tauro r intensivo

Esta fórmula favorece el control subtendido por su signo. Posee unos principios muy bien fijados y está dispuesto a entregarse totalmente a objetivos definidos de forma clara: es un hombre de ideas poderosas, con una vocación capaz de movilizar y una pasión exclusiva. En el extremo, podría ocurrir que no le atraiga nada aparte de sus focos de interés. Es exigente y no se permite cometer errores. Así pues, debería atemperar su entusiasmo para asegurarse el éxito antes de lanzarse a la aventura. Eso sí, una vez lo haga, nada podrá detenerle.

Prudente al tiempo que seguro de sí mismo, es usted un estratega temible. Mueve sus peones uno a uno y avanza paso a paso, de forma inexorable; eso a menos que acabe utilizando la artillería pesada para aniquilar una mosca decididamente molesta. En cualquier caso, siempre irá a la busca de una victoria definitiva y aplastante. En este caso correría el riesgo de convertir su capacidad de decisión en ceguera, acabando por creer tan sólo en sí mismo. Obnubilado por su objetivo, sería incapaz de tomar en consideración las circunstancias ni consejos razonables. Algunos le tildarán de tener prejuicios y de ser autoritario.

Lo cierto es que no siempre se siente inclinado al debate. ¿Cómo es posible que algo que aparece tan evidente a sus ojos no lo sea para los demás? Al considerar que no dispone de tiempo ni de energía que malgastar con palabras inútiles, aborda con brusquedad «detalles accesorios» que podrían ser importantes para los demás. Cuando no se tocan sus pasiones, posee una buena calidad humana, ofrece una compañía alegre y no soporta las rivalidades; en este sentido, su entorno se verá obligado a aprender a manejar su susceptibilidad.

En cualquier caso, su signo solar o un buen nivel de «E» pueden aportarle un mejor sentido de la mesura y permitirle realizar concesiones útiles. Ahora bien, esto no quita que siga costándole cambiar de opinión en cuanto al fondo de los asuntos.

Nadie podrá negarle su espíritu constructivo y eficacia fuera de toda duda. Los demás pueden contar con usted. No se compromete con ligereza y mantiene sus promesas. Los demás se verán defraudados muy pocas veces por su sentido de la responsabilidad. Es consciente de su repercusión social y desea desempeñar su rol con plenitud; en el mejor de los casos, sabrá hacerse indispensable gracias a competencias que sólo usted posee. Sea como sea, los demás apreciarán sobre todo su lucidez y sus dotes de organizador en situaciones en las que una persona normal y corriente perdería la cabeza y el control. Sólo queda añadir que, en ocasiones, le convendrá realizar un esfuerzo para ser tolerante.

Tauro E extensivo

Esta fórmula hace destacar el espíritu concreto y creativo de su signo. Nada de soportar los acontecimientos a la espera de días mejores ni de ser un monigote a la merced de las circunstancias: de un modo u otro, se las arregla para coger la situación por los cuernos y encauzarla en la dirección que desea. Firmemente anclado en el aquí y el ahora, tan sólo aceptará un presente determinado si puede modelarlo, domesticarlo y trabajarlo.

Una manifestación óptima de su personalidad se correspondería con una persona que sabe ser perseverante sin obstinarse, que hace uso de los nuevos elementos de la coyuntura sin perder de vista el camino, que se adapta a las circunstancias sin renegar de nada, que va acumulando los valores necesarios de cara a las batallas de larga duración que permiten obtener los éxitos definitivos. Si bien la «r» y la «t» son sensiblemente iguales, aun así sabe sacar partido de las oportunidades que le brinda el presente sin perder de vista el futuro, tener un objetivo a la vista sin llegar a ser víctima del mismo o jugar respetando las reglas del juego sin sacrificar su espíritu crítico. En efecto, la «r» da prioridad a la habilidad táctica y la eficacia inmediata, mientras que la «t» subraya las dudas, inquietudes y exigencias profundas.

Por poco que la «e» goce de cierta fuerza, su sentido común y sabiduría pragmática no impedirán que sufra intempestivos excesos. A menudo sus reacciones son desproporcionadas y le resulta difícil prever el momento en que perderá la sangre fría. De esta forma, corre el riesgo de arruinar los resultados obtenidos a costa de esfuerzos pacientes y penosos por culpa de un ataque de obstinación. En este caso, la peor solución sería echar la culpa a la mala suerte. No obstante, quizá sea lo bastante hábil para «recuperar el mando» cuanto antes evitando las pérdidas al máximo, e incluso para terminar sacando provecho de sus excesos. De una cosa no cabe duda: habla usted sin rodeos y más vale no buscarle demasiado... Eso sí, también es de los que no olvidan las lecciones de la experiencia.

Tauro e intensivo

A pesar de la contención heredada de su signo, resultaría sorprendente que siempre fuese capaz de mantener su temperamento a raya. En efecto, esta fórmula le dota de una emotividad intensa, que fomenta una reactividad plenamente primaveral.

Todo en usted es presencia, impacto emocional, sensibilidad sensorial. Vive al nivel de lo sentido, de lo probado, a flor de piel. Incluso cuando la experiencia le haya enseñado a utilizar mejor las defensas naturales de su signo para proteger una sensibilidad trémula y protegerse a sí mismo de ella, lo cierto es que la tibieza nunca llegará a apoderarse de usted. Incluso cuando haya conseguido forjarse una coraza, en ocasiones hará falta muy poco para aniquilar su apariencia impasible, para hacerle pasar de la risa al llanto. Incluso en los momentos más reservados, nunca podrá abstraerse por completo del medio que le rodea y refugiarse en una indiferencia tranquila. Aunque a veces parezca permanecer ajeno a lo que tiene lugar a su alrededor, su silencio será la escucha de lo imperceptible, del clima subyacente, de un sentimiento íntimo.

Sin lugar a dudas, no hace demasiado caso al sentido común que normalmente se atribuye a su signo. Nada le parece tan repelente como la frialdad de los razonamientos lógicos. Poco falta para que tanto usted como su entorno acaben viviendo sometidos a la dictadura de sus cambios de humor, deseos, emociones y sentimientos. Aunque se le tildará de asocial, usted reivindica con severidad el derecho y el deber de cada persona a vivir con naturalidad al margen de las circunstancias.

Reniega de las hipocresías corteses y las prudentes convenciones: se trata de vivir con plenitud el momento, en caliente. Esta tensión emocional favorece que se den reacciones exageradas, en ocasiones violentas y a menudo exacerbadas. A veces sentirá la tentación de llegar al extremo de sus actitudes, deseos o emociones. Cuando se sienta herido, responderá contraatacando. Aunque a menudo será irrespetuoso con las normas de buena conducta, no por ello dejará de ser una persona atractiva por la delicadeza de su sensibilidad, la riqueza de matices en sus emociones y su auténtica calidez humana. Por otra parte, aquel que quiera conseguir algo de usted deberá abordarle por los sentimientos... ¡o por sus puntos débiles!

Tauro T extensivo

Sin duda, su entorno le percibe como una persona algo enigmática, y serán muchos los que crean que despide cierta aura de misterio, aunque puede que usted no haga demasiado caso de ello. La gente sentirá que está habitado por una fuerza íntima que parece no poder ser alcanzada por nada, y le creerá impermeable a las palabras ordinarias, reacio ante las verdades convenidas y cercano a un más allá. Es cierto que su personalidad a menudo resulta desconcertante por la alta improbabilidad de sus actitudes o posiciones. Muchos se preguntarán de dónde saca sus pensamientos, y ni siquiera usted sabrá siempre de dónde ha extraído lo que sabe ni lo que legitima o motiva su forma de ser.

En realidad, articula su vida o su pensamiento basándose más en presentimientos o intuiciones que en análisis reales u observaciones precisas. Es usted de esas personas que saben ver sin mirar, que oyen sin escuchar y retienen sin aprender. Por ello, correrá el riesgo de resultar ambiguo con respecto a su entorno, ya que no compartirá ni sus alegrías ni sus indignaciones, convicciones o valores. Sin embargo, podrá redimirse gracias a una intuición muy precisa de las fuerzas subyacentes que determinan de forma encubierta los acontecimientos que escapan a la razón y las motivaciones conscientes. Presta más atención a los sobreentendidos y detalles discretos que a las evidencias manifiestas, y siempre estará al acecho de aquello que se esconde en los intersticios de la realidad principal, llegando incluso a pasar el tiempo leyendo entre líneas. Esta actitud constituye unos cimientos suficientes para su originalidad.

Si la «r» es lo suficientemente intensa, sufrirá accesos de autoritarismo y mostrará una gran altivez en lo relativo a cuestiones de independencia y amor propio. Será tan intransigente consigo mismo como con los demás, y apasionado hasta llegar a la intolerancia; debido al carácter terminante de sus afirmaciones, no siempre será fácil vivir con usted. No obstante, es de esas personas que saben hacer que los demás cuenten con ellas.

En cualquier caso, corre el riesgo de pasar por alto las realidades sociales y las posibilidades y límites de la situación presente. Así, podría tener dificultades a la hora de motivarse para alcanzar una afirmación real. Por suerte, su signo solar puede compensar estas tendencias molestas remitiéndole a una mayor sencillez, realismo y sentido común. En cualquier caso, sería recomendable que no se conforme con aquello que se espera de usted, a menos que, en última instancia, todo le dé absolutamente igual.

Tauro t intensivo

Esta fórmula subraya la potencia de negación de su signo, su dimensión más reacia, crítica, escéptica y desconfiada.

Sin lugar a dudas, no es usted de los que se dejan engatusar. Desde luego, no se le ganará con palabras bonitas. Cuando se trata de descubrir las debilidades o insuficiencias, las hipocresías y mentiras, las acciones encubiertas y las abstenciones prudentes, nunca se arrepentirá de no haber sospechado a tiempo. Dotado de una capacidad de observación muy desarrollada, consigue desvelar lo oculto, lo no dicho, lo apenas entrevisto y los pudores decorosos. Desde luego, está más capacitado para criticar que para realizar propuestas. Hace falta mucho para sorprenderle, y en muy pocas ocasiones afirmará haber quedado satisfecho. En este caso, correrá el riesgo de cerrarse en una actitud de oposición sistemática. Siempre que el nivel de «R» sea suficiente para ello, podrá ser una persona más abierta, curiosa y receptiva ante lo inesperado. Aunque en este caso su sentido crítico no quedaría debilitado, se expresará más a menudo con un tono distendido y dotado de sentido del humor.

En cualquier caso, seguirá siendo poco propenso a adherirse a las ideas de los demás; algunos dirán que le busca cinco patas al gato, otros añadirán que, cuando ni siquiera encuentra un gato, no duda en meterse en camisas de once varas. Y lo cierto es que, en efecto, es usted todo un especialista en esto. Ahora bien, a base de complicarlo siempre todo, podría acabar siendo prisionero de su propio laberinto.

Su sentido crítico y su escepticismo siempre estarán presentes. Rara vez satisfecho consigo mismo, es usted una persona inquieta, llena de dudas o angustias, al menos cuando se trata de tomar decisiones y emprender un proyecto. Esta ansiedad, si no acaba paralizándole o amordazándole, puede convertirse en fermento de una creatividad inventiva, original e innovadora. Si bien nada le parece evidente a priori y su curiosidad puede conservar toda su energía, lo cierto es que nunca acepta las cosas o ideas tal como se le dan, sino que las digiere y asimila transformándolas. Todo plantea cuestiones o suscita hipótesis inesperadas. A fin de sacar el máximo partido de sí mismo, deberá caminar lejos de los senderos trillados, improvisar su trayectoria a cada paso. Está más que dotado para tomar distancia con respecto a lo convencional y a las exigencias exteriores.

EJEMPLOS

BALZAC. La principal problemática de Tauro consiste en gestionar de forma óptima su capital vital. En este sentido, nada resulta más significativo que *La piel de zapa*, una de las primeras novelas de Balzac. El héroe acaba de jugarse y de perder su última moneda, y se dispone a suicidarse. Entonces, encuentra en un anticuario una piel de zapa que le permite realizar todos sus deseos, aunque cada uno de los mismos hace que la piel se estreche cada vez un poco más, del mismo modo que las pasiones vividas acortan la vida. Asistimos, pues, a la dramática elección entre intensidad y duración, en una vida en la que no podemos usar sin desgastar. No es posible gastar dos veces ni el dinero ni la energía: este es el drama del ser humano, condenado a nutrirse de su propia sustancia para poder avanzar.

PLANCK. La constancia de este físico alemán constituye un magnífico ejemplo de la fase paradójica, que da prioridad a los rasgos de debilidad energética. $6{,}62.10^{-34}$ J.s., es decir, treinta y tres ceros después de la coma antes de la primera cifra significativa: esta constancia infinitesimal, esta minúscula enormidad, estaba destinada a sacudir el inmenso edificio de la física clásica. De forma aún más significativa, dicha constancia representa la cantidad de energía más pequeña que puede absorber o emitir la materia. Pertenece a Tauro, administrador de la energía y de su definición.

CORÍN TELLADO. Venus en hora de pujanza culmina siendo el planeta dominante, Plutón se levanta y la Luna se oculta en Libra en el máximo exponente de la novela rosa de la España de posguerra. Se puede hablar de un t intensivo (Plutón-Saturno), ya que Mercurio culmina y Venus lo complementa: «Para escribir una novela necesito sólo una tarde», afirma Corín. Cuatro mil novelas de éxito avalan el prolífero carácter productor de Tauro. Los títulos reflejan cómo ejerce Tauro en cada entrega: desconfianza *(Doloroso engaño, Cuidado con el paleto)*, el precio a pagar por un impulso o una seducción *(Él me da miedo, Me casé con él)*, el afán de seguridad *(Compraré un marido, Deseo un millonario)*...

FREUD. La importancia de la «fase paradójica» resulta fundamental en la obra de Freud: lo esencial es inconsciente y se expresa en las pequeñas ausencias, dudas, lapsus y actos fallidos... La ausencia de «excitación regeneradora» condena a la persona a repetir los mismos errores e interpretar los mismos guiones. Freud, por último, nos habla de las inversiones y rendimientos del capital energético del ser humano: la libido.

TEILHARD DE CHARDIN. Tauro rT: «Pluralidad y unidad: problema excepcional al que se reduce, en el fondo, el conjunto de la física, la filosofía y la religión». La fórmula rT (reducción de la multiplicidad en unidad) se lleva aquí hasta sus últimas consecuencias debido a la dinámica de Tauro. Entre el dualismo de Aries y el pluralismo de Géminis, Tauro se instala en una unidad necesaria. Científico y sacerdote, pero en cualquier caso «apasionado de la unidad», Teilhard encarna a la perfección este sentido de las combinaciones susceptible de superar las oposiciones duales de Aries, así como la pareja materia-espíritu. La vida (biosfera) procede de la materia inerte y engendra a su vez la esfera de la conciencia (noosfera) gracias a la mayor complejidad permitida por la evolución hacia la unidad suprema, el punto Omega. El gasto gratuito de un Aries que cultiva el azar se ve sucedido por el afán de control de Tauro, que invierte. Según Teilhard, la evolución no puede ser gratuita ni responder exclusivamente al azar; de ahí la necesidad de un único proyecto, un único objetivo capaz de vencer la «enfermedad de la pluralidad». De esta forma, la agitación primaveral (velocidad de excitación) adquiere sentido (significado y dirección) a través del fin que realiza. «Tan sólo una cosa es deseada, tan sólo una cosa se realiza mediante la agitación universal».

SANTIAGO RAMÓN Y CAJAL. En el primer premio Nobel de Medicina español, el Sol, Mercurio, Saturno, Urano y Plutón en hora de pujanza culminan en Tauro y Júpiter se oculta. El t intensivo acentúa la capacidad de análisis y la vocación científica, bases para que se cocine a fuego lento la pasión por el descubrimiento y la investigación, en detrimento del r intensivo, hasta que alcanza la cumbre en su especialidad, el sistema nervioso. Con su sentido del trabajo y su sobresaliente capacidad, Ramón y Cajal dedicó muchos esfuerzos a la formación, muy necesarios dado el estado de la ciencia en la España de la época (disonancia de Júpiter), y logró liderar y aglutinar voluntades, contribuyó enormemente a regularizar y estructurar para los que le siguieron, aunque las condiciones en las que investigó no fueron óptimas.

Géminis

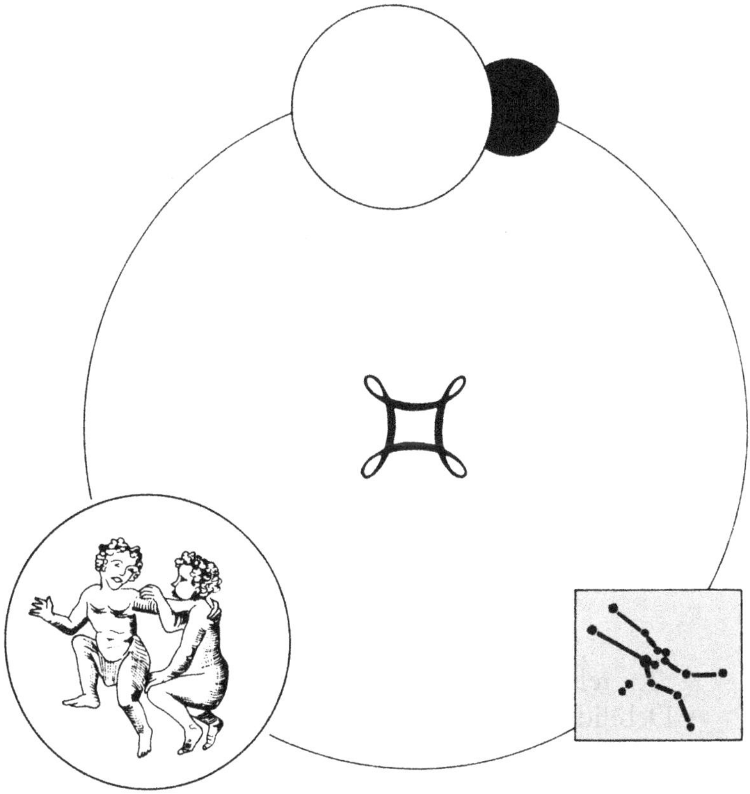

FÓRMULAS

EN ASTROMETRÍA

Con una latitud geográfica media de 45°, cuando el Sol atraviesa este signo entre el 22 de mayo y el 21 de junio, o bien cuando un astro (sin latitud celeste) pasa de 0° a 30° de este signo.

- Su tiempo de presencia por encima del plano del horizonte pasa de 14:52 h a 15:26 h.
- Su altura máxima o culminación superior pasa de 65° 10' a 68° 27'.
- Su altura en relación con el plano de la eclíptica o declinación pasa de 20° 10' Norte a 23° 27' Norte.
- Su acimut en el orto pasa de 119° 10' a 124° 15'.

FÓRMULAS CONDICIONALISTAS

(véase primera parte de la obra)

En relación con el modo «adaptado»:

- Fuerza de excitación (F +): el libertario.
- Velocidad de excitación (V +): el camaleón.

En sentido de los conjuntos.

En relación con el modo «contraadaptado»:

- Debilidad de inhibición (d –): el exhibicionista.
- Inercia de inhibición (I –): el intelectual.

En fase ultraparadójica.

CONTEXTO

Signo anterior

La vocación de su signo, que sucede a Tauro, consiste en liberarse del yugo de las pasiones de su predecesor, demasiado intensas y exclusivas. En efecto, el segundo signo de la primavera erigía barreras infranqueables y muros reacios a cualquier invasión del mundo exterior; usted, por su parte, decreta la puesta en libertad y, con la fuerza que le otorga el capital energético paciente y obstinadamente atesorado por Tauro, se lanza a descubrir el entorno que le rodea. Nada le resulta más ajeno que las mentalidades con prejuicios, el afán de posesión y la necesidad de establecer una relación concreta y tangible de dominación.

No tiene tiempo para descansar (para usted, dormir demasiado es sinónimo de oscuridad) y considera sin ninguna duda que Tauro es mezquino y egoísta, y está excesivamente empantanado en la satisfacción de sus deseos y necesidades fisiológicas. A base de esperar con prudencia y analizar y reflexionar de forma interminable, uno acaba por encerrarse en sí mismo, por permanecer sordo y ciego ante los múltiples cambios, variaciones y metamorfosis del mundo que le rodea. Usted prefiere la «insoportable levedad del ser», que saborea sin contención las mieles del abismo, a la pesadez realista de Tauro, en ocasiones incluso pesimista. Le exasperan la lentitud y la indolencia, pero también la obsesión: ¿cómo es posible recorrer siempre el mismo camino mientras el mundo rebosa de redes y encrucijadas con cruces móviles y cambiantes? Para usted, especializarse es congelarse.

Desconfía de los juicios definitivos, las certidumbres dogmáticas y las repeticiones monomaniacas: ¿acaso no llega un día en que de la uniformidad acaba naciendo el aburrimiento? La perpetua reflexión de su vecino le parece estéril e inútil: en su opinión, no hace otra cosa que girar sobre sí mismo. Usted ha superado el estadio del escepticismo: el tiempo de la duda aniquila la generosa espontaneidad y no quiere que esto ocurra en absoluto.

Como reacción ante la astucia de Tauro, ante sus discursos jesuíticos, que se esfuerzan por mediar sin tomar partido hasta obtener la paz, reforzar sus intereses como quien no quiere la cosa e incrementar su poder, cosas todas ellas que le hacen adoptar una complacencia socarrona y una desconfianza permanente hacia el otro, usted opta por la confianza total: el otro es otro yo; cuantos más adversarios, más enemigos. Con la fuerza de esta perspectiva, practica una diplomacia espontánea y sutil, dirigida a una eternidad de lo que, en su opinión, no era más que sórdido mercadeo en Tauro: de esta forma, se pasa de la coexistencia pacífica que administra lo mejor posible los intereses de cada cual a un humanismo carente de prejuicios.

Se trata sin duda de una apertura total, pero también es necesario tener en cuenta que, tras Géminis, viene Cáncer, de forma que habrá que analizar la relación con este otro signo del que usted es precursor.

Signo posterior

Así pues, Cáncer precede a Géminis, que además conlleva un cambio de estación: en su signo, la adaptación natural de la primavera alcanza tanto el clímax como sus límites. Quizás incluso le ocurra a veces que los presiente de forma abstracta: uno no puede estar en todos los sitios al mismo tiempo, no es posible dispersarse de forma indefinida por las encrucijadas del universo. Cuando uno ha experimentado todas las sensaciones y ha probado todas las emociones, cuando ha vibrado con múltiples ideas y ha conocido toda una variedad de personas y cosas lo suficientemente amplia como para poseer una perspectiva general y sintética del mundo que le rodea, llega un momento en que la curiosidad se debilita y la disponibilidad se desmorona ante la ausencia de objetos nuevos.

Es probable que, en su interior, duerma un ser que en realidad aspira a la inmovilidad, la tranquilidad y la seguridad. ¿Acaso proyecta estas tendencias propias de Cáncer sobre su pasado? En estos momentos se imagina tranquilo, protegido de todo tipo de agitación, haciendo inventario, con una sensación mitigada de plenitud y nostalgia, de los tesoros de la experiencia que ha ido acumulando a lo largo de los años jóvenes, imbuido de los apegos que la curiosidad de la juventud impidió que sintiese y que la edad ha convertido en necesarios e ineluctables. Al mismo tiempo, siente la imposibilidad del sedentarismo; quizás haya llegado el momento de enfrentarse a numerosos dilemas, preguntas perturbadoras y desgarros tan profundos como secretos. ¿Cómo se puede ser Cáncer?

Los Cáncer que le rodean le atraen y le provocan perplejidad al mismo tiempo, ya que muestran perseverancia mientras usted predica las bondades de la improvisación; le aconsejan ser prudente, a usted, para quien prácticamente no existe la noción de seguridad. La frontera impalpable pero eficaz que trazan entre sí mismos y el mundo le irrita al tiempo que le fascina: su desnudez, a veces exhibicionista, aspira de forma inconsciente a contar con la protección de una coraza, su actitud impúdica presiente las virtudes del pudor. Al venir después de Tauro, tiene grandes problemas de concentración; al ir antes que Cáncer, en el fondo sabe muy bien que algún día deberá montar el rompecabezas con las piezas desperdigadas de su yo en un espacio hermético, a fin de ordenarlo y poder contemplar, finalmente, la imagen y forma que arroja.

Ahora ya conoce a sus dos vecinos zodiacales y las (posibles) relaciones que mantiene con ellos. Veamos a continuación cuáles son las diferentes facetas de su signo, derivadas tanto de su entorno como de la dinámica que le caracteriza.

LAS CUATRO DIMENSIONES DE SU PERSONALIDAD

El libertario (fuerza de excitación natural)

Al igual que Aries, usted es una persona abierta, disponible y lista para lanzarse a la aventura de la vida sin prejuicios. Sin embargo, si pertenece a esta clase de Géminis, existe algo que lo diferencia claramente del primer signo de la primavera: usted goza de una mayor flexibilidad y más matices, así como de un menor poder de seducción.

De hecho, usted nunca pronuncia sentencias exclusivas: está abierto a todo, disponible para todos y en permanente movimiento; el mundo le parece una polifonía natural. No es necesario un director de orquesta: cada cual, con independencia del instrumento de que disponga, tiene derecho a interpretar la melodía que le venga a la mente, sienta, traduzca o le plazca. Tampoco necesita partitura: la síntesis se realizará a partir de sí misma, armoniosa y cambiante; siempre que todos toquen de forma espontánea, no se producirá ninguna cacofonía. Desde luego, prefiere la improvisación del *jazz* a las pesadas sinfonías clásicas, estructuradas de forma rígida y estratégica, a menos, claro está, que su educación o sus dominantes planetarios desvíen sus gustos musicales por otros derroteros.

Para usted, el entorno constituye una encrucijada gigantesca en la que hay que explorar todos los caminos, desde las autovías hasta los senderos vecinales, pasando por las vías reales y los callejones oscuros, y ello sin prejuzgar en ningún momento los descubrimientos que pueda realizar en el transcurso de sus exploraciones, ni dejarse intimidar o desanimar por las múltiples «direcciones prohibidas» que la cultura o la razón han dispuesto en el camino.

La prudencia no forma parte de su bagaje: desconfiar es tener prejuicios. Aun a riesgo de correr peligros y sufrir decepciones, estará dispuesto a cambiar de rumbo en cualquier momento. En efecto, gracias a su apertura de miras, prefiere la discontinuidad de la curiosidad innata y de la sed visceral de conocimiento, así como el apetito más cerebral que físico, que le invita a probarlo, pensarlo, vivirlo e imaginarlo todo, antes que las trayectorias lineales, los comportamientos llenos de prejuicios y la estrategia paciente a largo plazo. Por ello, desarrollará focos de interés diversos y complementarios, y frecuentará un gran número de personas diferentes y cambiantes: no soporta limitarse a un único rol ni sentirse maniatado por una pasión única y devoradora, o polarizado por un objetivo final.

En estas condiciones, no siempre le resulta fácil ni posible diferenciar la paja buena de la mala, aunque esto no le parece fundamental: en el momento de la siega, el que sea un dios sabrá separarlas. En ocasiones, esta actitud puede ser la comidilla de su entorno: sabe tocar diversos ámbitos con talento, pero ¿cómo entender sus incesantes vuelcos? No parecen desanimarle ni las contradicciones ni las paradojas más desconcertantes para el sentido común.

Su lema podría ser: «¿Me contradigo? Sí, me contradigo, porque soy amplio y puedo contener en mí todas las contradicciones». La frase es de Walt Whitman, poeta estadounidense de signo Géminis, libertario, y constituye un enorme canto a la libertad natural sin trabas ni condiciones. Usted sabe gestionar estas contradicciones con la más perfecta naturalidad, sin realizar cálculos ni ejercer una voluntad deliberada. Sus enemigos le acusarán de ser voluble, inconstante, infiel y estar lleno de duplicidades; y lo cierto es que, desde fuera, su evolución parece discontinua, caprichosa y desprovista de hilo conductor. No obstante, retrospectivamente, es posible que refleje una unidad real: al no tener nunca una opinión tajante y definitiva, se transforma constantemente sin renegar nunca de nada, cambia de medio para difundir siempre el mismo mensaje de libertad. Un poco como Johnny Hallyday, que cambiaba de máscara siendo siempre el mismo.

Libertad es una palabra que se ajusta a su personalidad. Desde su punto de vista, cada cual goza de una libertad natural de la que puede y debe disfrutar sin trabas, con la que debe jugar. Libertad de pensar, amar, vincularse y desvincularse, más allá de toda moral restrictiva y artificial: su humanismo es espontáneo e irreflexivo, constituye una metástasis de su disponibilidad interior, una consecuencia del hecho de que no haga diferencias entre su persona y los demás. De esta forma, en sus mejores momentos será capaz de unir sin restringir y unificar sin limitar los puntos de vista más opuestos: el sol brilla para todo el mundo...

El camaleón (velocidad de excitación)

Con su vecino Tauro, la rapidez de excitación se encontraba más o menos velada o canalizada por el poderoso freno de la inhibición natural. En Géminis, se libera de todo corsé y demuestra su auténtico alcance: sabe hacer fuego con cualquier tipo de leña.

Si pertenece a esta familia de Géminis, seguramente no le faltarán brío, habilidad ni agilidad, sino todo lo contrario: los tendrá en exceso. Posee un temperamento móvil, nervioso, como suele decirse, y excitable, y se siente cómodo en situaciones variadas y cambiantes, en aquellas que requieran olfato, adaptación inmediata, capacidad de improvisación y comienzos fulgurantes. Ya no estamos aquí ante «la savia y la sangre» de Tauro, sino ante una sensibilidad epidérmica, trémula, siempre a flor de piel, rebosante de antenas precisas que captan cualquier variación del entorno, por pequeña que sea.

Ante la más mínima señal procedente del mundo exterior, reaccionará de forma instantánea; tiene nervio, inspiración y sentido del humor; resulta imposible cogerle desprevenido, ya que agota de forma variable pero sistemática las fluctuaciones de los instantes que van transcurriendo. Todo le influye y usted influye sobre todo: no sabe ni puede decir no, sobre todo ante la novedad, la sorpresa, la incongruencia, lo inédito y lo estrafalario. Sus cinco sentidos y su inteligencia siempre están alertas. No se le pasa por la cabeza desperdiciar ni una migaja del banquete de la vida.

En principio, si sus dominantes planetarios o su ascendente, por ejemplo, van en el mismo sentido que esta fórmula de Géminis, contará con dotes de polemista brillante e imaginativo, al que es imposible coger desprevenido, capaz de devolver las pelotas al vuelo vengan de donde vengan y se dirijan a donde se dirijan, incluso, a menudo, a riesgo de contorsionarse en inverosímiles piruetas físicas, emocionales o intelectuales que dejarán a sus colegas con la boca abierta. Piense en el juego de piernas de Michel Platini: regateaba con desenvuelta facilidad a sus adversarios, los desconcertaba con la rápida sutileza de sus pases y realizaba cambios enérgicos y variados gracias a su instinto del juego en equipo, y todo ello de forma hábil, en este caso con los pies, y sin ninguna violencia: se trata de una aptitud muy característica de Géminis.

Al igual que Platini, al gozar de un contacto directo con los múltiples movimientos de lo vivo, lo ingenioso y lo inventivo, usted moviliza de forma instantánea su energía para difundirla a su alrededor. Se beneficia de una facilidad innata para coordinar sin pensarlo actividades muy dispares.

En el ámbito del pensamiento, no le hace falta mucho tiempo para descubrir aquello que, entre una multitud de elementos heterogéneos, depende en realidad de un conjunto. Sobrevuela los problemas rápidamente y localiza, a la velocidad del sonido, las eventuales posibilidades de síntesis: de ello deriva su sutil arte de la diplomacia (véase Henry Kissinger), pero también sus grandes maniobras (véase Jean-Marie Le Pen, perteneciente a esta familia de Géminis como por azar).

La sabiduría popular dictamina: «El que mucho abarca, poco aprieta», y esto es perfectamente aplicable a su personalidad, aunque la sabiduría popular no es lo suyo. No obstante, incluso con todo su brío, no puede estar al mismo tiempo en dos sitios, a menos que se contorsione, se disperse y se convierta en el hombre chicle; o bien posea el don de la ubicuidad, una facultad que no le disgustaría en absoluto, así como el oficio de hombre orquesta, con sintetizador incluido.

El exhibicionista (debilidad de inhibición)

No hace falta mucho para que este hombre orquesta se transforme en un cacofonista. En efecto, sus defectos incluyen cualidades y sus puntos fuertes, debilidades: si la fórmula más positiva de su signo lo convierte en un maestro del acelerador, su lado más débil, al contrario, le dificulta mucho el uso del freno: le cuesta controlarse y dominar sus reacciones. Decir que no, coger distancia y ser paciente son acciones que percibe como difíciles, e incluso a veces imposibles; se siente tentado y estimulado por todo, y nada le deja indiferente. Nos encontramos de nuevo con Johnny Hallyday: usted no sabe o no puede resistirse al deseo y el placer de seguir la dirección del viento, de calcar su comportamiento del que le sugiere o impone el instante que está transcurriendo. No posee contención ni disciplina, ni tampoco autocontrol. Todo le estimula.

En efecto, todo le estimula, incluyendo, y a veces muy especialmente, aquello que pueda resultar peligroso para su equilibrio psíquico, físico o intelectual: los diablillos de la tentación le acosan permanentemente. Es prisionero de los entornos donde evoluciona, no sabe tomar distancia ni desvincularse o ausentarse para seguir siendo el mismo: las ganas le pueden. Quizá le falte un «centro», una pasión única y dinamizadora que pueda materializarse en múltiples tendencias y contribuir a que se desarrollen y maduren con el tiempo; a fuerza de querer estar en todos los sitios al mismo tiempo, tan sólo sobrevuela las personas, cosas y situaciones. La ventaja de esto consiste en que goza de una buena visión de conjunto; la desventaja, en que dicha visión podrá ser superficial.

«Como la pluma al viento». Jacques Offenbach, creador de operetas ligeras y frívolas, se inscribe en esta familia de Géminis. Fígaro por aquí, Fígaro por allá, usted mostrará, con más frecuencia que otros, actitudes de veleta sugestionable e impresionable, que gira en torno al eje de sus caprichos, apetencias e intereses efímeros y pasajeros, empezando mil proyectos sin terminar ninguno por falta de perseverancia y motivación. Desde su perspectiva, esta conducta constituye una garantía de libertad: no comparte la idea de que no hay libertad sin límites. Eterno niño, consigue conservar siempre el mismo frescor y candor, o bien la misma ingenuidad perversa; todo depende, entre otros factores, de sus dominantes planetarios. El mundo es un caleidoscopio de impresiones, emociones y sensaciones diversas que hacen vibrar su cuerda estética, pero que al mismo tiempo le sensibilizan ante el exceso de lo anecdótico, lo superficial y lo inútil. Quizás, a imagen y semejanza de Françoise Sagan, acabe convirtiendo esta sensibilidad ante lo superfluo en una «filosofía» de la comedia y la ligereza.

Habita en una casa de cristal cuyas ventanas y puertas permanecen abiertas de par en par. No le cabe en la cabeza ocultarse, cultivar un jardín secreto o correr un velo de prudencia o pudor sobre sus secretos o los de los demás. Abre su intimidad a los cuatro vientos, la exhibe de forma impúdica, con una naturalidad que desarma y puede chocar con los más discretos y púdicos. Se le tildará de exhibicionista; usted lo considerará espontaneidad.

Para acabar, como consecuencia de su exceso de humanismo «natural», es posible que se vea impulsado a negar o rechazar cualquier moral de carácter «artificial», pudiendo llegar incluso al extremo de acabar defendiendo la posición contraria. De lo anterior derivará una fuerte tendencia a decantarse por lo amoral, lo ilícito, lo prohibido e, incluso, directamente, lo perjudicial. Mirándola por el lado bueno, esta actitud podría ayudarle a transgredir tabúes y a poner en tela de juicio las hipocresías con vistas a encontrar una auténtica libertad instintiva de ser. En este caso, puede contar con convertirse en la diana de todos aquellos a los que no les gusta que se revele lo oculto bajo la cobertura de las prohibiciones morales. Yendo aún más lejos, esto podría convertirse en el «viaje al final de la noche» del que podría no volver jamás: cuando el epidérmico Géminis atraviesa el velo de Isis, lo hace con la peligrosa inocencia de un mirón curioso, sin ninguna garantía de poder volver, como una trágica palometa que se quema las alas con las mismas llamas que despiertan su fascinación y a las que no sabe ni quiere decir no.

El intelectual (inercia de inhibición)

Para utilizar una metáfora mecánica, decir no equivale a manejar el freno más que el acelerador. Ante esta familia de Géminis se abren dos posibilidades: o bien dejarse llevar por su impulso y por la ebriedad de la velocidad, incapaces de pisar el freno, o bien, al contrario, frenar, pero, al estar poco acostumbrados a utilizar este mecanismo, sin saber o sin poder soltarlo para volver a salir.

En el primer caso (ausencia de freno), será sin duda una persona nerviosa, excitable e inestable. Caracterizado por una inconsciencia tan alegre como temeraria, dilapida su capital energético sin pensar en el mañana. Se produce así un frenesí de ideas, experiencias, encuentros y emociones, una dispersión totalmente abierta y una agitación que, de forma eventual, puede desembocar en el agotamiento total de sus nervios y de los de su entorno. Atrapado por la embriagadora zarabanda, por la exaltadora farándula de los numerosos acontecimientos que se desencadenan a su alrededor, termina prescindiendo de todo autocontrol y bailando una giga frenética. Si bien es cierto que con esta actitud nunca se aburrirá ni conocerá la lasitud o la desilusión mientras ocurra algo nuevo, inédito o estimulante, no lo es menos que estará haciendo surf sobre las olas de un entusiasmo rompiente, eléctrico, ecléctico y en ocasiones casi histérico: se trata de un remolino infinito, de un movimiento perpetuo que no tiene ningún objetivo al margen de sí mismo.

Tanto los fracasos como los éxitos le dejan totalmente indiferente: nunca extrae lecciones de sus experiencias, ya que no tiene ni tiempo ni ganas para ello. Carece de la protección de las costumbres que regulan la actividad, así como de principios que orienten su vida; así pues, se expone, más que otros, a ser una víctima fácil de las circunstancias cuando soplan vientos desfavorables, a menos que acabe dando vueltas a bordo de su navío alrededor del mundo, de forma indefinida y sin ningún objetivo, provisto de importantes conocimientos sobre navegación. Los remolinos periféricos del tornado al que se ha lanzado le mantienen en movimiento, pero el ojo del ciclón está totalmente inerte e inmóvil...

Es posible que algún día vuelva a dicho ojo, en cuyo caso habrá activado el freno y ya no sabrá qué gestos hacer para volver a entrar en movimiento. Entonces llegará una época de gran apatía, inmovilidad, silencio o indiferencia absolutos: establecerá sistemas de defensa inertes entre usted y el mundo exterior, y explorará abismos con algo de angustia, recorrido por una febrilidad inexpresable, por vacíos interiores que su agitación crónica le había impedido conocer. Muchos Géminis con esta fórmula parten a la conquista de sus profundidades. De esta forma, se corta todo contacto con la realidad externa y objetiva. En este contexto, se produce una intensa tentación de intelectualizar hasta el extremo, de elaborar sistemas cerebrales opuestos al materialismo, incomprendidos o incomprensibles, inaceptables o incomunicables. Quizá de este modo entre en contacto, sin desearlo verdaderamente ni buscarlo de forma consciente, con realidades filosóficas subyacentes u obviadas, con estructuras abstractas sabiamente veladas por la aparente densidad de la materia. ¿Y por qué no? A un nivel más banal, se ve acechado por una subjetividad extrema, fascinado hasta decir basta por sus intuiciones íntimas, no susceptibles de comprobación, impedido por su falta de arraigo en la realidad tangible, sensible y existencial. De un modo u otro, el dominio de lo metafísico será muy intenso: Dante era Géminis ascendente Géminis. Kafka tenía cuatro planetas en este signo y Teilhard de Chardin, con la Luna dominante en Géminis, quizá sea el mejor ejemplo.

PERCEPCIÓN DEL RESTO DE SIGNOS

Capricornio

Se trata de un universo en las antípodas del suyo. Lo que en él es fuerte, en usted es débil, y viceversa: no hace falta decir que le cuesta comprender sus reacciones diametralmente opuestas a las suyas. Pueden darse dos tipos de relación: incomunicación total o complementariedad perfecta.

Pareja: constituye un jarro de agua fría para su entusiasmo juvenil y, en sentido inverso, usted aporta frescura e imaginación a su mundo austero. Sólo recomendable si le gustan las dificultades.

Amigo: si posee la sabiduría o la paciencia de escuchar sus consejos, él descubrirá los defectos de sus ideas, proyectos y opiniones.

Enemigo: usted le reprocha que sea lo que usted nunca será: un ermitaño inhibido, un calculador misántropo, un estreñido cigomático y un monstruo de la frialdad. Además, nunca podrá perdonarle que permanezca impasible ante sus ataques.

Acuario

En teoría, deberían hacer buenas migas: ambos son itinerantes, imaginativos, cambiantes, bastante inconformistas y amantes de las ideas y la libertad. No obstante, como es obvio, se tratará de una relación bastante agitada: desde luego, no se aburrirán juntos.

Pareja: el liberalismo de Acuario, aún más extremo y estructurado que el suyo, en ocasiones le deja estupefacto. En principio, mantendrán una relación más intelectual que afectiva, basada en el respeto de la independencia mutua.

Amigo: excelente para desvariar juntos y arreglar el mundo criticando por igual a los necesitados, las personas de miras cortas y los conservadores.

Enemigo: esta situación puede darse, aunque en este caso no hay nada que pueda reprocharle que no se aplique también a usted. Sin lugar a dudas, se trata de un asunto de celos.

Piscis

Cada vez que se encuentra a un Piscis en su camino no puede evitar pensar lo raro que es; según la tradición astrológica, la palabra sería *marítimo*. La pregunta que le obsesiona es: «¿Cómo se puede ser así?».

Pareja: Piscis escapa por completo a su ámbito de comprensión. Cuando desea discutir, él no se pronuncia. El que calla, otorga, piensa usted, pero, en general, este no es el caso: sencillamente, se burla de la situación, algo que le desconcierta.

Amigo: ¿cómo es posible que haya podido nacer una amistad como esta? Misterio... A usted le gusta la serenidad de su silencio, y despierta en él una imaginación desbocada. En su compañía se siente tranquilo y calmado.

Enemigo: nunca dice nada, sino que prefiere hacer mutis, algo que le resulta insoportable. Y lo que es peor: le ignora, le descalifica y parece negar su propia existencia.

Aries

Abundan los puntos en común: espontaneidad, reacciones enérgicas, rápidas y variadas, tendencia al ritmo, a lo imprevisto y al cambio. Será una relación trepidante, desarrollada a toda velocidad y emocionante.

Pareja: Aries es más decidido que usted, así que le ayudará a concretar sus decisiones y definir mejor sus proyectos. No obstante, usted le reprocha su brusquedad, su propensión al conflicto y su carácter caprichoso.

Amigo: tiene los pies más en la tierra que usted, y le gusta su forma de acometer el quid de los problemas. Con él se siente estimulado, dinamizado e impulsado, como buen «dirigente» que es.

Enemigo: no puede aguantar sus juicios terminantes ni su militancia extremista e intolerante.

Tauro

Es su signo anterior, algo que complica bastante la relación entre ambos. En general, Tauro le parece tosco, obstinado, prosaico y posesivo.

Pareja: en el peor de los casos, Tauro es una auténtica cruz que debe cargar a sus hombros: frena sus iniciativas, rompe sus sueños y hunde sus proyectos. En el mejor, constituirá un elemento estable y seguro que le permitirá proteger su retaguardia y vencer mejor lo imprevisto.

Amigo: da consejos fantásticos: es prudente, moderador y pragmático, lleno de sentido común y propenso a vivir bien. Entre ambos consiguen conjugar truculencia e imaginación.

Enemigo: le parece torpe, tosco, carente de imaginación, rutinario y apático. Siente rechazo ante sus ideas permanentemente fijas.

Géminis

Ocurre a veces que aquellos que se asemejan en términos absolutos, y con razón, pueden entenderse a las mil maravillas o no entenderse en absoluto. Dicho de otra forma: en este tipo de relaciones, los puntos fuertes y las debilidades se ven reforzados, a menos que sus dominantes planetarios o su signo ascendente les diferencien.

Pareja: siempre que la fidelidad y la idea del hogar no le sean imprescindibles, podrán entenderse a la perfección, alternando discusiones entre encuentro y encuentro.

Amigo: nunca hay problemas, juntos se lo pasarán bien, tendrán largas conversaciones sobre todo tipo de asuntos, aunque a menudo se dispersarán.

Enemigo: se trata de una enemistad del tipo de levantarse una mañana, mirarse al espejo y ya no poder soportarse más: acaparador, pesado, fanfarrón, inconstante, cambiante, de trato desagradable y poco creíble.

Cáncer

Una mirada ambivalente, quizás una relación de complicidad y rivalidad, oscura, inconsciente y celosa. Usted admira su tenacidad, perseverancia y tranquilidad aparentes. Y, de forma paralela, la liebre que habita en usted no comprende bien las reacciones de esta tortuga.

Pareja: cuando se dedica a mimarle, tranquilizarle y colmarle de pequeñas atenciones sin agobiarle, todo va bien. De lo contrario, no tardará en sentir rabia ante sus costumbres, mimos e inercia asocial.

Amigo: Cáncer sabe mejor que nadie indicarle cuándo se está sobrepasando con su curiosidad, dispersión e imprudencia. Sus consejos de moderación le resultan tan útiles como valiosos.

Enemigo: es demasiado cerrado y sentimental, está demasiado apegado a la seguridad para su gusto. Además, tiende a dar lecciones de moral, algo que usted no puede soportar.

Leo

Le gusta mucho su faceta de «colonizador espectacular», y ambos tienen en común el gusto por el teatro, más leve en usted, más sofisticado en él. Por otra parte, a veces le parece que exagera un poco y le hace sombra.

Pareja: usted ama demasiado su libertad para aceptar sin pestañear el afán de dominación de Leo: es posible que la relación entre ambos sea tensa. Además, usted es irónico y él, susceptible hasta decir basta.

Amigo: como quien no quiere la cosa, consigue superarle en cuanto a astucia, algo que le deja estupefacto. Su egocentrismo sin complejos le llena de admiración.

Enemigo: le parece que Leo tiene aires de tirano y justiciero, y no está dispuesto a dejarse embaucar por sus pretensiones.

Virgo

No será una relación sencilla: Virgo le parece algo tímido y demasiado exquisito y criticón. Nunca se ríe con sus bromas. Usted se siente bien en las discusiones desbocadas y él rizando el rizo.

Pareja: cuando oye que «la prudencia es la madre de todas las virtudes» se pone enfermo. El exhibicionismo que le caracteriza choca con el pudor de Virgo, que quizás acabe por enseñarle qué son la mesura y la ponderación.

Amigo: Virgo es algo quisquilloso, pero no tiene parangón al obligarle a afrontar los problemas de uno en uno, a reflexionar y ganar en autenticidad.

Enemigo: tiene todos los defectos posibles: más papista que el papa, indeciso, contenido y excesivamente serio y solemne.

Libra

En general, existe un hueco entre ambos por el que puede pasar la corriente: les gusta el contacto y son sociables, pacíficos, delicados y llenos de matices, enemigos del extremismo. Quizás, en ocasiones, Libra le parezca algo conformista debido a su afán de gozar de buena consideración.

Pareja: Libra posee un trato agradable, poco exigente y muy conciliador. No obstante, no cabe duda de que le exige una mayor presencia y comunión, algo que usted no puede proporcionarle.

Amigo: le maravilla la sutileza de sus análisis. Una vez Libra ha sopesado los pros y los contras, usted se dedica a elaborar una fantástica síntesis de ambos. Se trata de una relación muy equilibrada.

Enemigo: sus retrasos le resultan irritantes y, además, no le cuesta nada caer en el esnobismo. No es que llevarse bien con todo el mundo tenga nada de malo, es simplemente que conlleva una enorme pérdida de naturalidad.

Escorpión

Escorpión le fascina en mayor o menor medida, y a menudo se preguntará por qué. La potencia de sus negativas le intriga. Mientras usted se dedica a danzar en torno a las llamas, él lanzará más leña al fuego.

Pareja: será una relación difícil, que le exigirá un vínculo apasionado, estrecho e íntimo, algo que le dará ganas de irse revoloteando a otra parte, una actitud que despertará rencor e incluso deseo de venganza en Escorpión.

Amigo: le hace pasar de la ironía más sofisticada a la crítica despiadada, obligándole a profundizar en asuntos que, por sí solo, únicamente rozaría.

Enemigo: le parece conspirador, pérfido, calculador y totalmente carente de diplomacia; además, está lleno de prejuicios.

Sagitario

Entre ambos existe cierta simpatía no exenta de irritación mutua. La relación actúa como un espejo: Sagitario es como usted, pero no exactamente, muy cercano y al mismo tiempo totalmente diferente.

Pareja: le gusta mucho su afán de grandeza, su optimismo contagioso y su tolerancia. Sin embargo, a veces su faceta mundana y artificial le da qué pensar. Le gustaría que hiciese gala de un poco más de espontaneidad.

Amigo: Sagitario es una persona de mentalidad abierta, con perspectivas amplias y sintéticas: gracias a él, la dispersión de sus ideas adquirirá cierta cohesión. Además, admira su dominio del lenguaje.

Enemigo: ¿por quién se ha tomado? Ha cambiado su naturalidad por el uniforme de la sociedad: es un globo deshinchado, un fuego fatuo, un conformista orgulloso.

QUÉ DICE SU ASCENDENTE

Géminis ascendente Géminis

Esta fórmula acentúa tanto los puntos fuertes como los débiles de su signo: para bien o para mal, es más Géminis que cualquier Géminis.

Curioso, cerebral y comunicativo, tiene nervio, brío y sentido del humor. Vive sus contradicciones con tanta naturalidad que incluso sus reacciones más ilógicas, sus giros más pasmosos conseguirán gozar de aceptación. Le parece imposible encerrarse en un personaje fijo, en una pasión única o en una forma de comportarse lineal.

Le gusta mucho hablar y es una persona muy sociable, en ocasiones de forma inconsecuente. Se siente estimulado y entusiasmado por las situaciones imprevistas, extrañas y extravagantes. Sus reacciones son enérgicas, imprevisibles, sorprendentes y rebosantes de frescura.

Su personalidad se asemeja a un rompecabezas de colores, a un mosaico de elementos dispares que desconcertará a amigos y enemigos por igual: cuando crean que está aquí, usted ya estará en otra parte, cambiando de rol con facilidad, modificando sus focos de interés y compañías.

La carencia de contención y la dispersión total le acecharán. También puede ocurrirle, en momentos de cansancio o bajada de energía, que desemboque en una indiferencia total con respecto a un mundo que, para usted, se habrá transformado en abstracción.

Géminis ascendente Cáncer

Estos dos signos, divididos por la frontera del solsticio de verano, se suceden sin asemejarse: a todas luces, su personalidad está llena de contradicciones, ambigüedades y extravagancias. En efecto, sería recomendable que alcanzase una improbable síntesis entre la impulsividad de su signo solar y la contención y prudencia de su signo ascendente; en usted, la liebre libre y veloz convive con la lenta e inquieta tortuga, siempre preparada para retraerse en el interior de su caparazón.

En el mejor de los casos, será un maestro del malabarismo con ideas y emociones, pasando sucesivamente del exhibicionismo más descarnado al pudor, encrucijadas en las que multiplicará los encuentros en el jardín secreto donde hace recuento de sus tesoros. Ahora bien, ¿consigue la cigarra Géminis alcanzar siempre un entendimiento óptimo con la hormiga Cáncer? La respuesta no es fácil: sin duda, sentirá tensiones entre la necesidad de libertad total y el deseo de seguridad y protección, que podría hacer que desarrollase una dependencia con respecto a aquellos que se las proporcionan.

De hecho, con el paso del tiempo, la evolución natural de Géminis a Cáncer le exigirá restringir el alcance de sus múltiples focos de interés a fin de ser más tenaz y perseverante. En este caso, la agitación pasará del exterior al interior: los diferentes personajes que habitan en usted deberán aprender a convivir en un entorno hermético, una situación que generará remolinos interiores y dilemas secretos.

Géminis ascendente Leo

Su personalidad toca numerosos ámbitos; posee talentos de lo más diverso y, en teoría, no le faltarán medios para hacer que se le reconozcan, así como para destacarlos e imponerlos. Su propensión a la desenvoltura y la dispersión se verá claramente compensada y canalizada por una necesidad de «triunfar en la vida». De hecho, le cuesta soportar las situaciones que restringen su libre albedrío, que ahogan sus fantasías y ambiciones. Con el paso de los años, es probable que aprenda a pasar de un eclecticismo polifacético a una especialización más rentable.

Es usted una persona oportunista, que juega limpio y diplomática, y sabe sacar el máximo partido a los recursos de su ingenio, sociabilidad y apertura de miras para salir del anonimato y conquistar un estatus de mayor categoría, es decir, para salir de la sombra. En resumen, será un cómico de gran talento, sutil cuando haga falta, pero también capaz de llegar a situaciones extremas y de decepcionar para alcanzar sus objetivos.

En su caso, correrá el riesgo de acumular los éxitos con demasiada facilidad y de convertirse en un sabiondo al final del recorrido. Es posible que, con el triunfo, el libertario inicial se haya transformado en un arrogante dominador en la meta de llegada. En definitiva, procure no olvidar que el mundo no es más que un espectáculo cuyo héroe es usted.

Géminis ascendente Virgo

Esta fórmula no es ni de las más sencillas ni de las más cómodas: existe un abismo enorme entre la fantasía, la imaginación y la disponibilidad de Géminis y la seriedad, el espíritu crítico y el racionalismo de Virgo. De esta forma, la curiosidad de su signo solar se verá filtrada, decantada y tamizada por la prudencia y selectividad del signo ascendente.

En su interior mora un personaje con múltiples facetas: una sociable, inquieta e improvisadora, y otra segregacionista, tenaz y calculadora.

La evolución positiva entre un extremo y el otro le invitará a poner orden en el jubiloso caos de sus ideas e intuiciones, así como a pasar sus entusiasmos juveniles por el tamiz de la razón metódica. A la larga, no podrá soportar la más mínima imperfección en sus pensamientos, y su visión global adquirirá un sentido agudizado del análisis: sociable pero incorruptible, perderá en diplomacia todo lo que gane en autenticidad.

No obstante, es probable que estos dos polos de su personalidad zodiacal se topen con dificultades a la hora de coexistir en armonía, una situación de la que podrían derivar actitudes incoherentes, cambios bruscos entre la sociabilidad enérgica y el sectarismo asocial y la alternancia de iniciativas espontáneas y retiradas ansiosas y precipitadas.

Géminis ascendente Libra

Las tendencias psicológicas expresadas por estos dos signos convergen: siempre y cuando no haya nada en la esfera celeste de su nacimiento o en su entorno terrenal que pueda contradecir esta armonía teórica, en principio debería gozar de cierta comodidad.

En efecto, es una persona extremamente abierta, disponible, pacífica, tolerante, cooperativa y conciliadora. Para usted, la soledad, sencillamente, no existe. Siempre hay buenas razones para reunirse, entrar en contacto e incluso fraternizar: para ello, basta con tener un mínimo de tacto, cortesía, y, sobre todo, con no tomarse demasiado en serio las opiniones propias y las de los demás. A pesar de su espíritu libertario y algo anarquista, no le cuesta ser flexible, cuando le interesa, a la hora de doblegarse ante las leyes y reglamentos que posibilitan la vida en sociedad.

Entre sus defectos quizá se cuenten una tendencia demasiado desarrollada a mostrarse esquivo, una dificultad extrema para tomar decisiones tajantes y claras y ceñirse a las mismas, así como una capacidad de sugestión y sensibilidad a las formas demasiado importantes, que le hacen adherirse enseguida a la última moda. Si se adapta demasiado, podría convertirse en un esnob falsamente inconformista; si no se adapta lo suficiente, podría rechazar cualquier garantía, protección y restricción, así como exponerse a todo tipo de afrentas.

Géminis ascendente Escorpión

En principio, esta fórmula le otorga una sociabilidad sutil, aguda y algo paradójica.

En efecto, si bien su primer movimiento consiste en abrirse con entusiasmo a los puntos de vista más diversos, con una amplitud de miras y una tolerancia aparentemente ilimitadas, no le hará falta mucho tiempo, una vez se haya forjado una opinión, para analizar con perspicacia los pormenores de una situación determinada.

Los demás lo verán ingenuo, espontáneo y superficial, y usted no hará nada para desmentir esta imagen, ya que le permite cambiar y profundizar sus juicios bajo una engañosa apariencia de desenvoltura. La transición de Géminis a Escorpión indica, asimismo, un estrechamiento e incluso especialización de su sociabilidad: si bien durante la juventud recibía de forma abierta y sin prejuicios el mundo que le rodeaba y las personas que lo poblaban, al evolucionar se ha convertido en una persona más exigente, selectiva e incluso sectaria en lo que a sus compañías se refiere.

Oportunista, libertario e inteligente estratega, pone sus múltiples talentos al servicio de una única pasión, de sus ambiciones secretas: su flexibilidad y diplomacia sutil le costarán un camino tortuoso, pero seguro, en la jungla de la sociedad. Su punto débil consiste en una actitud excesivamente chanchullera que a la larga podría volverse contra usted.

Géminis ascendente Sagitario

Existen muchos puntos de convergencia entre ambos signos, que son opuestos zodiacales, tantos que el exceso siempre estará rondando: se trata de una fórmula delicada caracterizada por un equilibrio más bien inestable. Es usted extremadamente hábil, flexible, sociable y extrovertido: su personalidad presenta una infinidad de facetas, y no puede evitar abordarlas todas al mismo tiempo. En el mejor de los casos, contará con un espíritu de síntesis carente de fronteras y prejuicios: lo acepta todo, lo comprende todo y tiende puentes por todos lados.

Se entusiasma con las grandes causas humanitarias y se pone manos a la obra de forma inmediata, en cuanto se le pide que forme parte de una asociación destinada a establecer la concordia y la armonía. Dado que posee tanto dotes como organizador como el brío de la improvisación, sin duda podrá hacer maravillas en este sentido.

No obstante, si no tiene cuidado se verá acechado por un peligro: el de mezclarlo, revolverlo y liarlo todo a fuerza de negarse a tomar decisiones exclusivas. Hace falta poco para que su generosidad termine convirtiéndose en una torre de Babel llena de equívocos y situaciones irrazonables e imposibles. Por otra parte, su evolución podría convertir el jubiloso anarquista de su juventud en un penoso conformista prisionero de las cadenas de sus agotadoras responsabilidades.

Géminis ascendente Capricornio

La asociación entre Géminis y su signo contrario, Capricornio, es cuando menos curiosa: se trata de la alianza de la frivolidad y la seriedad, la disponibilidad y el absentismo, la charlatanería y el silencio, la improvisación y la planificación más estricta. En principio, existe una alta probabilidad de que se produzcan comportamientos incoherentes.

Para usted, el problema consiste en conseguir disciplinar su espíritu disperso y saltarín, así como en poner orden y rigor a sus ideas, sensaciones y sentimientos caleidoscópicos. Y no cabe duda de que esto le resulta difícil: teme perder su olfato instintivo, su espontaneidad natural y su rapidez de comprensión. Sus íntimos se sorprenden de la extrañeza de sus comportamientos, ya que pasa sin transición alguna de la espontaneidad más jubilosa a la frialdad indolente, del entusiasmo a la desilusión y del optimismo al pesimismo.

Dicho de otro modo, esta fórmula le sensibiliza de forma excesiva ante la abstracción (a menos que sus dominantes planetarios contradigan este fenómeno): usted funciona de forma intuitiva, tratando de comprender las estructuras ocultas del mundo mediante el sondeo de sus profundidades más íntimas. Procure no desecarse por completo a fuerza de ser demasiado cerebral: la realidad no se reduce a las interpretaciones ideológicas, llenas de ingenio y conocimientos, a que usted la somete. También deberá tener cuidado con las sobredosis de indiferencia y desengaño.

Géminis ascendente Acuario

El anarquista Géminis encuentra en el libertario Acuario una prolongación natural e ideal: sin lugar a dudas, tiene usted fama de ser una persona sin prejuicios, siempre disponible, ingeniosa, con una enorme capacidad de adaptación ante cualquier circunstancia, persona o cosa.

Se encuentra cómodo en la transformación, la renovación y lo imprevisto; su lema sería: «Lo nuevo es hermoso». Es capaz de detectar futuros prometedores y mañanas sonrientes en los detalles más nimios y las variaciones más insignificantes del entorno. En nombre de un ideal de libertad absoluta, rechaza cualquier fatalidad y restricción exterior, cualquier inmovilidad ideológica y del comportamiento, y multiplica hasta el infinito las decisiones posibles a fin de conservar su libre albedrío, conciliando lo máximo posible la independencia con la necesidad de solidaridad colectiva.

Es posible que ocasionalmente le tachen de poeta, iluminado o agitador. Es cierto que no tiene los pies en la tierra, que se entusiasma demasiado y otorga más valor a sus intuiciones exaltadoras que al veredicto de los hechos, que a menudo es más penoso y pesimista de lo que desea reconocer. Por todo ello, le acechará la inestabilidad absoluta, el desarraigo y la ausencia de un centro.

Géminis ascendente Piscis

Esta pareja zodiacal conjuga intelectualismo descarnado y sensibilidad a flor de piel, una apertura total ante el mundo exterior y la exploración silenciosa de los espacios interiores, una curiosidad incansable y una indiferencia tosca.

De año en año, hace gala de un estado anímico cambiante y de reacciones imprevisibles, aunque la impermeabilidad de sus estados de ánimo no tiene mucho que ver. Una alquimia desestabilizadora le empuja de forma constante a interiorizar su percepción del entorno, a hacerlo suyo al tiempo que lo decanta. Su capacidad de sugestión se une a su aspiración a una concordia concreta: aspira a fundirse con su entorno hasta perder la propia identidad. Esta actitud le conduce, más que a otras personas, a encontrarse inmerso en situaciones confusas, complejas y contradictorias. Pretende mantener su libertad al tiempo que es consciente de forma encubierta de que, en última instancia, no es más que el resultado y el juguete de las circunstancias.

A la larga, sentirá la tentación de trabajar su imaginación de forma hermética, a la búsqueda de un absoluto que vampirizará cualquier atisbo de curiosidad superficial que pueda haber en su interior. Esta imaginación puede resultar tóxica si se aleja demasiado del mundo exterior: le cuesta cortar el contacto, pero, una vez lo ha hecho, volver a ponerse en marcha es difícil. Mucho cuidado con las quimeras.

Géminis ascendente Aries

Esta combinación de signo solar y signo ascendente convierte su comportamiento en una mezcla de flexibilidad e intransigencia. De un modo u otro, una de las principales características de su personalidad es su reactividad: aquellos que se encuentran a su alrededor pueden dar fe de su impulsividad, de la rapidez de sus actos reflejos y de su dificultad para permanecer indiferente.

Debido a su lado Géminis, se esfuerza por no generar conflictos; sin embargo, su lado Aries sabe bien qué es lo que quiere y lo que no quiere, y no necesita demasiado tiempo para que todo el mundo se entere: de esta forma, podría echar a perder sutiles esfuerzos diplomáticos por culpa de reacciones bruscas e iracundas derivadas de la impaciencia, el hastío y la precipitación.

Le gustan los entornos trepidantes, las polémicas incendiarias y los giros brutales; en el mejor de los casos, su apertura de miras se verá reforzada por un espíritu de lucha innegable, y sus esfuerzos por realizar síntesis basadas en la tolerancia no le impedirán en absoluto posicionarse de forma inequívoca cuando sea necesario. En el peor de los casos, esta fórmula primaveral puede hacer que carezca de contención demasiado a menudo, así como de estrategia y reflexión: si quiere lanzarse, láncese, pero procure proteger la retaguardia.

Géminis ascendente Tauro

Entre la apertura libertaria de Géminis y el espíritu reacio de Tauro existen muchos contrastes. ¿Cómo se puede conciliar la curiosidad inagotable con la acusada alergia al cambio, la necesidad de exteriorizar sin limitaciones con la construcción obstinada y sistemática de sólidas barreras que le aíslan de cualquier invasión exterior?

Este es el desafío que le lanza su cielo. Si su evolución le ha permitido realizar una transición armoniosa del signo solar al signo ascendente, habrá aprendido a pasar de forma oportuna de una sociabilidad abierta a un egocentrismo protector. Tras dilapidar sus talentos y su energía hasta decir basta, pasará a ser más ahorrador: canaliza las múltiples facetas de su percepción del mundo y de su personalidad en una pasión única que las ordena y les permite ser eficaces; sin dejar de estar disponible ante los eventuales cuestionamientos, se ha convertido en una persona reticente, e incluso directamente desconfiada con respecto a cualquier aceleración no meditada o cambio que no sea verdaderamente necesario.

En resumen, la ligera mariposa acepta sin rencores cargarse con algo de lastre y el intelectual considerar en mayor medida las cargas de la materia. A menos que, al no ver más que ventajas en el sentido común más básico, haya acabado por cortar las alas a su imaginación.

QUÉ DICEN SUS TEST

Géminis R extensivo

El signo solar y los dominantes planetarios que han revelado sus cuestionarios son coherentes: sin lugar a dudas, no le cuesta reconocerse con frecuencia en el retrato general que ya se ha dibujado del Géminis «tipo».

En efecto, es usted una persona extremadamente sociable, abierta, curiosa y disponible ante todo y todos. No tiene prejuicios ni ideas preconcebidas, sino que sabe escuchar con complacencia y observar con interés todo lo que tiene lugar a su alrededor. Sus focos de interés están muy diversificados y le gusta compartir con conocidos y seres queridos los múltiples asuntos que llaman su atención, atizan su curiosidad o estimulan su fértil imaginación. Una de sus cualidades más excepcionales es, sin lugar a dudas, esta capacidad para escuchar, dialogar e intercambiar. A menudo acudirán a usted para descargar las preocupaciones, secretos o problemas, aun a riesgo, en ocasiones, de acabar lamentándolo, ya que la discreción no será una de sus mejores virtudes.

Dado que usted ya es una persona distendida de por sí, no tendrá que realizar grandes esfuerzos para conseguir que los demás se distiendan con sus piruetas y su sentido del humor, a veces irreverente, pero casi siempre lleno de tacto, ternura y cortesía. En el extremo, podría convertirse en el animador, el payaso, el bufón o el divertido que impide que las veladas demasiado mundanas o conversaciones de seriedad pesada acaben sumiéndose en el aburrimiento. Carece totalmente de sentimiento de pertenencia y ha hecho de la tolerancia una consigna inevitable. Siente la necesidad constante de incrementar el número de sus relaciones, en los entornos más diversos, aun a riesgo, ocasionalmente, de dar pena o dejar perplejos a sus íntimos por su falta de selectividad: los amigos de sus amigos no siempre serán sus amigos. No cabe duda de que cuenta con tanto intelecto como corazón; sin embargo, lo cierto es que no sabe diferenciar entre una relación privilegiada, sea de amor o de amistad, con la exigencia de fidelidad y continuidad que implica, y la multiplicidad de sus «amiguetes», que va cambiando a cada momento.

Le gusta debatir, improvisar y relacionarse con los demás, y aprovecha estas ocasiones para difundir sus ideas más preciadas, ya sean de carácter general o humanitario, que en ocasiones pecarán de cierta ingenuidad. Precisamente, el punto débil de su fórmula radica en el exceso de jovialidad e idealismo. Se sentirá muy tentado a creer que el mundo no es más que un espectáculo ameno y a encerrarse en una perspectiva demasiado simplista, superficial y abstracta de la realidad. Debería esforzarse por mejorar sus puntuaciones en los cuestionarios «E» y «t» para adquirir un mayor realismo y sentido crítico, así como sentido común y distancia, a menos que quiera dispersarse por completo y ser víctima de los problemas que afectan a aquellos que carecen de rigor, disciplina, perseverancia, resistencia y motivación suficientes. Si desea perseguir varias liebres a la vez, de acuerdo, pero, por mucho que lo crea, no posee usted el don de la ubicuidad.

Géminis r intensivo

Es usted un Géminis apasionado, concentrado y polarizado. Dicho de otro modo, al contrario que el Géminis «R», no adolece demasiado de dispersión: no le ha costado averiguar lo que quiere, qué dirección desea tomar en la vida y qué objetivos se propone alcanzar, y, desde luego, cuenta con los medios necesarios para llevar a término sus proyectos.

Su personalidad incluye una dimensión autoritaria que debe conciliar con su gusto por el trabajo en equipo; si bien prefiere tomar por sí solo aquellas decisiones que considera trascendentes y asumir la responsabilidad total de las mismas, lo más probable es que nunca lo haga sin haber consultado antes la opinión de sus compañeros, tanto por simple diplomacia como por necesidad de contar con un seguimiento eficaz a posteriori.

En general, se implica a fondo en todo lo que dice, hace o piensa, algo que le exige grandes reservas de energía en vista de la gran variedad de actividades que lleva a cabo. Así pues, debe organizarse en consecuencia, planificar el uso de su tiempo y racionalizar las actividades para conseguir una eficacia óptima. Estos talentos como organizador, por otra parte, no le impiden en absoluto improvisar de forma enérgica cuando siente que es necesario o las circunstancias lo requieren; no obstante, en general, no le gusta demasiado que las circunstancias le pillen por sorpresa: le horrorizan la vaguedad, el azar y lo inesperado.

Para usted cuentan cosas como gozar de reconocimiento, tener poder y triunfar socialmente: permanecer en el anonimato como un ser inerte, a la sombra, no es en absoluto su estilo. A fin de alcanzar esta posición de fuerza, sabe utilizar con destreza su sentido de la oportunidad y su espíritu de síntesis, así como su excepcional capacidad de adaptación y, cuando es necesario, una aptitud para acometer el quid de los asuntos. Muchos creerán que está abierto a cualquier opinión y perspectiva, aunque de hecho es menos tolerante de lo que parece, y sabe permanecer inquebrantable en relación con los principios y certidumbres que le mueven: sabe escuchar sin dejarse influir y su tolerancia excluye todo tipo de laxismo.

En su opinión, existe una jerarquía entre personas y cosas, y cada cual debe ocupar el lugar que le corresponde o merece como resultado de sus competencias innatas. Ascender los escalones de esta jerarquía le parece totalmente natural, aunque es probable que conserve el suficiente sentido del humor para no tomarse demasiado en serio a sí mismo. No obstante, en ocasiones podría resultar demasiado autoritario, seguro de sí mismo y déspota: no es habitual que se vea acosado por las dudas y parece estar siempre seguro del fundamento de sus juicios y posiciones. Con frecuencia, sus enemigos tildarán esta actitud de simplista y arbitraria, cuando se encuentre usted en un mal día. Si esto ocurre demasiado a menudo trate de promover su faceta más sociable («R») y crítica («t»). En cualquier caso, sus peores defectos son, a todas luces, la flexibilidad y la incapacidad de tomar distancia. A base de simplificar y jerarquizar demasiado las cosas, su punto flaco será olvidar que la realidad es compleja y caótica.

Géminis E extensivo

En general, su signo se conoce por el intelectualismo y la actitud cerebral, así como por la inclinación hacia lo abstracto. Ahora bien, sus dominantes planetarios contradicen esta simplificación: está firmemente arraigado en lo concreto, goza de espíritu práctico y tiene los pies en la tierra, algo que no le impide en absoluto, como buen Géminis que es, estar en las nubes de vez en cuando.

Desde su perspectiva, la experiencia personal que uno tiene de las personas, cosas y situaciones constituye un capital que debe explotarse. Y en usted estas experiencias son numerosas, variadas y muy diversas: es de los que realizan varias actividades a la vez sin tropezarse. De esta forma, se erige como un auténtico hombre orquestra con una energía inagotable. Le gusta enfrentarse directamente a los hechos, las personas y las cosas, afrontar las realidades. De ello extrae tanto la pura satisfacción de actuar (algo que le parece importante) como diversas lecciones útiles y pragmáticas que le permitirán darlas a los demás, además de una especie de filosofía o sabiduría personal.

Sin lugar a dudas, usted es una persona con grandes aptitudes para el trabajo en equipo, que le estimula y entusiasma; además, sabe dar siempre lo mejor de sí mismo. Por otra parte, a menudo se convertirá en el líder dinámico de los grupos a que pertenezca: tiene olfato, inventiva e incluso genio para repartir las tareas en función de las posibilidades de cada cual. Además, dado que no duda a la hora de ponerse usted mismo manos a la obra y hacer todo aquello que haga falta, prácticamente nunca se discutirá su autoridad.

Su humanismo es pragmático y realista. Poco inclinado a los grandes discursos y a las teorías demasiado abstractas, para usted la solidaridad se mide sobre el terreno, del mismo modo que el albañil trabaja a pie de obra. Prefiere la acción constructiva a la palabra, y cuando debe juzgar a otra persona, siempre lo hace en función de sus acciones, no de sus palabras. Por otra parte, no le cuesta adoptar un trato rudo e incluso agresivo hacia los brillantes oradores incapaces de empapar sus abstracciones llenas de sabiduría con las realidades materiales.

No es que sea usted materialista; sencillamente, sólo acepta las ideas abstractas y la dimensión espiritual cuando ha comprobado por sí mismo su firme anclaje en la realidad de los hechos. Quizás entre sus defectos se cuente una agitación que, en ocasiones, resulta demasiado desordenada, así como una falta de paciencia y un deseo furioso de querer hacerlo todo al mismo tiempo, que podrían minar la eficacia de lo que haga. No obstante, cronológicamente, su fórmula le invita a pasar de un dinamismo enredado y entusiasta a una actividad más controlada y reflexiva, mejor dominada y que le aporte tanto éxito social como satisfacciones personales. Para equilibrar su exceso de realismo, no olvide mejorar sus puntuaciones en los cuestionarios «R» y «T».

Géminis e intensivo

En este caso, de nuevo, los planetas dominantes cuestionan el modelo admitido de Géminis. En cualquier caso, hay que desconfiar de los modelos que se nos machacan continuamente. En resumen, es usted un Géminis sensible, afectuoso y emocional, justamente lo contrario de una persona cerebral sin corazón.

Es extremadamente receptivo, permeable al entorno y sugestionable: todo le emociona, afecta y hace reaccionar, de modo activo o pasivo, pero siempre visceral. Además, no puede evitar compartir sus emociones con todo el mundo, unas emociones que son tiernas al tiempo que violentas, rudas y delicadas, abruptas y matizadas: los golpes y las desgracias de su entorno le afectarán de lleno, le agitarán y trastornarán, provocando pena y ansias de revuelta, rabia y compasión. No hace falta decir que goza de una vida afectiva rica y compleja, ya que todos estos sentimientos se entremezclan en una alquimia frondosa y desconcertante.

Aspira a encontrar una pareja amorosa ideal que le permita establecer un dúo tierno y apasionado. Para usted, nada existe si no lo ha sentido, palpado, tocado, vivido o experimentado de forma personal. Y, dado que quiere sentirlo, palparlo, tocarlo, vivirlo y experimentarlo todo, desde luego no es cosa fácil. La fuerza y la diversidad de sus deseos hacen que su sensibilidad sea sutil, matizada, aguda y a flor de piel: ningún placer, sufrimiento, dolor ni alegría le dejan indiferente, y pasa fácilmente de la compasión lacrimógena a la violencia de la rebelión. Es usted tal como se muestra, sin máscaras ni distancias: auténtico, sentimental y vivo hasta decir basta. Con usted no caben la reflexión, el cálculo, la ausencia o la abstracción del presente: muy al contrario, aspira a vivir dicho presente cada vez con mayor intensidad y fuerza, ya que goza de una presencia infinita en el mundo y reacciona de forma instintiva.

Es capaz de enfrentarse cuerpo a cuerpo por su amor y por aquellos a los que ama; el problema es que ama a muchas personas y cosas, y sus estados de ánimo son muy contradictorios. De hecho, es usted un gran sentimental que aspira a compartirlo todo, sin exclusiones y sin rechazar a nadie ni nada. Sin lugar a dudas, esta actitud le ha acarreado más de un desengaño amoroso: es probable que su generosidad haya adolecido de selectividad y que usted haya sido incapaz de escoger sus deseos y haya carecido de lucidez en sus relaciones con los demás. Si piensa en ello, muchos de sus problemas derivan de una carencia o negativa a poseer líneas directrices, protecciones y reflexiones. Usted responderá que el corazón tiene razones que la razón no conoce y que la auténtica generosidad prescinde de todo cálculo. Y no le falta razón. Sin embargo, una mayor puntuación en los cuestionarios «r» y «t» le permitirá ser más lúcido y reflexivo.

Géminis T extensivo

La imaginación y la apertura propias de su signo solar se ven estimuladas y ampliadas por sus dominantes planetarios: además, posee una sensibilidad tan amplia que su intelectualidad se ve exasperada. Aunque el ambiente en que se encuentra le influye en gran medida, lo cierto es que reaccionará mucho más ante los entornos colectivos que ante los microclimas individuales.

Siente intriga por las ideas nuevas y las formas de ser inéditas, que le apasionan y atraen tanto como un imán de magnetismo irresistible. Nervioso, febril e imaginativo, sabe tocarlo todo sin dispersarse realmente. Le horroriza la rutina, lo cotidiano, lo banal y el fatalismo. Su vida debe recomenzar constantemente, constituir una fuente inagotable de cambios sorprendentes para su entorno, y en ocasiones aún más para sí mismo. Sus acciones y reacciones, sentimientos y actitudes, ideas y estados de ánimo suscitarán intriga y cuestionamientos, y pondrán en tela de juicio las certidumbres establecidas y las formas comunes de actuar o pensar.

Lo desconocido le estimula, lo imprevisto le inspira y lo inconmensurable le indica el camino a seguir: su imaginación proteiforme nunca se ve sorprendida por los flujos y reflujos de las circunstancias, sino que extrae de ellas, incluso de forma incansable, nueva materia con la que soñar, generar nuevas posibilidades y abrir brechas. Su creatividad absoluta le permite tramar bien las cosas y emprender proyectos innovadores, que en ocasiones resultarán delirantes para el sentido común, aun a riesgo, a menudo, de no saber cómo continuar. Pero esto no le importa demasiado: su visión es más importante que las realidades presentes, y su conciencia demasiado amplia como para conformarse con certidumbres compartidas y convicciones admitidas. Usted prefiere, de lejos, seguir el camino que le indique su instinto pase lo que pase.

Lejos de ser un cordero, reivindica de forma abierta e insolente su originalidad: a pesar de aspirar a un humanismo vivido de forma colectiva, sabe mantener su particularidad irreductible a toda costa. En cualquier caso, y a menos que haya obtenido buenas puntuaciones en los cuestionarios «R», «E» o «T», no cabe duda de que carece de sentido común, flexibilidad y espíritu crítico: intuye con demasiado olfato el futuro como para reconciliarse con las realidades inmediatas; en caso de que sus ambiciones sean demasiado universalistas, podrían tropezar con el muro obstinado y terco de los hechos. Desconfíe de su imaginación, excesivamente prolija, ya que puede llevarle a abrazar quimeras tan peligrosas para su equilibrio como irrealizables, lo que supondría un auténtico desperdicio de sus grandes cualidades.

Géminis t intensivo

Sus dominantes planetarios subrayan, quizá de forma excesiva, el intelectualismo de Géminis: tiene fama de ser una persona misteriosa, compleja y desconcertante. Posee un espíritu crítico, cáustico, cortante y disolvente. Nada se resiste a su meticulosa capacidad de análisis, tan profunda y pertinente como inmisericorde. Con independencia del asunto que aborde (y seguramente tenderá a abordar todos los asuntos), tiene la facultad de poner el dedo en la llaga, de apuntar con el dardo de su mente al punto débil de la coraza, de comprender con perspicacia y lucidez los puntos débiles de los demás. Sagaz, observador, malicioso y astuto, excelente demagogo y dialéctico minucioso, no realiza concesiones en sus debates con los demás, cuando acepta salir de su silencio: no duda en usar y abusar de las paradojas más pasmosas para acorralar a sus interlocutores en sus mismos argumentos, que, por lo general, le parecen demasiado simplistas, transparentes y reduccionistas.

Lo anterior a menudo se vuelve en su contra, en cuyo caso se le acusará de ser un chanchullero terrible y un embaucador, así como de actuar de mala fe. Sin embargo, las críticas le dejan frío: no tiene parangón a la hora de dejar fuera de juego las ideas recibidas, tanto si provienen de sus amigos como de sus enemigos, y seguramente más en el primer caso que en el segundo, siendo este uno de sus puntos flacos. La actitud asocial de sus planetas dominantes ha terminado por ahogar por completo la sociabilidad de Géminis, de forma que podría encerrarse en una actitud crítica estéril o una autocrítica devastadora, así como desembocar en una filosofía de la nada, el absurdo o el fracaso. En efecto, es más sensible que otros a la «oscuridad» del mundo, su complejidad y la crueldad de su realidad, que no puede reducirse a cualquier ideal optimista.

Desconfíe de los diablillos que surjan de forma incansable de los abismos de su imaginación, de lo más recóndito de su lucidez inmisericorde. En este caso, sus peores enemigos serán el cinismo desengañado, el pasotismo y la indiferencia. Oyéndole, parecería que el universo se reduce a un teatro trágico en el que se agitan de forma efímera ilusiones de seres humanos, cosas y objetos. Y puede que no le falte razón. Sin embargo, haga lo posible para ser más sociable (cuestionario «R») y realista (cuestionario «E»), así como para contar con una orientación más clara (cuestionario «r») si teme que su actitud crítica acabe por marginarle por completo. Hágalo a menos que se sienta a las mil maravillas en la sombra, observando con ironía o desapego la agitación que le rodea.

EJEMPLOS

JEAN-PAUL SARTRE es un buen representante del «libertario de la encrucijada». Abierto a cualquier revolución y cuestionamiento, coloca la libertad humana por encima de cualquier valor. Debido a su sentido de la síntesis, se esforzó por considerar al hombre como un todo (animal, afectivo y político). La velocidad de excitación también está presente: no necesitaba mucho tiempo para reaccionar ante los acontecimientos, aun a riesgo de, a menudo, decir cualquier cosa: un filósofo bastante extraño, que reacciona «en caliente». Sin embargo, para comprenderlo habría que hablar también de Marte con ascendente en Escorpión (la existencia prisionera de los secuestrados por el *Muro*). Por último, este Géminis usa diversos canales (ensayo, teatro, canción, novela, etc.) para difundir su pensamiento.

En otro registro, tenemos al artista holandés M. C. ESCHER (5 planetas en Géminis), cuyas obras pictóricas se basan en paradojas (e incluso ultraparadojas) e ilusiones. Cultiva el equívoco extraño y construye, con una precisión maniaca, estructuras imposibles, como por ejemplo *Manos dibujando* (1948): una mano dibuja una mano que dibuja una mano, y así sucesivamente; o bien el extravagante *Movimiento perpetuo* (1961). En este caso, el mundo de lo concreto ya no posee lugar alguno, nos encontramos en plena abstracción, en pleno «ilogismo». Escher ilustra a la perfección el polo nocturno de Géminis, la atracción por lo incertidumbre, lo irreal y lo ilógico. La realidad, desprovista de su dimensión real, se reduce a ilusiones ópticas.

En otro lugar encontramos a HENRY A. KISSINGER, un viejo corredor de fondo de la política estadounidense, campeón de «democracia aérea»: Sol/Mercurio y Marte flanquean el ascendente en el signo. El t intensivo lúcido y sagaz, misterioso y complejo, aliado a la rapidez de excitación, se fortalece porque Marte se alía con Plutón en el ascendente y el Sol/Mercurio, con la Luna/Saturno en Libra, propiciando el proyecto asociativo propio de este signo. Ello se materializa en la voluntad de Kissinger de adaptar la diplomacia de su país a un mundo que exige relaciones y contactos variados, bajo un designio sólido.

Es habitual encontrar en el grupo E extensivo a deportistas de elite, como RAFAEL NADAL, con los que, finalmente, lo que cuenta es el *timing* y la práctica, propios de Marte/Saturno, además, evidentemente, de la clasificación. En esta última tiene mucho que ver Júpiter, sin restar importancia al componente suerte, que no falta, dado el buen ángulo con Venus. El cliché de «intelectual saltarín» propio de la velocidad de respuesta de Géminis, fuerte en V +, en el caso de este joven tenista mallorquín se traduce, en la práctica, en saltos en pista y sentido rápido y oportuno del conjunto (f –), demostrando el genio tal como lo hace tempranamente en la vida. El objetivo siempre es el próximo encuentro, y se exige una intensa preparación a todos los niveles.

Existen Géminis para todos los gustos. ¿Qué relación hay entre Jean-Marie Le Pen, presidente del Front National, y Ana Belén? ¿Y entre Jean-Paul Sartre y el Marqués de Sade? ¿Y entre Marilyn Monroe y Antonio Pessoa?

En los dominantes planetarios de J. M. LE PEN entran en juego de forma simultánea el E intensivo (Marte /Júpiter en ascendente), el T intensivo (Mercurio/Plutón en el fondo de la esfera celeste) y el r. e. t. (Luna dominante en Cáncer). No cabe duda de que este Géminis hace uso de su facundia, don de gentes y sentido del humor, características todas ellas de este signo, pero desde luego no para hacer reír. En efecto, el E de Marte/Júpiter lo convierte en una persona «dura», un realista que piensa a corto plazo, un partidario de las soluciones tajantes y las formas contundentes. Debido a su dimensión «t» (Mercurio/Plutón), no se abstiene de criticar con dureza la clase política a golpes de sarcasmo y burlas. Se trata de un sentido del humor negro. La Luna en Cáncer, representante de la comunidad nacional, desea protegerse de Plutón: lo extraño no es bienvenido, lo desconocido que toca a la puerta se percibe como una amenaza. Al fin y al cabo, no todos los Géminis son alegres pilluelos.

Con MARILYN MONROE nos encontramos ante otro caso diferente. Dos planetas del e intensivo (Neptuno, que se eleva en el trígono de Venus, que culmina) y la conjunción Luna/Júpiter en Acuario dominan su horóscopo natal. Así pues, se trata de una Géminis tocada por el amor, la emoción y la sensualidad. Una estrella tierna, frágil y generosa, que carecía, de un modo cruel, de lucidez y distancia (debilidad del r intensivo y del t intensivo en su esfera celeste). En este contexto, ¿en qué se convierte Saturno, valorizado por su presencia en el fondo del cielo? Tras la seducción, se esconde un malestar vital hipócrita. La niña malcriada y caprichosa ocultaba una eterna adolescente insegura de sí misma. Las contradicciones de los Géminis nunca caen en saco roto: demasiado influenciable y sugestionable, se dejó vampirizar por el colorido mundo de los decorados de Hollywood. Y ya sabemos cómo acaba la historia, por desgracia.

Con ISADORA DUNCAN no había ningún planeta angular, pero Aries se levantaba y Marte estaba en Acuario en la natividad de la *Ninfa*, pionera de la danza moderna. La dominante es de Marte, pero las aflicciones de Luna/Plutón/Urano indican una vida desgraciada y la sucesión de muertes o accidentes sufridos por ella misma o por las personas de su entorno (se ganó así fama de gafe). Sin embargo, Sol/Mercurio/Venus en Géminis no conocían aflicción, y resultan un ejemplo puro del t intensivo, agudizado por el teórico, intelectual y sin prejuicios Marte, que coopera en hacer a Isadora una persona desconcertante, que llama a las cosas por su nombre, que desmonta lo preconcebido y estereotipado sin piedad. Como buena representante del signo, sus ámbitos de actuación fueron muchos: la teoría y educación de la danza (a la que se dedicó), la contestación cultural y social, los derechos de la mujer... Era atea, practicaba el amor libre, siempre rodeada de intelectuales y artistas. La danza, en la que se inició de joven, eclipsa el espíritu poético con el que «el mundo debería funcionar», y se halla en el meollo de todo lo que interesaba a la bailarina estadounidense. Revolucionó el mundo de la danza, con un estilo innovador, inspirado en la Grecia clásica y la naturaleza, que rompía con la rigidez del ballet clásico. Mientras paseaba en su Bugatti por la Promenade des Anglais de Niza, su largo echarpe rojo se enrolló en una rueda y la bailarina murió estrangulada, en 1927.

Para acabar, volvamos a SARTRE, el padre del existencialismo. ¿Existencia? En efecto, todos los planetas de existencia extensiva (Marte, Júpiter y Saturno) e intensiva (Marte, Venus y Neptuno) se encuentran presentes en la cita de los dominantes. Y por encima de todos ellos destaca Marte, cuya fórmula es «existencia de existencia».

2.

El trío del espacio

Cáncer

Leo

Virgo

Cáncer

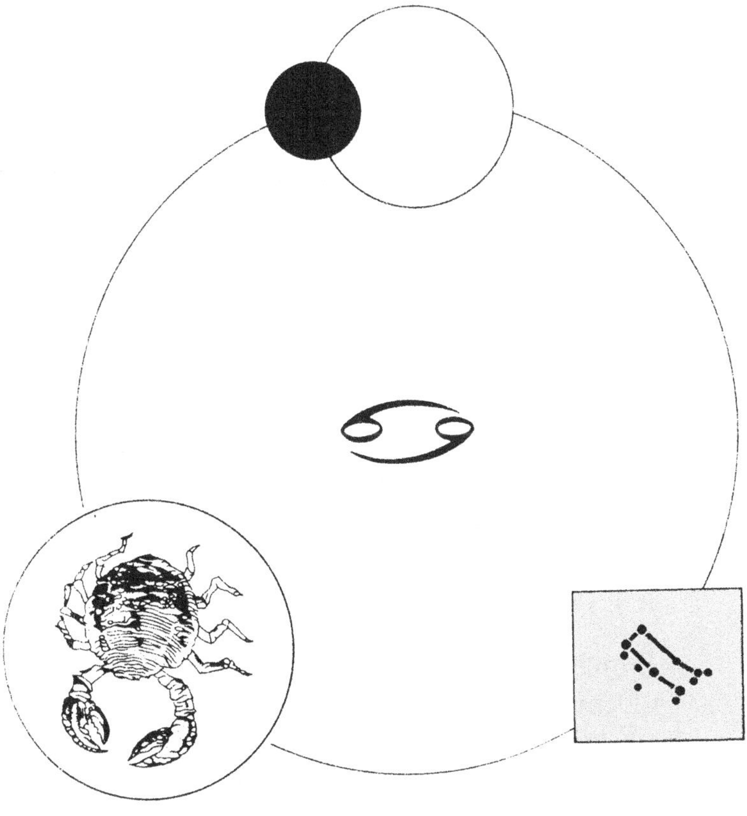

FÓRMULAS

En astrometría

Con una latitud geográfica media de 45°, cuando el Sol atraviesa este signo entre el 21 de junio y el 21 de julio, o bien cuando un astro (sin latitud celeste) pasa de 0° a 30° de este signo.

- Su tiempo de presencia por encima del plano del horizonte pasa de 15:26 h a 14:52 h.
- Su altura máxima o culminación superior pasa de 68° 27' a 65° 10'.
- Su altura en relación con el plano de la eclíptica o declinación pasa de 23° 27' Norte a 20° 10' Norte.
- Su acimut en el orto pasa de 124° 15' a 119° 10'.

Fórmulas condicionalistas

(véase primera parte de la obra)

En relación con el modo «adaptado»:

- Fuerza de inhibición (F –): el defensor.
- Lentitud de excitación (L +): el termitero.

En sentido de los conjuntos.

En relación con el modo «contraadaptado»:

- Debilidad de excitación (d +): el hogareño.
- Velocidad de inhibición (v –): el alarmista.

En fase ultraparadójica.

CONTEXTO

Signo anterior: Géminis

Acaba una estación y comienza otra. El Sol alcanza el punto álgido de su trayectoria en el hemisferio Norte e inicia su descenso. A partir de este momento, el día, que ha alcanzado su máxima duración en el solsticio de verano, irá cediendo terreno lentamente a la noche. No obstante, sin transición alguna, el solsticio de verano delimita una frontera clara entre Géminis y Cáncer, un cambio que lo es, sobre todo, de dimensión.

Imagine un final de primavera eterno, imagine que nada pudiese detener al infatigable Géminis: usted quedaría atrapado en una espiral infinita, en un proceso de autoestimulación permanente, dispersándose para siempre en las diversas facetas del mundo externo, recogiendo las mil riquezas de la experiencia, la emoción y las sensaciones; no podría fijar nada por falta de constancia, ni memorizar nada por falta de distancia, ni construir nada por falta de paciencia. De forma inevitable, llegaría un momento en que estaría agitándose en el vacío, explorando la nada, algo que, por otra parte, le ocurre a determinados Géminis.

Como reacción a este extremismo agitado y frenético, Cáncer marca una parada: la prudencia es la madre de todas las virtudes, los excesos son peligrosos y hay que saber ponerse límites. Mientras Géminis ocupaba las encrucijadas y dejaba su puerta abierta a los cuatro vientos, usted, que le sucede, se refugia en su territorio con las puertas cerradas a cal y canto. Mientras él se abandonaba a lo imprevisto, lo inédito y lo azaroso, usted es previsor, rutinario y organizado: es la eterna historia de la cigarra que, tras cantar durante todo el verano, se encuentra enormemente agotada. Y a usted le resulta insoportable sentirse agotado; o lo que es peor: le inquieta.

A un nivel más sutil, podría afirmarse que el universo de Géminis se trasvasa en el suyo: el contenido múltiple y disperso encuentra por fin un continente, la curiosidad exploradora se desplaza del exterior al interior, de forma que se dedicará a inventariar, capitalizar y gestionar el patrimonio volátil de su inconstante vecino, al tiempo que se extasía ante la multitud de descubrimientos que irá haciendo. En el mejor de los casos, conseguirá recomponer las piezas disgregadas del rompecabezas que ha heredado. En el peor, la alegre mezcolanza de Géminis se transformará en una leonera. De un modo u otro, una de sus principales preocupaciones consistirá en armonizar y amoldar de forma coherente todas las posibilidades que habitan en usted, que le animan en todo momento como reacción al eclecticismo, la heterogeneidad y el liberalismo de Géminis. Esta actitud se reflejará en su sociabilidad: al zanjar la comunicación universal, reservará sus intercambios para el ámbito familiar o comunitario.

Signo posterior: Leo

Es posible que, en ocasiones, se sienta presionado en su mullido caparazón, se ahogue un poco a fuerza de acumular barreras de protección en torno a su persona y tenga ganas de superar por fin sus inquietudes, miedos y dudas. Si es así, presenta usted los síntomas anticipados de Leo.

A título de ejemplo, estas tendencias leoninas pueden manifestarse en sus sueños, en cuyo caso se sentirá totalmente inmunizado ante cualquier peligro, ataque o agresión, capaz de partir victorioso y seguro de sí mismo a la conquista de territorios desconocidos, espacios más amplios y regiones lejanas. Así pues, habrá disipado y acabado con la timidez de Cáncer, y será capaz de tomar decisiones soberanas, de ser tajante sin vacilación y, en una palabra, de atreverse. Los demás son conscientes de su presencia, le respetan y admiran: ha abandonado la sombra cálida y protectora de su caparazón a favor de la luz cegadora e irradiante del exterior.

Si no es Leo en sus sueños, quizá sí lo sea en sus esperanzas. En este caso, se dirá a sí mismo que, algún día, habrá acumulado la seguridad suficiente para poder liberarse de todas las ataduras, la confianza suficiente en sí mismo para hacer valer sus talentos con mayor ímpetu que en la actualidad. «Un día de estos, veréis de todo lo que soy capaz...». Sin embargo, siempre se remite al mañana del día en cuestión, a menos, como es evidente, que Leo sea dominante en su carta.

De no ser así, sus relaciones con los Leo de su entorno pueden resultar muy elocuentes. Por una parte, le parecen pretenciosos, avasalladores, carentes de todo matiz, contención y sutileza: el tipo de personas que se presentan en la casa ajena sin haber sido invitadas, le interrumpen cuando está sincerándose y claman a los cuatro vientos sus méritos (que, en su opinión, sobrevaloran), mientras que a usted le cuesta mucho reconocer los suyos, desde luego menos visibles. No obstante, por otra parte, hay que reconocer que siente una envidia secreta por ellos. Incluso es posible que, a veces, le estén haciendo un favor al obligarle a salir de sus trincheras, ayudándole a tomar la iniciativa de forma audaz o sencillamente comunicándole esa confianza en sí mismos que tan fuerte les hace.

Su inconsciente Géminis le ha enseñado lo que es la prudencia. Y quizá su inconsciente Leo le permita franquear los secretos de la valentía para vencer sus miedos sin temeridad y superar sus limitaciones sin poner en peligro su experiencia. ¿Quién sabe? Mientras tanto, seguirá siendo un Cáncer, así que procede analizar las diferentes fórmulas de este signo que se organizan en el interior de su caparazón.

LAS CUATRO DIMENSIONES DE SU PERSONALIDAD

El defensor (fuerza de inhibición)

Su fuerza consiste en saber protegerse de los estímulos del mundo exterior. Al negarse tanto a dispersarse como a dejarse invadir, consigue establecer límites entre el ámbito privado y el extenso universo que le rodea, que querría que fuesen precisos y definitivos. Tras erigir las fronteras de su territorio, tan sólo le queda explorarlo e inventariar su contenido, riquezas y posibilidades, pero también hacerlo habitable, cómodo y de su gusto, al tiempo que consolida permanentemente sus barreras de protección.

Para ello, en un primer momento se esforzará por detectar y, a continuación, eliminar, en la medida de lo posible, cualquier elemento extraño que pueda poner en peligro la tranquilidad calmante a que aspira: todo debe reforzar su quietud, serenidad y equilibrio interior, todo debe contribuir a que se sienta cómodo en su interior, al abrigo de su piel, en su hogar o cosmos...; como es evidente, todo esto dependerá de los límites a que haya reducido su territorio.

En una segunda etapa, cuando se sienta dueño y amo de un espacio hermético y purificado, implementará sólidos sistemas de defensa destinados a evitar cualquier intrusión externa. De una forma u otra, en este caso se tratará de evitar poner en peligro lo adquirido en el pasado, al tiempo que incorpora nuevos elementos, perfeccionando su patrimonio más por necesidad vital de aumentar su seguridad en círculos concéntricos que por espíritu de conquista. En ocasiones, esto puede resultar problemático y llevarle a afrontar complejos dilemas y disyuntivas dolorosas.

En efecto, desea reinar en un espacio que contenga todas las virtualidades, multiplicidades y posibilidades del mundo: todas las facetas del planeta transpuestas en una aldea fortificada, todos los estados anímicos del mundo agitándose en el recinto cerrado de su sensibilidad.

¿Cómo es posible contenerlo todo, serlo todo y vivirlo todo protegiéndose al mismo tiempo del mundo exterior? Para conseguirlo, a menudo tendrá que recurrir a su imaginación (especialmente fértil), al tiempo que maldecirá la realidad por ser mucho más restrictiva y selectiva de lo que soñaba. En este sentido, puede resultar elocuente indicar que muchos artistas y directores de circo están intensamente marcados por Cáncer: el circo constituye una forma de contener el máximo de cosas diferentes en un único recinto cerrado.

En esto, usted se parece a Peyo, el creador de los famosos pitufos. En el interior de su poética aldea fortificada con forma de seta, la comunidad de pequeños gnomos azules se organiza por sí misma para mantener la tranquilidad autárquica del clan, al tiempo que se defiende de forma activa de las intrusiones del malvado Gargamel. Es posible que, al igual que los pitufos, usted posea un espíritu comunitario.

Ahora bien, si estos dibujos animados no le dicen nada, quizá deberíamos probar con Proust. Si se inclina más del lado de este escritor francés que del de los pitufos, seguramente tratará de descubrir y defender la diversa riqueza de su mundo interior, aun a riesgo, a menudo, de desembocar en un exceso de narcisismo, subjetividad y autocompasión, entregado permanentemente a las reverberaciones de su sensibilidad, de su voz interior, de los flujos y reflujos de sus estados anímicos; en este caso, correría el riesgo de acabar confundiendo interior con exterior y de creer que el mundo exterior no es más que un eco de sus introspecciones. De ser así, en el mejor de los casos, es posible que su exhaustiva memoria le convierta en un experto de primer orden en cuanto a los rincones de la subjetividad humana se refiere, a imagen y semejanza del mismo Proust.

De forma más general, su fórmula requiere intensos esfuerzos de autocontrol. Dado el gran número de tendencias que habitan en usted, deberá aprender a hacerlas cohabitar de forma armoniosa en un entorno hermético. Y esto no es fácil.

El termitero (lentitud de excitación)

La autogestión requiere dotes de organización, perseverancia, control e incluso obstinación: si pertenece a esta familia de Cáncer, seguro que estas cualidades se contarán entre sus puntos fuertes.

Sus aspiraciones son numerosas, sus proyectos, múltiples y sus ambiciones, exuberantes y, en ocasiones, contradictorias. Puesto que solamente se siente apegado a ellos, no se siente presionado. Prudente y paciente, avanza paso a paso, espera a que todo madure y toma la decisión por anticipado, a fin de determinar aquello que, de acuerdo con su perspectiva, le parece razonablemente posible y sabiamente previsible. Posteriormente, al ponerse manos a la obra, nunca cejará en su empeño: organizado, previsor, metódico y constructivo, no pasará por alto ninguna posibilidad que pueda llevarle al éxito. Sus cimientos son sólidos y su retaguardia está protegida: puede avanzar con total confianza, adelantar los peones uno a uno, incrementar de forma lenta y progresiva su margen de influencia, gracias a la fuerza de su notable tenacidad.

Aquellos que le rodean han aprendido a confiar en su ponderación. Por ello, sin duda habrá adquirido fama de líder sabio y comedido; esta circunstancia no le disgustará, ya que, a pesar de su discreción, anda a la búsqueda de cierta autoridad construida a base de paternalismo (o maternalismo), potencia moral, actitud protectora y una autoridad reforzada por sus dotes de coordinador y gestor de las actividades de una comunidad homogénea. En efecto, posee usted un profundo sentido de la moral, así como un respeto natural de las normas y leyes, los usos y las costumbres heredados del pasado, cualidades todas ellas que contribuyen a cimentar, fusionar y hacer perdurar un grupo determinado, haciendo las veces de guardafuegos. Esto le convierte en una persona más bien estática, e incluso conservadora: desconfía de los cambios precipitados, de las rupturas radicales que trastornan los hábitos sin proponer nada a cambio.

Volviendo a Peyo y sus pitufos, sería usted bastante del estilo de Papá Pitufo: guardián vigilante de los intereses comunes, patriarca respetado (siempre y cuando tenga la edad idónea, claro está), sermoneador rebosante de sentido común aplicado a las circunstancias concretas. Y de Papá Pitufo a Georges Pompidou hay un paso: este último, que sucedió al régimen de De Gaulle, caracterizado por sus numerosos cuestionamientos, se conformó con redondear con sabiduría el patrimonio heredado por el general sin altibajos ni excesos. Usted respeta más que otros los rituales que consolidan y arraigan la memoria colectiva, perpetuando el recuerdo. De aquí a una especie de «culto a los ancestros» no hay más que un paso, que muchos Cáncer de esta familia dan a la ligera; quizás usted forme parte de ellos.

Sin llegar a este extremo, el recuerdo de sus emociones pasadas le pone nostálgico con facilidad; las experiencias perduran durante mucho tiempo en su memoria y casi nunca olvida nada.

No cabe duda de que es usted un sentimental: sus apegos son potentes, fieles y duraderos, además de complejos: tiene un gran corazón y tiende a atesorar y amontonar en él toda una multitud de personas, ideas, cosas y objetos. En ocasiones, el interés que usted les profesa y su inextricable interrelación paralizarán su eficacia constructiva y su voluntad de actuar: de ello pueden derivar momentos de intensa confusión, de crispada duda y de vacilación paralizante. En cualquier caso, hablando en términos más generales, se trata de un terreno fértil que, con el paso de los años, ha aprendido o aprenderá a estructurar y explotar de forma óptima; a menos que, a pesar de todo, acabe triunfando el inmovilismo.

El hogareño (debilidad de excitación)

Esta actitud podría imponerse si pertenece usted a esta clase de Cáncer. En este caso, lo menos que puede decirse es que le falta energía, que no deslumbra precisamente por su dinamismo, impulso y voluntad de realización. Una vez encuentre los zapatos que le vayan bien, ya no se los quitará nunca, cómodamente instalado en su hogar.

La misma idea de tener que actuar, emprender y crear le cansa por adelantado, de forma que termina abandonándose, con un deleite taciturno o pesimista, a la perezosa inercia, que le hace dar media vuelta y arrastrar los pies hasta la frágil protección de su huevo. La indolencia le acecha: prefiere vivir al día una existencia sin iniciativas, entusiasmo ni finalidad, antes que tener que moverse lo más mínimo. Y nada mejor para forjarse una sólida fama de oso, de ermitaño cascarrabias o, con un tono más simpático, de marmota.

Es posible que le falte voluntad y autonomía, lo que, a la larga, puede convertirse en un problema: siente una importante necesidad de seguridad y protección, pero se siente demasiado frágil y poco motivado para colmarla por sí mismo. En este caso podría sentir la tentación de vivir a remolque de los demás, de encerrarse en una dependencia de aquellos a quienes pida que se hagan cargo y se muevan por usted; y, mientras tanto, usted, anegado por la pasividad, se mirará con ensoñación el ombligo observando con pereza cómo se desarrolla la rutina amorfa del día a día. En el mejor de los casos, esta tendencia vegetativa podría permitirle explorar a fondo los frondosos misterios de su espacio interior, así como convertirle en un poeta de lo banal. Sin embargo, en el peor de los escenarios, sería usted un parásito.

Otro de sus rasgos dominantes de carácter consiste en la falta de sociabilidad: se muestra reacio a cualquier intercambio y diálogo con los demás, así como a los excesos, y acaba cerrándose en sí mismo, letárgico, rechazando cualquier tipo de comunicación con el mundo exterior. Aquello que le hace fuerte (el sentido de las fronteras necesarias) se convierte en una debilidad: amurallados en el interior de sí mismos, sus juicios son cerrados, sectarios y parciales. En definitiva, cultiva usted una actitud de cerrazón.

Prisionero de su subjetividad chauvinista (como Proust) o de sus accesos de patriotismo (como San Antonio), le cuesta abrirse a otras perspectivas y aceptar la existencia de puntos de vista diferentes a los suyos, incluso a los de su comunidad. Además, dado que, por otra parte, le cuesta orientar con franqueza sus valores y tomar decisiones transparentes y exclusivas, sus opiniones son cambiantes, caprichosas, contradictorias y, a menudo, condicionadas por su inmovilismo conservador: reflexiona sobre lo inútil y critica en el vacío. Algunos Cáncer, no obstante, consiguen elaborar análisis meticulosos en el interior de este caos. Si es su caso, sin duda estará muy capacitado para la especulación metafísica de elevada abstracción. De lo contrario, será todo un maestro del arte del paralogismo, la tautología y el pensamiento de autojustificación.

Cuando todo le parezca demasiado confuso, también podrá ocurrirle que, por lasitud o debilidad, acabe sencillamente identificándose con las opiniones corrientes en su medio de elección, negándose obstinadamente a ver un sistema coherente y organizado: desde su perspectiva, cada persona es un caso único y nadie está relacionado con nada excepto consigo mismo. De esta forma, se convertirá en un centro de la ultraparadoja (aunque será lo normal tratándose de usted): gregario por necesidad de seguridad e individualista por rechazo a una apertura a los demás, tratando de identificarse con su comunidad protectora al tiempo que niega cualquier tipo de relación con la misma. No debe sorprenderse si, en ocasiones, resulta incomprensible para los demás.

El alarmista (velocidad de inhibición)

También será incomprensible la inquietud crónica que existe en su interior: aunque parecerá apático, lo cierto es que siempre estará a la defensiva, con razón o sin ella. En caso de que algún peligro real se cierna sobre su territorio o de que alguna agresión aparezca en el horizonte de su intimidad, su imaginación no dudará en inventarse enemigos fantasmagóricos, invasores malintencionados y tan inquietantes como si fuesen reales.

A decir verdad, duda permanentemente de la eficacia y la estanqueidad de las fronteras que ha trazado entre su persona y el mundo exterior; su entorno le parece poblado de adversarios hostiles, sombríos conspiradores que podrían, un día u otro, robarle todo lo que ha adquirido, el equilibrio que tan laboriosamente ha conquistado, pero también el de aquellos que le rodean y a los que se siente apegado. El mundo no es seguro. Aunque parezca una auténtica psicosis de seguridad, tampoco hay que exagerar: su ansiedad no siempre será patológica, pudiendo a veces proteger realmente su cosmos personal convirtiéndole en una persona atenta y vigilante, siempre a la defensiva.

En cualquier caso, la más mínima intrusión de un elemento ajeno a su universo familiar y habitual le desestabiliza: detesta el azar, lo imprevisto y la irrupción de lo desconocido. No sabe cómo actuar frente a los cambios de situación bruscos: le inunda un pánico irracional y, en medio de la perturbación y la retirada precipitada, a menudo ocurrirá que echará a perder las mismas fronteras que con tanta paciencia ha edificado.

Teme la soledad ante la adversidad, ya que no sabe qué actitud tomar ni qué política adoptar. Normalmente, se decantará por una de dos posibilidades: esconder la cabeza como un avestruz, invadido por el pánico y tratando de evitar el peligro tapándose los ojos, con la esperanza de que la amenaza termine por desaparecer, una táctica que, por otra parte, como ya habrá podido comprobar en numerosas ocasiones, no resulta en absoluto eficaz; o bien sentir la tentación de refugiarse en autoridades protectoras que le sirvan de escudo. Esta última actitud será más segura, aunque podría hacerle perder por completo su autonomía y hacerle totalmente dependiente de sus defensores. Los más cínicos no podrán evitar utilizar su inquietud para reforzar su control sobre usted. Una última solución consistiría en fundirse con el anonimato de la muchedumbre: al menos estará rodeado y acompañado. Sin embargo, esta solución también podría adquirir una dimensión persecutoria.

De lo anterior deriva el instinto gregario de esta familia de Cáncer, que termina por hacer coalición con el objetivo de protegerse mutuamente, acumulando bienes de cara a un futuro, a priori, tempestuoso, y ayudándose unos a otros para evitar carecer de nada. Y es que nunca se sabe...

A nivel mental encontramos los mismos mecanismos: si bien es cierto que su pensamiento es discriminatorio y analítico, no lo es menos que, en cierta medida, gira en torno al vacío; más que la razón, es la inquietud la que lo atenaza, y el miedo es mal consejero. Si consigue tomar las medidas de dicho miedo, puede llegar a abordar elevadas abstracciones metafísicas: la muerte forma parte de la vida, el más allá es un abismo, un robo; ¿cómo es posible prepararse para esta última privación?

Sin llegar a este extremo, lo cierto es que duda de sí mismo, de los demás y del mundo en general, una duda crítica que carcome sus posibilidades de acción. Sus aprensiones, más emocionales que cerebrales, se mezclan con especulaciones intelectuales y una ansiosa imaginación. En el límite, una vez la máquina se ponga en marcha, podrá llegar a darse miedo a sí mismo con tal de alimentarla. En este caso, se hundirá en intensas reflexiones introspectivas; de nuevo, nos encontramos en el universo de Proust. Se cree usted un observador externo de sus fantasmas, cuando en realidad está en el mismo centro: por el camino de Swann, el que dirige a las profundidades de su corazón.

PERCEPCIÓN DEL RESTO DE SIGNOS

Sagitario

No hay otro signo más diferente del suyo que el tercero del otoño. Es abierto, sociable y cooperativo, mientras que usted tiende a la cerrazón, la timidez y la rebeldía. No obstante, Sagitario carece de prudencia, tenacidad y previsión, cualidades todas ellas que se encuentran muy desarrolladas en usted. Combinados, conforman un universo global, perfecto y sin fallas..., aunque para ello habrá que aceptar que sus diferencias sean tan complementarias.

Pareja: siempre está circulando por aquí y por allá, se empeña en acudir a mundanos cócteles mientras usted sueña con una cómoda intimidad. Sagitario podría ayudarle a ampliar sus horizontes, y usted, a limitar sus sueños de grandeza.

Amigo: Sagitario le dinamiza y electriza: con él, todo parece grandioso, ilimitado y cósmico, aunque sus proyectos locos le dan un poco de miedo.

Enemigo: habla demasiado y está demasiado seguro de sí mismo; le hace sombra. Y es el rey del escaqueo, uno nunca puede contar con él.

Capricornio

Le parece demasiado frío, duro y monolítico; sin embargo, su estabilidad, seriedad y rigor le inspiran confianza. Juntos pueden formar un buen equipo.

Pareja: aquí reina la pasión fría, las efusiones discretas y los amores sabios y púdicos. Con Capricornio, su caparazón se transformará en un blocao impenetrable, a menos que termine cansándose de su imperturbable frialdad.

Amigo: aunque desde luego no es ningún cómico, su seriedad sí admite cierto sentido del humor. Se tratará de una relación más basada en la estima mutua que en el afecto.

Enemigo: le da miedo. ¿Qué oculta su silencio hierático? ¿Cómo se puede ser tan seco, tan poco sentimental y solitario?

Acuario

El inconformismo de Acuario es justo lo contrario de su conservadurismo sabio y prudente. Debe reconocerlo: le parece demasiado excéntrico, agitado y optimista. Además, la fidelidad no es ni mucho menos una de sus cualidades. Por otra parte, a veces piensa que Acuario tiene mucha suerte de vivir con tal desapego.

Pareja: en el peor de los casos, Acuario se pasará el rato perturbando sus hábitos preciados, algo que le resulta insoportable; en el mejor, será un baño de jovialidad que le recordará a su infancia. Algo turbulento, pero agradable.

Amigo: Acuario aporta ideas nuevas y originales que usted no tarda en asimilar, organizar y explotar a fondo. Es una mina de oro. Con él, uno no se aburre nunca, siempre consigue apartarle de la rutina.

Enemigo: lo que menos le gusta de Acuario es que no sienta respeto hacia nada, que no tenga raíces ni perseverancia.

Piscis

En teoría se comprenden bien, aunque no por ello sentirá ganas o necesidad de comunicarse con él: es tranquilo, pacífico y reservado, y tan imaginativo como usted. Sus sensibilidades introvertidas interfieren de forma secreta y serena.

Pareja: aquí nos encontramos en un mundo de silencio: el amor existe sin palabras, la comprensión con medias palabras y la comunicación por osmosis, a menos que sus ascendentes o dominantes planetarios contradigan esta visión idílica.

Amigo: para usted, es como un bálsamo mágico: la serenidad de Piscis anula sus inquietudes. Además, siempre está ahí cuando lo necesita.

Enemigo: quizá sea un poco indolente y despreocupado para su gusto.

Aries

Con un Aries puro las relaciones serán muy pero que muy difíciles: le cuesta soportar a las personas demasiado turbulentas, agitadas y agresivas. La impulsividad imprevisible le pone los pelos de punta.

Pareja: en pocas palabras, siempre tiene algo urgente que hacer y quiere involucrarle por completo en sus iniciativas, una y otra vez. Esto le provocará cansancio y le pondrá de mal humor, a menos que distribuyan los roles: Aries será el emprendedor y usted el organizador.

Amigo: totalmente adecuado para poner punto y final a sus titubeos, para sacudirle y sacarle de su sopor. En cualquier caso, preferirá no tener que verle cada día.

Enemigo: es un grosero y un temerario, carece por completo de delicadeza, matices e imaginación.

Tauro

Es tranquilo e indolente, algo que usted aprecia. Se sentirá sorprendido cuando una minúscula gota de agua colme el vaso, lleno de agua tranquila, y tenga un acceso de furia; en estos casos le parecerá una persona inquietante.

Pareja: será la pareja más estable, fiel y segura. Ahora bien, no aspire ni a la más mínima dosis de imaginación: es posible que, al cabo de un instante, ambos se hayan cansado ya de la relación.

Amigo: cuando su caprichosa imaginación le haga confundir Roma con Santiago, el sentido común de Tauro no tardará en devolverlo todo a su sitio.

Enemigo: sus enormes prejuicios le impiden soñar. Es terco y obstinado, y actúa de mala fe. Ahora bien, ¿no lo es usted también de vez en cuando?

Géminis

La cercanía del solsticio de verano les hace tanto cómplices como diferentes: usted ha superado ya la fase de sus turbulencias, de la que conserva una nostalgia secreta, y él aspira a una aparente quietud, a pesar de temer la inercia que conlleva.

Pareja: si Géminis pudiese asentarse un poco y saborear los placeres del hogar... A veces hasta lo consigue. Sin embargo, la mayoría de las veces se cansa de los hábitos compartidos en el marco de la rutina diaria.

Amigo: Géminis le hace tomar conciencia de aquello de lo que carece debido a su excesivo afán de protección y enriquece su universo con los descubrimientos estrafalarios que realiza.

Enemigo: sus reacciones repentinas le ponen de los nervios: la previsora hormiga siente resentimiento hacia la enérgica cigarra por lo que es: libre y carente de todo lazo.

Cáncer

Su sensibilidad se hace eco de la de Cáncer: ambos se lanzan rebotes mutuos en el interior de sus caparazones o de sus respectivas recámaras. Cáncer nunca le llevará la contraria, a menos que ambos se desmarquen por sus ascendentes o dominantes planetarios.

Pareja: sueñan con compartir un hogar y un corazón, con fusionar su narcisismo y erigir la pareja como una muralla que les proteja del amenazador mundo. A la larga, les acechará la monotonía.

Amigo: sus introspecciones prolongan las de usted, y viceversa. Se trata de una amistad tenaz, fiel y prácticamente indestructible.

Enemigo: los conflictos entre ambos son hipócritas y rastreros. Cada cual proyecta en el otro sus propias ansiedades, que se alimentan entre sí. El rencor existente parecerá eterno, y será muy difícil salir de él.

Leo

La mayoría de las veces, Leo le parecerá una persona prepotente y temeraria, y pensará que invade con demasiada facilidad su terreno; no obstante, le reconoce su fuerza, resistencia y eventual magnanimidad.

Pareja: corren el riesgo de que ambos pretendan dominar al otro: usted de una forma insidiosa, él de forma abierta y sin complejos. Es posible que su pudor se vea enfrentado al exhibicionismo de Leo, aunque lo cierto es que le estimula. Además, Leo sabe muy bien cómo sacarle de sus enfados.

Amigo: Leo consigue resolver sus dilemas y mostrarle cómo sortear los obstáculos que le impiden avanzar. Usted le profesará una admiración total y aspira a ser tan resuelto como él.

Enemigo: se pasa de la raya. Cuando sus enormes decepciones consigan levantar el vuelo, despertarán en usted un rencor silencioso e imborrable. Quien ríe el último ríe mejor...

Virgo

Existen divergencias y puntos en común por igual. A usted le gusta su tranquilidad, mesura, prudencia, reserva y espíritu metódico: con Virgo, uno sabe adónde se dirige, y esto genera seguridad. Sin embargo, a veces le parece demasiado serio y no excesivamente cálido.

Pareja: en general, no se tratará de un amor pasional, sino de una relación tierna y secreta, que se va decantando y purificando poco a poco, y que ganará con los años, a menos que Virgo se empeñe en poner orden en su apreciada leonera.

Amigo: Virgo es lúcido, razonable y paciente. Le ayuda a escoger entre sus sueños y realidades, así como a limitarse a aquello que puede materializar realmente.

Enemigo: es demasiado estricto y maniático para usted. Le gustan las personas más directas y generosas.

Libra

A priori, sintonizan en longitudes de onda muy diferentes: Libra busca el contacto y no le cuesta conseguirlo, mientras que usted lo rehúye. Él propone ámbitos de entendimiento, pero usted prefiere rechazar la mano que le tiende al desconfiar de su sociabilidad, demasiado agradable y superficial.

Pareja: cuando usted entra, él sale, y viceversa. Su fastidiosa costumbre de llevar conocidos a casa le disgusta..., aunque también es posible que se haya acostumbrado y le haya cogido el gusto.

Amigo: ambos buscan lo mismo: la paz. Usted la encuentra a través de la tranquilidad y la prudencia; él, mediante la diplomacia y las concesiones. Después de todo, ¿por qué no, si ambos comparten el mismo fin?

Enemigo: desde su punto de vista, Libra peca de exceso de oportunismo y falta de autenticidad. ¡Y no olvidemos su ineficacia!

Escorpión

No tienen la misma forma de defenderse: mientras usted evita la adversidad, él la desafía; sin embargo, el resultado es el mismo: ambos cultivan el arte de la negación. En ocasiones, el espíritu crítico de Escorpión le parece excesivo e inquietante, aunque finalmente termina diciéndose que tiene razón de ser así, y siente cierta envidia por él.

Pareja: se trata de una relación rica pero nada tranquila: aunque Escorpión es exigente hasta decir basta y poco dócil, los vínculos que les unen resultan tranquilizadores. Una pareja muy eficaz.

Amigo: con él, usted aprende a dominar sus miedos. Es perspicaz y malicioso, le subyuga con la magia de sus afilados y lúcidos discursos.

Enemigo: es demasiado agresivo, chanchullero e individualista. Debe reconocer que su capacidad de maniobra le da un poco de miedo.

QUÉ DICE SU ASCENDENTE

Cáncer ascendente Cáncer

El sol se elevaba en el horizonte del lugar en que nació el día en que usted vio la luz: por ello, es Cáncer por partida doble, es decir, por su signo solar y por su signo ascendente.

Esta fórmula le proporciona una conciencia atenta a sus propias limitaciones, así como la necesidad de organizar el conjunto de sus tendencias con el objetivo de conseguir que ganen en eficacia.

Nunca se entrega a lo primero que ve: en primer lugar, porque su mundo es lo bastante rico y amplio como para bastarle (aunque, a base de comunicarse demasiado consigo mismo, a veces puede acabar siendo demasiado complaciente con sus emociones íntimas) y, en segundo lugar, porque está obsesionado con dispersarse y teme entregarse y contaminar de este modo sus jardines secretos.

Madura largo y tendido sus proyectos, que son muchos, y a menudo oscila entre una prudencia paciente y una actitud expectante llena de crispación. Ya sea en el amor, en los negocios o en cualquier otro ámbito, nunca se compromete a la ligera, sino que se organiza para poder responder ante cualquier sorpresa, azar o imprevisto.

Una de sus aflicciones radicará en el hecho de que sus aspiraciones son tantas que nunca podrá realizarlas todas, lo que provocará una sensación persistente de insaciabilidad, incluso a pesar de haber conseguido éxitos.

Cáncer ascendente Leo

Sin lugar a dudas, es usted una persona tenaz, obstinada, persistente y constructiva. Su fórmula casa de forma satisfactoria la prudencia con la audacia, el escepticismo con la confianza en uno mismo y el sentido de la limitación con el espíritu conquistador.

Cáncer y Leo ocupan posiciones contiguas en el Zodiaco, expresan una continuidad real; de esta forma, la vigilancia con la que defiende su experiencia y protege su territorio no le impedirá en absoluto abstraerse de los mismos, cuando proceda, para ampliar su margen de maniobra: protegida la retaguardia no temerá nada y se creerá invencible. En el mejor de los casos, este afán por vencer su timidez y pulverizar sus limitaciones le capacitará para realizar auténticas proezas, que ni usted mismo se creerá y que darán escalofríos con la perspectiva del futuro... La victoria generará modestia: estaba tan poco seguro al comenzar que tendrá la sensación de ser el responsable de la misma tan sólo de un modo parcial.

Este dúo zodiacal también tiene puntos débiles: puede ocurrir, por ejemplo, que eche a perder los frutos de esfuerzos penosos y pacientes tomando iniciativas atrevidas y espectaculares, y también que, para vencer su timidez, acabe imponiéndose desafíos heroicos e imprudentes. A base de querer superarse demasiado, podría exceder sus límites y perder su autocontrol.

Cáncer ascendente Virgo

Su fórmula conjuga la inhibición protectora del verano en dos modalidades diferentes pero complementarias, al tiempo que acentúa los puntos débiles y las debilidades correspondientes. En definitiva, cuenta con sistemas de autodefensa en alerta y es una persona tenaz, resistente, constructiva y eficaz en sus buenas épocas.

Con el paso de los años, tras muchas vacilaciones e interrogantes, seguramente ha terminado por renunciar de forma sabia a lo imposible, así como por organizarse de tal manera que nunca carezca de nada, que pueda autogestionarse a la perfección y ser autosuficiente. En este proceso, ha perdido en naturalidad, generosidad y plasticidad todo lo que ha ganado de raciocinio, temperamento y método.

No es usted muy sociable, y siempre se lo pensará dos veces antes de vincularse a personas diferentes de usted: a pesar de su necesidad de sentir que pertenece a una comunidad muy compacta, es demasiado consciente de las incompatibilidades naturales entre personas. En las malas épocas, podría sentirse tentado a cerrarse demasiado en sí mismo, rechazando todo atisbo de renovación e incluso desarrollando cierta alergia hacia cualquier elemento ajeno a su universo. Procure que el escrupuloso mantenimiento de su autenticidad no acabe degenerando en una intolerancia sistemática.

Cáncer ascendente Libra

En apariencia no existen demasiados puntos en común entre Cáncer, más bien intimista, y Libra, muy extrovertido; por ello, su personalidad zodiacal abundará en tensiones y contradicciones.

En su interior se mezclan el respeto de las tradiciones y el gusto por la novedad, una desconfianza tímida y una sociabilidad desatada, una ensoñación nostálgica y el afán de estar siempre a la última. En el mejor de los casos, será capaz, bajo su aspecto tosco y en ocasiones desconfiado, de tender la mano a aquellos que le rodean y de dialogar de forma comprensiva con ellos; su prudencia natural le permite gestionar numerosos compromisos sin caer en ningún momento en la cesión. En estos casos, su sutil capacidad de análisis y sus comparaciones oportunas le ayudarán a despojar su amplia sensibilidad de toda subjetividad. Los demás pueden reprocharle con frecuencia que posee un carácter demasiado irritable: a pesar de su buena voluntad y de la calidez de su comunicación, siempre teme verse excesivamente atrapado por sus relaciones sociales. Es entonces cuando reacciona con una actitud de inquieta huida, mientras que los demás le creían de confianza y disponible. En cualquier caso, la verdad es que no resulta nada fácil conseguir un buen resultado al mezclar el enfado con la transigencia.

Cáncer ascendente Escorpión

Su signo solar y su ascendente se respaldan mutuamente: por poco que sus dominantes planetarios (véanse las respuestas de los cuestionarios) sean coherentes con esta armonía zodiacal, será usted una persona secreta, extraña y enigmática, y defenderá con celo la originalidad de su universo interior, así como los intereses de su comunidad.

Su naturaleza soñadora y sentimental se ve compensada por un agudo sentido crítico y una inteligencia perspicaz. Sin lugar a dudas, uno de sus principales puntos fuertes radica en la capacidad de construir una fortaleza infranqueable, perforada con troneras por las que dispara picas y flechas contra todo aquello que le perturba o inquieta en la evolución del mundo contemporáneo: quiere seguir siendo como es a toda costa y se niega con obstinación a dejarse dominar.

Lleva a cabo sus proyectos con tanta aceleración como tenacidad, sin perder tiempo, y utiliza con astucia su imagen de hombre bueno y sereno para abrirse un camino seguro en medio de la jungla de la sociedad. No obstante, estas cualidades también conllevan defectos: la tolerancia y la apertura de miras no son su fuerte. En el peor de los casos, esta fórmula podría convertirle en una persona muy sectaria.

Cáncer ascendente Sagitario

De acuerdo con esta combinación zodiacal, debe usted tener fama de ser una persona compleja, paradójica y desconcertante: en efecto, esta fórmula aúna dos signos diametralmente opuestos. En el mejor de los casos, cooperarán de forma mágica; en el peor, sus tendencias tirarán en direcciones opuestas, dividiéndole en dos.

Al ser Cáncer, genera usted su fuerza a partir de los vínculos y las raíces, de los recuerdos: solamente aspira a una vida pacífica al tiempo que constructiva. Por el contrario, como Sagitario, sueña con grandes espacios y se ve obligado a renovar permanentemente los vínculos que le unen al mundo: es como si una aldea rural quisiese convertirse en la ONU. Por ello, es probable que se generen tensiones entre el sedentarismo y el nomadismo, la cerrazón interior y el afán por crear amplias asociaciones, la prudencia temerosa y la aventura desbocada.

No obstante, los dos polos de su personalidad pueden aspirar a un equilibrio: en este caso, estará más dotado que otros para tender puentes reales y eficaces entre las personas, ideas y perspectivas más dispares, ya que siempre tendrá el acierto de evitar las síntesis imposibles. En cualquier caso, procure no abandonarse a sus grandes elevaciones e ideales universalistas, ya que de lo contrario desintegraría el núcleo de su cosmos interior, el caparazón de su intimidad, convirtiéndose en una persona extremadamente frágil.

Cáncer ascendente Capricornio

Estos dos signos, diametralmente opuestos en el Zodiaco, tienen en común una intensa potencia de negación; sin embargo, la sensibilidad de Cáncer no siempre casa bien con la impasibilidad de Capricornio.

Secreto y poco comunicativo, se encierra usted de buena gana en la torre de marfil de su mundo interior. Se esfuerza por controlar su imaginación, muy enérgica, mediante un raciocinio austero y frío, así como por cribar constantemente sus primeras impresiones para ser más lúcido, distante y objetivo. Conseguir su aprobación no es nada fácil. Para usted, el silencio es un tesoro, y la charlatanería, una baratija. En este caso, no podrá aplicarse el refrán «Quien calla otorga».

Su fórmula también puede llevarle a convertir su familia, clan o grupo en un absoluto que se verá obligado a proteger contra cualquier ataque del tiempo, degradación o intrusión externa, transformando su necesidad de seguridad en una ascesis rigurosa que le convertiría en una persona insensible e impermeable a todo lo que no constituyese su realidad interior. Se trata de cualidades nada desdeñables, aunque tampoco debemos olvidar las carencias: una tendencia a utilizar los instrumentos de la lógica y la razón para justificar su cerrazón sectaria, así como a emplear la coraza del cinismo para ocultar una vulnerabilidad llena de ansiedad.

Cáncer ascendente Acuario

Se trata de universos diametralmente opuestos, y la transición entre ambos puede plantear más de un problema. Sin embargo, es algo con lo que tendrá que vivir, ya que el azar y el determinismo de su nacimiento le han propuesto esta fórmula realmente compleja...

Podría incluso decirse que en su interior habitan dos personas: una no duda en encerrarse en una intimidad nostálgica, lanzando grandes suspiros ante el recuerdo de los viejos tiempos, y la otra, por su parte, dirige su mirada hacia el futuro, hacia los mañanas posibles y las promesas venideras: ¿cómo ser un observador impasible mientras se sueña con revoluciones?

Si la evolución entre su signo solar y su ascendente es satisfactoria, sabrá hacer progresar de forma intrépida los ideales y las costumbres de su comunidad sin romper sistemáticamente con el pasado, así como emprender proyectos arriesgados por su anticipación con respecto al momento presente sin arriesgarlo todo. En un escenario menos conseguido, acabará oscilando entre la inercia y la agitación inútil. O bien el deseo de vivir una existencia original y libre colisionará con su necesidad de seguridad y tranquilidad: procure que los accesos de frenesí no pongan patas arriba su universo familiar, ni sacrifique los frutos de su tenaz esfuerzo por culpa de ingenuas esperanzas.

Cáncer ascendente Piscis

Supuestamente, esta fórmula estimula más la imaginación y el sueño que la razón y el rigor. No obstante, todo depende de las respuestas de sus test... Si nos ceñimos a su personalidad zodiacal, podría describírsele como una persona sensible e impresionable, de difícil acceso, aunque no por ello totalmente cerrada u hostil. Sencillamente, experimenta estados anímicos de gran riqueza y diversidad: muy a menudo, se bastará a sí mismo. Con Piscis, el pequeño mundo hermético de Cáncer se convierte en un universo infinito, en un océano psíquico cuyas olas rompen con suavidad y discreción en las costas de la realidad: como quien no quiere la cosa, a pesar de su aspecto de no haber roto un plato, será de los que saben transformar sus aspiraciones en realidad sin presionarse por ello. En general, le preocupa poco lo que los demás puedan pensar de usted: se limita a continuar por su humilde camino de bondad, aparentemente rutinario, siempre tenaz bajo su aspecto perezoso. Consigue escapar a los demás y al mundo a través de una huida difusa o de una actitud indiferente.

La otra cara de la moneda: desemboca con facilidad en la apatía, le cuesta afirmarse, luchar, comunicarse y tomar decisiones cuando está solo, sin respaldos y sin una gran causa que defender.

Cáncer ascendente Aries

Se trata de un carácter variable, que alternará momentos más blandos y suaves con otros punzantes y tajantes: desde luego, la diplomacia no es lo suyo, y sus cambios de humor serán muy frecuentes. Es posible que incluso se haya ganado fama de «lunático», como suele decirse.

Cáncer le incita a la defensa pasiva y Aries a la ofensiva activa. Inseguro de sus limitaciones, siempre temeroso de que su coraza tenga puntos débiles que no conoce, puede que en un principio se vea tentado a mostrarse agresivo: nunca se sabe, así que más vale prevenir que curar. Sin embargo, este comportamiento tan compulsivo a menudo pone en peligro la seguridad adquirida. Por otra parte, resulta difícil conciliar el amor a la comodidad con el afán de acción, la prudencia con la aventura. Seguramente, su caparazón estará cubierto de heridas y protuberancias.

En caso de evolucionar de forma más satisfactoria, podría ser capaz de retomar la velocidad del relámpago para abordar el quid de sus vacilaciones tras largos periodos de dilemas y prórrogas. Sin lugar a dudas, en este caso llevará a buen puerto sus proyectos: sus planes, largamente madurados y organizados, se concretarán en el momento oportuno con una extrema rapidez de ejecución. En cualquier caso, tenga cuidado de no arruinar sus inteligentes estrategias con improvisaciones descabelladas.

Cáncer ascendente Tauro

Las tendencias de estos dos signos se armonizan por naturaleza, originando una fructífera unión de prudencia y resistencia. No malgasta su energía y sus reservas a la ligera, sino que más bien tiende a ser ahorrativo, acumulador y posesivo, aunque no necesariamente por egoísmo, sino sobre todo para protegerse de eventuales cambios de circunstancias.

Su poética imaginación viene acompañada de un sentido común sólido. La tenacidad, perseverancia y capacidad de trabajo le convierten en una persona constructiva, realista y realizadora. En ocasiones, su inercia puede resultar pesada: para usted la novedad no tiene ningún atractivo. Entonces, ¿es una persona serena, acomodada y tranquila? Según cómo se mire... Seguramente, sus adversarios habrán aprendido a desconfiar de la inquebrantable bondad de espíritu que le caracteriza. No es recomendable atacar aquello que más estima: hará gala de reacciones brutales, pasionales e imprevisibles.

Rodeado de aquellos a los que ama y estima, usted será una compañía agradable, a veces incluso de forma excesiva, mientras no se abuse de su paciencia; las personas atolondradas, charlatanas o banales tendrán dificultades para acceder a dicho entorno. Cuando se abuse de su paciencia, se desencadenarán tormentosos accesos de ira largamente contenidos. Sus puntos débiles son la carencia de imaginación y la tendencia a sermonear de forma machacona hasta destrozar los nervios de las personas que le rodean.

Cáncer ascendente Géminis

Cáncer le incita a aislarse de su entorno para proteger su universo íntimo, explorar el laberinto de sus sentimientos y cribar sus numerosas impresiones y emociones, mientras que su lado Géminis tendrá, por el contrario, apetito de novedades y estará abierto a todas las posibilidades del mundo exterior, mostrando curiosidad por conocerlas, sentirlas y experimentarlas. Así pues, su fórmula le obligará a pasar de la energía centrípeta a la centrífuga, de la acumulación a la dispersión.

Y esto no es nada fácil... Si consigue realizar esta transición satisfactoriamente, es probable que se beneficie de un espíritu de síntesis amplio, que le impulse a comprenderlo y aprehenderlo todo para sacar el máximo provecho para su comunidad, clan o familia; en este caso, las fronteras que ha trazado entre usted y el mundo contarán con multitud de acogedoras aperturas. Así pues, será una persona algo bohemia, en ocasiones mucho. Tal como ve las cosas, las ideas y personas más extrañas tendrán derecho de ciudadanía en su interior, aunque a veces su apertura de miras termine provocándole un notable temor.

Un consejo: no ponga en peligro su intimidad divulgando de forma exagerada sus secretos, invitando con demasiada frecuencia a personas carentes de tacto que pisotearán su terreno, dispersando sin reflexión los tesoros que con tanta paciencia ha acumulado.

QUÉ DICEN SUS TEST

Cáncer R extensivo

Cáncer es un signo introvertido: sus dominantes planetarios, por contra, tienden a favorecer los comportamientos de extroversión. No hace falta decir que su personalidad abunda en contrastes, paradojas y ambigüedades.

En este caso se imponen la emotividad, la afectividad y la impresionabilidad. Sin duda, con el tiempo ha desarrollado un espíritu crítico, una actitud irónica y cierta distancia para protegerse de los excesos de su sensibilidad: en usted, el humor y la desenvoltura constituyen un medio de defensa contra los hechizos de su imaginación y los excesos de su ingenuidad. Tiene un corazón grande y jovial; por ello, debe agudizar permanentemente una actitud de lucidez desconfiada para evitar creer en las fábulas, los cuentos de hadas y las coloridas e inverosímiles quimeras que recorren los frondosos meandros del mismo.

Sus aspiraciones y deseos son complejos y contradictorios. Por una parte, le gustaría ver la vida de color de rosa, estar rodeado por sus seres queridos en un decorado agradable, un hogar cómodo y tranquilizador; sin embargo, por otra parte, no puede evitar dudar de sus sueños, demasiado bonitos para convertirse en realidad algún día. Se ve acosado por dilemas de gran profundidad, por el abismo entre lo posible y lo imposible, lo real y lo ilusorio. Estos dilemas agudizarán su sensibilidad introvertida, depurarán sus introspecciones al tiempo que le alejarán, más que a otras personas, del mundo de la realidad tangible.

En cualquier caso, no se le puede reducir a su dimensión introspectiva, ya que también es una persona muy sociable, encantadora e imaginativa. Esta no será la menor de las paradojas que le habitan: ¿cómo conciliar la necesidad de diálogo, ternura y comunicación con la timidez, el pudor y la desconfianza ante los demás? Se siente más cómodo en grupos pequeños, rodeado de personas que conoce, que saben valorarle y tranquilizarle, pero también aspira a multiplicar sus encuentros y experiencias, a escapar en busca de horizontes inexplorados... Sueño y poesía. No obstante, la aventura real es otra cosa: su necesidad de protección le hará depender demasiado de su grupo para soltar amarras fuera de su imaginación.

Todo lo anterior hace que posea un humor bastante inestable y caprichoso: ora sonriente, ora enfurruñado, conciliador o terco, confiado o en alerta continua; nunca está seguro de cómo reaccionará el siguiente instante. Su entorno permanece interrogante con respecto a sus reacciones, y usted también. Estos mismos fenómenos afectan a su voluntad y espíritu de decisión, que se muestran más bien fluctuantes: se siente tentado por todas las direcciones. Si esta actitud le causa verdaderos problemas, debería tratar de aumentar sus puntuaciones de los cuestionarios «r» y «E».

Cáncer r intensivo

Cáncer tiene fama de ser tranquilo, soñador, sensible y dependiente. Sin embargo, las respuestas de sus test relativizan radicalmente este estereotipo: en usted no hay nada fluctuante, veleidoso ni impresionable. Al contrario, sabe a la perfección lo que vale y lo que quiere, y está preparado para ponerse manos a la obra a fin de conseguir sus objetivos.

En principio, no debería tener problemas para conseguir el éxito: sabe imponerse con facilidad, se afirma sin complejos y no tiene demasiada prisa. Esta fórmula le confiere un sentido de la organización notable: la inquietud, como también el afán de alcanzar una victoria indiscutible, impiden que deje nada al azar; planifica de forma sistemática y, cuando ha terminado un proyecto, este aparece de forma clara, transparente y contundente: lenta pero inexorablemente, irá superando, sin dejarse desanimar por los retrasos, las diferentes adversidades que surjan, adversidades que, por otro lado, casi siempre habrá previsto de forma inteligente.

Sus principios son firmes y su moral intransigente. Se impone a sí mismo normas muy estrictas, protecciones infranqueables, limitaciones que permitan a su comunidad mantener un estatus, honor y dignidad mínimos; y tiende a imponerlos a los demás. Quizás este autoritarismo sea su punto flaco. Se exige demasiado a sí mismo y mucho a los demás, y no puede evitar sentirse responsable de los que le rodean, así como aconsejarles, guiarles y convertirse en un «padre» o «madre» ejemplar, severo pero justo.

De una susceptibilidad extrema, no soporta recibir críticas, resistencias o ataques a su imagen. Aquellos que le hayan contrariado conocerán sin duda su rencorosa memoria: nunca olvida nada, y menos las afrentas en público. Por otra parte, le cuesta comprender que alguien pueda no estar de acuerdo con usted, sus ideas, sentimientos o ambiciones. En su opinión, nunca se equivoca al discernir lo justo de lo injusto y lo normal de lo anormal. De esta forma, le cuesta en gran medida reconocer que se ha equivocado, así como matizar sus opiniones de forma clara.

Sin lugar a dudas, es usted idealista, por no decir perfeccionista. Apunta alto, aspira a convertirse en un modelo intachable para los demás. Sin embargo, en caso de que sus puntuaciones en los test «R», «e» y «t» sean demasiado bajas, corre el riesgo de identificarse por completo con esta imagen de sí mismo y perder todo atisbo de disponibilidad y espontaneidad.

Cáncer E extensivo

Si domina esta fórmula, no tiene más remedio que realizar sus sueños. Desde su punto de vista, resulta imposible permanecer con una pasividad impasible esperando a que le sonría la fortuna sin levantar un dedo.

Activo, realista y emprendedor, no duda en arremangarse la camisa para ponerse manos a la obra. En ocasiones, sus iniciativas parecerán valientes y arriesgadas, aunque en realidad no sean así. En efecto, usted se organiza lentamente, con sabiduría y pragmatismo, tantea con cuidado el terreno antes de pisarlo e ir avanzando peones, y nunca se olvida de contar con reservas «para casos de emergencia», así como con salidas de socorro y protecciones sólidas de la retaguardia.

Es realista y sabe explotar a fondo hasta la más mínima posibilidad que ofrezca el contexto en que se encuentra; es previsor y sabe darse prisa sin agitarse. Prefiere aumentar poco a poco su ámbito de influencia e ir extendiendo de forma inapreciable su campo de acción, calculando bien los golpes y esquivándolos en la medida de lo posible. Uno de sus puntos fuertes radica, entre otras cosas, en que siempre cuenta con varios planes metódicamente elaborados e intercambiables entre sí: nunca lo arriesga todo a una carta. Es difícil cogerle desprevenido y sorprenderle.

¿En qué queda la sensibilidad de Cáncer en este contexto combativo, resistente y capaz ante la adversidad? De hecho, no resulta fácil comprender lo que ocurre en su interior. No es de los que comparte sus estados de ánimo con el entorno. Aunque en ocasiones se autoanalice y se sumerja en su interior para conocer los mecanismos secretos de su comportamiento, lo cierto es que se siente mucho más cómodo en la demostración mediante acciones. En cualquier caso, es probable que no tenga demasiados amigos en el sentido habitual del término: más bien se tratará de compañeros con los que comparte momentos intensos, tanto en la victoria como en la adversidad, personas poco habladoras que pueden contar con usted en caso de recibir un golpe duro, y sobre las que usted se podrá apoyar eventualmente cuando sienta la necesidad específica de hacerlo. Los fantasiosos, las veletas y los charlatanes pueden seguir su camino.

A la larga, la experiencia ha acabado por endurecerle. A pesar de ser capaz de ayudar de forma activa a aquellos que, en su opinión, lo merecen, nunca tiene concesiones con los inconstantes, desleales y caprichosos. Entre sus cualidades se cuentan la franqueza, la tenacidad y un sentido práctico no carente de profundidad. Su mayor defecto sería la falta de imaginación y fantasía, que puede corregir obteniendo, a la larga, mejores puntuaciones en los test «R» y «T».

Cáncer e intensivo

Sus dominantes planetarios le convierten en el más Cáncer de los Cáncer: por ello, debería reconocerse con facilidad en las descripciones habituales de este signo solar.

Posee usted una emotividad poderosa: se emociona y sabe emocionar. Le resulta difícil tomar distancia con respecto a las personas y situaciones que le rodean, y reacciona «en caliente», con el corazón y las vísceras, pasando sin transición de la ternura a la violencia, de la rebelión a la compasión. No cree en las teorías: tal como lo ve, tan sólo se puede conocer de verdad aquello que se ha vivido, sentido, probado o experimentado en el propio cuerpo.

Por todo ello, no destacará por la objetividad y la lucidez: a menudo, da muestras de comportamientos ilógicos, aberrantes e incluso absurdos. En el fondo, esto no le molesta: ante todo, se trata de ser espontáneo, natural y auténtico en las relaciones con los demás y el mundo. Hace falta poco para que esta subjetividad innata le lleve a adoptar las ideas y sentimientos más irracionales; de esta forma, posee acceso a lo extraño, lo mágico y lo maravilloso, y no siempre distingue con claridad entre sus novelescos sueños y la cruda realidad, tal es la intensidad con que vive sus sueños... o pesadillas.

En el fondo, piensa que el mundo se mueve por los sentimientos. Así pues, ama usted con profusión, de forma apasionada, hasta la locura, y vive el amor en todas sus dimensiones: desde la del niño que pide que se le ame, se le mime y proteja, hasta la del buen samaritano, que no duda en compartir su pan, pasando también, de forma eventual, por la del místico que se estremece con el amor divino, cósmico y universal. A pesar de sus comportamientos ciclotímicos y de su humor inestable, sabe hacerse querer por su amabilidad, simplicidad y franqueza desconcertantes; sin embargo, dado que la objetividad no es su fuerte, como ya se ha dicho, a menudo será engañado por personas cínicas, dominadoras y manipuladoras.

Su necesidad de seguridad afectiva es inmensa y puede convertirle en una persona inquieta, así como instalarle en la ansiedad y la alerta permanente: teme constantemente que se le robe el afecto ajeno, ser abandonado o, sencillamente, dejado un poco de lado. Esta necesidad también puede hacerle muy agresivo y rencoroso cuando se sienta traicionado, a pesar de toda su ternura y generosidad habituales: si bien la búsqueda de una comunión auténtica le induce a realizar los sacrificios más desinteresados o masoquistas, los celos podrían encadenarle al egoísmo.

Cáncer T extensivo

Seguramente no se identificará demasiado con los retratos habituales de su signo solar, y razón no le falta: sus respuestas a los test ponen de manifiesto unos dominantes planetarios que prácticamente contradicen las tendencias de Cáncer.

Inconformista decidido, totalmente independiente y progresista, es probable que, desde una edad muy temprana, se haya desmarcado de toda autoridad, así como de los usos y costumbres de su entorno de origen, para seguir su propio camino. Quizá sienta algo de nostalgia por la infancia, aunque en realidad es poco probable, a menos que sus sueños juveniles inspiren una visión demasiado quimérica y extraordinaria de su destino en relación con lo que ha hecho.

Aunque es previsor, como todo Cáncer digno de este nombre, lo cierto es que nunca dudará en desbaratar en el último momento sus planes mejor organizados para seguir de forma brutal la dirección que le indica su intuición. Sin lugar a dudas, es una persona imaginativa, con una imaginación ferviente, sustitutiva de la razón, una imaginación visionaria que le hace presentir, mucho antes que los demás, el posible desarrollo de los acontecimientos. También es tenaz, incluso hasta el extremo: tomada la decisión de realizar uno de sus sueños locos, nada podrá detenerle, desde luego no lo harán las contrariedades materiales. Su fe es capaz de mover montañas, y sabe descubrir mejor que nadie las protecciones ocultas en lugares privilegiados, que se convertirán en aval de sus insurrecciones, locuras y proyectos en ocasiones insensatos. En cualquier caso, debe tener cuidado con la otra cara de la moneda: en ocasiones apuntará demasiado alto y subestimará sus propios límites, que las circunstancias le recordarán de forma oportuna en caso necesario.

Los consejos de moderación no le causarán demasiado efecto. En el extremo, le gustará ponerse en situaciones delicadas, sentir un poco de miedo, sólo para demostrarse a sí mismo que es capaz de trascender sus dudas y ansiedades originales. Así pues, es posible que acabe alcanzando sus metas, convirtiéndose en una autoridad reconocida en su ámbito original; en este caso, no dudará en volver a su naturaleza Cáncer desempeñando el rol de guía infalible, de patriarca inspirado y moralista distinguido e incomparable, aunque, eso sí, algo autoritario y sermoneador. Hará un mejor uso de sus logros, que son muchos, invirtiéndolos en mejorar los resultados de los cuestionarios «R» y «E», adquiriendo así una mayor flexibilidad y sentido práctico.

Cáncer t intensivo

Sus dominantes planetarios no poseen prácticamente ningún punto en común con las conductas que suelen atribuirse a su signo solar. Cuando los Zodiacos demasiado estrictos tratan de convencerle de que es usted un soñador ingenuo, tierno y sentimental, seguramente soltará una carcajada sarcástica y contestará con réplicas de sentido común, salpicadas con la ironía más mordaz y corrosiva, o bien se encogerá de hombros con fatalismo, diciéndose que, definitivamente, nunca podrá entender cómo se puede reducir a una persona a una imagen única, sea acertada o errónea.

En efecto, usted es la oveja negra de la familia Cáncer; en el extremo, podría ocurrir que reaccionase contra todos los valores habitualmente atribuidos a este signo: conservadurismo, espíritu comunitario, deseo de certidumbres tranquilizadoras, respeto de los ancestros y las tradiciones..., a pesar de cultivar, en cualquier caso, las espinas de cactus que tanto necesita para protegerse de las presencias indeseables, así como de las ideas recibidas y los comportamientos hipócritas.

La inquietud sirve de fermento para su espíritu crítico, le incita a no considerar nada seguro, evidente o definitivo. Duda de todo: de sí mismo, de los demás y del mundo en su conjunto, actitud que a menudo le convierte en una persona secretamente frágil y vulnerable, y que, además, le margina. De naturaleza poco sociable, no tiene parangón a la hora de desmontar el mecanismo subyacente a las situaciones y comportamientos y mostrar el otro lado de la moneda: chanchullos poco gloriosos, intereses inconfesables y prejuicios incomunicables bajo pena de escándalo. En definitiva, es usted un meticuloso analista de los rincones oscuros del alma humana, y ello comenzando por la suya, ya que la introspección constituye uno de sus pasatiempos favoritos.

Su espíritu investigador se ve reforzado por la tenacidad que le caracteriza: una vez ha decidido que va a resolver un enigma, es imposible conseguir que abandone. No obstante, corre el riesgo de encontrarse en callejones sin salida, prisionero de sus muchas dudas, incapaz de arrojar luz sobre las mismas.

Desconfíe de su angustiada imaginación, así como de su lucidez pesimista, ya que podrían condenarle al vagabundeo y la impotencia, a menos que sus especulaciones metafísicas le hagan desembocar en una certidumbre renovada, que quizá ya no pertenezca a este mundo. También debería considerar la posibilidad de aumentar sus puntuaciones en los test «r» y «E»; no sería mala idea que consiguiese realizar y divulgar sus revolucionarias ideas.

EJEMPLOS

La fuerza de inhibición bloqueante hace que a los Cáncer, a cualquier nivel, les cueste dejar lo que apresan, creando a su alrededor una especie de «espíritu de la colmena», un círculo que no se debe traspasar. En el caso de JOSÉ MARÍA CUEVAS, presidente de la CEOE, el r intensivo Sol/Júpiter/Urano está muy apoyado por Sol/Júpiter/Saturno, bien configurados. Gracias a esta fórmula hace gala de coraje y prudencia, gran formación y un realismo (Saturno) a la altura de las exigencias, lo cual le ha permitido estar al frente de la CEOE durante tres mandatos. Llevada hasta el extremo, esta fórmula, al tratarse de un tema bien ensamblado, le permite continuar con éxito su cometido, pero con tal presión que los de fuera del círculo pueden buscar fórmulas para traspasarlo. La parte de negociación camaleónica que impone el cargo de Cuevas corre de parte de Mercurio/Luna con Venus como único planeta angular.

Muchos Cáncer se caracterizan por un profundo sentimiento nacionalista. Pensemos en MIREILLE MATHIEU, cantante francesa que se hizo famosa cantando a la Francia eternamente francesa, o en GEORGES BUSH y su idea de América, país con fuertes valores Cáncer. Bajo Cáncer se agrupan muchos historiadores, cronistas, bibliotecarios, depositarios de saberes arcanos, etc.

Ahora bien, no todos los Cáncer se caracterizan por el patriotismo. CLAUDE BERNARD, médico y filósofo, se dedicó a crear la medicina experimental sometiéndola a límites estrictos. Para él, «los mecanismos vitales, a pesar de la diversidad que puedan presentar, tan sólo poseen un objetivo, el de mantener constantes las condiciones de vida en el medio interno» (citado por P. Pinchon en *Cahiers conditionalistes* [Cuadernos condicionalistas], n.º 10). Racionalista militante y convencido, no por ello excluía lo desconocido y lo metafísico, lo cual constituye un buen ejemplo de espíritu sintético. Bernard traspuso los mecanismos introspectivos de Cáncer a un nivel objetivo: «El espíritu inventivo se ha replegado sobre sí mismo para analizar y determinar las condiciones generales del descubrimiento científico» (Henri Bergson).

Podríamos comparar el universo de los pitufos, los pequeños duendes azules de PEYO (Cáncer), con los galos de GOSCINNY (Leo). Mientras que los pitufos viven pacíficamente en su aldea sobreprotegida (inhibición bloqueadora), poco propensos a aventurarse al mundo exterior, que se percibe como una amenaza (velocidad de inhibición), *Astérix* y sus compañeros han convertido su poblado en una plataforma inmunizada contra toda agresión, desde la cual parten, seguros de sí mismos, a la conquista del mundo exterior (fuerza de excitación desbloqueante, véase signo siguiente). En esto radica la gran diferencia entre Cáncer y Leo.

SIMONE VEIL, política francesa, ferviente europeísta, nació bajo el signo de Cáncer, en las horas de potencia de los planetas Venus, Marte y Neptuno, el trío de la «existencia intensiva». Saturno, que también domina en su cielo, refuerza esta dominancia «existencial» (Marte/Saturno, existencia extensiva). Dicho de otro modo, Veil, Cáncer prudente, sabia, ponderada y secreta, no es prolija en palabras, al contrario que sus compañeros políticos. Incluso se declara enemiga acérrima de lo que suele denominarse «politiqueo»: para ella es más importante actuar (E) que hablar (R). Venus le aporta poder de seducción y Saturno espíritu reflexivo. En cuanto a los planetas de la «representación» (Sol, Júpiter y Urano), que normalmente dominan en los líderes políticos, se encuentran en posición de debilidad en su carta. Así pues, la astrología confirma que, en efecto, la Sra. Veil no es una política como los demás.

Con PABLO NERUDA nos encontramos ante otro tipo de Cáncer. Poco antes de que la Luna Nueva se posicionara en el signo, encontramos ¡6 planetas en este signo!: Luna/Marte/Neptuno, por una parte, y Sol/Mercurio/Venus, por otra. Durante la madurez Pablo Neruda sirvió a su patria, tiempo durante el cual su obra fue estructurándose, tal como indica Acuario. El R extensivo, que le convierte en un individuo vagabundo («Residencia en la Tierra»), de humor inestable e impredecible, se une al e intensivo (Venus/Marte Neptuno) que determina su sensibilidad hacia los problemas del mundo, su surrealismo por defecto. La magia de la combinación se transmite claramente en su libro póstumo *Confieso que he vivido.*

Con CARLOS SANTANA Tauro se levanta y Venus/Mercurio/Sol están en el signo señalando el fuerte R extensivo de este guitarrista mexicano, acentuado por Venus/Mercurio, que están antes que el Sol en la rueda zodiacal, y el trío en mal ángulo con Neptuno. Tras su primer éxito, su música derivó en un *melting pot* propio del signo: exploración e introducción del *blues*, el *jazz* y el *rock*, sin por ello perder su inconfundible sello. Por instinto, Santana sabe cómo satisfacer a su parroquia, como testimonian los millones de discos vendidos en todo el mundo. Neptuno se enlaza con Marte: un e intensivo con dominante de Venus, que se tradujo en un premio «a la humanidad en el arte» por sus condiciones personales.

Otra artista mexicana de alcance mundial nacida bajo el signo de Cáncer es FRIDA KAHLO. La Luna en Tauro estaba por llegar a la máxima culminación, mientras Leo se levantaba; el Sol flanqueado por Júpiter/Neptuno en Cáncer se oponía a Marte/Urano, sin defensa de aspectos; de ahí la temprana poliomielitis y otros accidentes, que, aun así, no demolieron el espíritu y las ganas de vivir y pintar, a veces desde la cama, de esta Cáncer. Su tema es una combinación de r intensivo, que la dota de una moral y objetivos muy precisos, y e intensivo. Marte/Neptuno/Venus se hallaba con Plutón en mala relación con Saturno, lo cual le permitió exteriorizar su emotividad y concretar su estilo, sumamente original dentro del «surrealismo» en que la ubicaron. «Yo no pinto mis sueños». Frida se casó con el gran muralista Diego Rivera, Sagitario, con quien mantuvo una relación peculiar, llena de concesiones mutuas en la vida afectiva de cada cual.

Otro Cáncer que no carece de espíritu crítico es el cineasta CLAUDE CHABROL (una de sus películas es *Pollo al vinagre*). Si bien es cierto que la Luna en Cáncer da fe de su legendaria glotonería, Saturno y Plutón (t intensivo) también están en hora de potencia: por ello, Claude Chabrol se ha especializado en la crítica despiadada y corrosiva de las comunidades corrompidas. Quizá sea un justiciero, un moralista o un reparador de perjuicios... En cualquier caso, este Cáncer procura mirar con la mayor lucidez posible lo que ocurre en los meandros de las comunidades cerradas, en el marco de una inhibición protectora. Saturno y Plutón agudizan su mirada y su cámara, sin realizar concesiones a los sospechosos más notables.

Leo

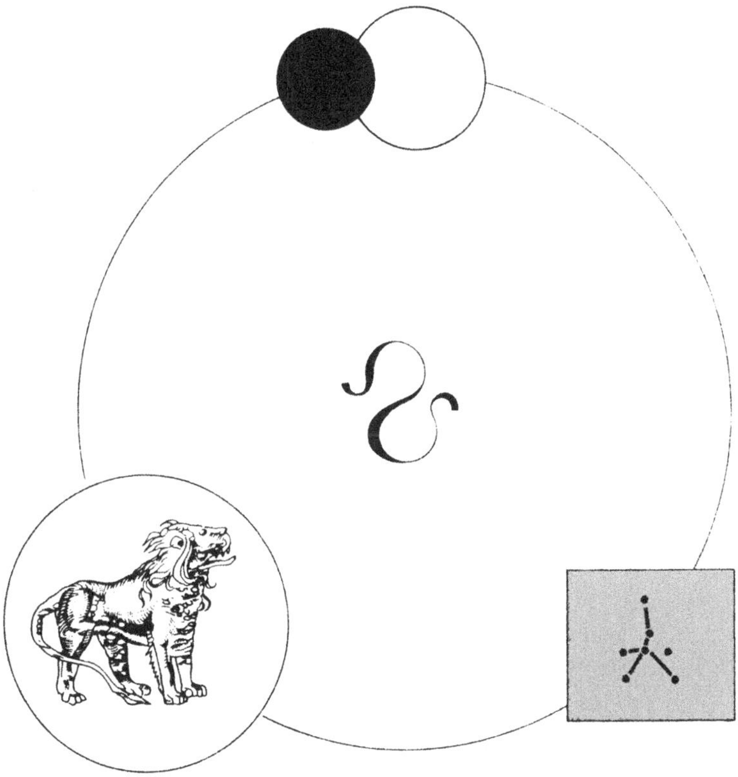

FÓRMULAS

En astrometría

Con una latitud geográfica media de 45°, cuando el Sol atraviesa este signo entre el 21 de julio y el 21 de agosto, o bien cuando un astro (sin latitud celeste) pasa de 0° a 30° de este signo.

• Su tiempo de presencia por encima del plano del horizonte pasa de 14:52 h a 13:34 h.

• Su altura máxima o culminación superior pasa de 65° 10' a 56° 29'.

• Su altura en relación con el plano de la eclíptica o declinación pasa de 20° 10' Norte a 11° 29' Norte.

• Su acimut en el orto pasa de 119° 10' a 106° 21'.

Fórmulas condicionalistas

(véase primera parte de la obra)

En relación con el modo «adaptado»:

• Fuerza de excitación (F +): la poción mágica.

• Lentitud de excitación (L +): perseverancia y consecución.

En sentido de las combinaciones.

En relación con el modo «contraadaptado»:

• Debilidad de inhibición (d –): un menhir en el charco.

• Velocidad de inhibición (v –): el león trémulo.

En fase paradójica.

CONTEXTO

De la desconfianza al desafío (signo anterior)

Tras el exceso de energía de la primavera, una fase de descubrimiento y exploración en que se improvisaba la adaptación a lo nunca visto, después, por tanto, del despliegue de todas las posibilidades, viene Cáncer y la necesidad de tomar decisiones y limitarse para alcanzar el dominio de uno mismo y del universo personal, así como de circunscribir un espacio donde vivir con plenitud y ser autosuficiente. De esta forma, no puede hablarse de la dinámica de Cáncer sin hablar de fronteras, límites, esfera, huevo, clan, hábitos, celo, tutela y protección, nociones que provocan reacciones vigorosas en Leo.

En efecto, si en el caso de Cáncer se trataba de una autarquía que se negaba a depender en nada de cualquier cosa que estuviese fuera de su mundo, Leo deja de aceptar la fatalidad impuesta por cualquier tipo de limitación. Posee una dinámica de superación que no da cabida a ninguna sujeción. Las fronteras le frenarán tanto como los árboles del bosque frenan el fuego de un incendio: sencillamente, las devorará. Y si no, pregunte a Napoleón I. Los obstáculos y dificultades, en vez de abatirle, le sobreexcitarán: el viento que sopla sobre llamas demasiado frágiles atiza incendios. Ha pasado la hora de la desconfianza y ha llegado la del desafío.

Cáncer evocaba la firme permanencia de un mundo estructurado en torno a ritos y costumbres; definía pertenencias y poseía una continuidad a la que aferrarse. Leo, por su parte, constituye la afirmación de una individualidad que se desencadena y, en ocasiones, se desboca. Usted se siente ahogado en el mullido caparazón en que otros desean descansar, y denuncia la pereza inherente a los hábitos y automatismos vitales para erigirse como un subversor de jerarquías. Son muchos los ejemplos de Leo que han destacado en una dinámica de liberación. Por citar algunos, tenemos a Castro, Bolívar, Garibaldi y... *Astérix*. Para usted no hay dependencia aceptable, sino que domina un imperativo de autonomía. En esto, es usted precursor de Virgo, que ya no querrá depender en nada de los impulsos de la existencia.

Del desafío al desdén (signo posterior)

Cada signo lleva en sí el germen del que le sucede, y por tanto lo prepara. Sin lugar a dudas, con frecuencia los mecanismos y actitudes subtendidos por el signo de Virgo le irritarán con razón. Y, sin embargo, responden a una exigencia que no le es ajena: la dominación. La reactividad de Leo frente a los valores de Virgo es más que suficiente para demostrar que estos le interpelan y apelan. Pero hay que ver lo insoportable que son los Virgo, capaces de corregir las faltas de ortografía cuando uno les da «la obra de su vida» para que la lean. Como también resulta imposible no perder la paciencia cuando dedican tanta energía a depurar detalles insignificantes, cuando se entregan a tareas de hormiga mientras usted aspira a trabajos de gigante. Y sin embargo...

Aunque a veces le sacan de sus casillas, lo hacen subrayando ese defecto imperceptible que habría preferido no tener que ver. Es posible que, en el fondo, aspire usted al mismo perfeccionismo. Quizás incluso sepa, en su fuero interno, que, para hacerlo mejor, debería hacer menos. Y que algún día podría ser necesario dar marcha atrás, dar media vuelta sobre sí mismo y su obra, para consolidar lo ya hecho y garantizar un control real, otro tipo de eficacia, quizá más cotidiana y utilitaria, en cuyo marco se trataría menos de desafiar que de desdeñar, de pasar por alto.

LAS CUATRO DIMENSIONES DE SU PERSONALIDAD

La poción mágica F + desbloqueo

Con el transcurso del verano los días van acortándose. Por tanto, domina un proceso de concentración. Tras la dispersión desordenada de la innovación primaveral, ahora se trata de delimitar un territorio que dominar, se trata de definir el ámbito de acción para alcanzar un control perfecto. Al igual que en los demás signos situados en centro de estación, en Leo este proceso se encuentra concentrado. Así pues, podemos hablar de «concentración de concentración», una fórmula que trae a la mente un poder de decisión inquebrantable, pero también la fuerza de la idea clara y transparente, del proyecto bien definido y sólidamente anclado.

En el fondo, Cáncer y Virgo, los dos signos que enmarcan el suyo, tan sólo aspiran a la fuerza del que sabe resignarse a lo que es en cuanto a temperamento, origen y pertenencia. Usted, por el contrario, no se resigna a lo que es, sino que lo reivindica. No vive su naturaleza propia como una limitación, sino como un discurso posible que hay que atreverse a lanzar. Es necesario afirmar sin restricciones, hasta el desafío, aquello que uno sabe que es o de lo que sabe que es capaz. La conciencia de sí mismo es inexpugnable. Al igual que la aldea de *Astérix*, dicha conciencia se convierte por sí misma y por su propia fuerza en orgullo y provocación, así como en la insolencia del que se niega a doblegarse y ceder. Se trata de una plaza fuerte, capaz de trastornar incluso el sueño del mismo César, ya que, con su poción mágica, estos galos irreductibles muestran incluso la impertinencia de recorrer de forma impune el vasto mundo.

En usted no queda ni rastro de la necesidad anacrónica de contar con la seguridad que proporcionan las fronteras de un territorio protector: es su conciencia individual la que aporta dicha seguridad. En este caso, la conciencia de uno mismo permite la confianza en uno mismo. Por tanto, tan sólo le queda irradiar su luz: todo el mundo se convierte en su territorio potencial. Cuando vuelve a sentirse la necesidad de protección, no hay nada que frene la afirmación de uno mismo y de la voluntad individual. Leo presenta, por tanto, una dinámica de despliegue.

Como consecuencia, no se conformará con la fuerza derivada del control de un ámbito limitado. Al proceder de una interiorización del concepto de «territorio», su fuerza es de carácter interno. Su territorio no es otra cosa que su persona: un yo poseedor de una convicción íntima inalienable, un yo contra cuya voluntad nadie puede nada, un yo compacto, definitivo y perentorio. Usted se siente intrínsecamente inatacable porque su conciencia de sí mismo está vinculada al cuerpo y al alma. No puede verse alterada por las circunstancias externas. Esta es su poción mágica particular, una potencia concentrada en un pequeño frasco, casi nada, una convicción indomable de sí mismo residente en su fuero interno, inalcanzable.

Por tanto, Leo presenta una dinámica de individualización. Ya no cabe la posibilidad de permanecer en la calidez del clan, como hacía Cáncer. Su trayectoria quiere erigirse como una superación de los demás o de sí mismo. Lo trascendente se ve aplastado bajo el peso de lo numeroso, del pantano de las mayorías silenciosas y las neutralidades anónimas. Nadie podrá asumir su verdadera envergadura como persona a menos que se afirme en su autonomía individual, a menos que se convierta, por tanto, en un individuo excepcional. Por último, en todo aquello que le concierne, desearía usted que la excepción se convirtiese en norma.

Desde esta perspectiva, algunos se entregarán de buena gana a la provocación, creyéndose notables por el simple hecho de ser visibles. Otros querrán de forma imperativa hablar de tú a tú con las vacas sagradas de uno u otro ámbito. El individuo debe reivindicarse contra cualquier determinismo, cualquier restricción mutiladora o esclerosis: no cabe la posibilidad de someterse a un destino prefijado por las condiciones sociológicas, ni retirarse ante las dificultades, dejarse acorralar por situaciones sin solución o empantanarse en el camino trillado de los hábitos... Siempre parecerá capaz de dedicar un último esfuerzo para desbloquear las cosas, para superarse y hacer que sus talentos den fruto, aun a riesgo, en ocasiones, de perderlo todo.

Perseverancia y consecución (lentitud de excitación)

Así pues, es usted una persona valiente. En cualquier caso, a pesar de encontrar su medida en cierta desmesura y saber asumir riesgos y hacer que las apuestas suban, también es cierto que no desea verse sobrepasado por su propio entusiasmo. Le gusta calcular bien los atrevimientos. Si realiza una apuesta, es para ganar mucho: siempre persigue el mejor premio, el que le permita realizar un cambio definitivo. Sus pasos siempre deben avanzar y tener una orientación. Aunque a veces es posible que su vida sea aventurada, nunca será azarosa: sigue un plan y nunca pierde de vista sus objetivos.

Ya se ha hablado de la gran importancia que tiene para Leo la autonomía. Esta aspiración requiere necesariamente cierto control. En primer lugar, se trata de dominarse a uno mismo y al destino propio. Por tanto, deberá tener bien sujetas las riendas de su vida en lo personal. Nada ni nadie debe tener poder de decisión sobre aquello que le concierne. Los acontecimientos deben desarrollarse sin afectarle. Se impone el deber de conservar la sangre fría en medio de la tempestad. Este ideal de control favorece el sentido de la responsabilidad. No puede permitirse fallar, soltar la presa ni revelar sus debilidades, y debe responder en todo momento a la idea de sí mismo, es decir, ser heroico e inflexible en su voluntad. Además, a sus ojos todo es cuestión de voluntad, con independencia de las circunstancias. Querer es poder. Nada puede restringir ni limitar a aquel que quiere algo de verdad. Sin duda, esto justifica su fama de persona ambiciosa. En este caso, la idea adquiere fuerza de ley y raya en lo inamovible. El proyecto tiene la obligación de ser estimulante, y el que lo ha formulado, de ceñirse al mismo.

Así pues, desea usted ser el único amo de su destino, aun a riesgo de asumir la responsabilidad exclusiva del mismo. Poco propenso a compartir el éxito, no sabrá cómo subsanar sus fracasos. A decir verdad, incluso cuando se muestra confiado es incapaz de fiarse de nadie ni nada. Y, para no depender en absoluto de las circunstancias o las personas consideradas poco fiables, le gusta concentrar todo el poder en sus manos en relación con todo lo que realmente le importa. Las cargas y lentitudes de la vida comunitaria le resultan insoportables. En ella, uno se queda estancado en la fase de negociación, y la potencia de impacto de las decisiones instantáneas resulta imposible. La valentía es una cuestión individual.

El medio más seguro para no depender en absoluto de las circunstancias externas es controlarlas. De esta forma, podría ocurrir que los demás acabasen considerándole una persona dominante. Su punto de vista, a pesar de ser subjetivo, debe imponerse a todo y todos. No cabe discutir sus opiniones. Su método es el más eficaz y, a veces, también el único válido. Le cuesta aceptar que las cosas no vayan de acuerdo con la idea que se había hecho. Esto generará ciertos accesos de nerviosismo improcedente que contrastarán con la tranquilidad conseguida en circunstancias excepcionales. Además, su afán de control favorece el sentido de la organización. Y, si bien carece de flexibilidad, cuenta con la fuerza de una constancia formidable en sus puntos de vista y objetivos. Cuando el león muerde, es para no dar marcha atrás. Y sus fauces son de acero... Es usted tan exigente consigo mismo como con los demás. Es de aquellos con los que se puede contar cuando ha decidido ponerse manos a la obra.

Un menhir en el charco (falta de inhibición diferencial)

Así pues, de acuerdo con su esfera celeste, se ve usted obligado a responder a una doble exigencia: por una parte, liberarse de los enclaves y trabas que puedan limitarle en la expresión de sí mismo y, por otra, dominarse y, sobre todo, dominar su trayectoria. En cualquier caso, se trata de ceñirse a lo que uno desea, con un afán permanente de eficacia. En un caso extremo, podría acabar pensado que no hay ningún problema sin solución ni situación sin salida posible. Basta con querer salir y reaccionar.

En lo que concierne a las reacciones, se puede confiar en usted. En las situaciones más penosas, no es de los que se arman de paciencia a la espera de que el azar traiga consigo un desenlace feliz.

En vez de dejar que las cosas sigan su curso a la espera de una mejora fortuita, prefiere coger el toro por los cuernos, de forma muy enérgica; en ocasiones, demasiado. Sin lugar a dudas, *Obélix* es un hijo digno de su leonino padre, René Goscinny, cuando grita a los cuatro vientos: «¡Ataquemos, por Tutatis!». Usted sabe forzar la solución, aunque a veces esta carezca de delicadeza y plantee más problemas de los que resuelve. Abreviando análisis inútilmente complejos, sus diagnósticos son bruscos y sus medicinas más bien aplastantes. Teniendo esto en cuenta, a veces el remedio será peor que la enfermedad.

Sin lugar a dudas, ese es el precio de la eficacia. A priori, usted no está demasiado dispuesto a perderse en las sutilezas que considera que no tienen ninguna repercusión real en la situación. Por el contrario, sus análisis se abren camino a golpe de sable, cortando lo máximo posible en las molestas complejidades. En ocasiones, sus conclusiones adolecen de la arbitrariedad de un reduccionismo brutal. Prefiere cortar por lo sano que desanudar. Desde luego, *Obélix* tiene una forma muy personal de abrir las puertas de las prisiones, pero, al fin y al cabo, lo importante es salir.

Heridos por su falta de matices, algunos calificarán su enorme aplomo de desvergüenza, indelicadeza o desfachatez. Es cierto que, en ocasiones, su exigencia de eficacia requiere juicios reduccionistas, actitudes perentorias y decisiones contundentes. En sus estallidos, lo superlativo arrasa las discriminaciones sutiles. No se preocupa por las distinciones meticulosas. Le gusta lo teatral, lo espectacular, aun a riesgo de abusar de los efectos más exagerados. El resultado no será siempre de muy buen gusto. A base de propinar consejos y opiniones a interlocutores que, sin lugar a dudas, no buscaban eso, acabará tropezando e incluso colisionando, a pesar de poseer las mejores intenciones. Cuando agita, agita de verdad. Sus consejos parecen consignas, y sus sentimientos, sentencias. Algunos percibirán en esta actitud las cualidades propias de la franqueza de una persona íntegra. En efecto, es usted de una pieza, al igual que los monumentos monolíticos galos. Y es posible que, en algunas ocasiones, experimente algo de placer al lanzar el menhir en el charco, aunque tan sólo sea para sacudir el cenagal de las costumbres.

Por otra parte, la fe y la pasión promueven necesariamente los excesos. Debido a su seguridad en sí mismo, es usted una persona impaciente. Todo análisis suplementario constituye una pérdida de tiempo. Si es necesario que las cosas se muevan, optará por trastornarlas. Además, le gustan las verdades evidentes y los principios sólidos; en su opinión, son más que suficientes para superar todos los obstáculos. Sin lugar a dudas, esta es una de las características más importantes de su personalidad. Está usted demasiado preocupado por sí mismo, su individualidad, su voluntad y sus proyectos como para interesarse realmente por las especificidades de cada persona y la singularidad de las situaciones. Se cree poseedor de una llave capaz de abrir todas las puertas; y, en ocasiones, las cerraduras se resienten de ello. Es usted una persona de ideas fijas a las que se niega a renunciar. Se estructura en función de las mismas y, como es evidente, todo lo que gana en solidez y constancia lo pierde en flexibilidad. En cualquier caso, tiene su dignidad: no desea ni rebajarse a fingir o engañar ni meterse en tejemanejes tortuosos. Dando un paso más en esta dirección, acabará por negarse a ceder ante las hipócritas exquisiteces de la vida social. Aunque podrá tachársele de arribista, ya que, en efecto, tiene prisa por llegar, nunca se le podrá acusar de oportunismo.

El león trémulo (velocidad de inhibición)

Quizás, en el fondo, debido a su valentía y lealtad, a su ardor y sus ambiciones, no se encuentre tan cómodo como cree en los recovecos de las cortesías convencionales que adornan el recorrido de la batalla socioprofesional. En medio del rebaño, el león no sabrá balar al unísono con todo el conjunto; carece de la humildad necesaria, de la capacidad de adaptación que permite mantener una posición uniforme en cualquier contexto. Así pues, su figura destacará. Aunque podrá vanagloriarse de no pasar desapercibido, a veces las apreciaciones de que será objeto podrán generar cierta inquietud en su persona.

En realidad, se siente ajeno a las convenciones tácitas que rigen muchas de las relaciones sociales, de forma que, a pesar de su eventual éxito en uno u otro ámbito, no podrá deshacerse de su inquietud. En esencia, no se siente integrado en el medio en que evoluciona, un medio donde se juega un juego cuyas reglas no alcanza a comprender ni respetar. Por tanto, sentirá la necesidad de que le confirmen permanentemente que se tiene una percepción positiva de su persona.

En efecto, en vez de sentirse apreciado, aceptado o querido, tiene usted la impresión de haberse impuesto por la fuerza, a través de un golpe de estado. Como consecuencia, nada de lo que ha ganado es definitivo y se ve obligado a prestar una vigilancia permanente. La relación de fuerza siempre está ahí. Debe superar las mismas pruebas una y otra vez. En los momentos de cansancio o vacilación, se verá agitado por una inquietud constante y una susceptibilidad enfermiza. El más mínimo detalle puede despertar la voz de alarma, cualquier nadería puede hacer que se sienta amenazado, que sospeche la existencia de la maldad, el complot o bien la hostilidad. Percibirá la negligencia más insignificante como una traición, y la reserva más anecdótica como una crítica radical, una condena, una desaprobación o un rechazo. Se sentirá totalmente incomprendido, menospreciado y envidiado.

En estos periodos no tendrá tregua. Siempre alerta, reaccionará a la defensiva ante la más mínima mirada o palabra. No tendrá descanso. Se sentirá observado, acechado y perseguido. ¿Qué se trama a sus espaldas? ¿Qué dice la gente de usted? Con una vigilancia permanente, sospecha que en los intercambios interpersonales se esconde una dimensión que se le escapa. Por ello, trata de adivinar, de leer entre líneas y discernir las desconsideradas indirectas. En ocasiones, correrá el riesgo de olvidar el significado más evidente de lo que se está diciendo o haciendo, reaccionando a destiempo y de forma exagerada. Dando un paso más, acabará pasando por alto a sus auténticos enemigos, preocupado como estará por la eventual ausencia de sus amigos. No obstante, confiemos en que, en este ambiente enfermizo, será capaz de reaccionar exigiendo una explicación sincera.

PERCEPCIÓN DEL RESTO DE SIGNOS

Escorpión

Existe una oposición con el signo que más *ajeno* le resulta, aquel cuyos ritmos son simétricos y a menudo antagonistas con respecto a los suyos, es decir, Escorpión. A pesar de compartir una misma sensibilidad en cuanto a la noción de individuo y, por tanto, en cuanto a las relaciones de dominación, en este caso lo que se opone es el estilo. Mientras uno desafía, el otro desconfía. Uno declara la guerra y el otro se decanta por la guerrilla. Uno blande una espada solar, el otro secreta un pérfido veneno. A pesar de contar con la capacidad de ir al quid de la cuestión y hacer gala de enérgicos sobresaltos, en ocasiones Leo sacrifica la sutileza de análisis que sí posee Escorpión. Por el contrario, este último resulta en ocasiones demasiado complejo como para ser eficaz. Inmerso como está en los recovecos de sus análisis o maquinaciones, se ve incapaz de mostrar reacciones tajantes. Cuando la relación sea mala, se quejará usted de su mala fe, de su maliciosa voluntad de poder, de sus manipulaciones y chanchullos, de sus aires de superioridad y de su incapacidad para abstraerse de la negatividad de las situaciones estancadas y enfermizas. En el otro extremo, si gozan de una buena relación, apreciará la agudeza de sus análisis y su intransigencia. Al ponerse sobre aviso de su temeraria e ingenua franqueza, Escorpión le ayudará a atinar mejor sus golpes exponiéndose menos a los del enemigo. En cualquier caso, se tratará de una relación apasionada, exclusiva y exigente. El incidente más nimio generará dramas espectaculares.

Sagitario

Comparten capacidad de entusiasmo, ímpetu y aspiración exclusiva al ideal, aunque el Sol de uno podrá hacer sombra al del otro.

Pareja: sin lugar a dudas, han sabido definir un objetivo común, aunque corren el riesgo de aburrirse en la intimidad.

Amigo: es muy agradable cuando uno puede observar en compañía a los demás desde lo alto. Sagitario también constituye un buen medio para difundir su luz.

Enemigo: Sagitario se adapta a cualquier situación y sin duda adolece, en el fondo, de una falta de personalidad. Al centrar su interés en la globalidad de la humanidad, es incapaz de preocuparse por nadie en concreto. En definitiva, es demasiado humanista como para ser humano.

Capricornio

Usted aprecia su seriedad y perseverancia, pero no puede soportar que le mire por encima del hombro.

Pareja: en ocasiones, la reserva de Capricornio constituye una ducha fría para sus accesos de entusiasmo, aunque sabe tranquilizarle desdramatizando las situaciones y nunca le dará la espalda en los momentos difíciles.

Amigo: se trata de una persona que, como quien no quiere la cosa, sabe muy bien lo que desea y le ayuda a aguardar con paciencia, cuando es necesario, a la espera de días mejores.

Enemigo: orgulloso bajo sus hipócritas aires de modestia, es incapaz de mostrar entusiasmo por nada. Parece que esté permanentemente esperando su hora, y, en lo que a usted respecta, puede esperar sentado.

Acuario

Su principal cualidad consiste en que no pierde el tiempo dándole vueltas al pasado, y su principal defecto en que olvida, o pretende olvidar, las estrictas normas de la competencia social.

Pareja: a pesar de tener excesos de todo tipo, ya sean luminosos o dramáticos, su capacidad para olvidar le permite estar siempre listo para volver a empezar de cero.

Amigo: sabe entenderle y estar a su lado respetando su independencia; además, como mínimo, están de acuerdo en una cosa: hay que ser capaz de todo para evolucionar.

Enemigo: Acuario trata de superar a los demás o ponerse a la cabeza para llegar el primero afirmando que no se está compitiendo en absoluto.

Piscis

Debido a su indiferencia ante multitud de cosas y, sobre todo, ante lo que se pueda decir de él, es capaz de alcanzar sus objetivos recorriendo caminos tortuosos sin darse de bruces en ningún momento.

Pareja: aunque en apariencia Piscis le ha cedido el liderazgo, sabe modificar sus decisiones, quizá poniéndose a su servicio. En cualquier caso, es posible que lo que usted haga también le deje indiferente.

Amigo: Piscis sigue su trayectoria sin grandes alborotos y no se inmuta ante sus accesos. Además, le ayuda a escoger lo realmente importante.

Enemigo: su tolerancia no es otra cosa que indiferencia y egocentrismo autocomplaciente. Su flexibilidad responde a una falta de continuidad.

Aries

Si bien es cierto que no le falta dinamismo, su falta de disciplina resulta agotadora y no sabe sacar todo el provecho a sus méritos propios.

Pareja: desde luego no se aburrirán, y sus confidencias se oirán alto y claro. Ahora bien, deberá evitar que Aries acabe perdiéndole el respeto.

Amigo: es un amigo entero, fiel y enérgico, capaz de luchar por usted. En este caso, es cierto que la unión hace la fuerza.

Enemigo: se trata de una persona perturbada: uno nunca sabe por dónde saldrá y no respeta nada. Sus eventuales éxitos tan sólo responden a casualidades fortuitas. Su suerte no durará mucho, ya que ni siquiera sabe sacarle partido.

Tauro

Más vale desconfiar de los Tauro: uno nunca sabe qué están tramando ni cuándo se lanzarán a la carga. Su lentitud oculta una vivacidad sorprendente.

Pareja: se trata de una relación posesiva, pasional y apasionante, pero resultará difícil saber quién de los dos domina o lleva el control real. Lo mejor sería compartir los poderes y respetar las diferencias.

Amigo: Tauro no se deja impresionar por sus fanfarronadas ni accesos de entusiasmo, sino que reconoce su valor intrínseco y le presta su fidelidad.

Enemigo: si tanto critica será porque siente celos... Y, si no dice nada, será por la misma razón. Más le valdría evolucionar en vez de seguir rumiando sus rencores...

Géminis

Géminis es espontáneo, natural y de amplias miras, pero a uno termina doliéndole la cabeza si trata de concentrarse en su presencia.

Pareja: no cabe duda de que es el mejor a la hora de distender el ambiente y hacerle cambiar de idea; ahora bien, que nunca le tome en serio es una cosa muy distinta.

Amigo: es un tesoro: además de tener buen humor, tiene ideas y oportunidades fantásticas que, sin duda, usted sabrá explotar mejor que él.

Enemigo: es molesto, agitado y disperso hasta decir basta. No hay nada como querer hacerlo todo para no acabar haciendo nada. Es un aficionado, una persona sin sangre en las venas. No puede controlar nada debido a su incapacidad para realizar esfuerzos prolongados. En definitiva, no es una persona seria.

Cáncer

Sin lugar a dudas, hace bien en tratar de poner un poco de orden en su casa para sentirse a gusto en ella, pero de ahí a no querer salir más para limpiar una y otra vez hay un abismo.

Pareja: aunque usted parezca el más fuerte de los dos, ¿qué sería sin Cáncer? Eso sí, hay que reconocer que en ocasiones resulta agobiante.

Amigo: es un amigo seguro, con el que puede reconfortarse de sus sinsabores, sobre todo cuando se ha visto enfrentado con la incomprensión del mundo.

Enemigo: en su pequeño universo se cree el mismísimo Dios Padre; sin embargo, cuando se trata de tratar con los demás, es incapaz incluso de mostrar la valentía de expresar sus opiniones.

Leo

Debido al afán común por erigirse en los reyes de un mismo territorio, es posible que mantengan una relación tempestuosa, aunque también serán capaces, al menos de forma ocasional, de unir sus fuerzas para vencer.

Pareja: se tratará, sin duda, de una relación tan apasionante como apasionada. Les convendrá repartir con total claridad los poderes, roles y responsabilidades. La pareja constituirá una rampa de lanzamiento, un cohete.

Amigo: se comprenden con medias palabras y, en ocasiones, sienten celos el uno del otro. Sin embargo, es posible que este amigo que tanto estima constituya el único espejo en el que pueda reconocerse.

Enemigo: fanfarrón, pretencioso y carente de toda delicadeza, siempre se las arregla para ponerse en mitad de su camino. Ahora bien, seguramente él piensa lo mismo de usted.

Virgo

Debe reconocer que posee auténticas competencias, aunque también le reprocha una falta de amplitud de miras bastante quisquillosa.

Pareja: Virgo le ayuda a dar el último toque a sus planes, además de ocuparse del acabado final de sus obras maestras, o incluso hacerle de secretario. Sin embargo, usted se preguntará si no ha terminado por conseguir que dependa de él a fuerza de ayudarle.

Amigo: constituye su primer público, al que somete sus proyectos para darles el último toque antes de anunciarlos a los cuatro vientos.

Enemigo: siempre está criticando, realizando objeciones y rizando el rizo. Se cree mejor que los demás por encontrar el pequeño detalle que no cuadra o por saber poner mejor que nadie los puntos sobre las íes.

Libra

Aparentemente, a todo el mundo le gusta el equilibrio que representa Libra; pero quizás esto sea demasiado decir.

Pareja: sin lugar a dudas, Libra parece realizar las concesiones oportunas para alcanzar un buen entendimiento, aunque también sabe encontrar los argumentos para convencerle mientras le deja con la impresión de que lo ha decidido todo usted.

Amigo: se le adelanta para preparar el terreno de su intervención y le sigue para arreglar los eventuales estropicios; además, le presta su diplomacia, a la que usted saca buen provecho.

Enemigo: ¿hasta dónde es capaz de llegar con sus sonrientes banalidades con tal de llevarse bien con todo el mundo? Sin lugar a dudas, es demasiado bonito para ser verdad.

QUÉ DICE SU ASCENDENTE

Leo ascendente Leo

Esta fórmula no hace sino acentuar los defectos y cualidades de su signo, convirtiéndole en objeto de apreciaciones muy diferentes. Más vale decirlo cuanto antes: está usted lejos de que no le afecte la opinión que los demás puedan hacerse de su persona. Dado que, en su opinión, no hay nada peor que la indiferencia, lo cierto es que podría vanagloriarse de suscitar reacciones muy sinceras; sin embargo, se ve limitado por su elevada susceptibilidad y por un afán de vigilancia inquieta en relación con la imagen que el mundo proyecta de usted.

En este sentido, hay que apuntar que rehúye usted la mediocridad y la mezquindad en cualquier ámbito. Muy al contrario, es idealista y aspira a la belleza, la grandeza y la excepcionalidad. Se ha hecho una idea muy elevada de sí mismo y de su destino, una idea imbuida de dignidad, y desea atenerse a la misma. No puede permitirse ni el fracaso ni las aproximaciones. En este caso, podría correr el riesgo de ponerse el listón demasiado alto, de aspirar a un objetivo demasiado elevado para poder alcanzarlo, así como a un ideal de amor demasiado exigente para encontrarlo y a exigencias demasiado intensas para sentirse satisfecho. También deberá procurar relativizar sus puntos de vista y no aplastar su entorno con su superioridad. En este sentido, podría acabar otorgando demasiada importancia a cosas que no la merecen, o bien pasando por alto otras cosas que, a pesar de parecer triviales, sin duda revisten una gran importancia.

Leo ascendente Virgo

Por diferentes que puedan parecer, lo cierto es que estos dos signos presentan importantes puntos en común, entre los que se cuenta un afán de control siempre alerta, excesivamente sensible al fracaso y los fallos. Procura no poner de manifiesto sus puntos débiles ni dejar al azar ningún aspecto de su ámbito de expresión, y no se conformará con aproximaciones que la mayor parte de las personas considerarían honorables. Además, aunque con usted el espectáculo estará garantizado, odia que los demás adivinen su auténtica naturaleza: tan sólo permitirá que vean una imagen muy bien elaborada de sí mismo.

En cualquier caso, no resulta fácil aunar valentía y prudencia, ímpetu y perfeccionismo, autoafirmación y pudor... Dado que alimenta ambiciones exigentes y no desea correr el riesgo de fracasar, deberá procurar evitar caer en un inmovilismo insatisfecho, así como en un silencio altanero o artificial. También resultaría improcedente criticar los logros de los demás haciendo referencia a lo que usted podría haber hecho en su lugar. En el caso de que consiga integrar bien estas divergencias, sabrá aprovechar las oportunidades tras calcular todos los riesgos. En el mejor de los casos, tendrá la capacidad de ir depurando poco a poco auténticos valores. Consciente de que no puede aspirarse a nada importante sin prestar atención a los detalles, al acabado, procurará poseer en todo momento un control real y evitará las falsas apariencias. Su individualismo inquieto le hará hacer todo lo posible para conservar la autonomía, para no rebajarse nunca, incluso a riesgo, en ocasiones, de sufrir cierta soledad.

Leo ascendente Libra

Este signo ascendente debería permitirle afinar su carácter de forma que pudiese afirmarse sin sufrir enfrentamientos. Mientras Leo le hace sensible a las cuestiones relativas a la individualidad, el poder y la autonomía, Libra favorece la entente y el intercambio, le permite acceder a la lógica del otro y desarrollar posibles puntos de convergencia, así como encontrar motivos para contar con apoyos útiles en el marco de un proyecto que seguirá siendo personal.

Posee la capacidad de adaptarse a sus interlocutores sin traicionarse ni realizar concesiones, intuyendo los modos y las formas de sensibilidad en un momento concreto. Y sabe escoger el momento, la forma y el contenido de sus audacias para desmarcarse sin provocar rupturas y conseguir la aceptación de lo que deseaba imponer, otorgando una calidad compartida a la potencia de aquello que era eminentemente individual. Desconcertadas por sus perspicacias políticas, las malas lenguas hablarán de oportunismo, manipulación e incluso hipocresía; sin embargo, en sus buenos momentos sabrá acercarse a los demás con lo mejor de su persona para realizar colaboraciones de alto nivel. Ello, a menos que se vean enfrentadas la necesidad de relacionarse y la voluntad de afirmación individual... Por otra parte, esta fórmula subraya un gusto por el riesgo y un rechazo audaz de los límites y las restricciones exteriores, así como de la tranquilizadora rutina, incluso hasta el punto, a veces, de perder el sentido de la realidad y, por tanto, todo atisbo de eficacia.

Leo ascendente Escorpión

Se trata de una fórmula con abundantes contradicciones, pero que podría otorgarle la intuición necesaria para detectar los momentos decisivos. En este caso, sabrá esperar, caer en el olvido, despistar, tejer una red de complicidades y socavar los cimientos del obstáculo para convertir el asalto final en un golpe seguro y una victoria definitiva y aplastante. Sin embargo, en ocasiones pondrá en riesgo importantes esfuerzos por culpa de accesos de impaciencia incontenible en los que perderá toda su capacidad de autocontrol. En sentido inverso, su ímpetu podría estancarse en los recovecos de sus propias maquinaciones, en cuyo caso los preparativos, demasiado largos, acabarían por desgastar su capacidad de decisión. A base de merodear por sus laberintos, terminará perdiendo de vista el objetivo original, abandonándolo todo a medio camino, sin fuerzas ni dirección, hasta encontrar una nueva pasión que le inunde hasta resultar tiránica tanto con usted como con su entorno.

Como consecuencia de su orgullo receloso, dominador, susceptible y atento a los sobreentendidos, así como del celo con que conserva su individualidad, procurará en todo momento marcar su territorio con las zarpas, aunque también será capaz de olvidarse de sí mismo en el marco de una pasión en la que dé lo mejor de sí mismo. Deberá tratar de no afirmarse de forma sistemática en perjuicio de la sensibilidad de sus interlocutores, ya que, en este caso, el rechazo que provocará será brutal.

Leo ascendente Sagitario

En vista de esta fórmula, tan sólo se puede insistir en el lado ofensivo de su personalidad, en su faceta extrovertida y espectacular. Es posible que, dada su afición a numerosos excesos, no sea capaz de mostrar su auténtica capacidad si no es de forma desmesurada. Sus entusiasmos son exuberantes y sus exaltaciones devastadoras. En ocasiones le reprocharán que resulta molesto, y es que posee el furor de convencer a cualquiera de su valía, así como del fundamento de sus convicciones y pasiones: aquello que, en un primer momento, era personal, deberá alcanzar la calidad de ejemplo y elevar a las masas. Incapaz de tolerar la indiferencia, desea compartir sus pasiones, conseguir que los demás se interesen en lo que hace e instruirlos en ello. Además, también es capaz de interesarse por lo que hacen los demás, incluso de forma excesiva. Le llamarán desvergonzado y, sin embargo, no podrá comprender cómo son capaces de rechazar sus consejos o ayuda. Pasará de ser muy expansivo a ser expansionista e invasor. Aunque la vida le ha enseñado a relativizar sus opiniones para no imponer su lógica propia como algo universal, deberá desconfiar, asimismo, de un idealismo que, al aspirar ocasionalmente a lo inaccesible, podrá generar delirios de grandeza desprovistos de todo atisbo de eficacia concreta. Ahora bien, con Leo nada es imposible...

Leo ascendente Capricornio

Esta fórmula, que supuestamente acentúa su capacidad de resistencia, puede dotarle de una tenacidad fuera de lo común, así como de una voluntad obstinada y paciente. Aunque, sin lugar a dudas, es usted una persona ambiciosa, sus ambiciones no tienen por qué coincidir con las del hombre normal y corriente. En efecto, si bien los mecanismos de Leo favorecen la afirmación personal, Capricornio permite tomar cierta distancia con respecto a las modas, los entusiasmos y los impulsos del momento, es decir, que no quedará satisfecho con glorias vanas ni títulos honoríficos: aspirará a una superioridad auténtica, a un dominio verdadero y a victorias duraderas. Y, sin lugar a dudas, está dispuesto a pagar el precio correspondiente. Nadie sabe mejor que usted que, en este mundo, nadie da un duro por cuatro pesetas. De esta forma, Capricornio le permite robar brío y nervio a Leo en pro de una mayor solidez y seriedad. En cualquier caso, no se librará de pasar épocas de vacilación que le harán cuestionar el sentido de su esfuerzo y la validez de los resultados obtenidos. A la inversa, a veces arruinará los esfuerzos más pacientes tratando de acelerar las cosas. Estas consecuencias derivan de una tendencia a querer hacer demasiado y a ser demasiado exigente. Asimismo, deberá procurar no hacer gala de una intransigencia excesivamente dura con los demás: es posible que, posteriormente, le cueste soportar la fría soledad de las cimas...

Leo ascendente Acuario

A pesar de estar opuestos en el Zodiaco, estos dos signos convergen para dotarle de una forma de ser muy positiva y capaz de pasar por alto o superar la faceta negativa de las cosas. En vez de encerrarse en el pasado, prevé las salidas posibles y las soluciones. Su dinamismo se basa en la superación: lo único importante es un futuro que usted debe construir. No quiere ni oír hablar de límites, restricciones y fatalidades. Nunca se resignará y será capaz de inventar, en caso necesario, nuevas posibilidades que le permitan no tener que sufrir. Su vida aspira a ser creativa y a elevar la idea de libertad individual. Ahora bien, si Leo le incita a imponerse para tocar su partitura, con alguna que otra nota falsa, en el gran concierto de la sociedad y la cultura, Acuario le hace aspirar a una modalidad diferente de relación, abierta a la invención individual y desprovista de los deshechos del pasado y los arcaísmos fosilizados a partir de valores trasnochados. De esta dualidad derivarán las contradicciones de un ser que tanto clama futuras glorias llenas de resplandor y fraternidad como se bate con furia para defender o conquistar su lugar en un presente denigrado. También deberá desconfiar del agotamiento intelectual y las agitaciones inútiles. Debido al intenso deseo de liberarse de coacciones objetivas, en ocasiones podrá perder el sentido de la realidad y, por consiguiente, todo atisbo de eficacia.

Leo ascendente Piscis

Para poner de manifiesto lo que opone a estos dos signos, bastará con subrayar la sensibilidad contemplativa y la indiferencia maleable del primero y la obstinada voluntad, la independencia y el realismo activo del segundo. De esta forma, correrá el riesgo de que sus sueños de gloria acaben siendo tan sólo eso, sueños. En este sentido, la autonomía que tanto reivindica no haría sino ocultar de cualquier manera las restricciones secretas que le limitan; su capacidad de decisión naufragaría en las tristes playas de la indiferencia, donde yacen las ambiciones demasiado vaporosas para ser realizables. En definitiva, la bruma acabaría por ahogar las luces de su faro, convirtiendo su Sol en un petardo mojado. Por otra parte, la dinámica de afirmación de Leo puede verse respaldada por la de Piscis, que, en efecto, le permite desmarcarse de lo ordinario, lo convencional y lo arbitrario. En este caso, sus iniciativas serán las de una persona libre de todo prejuicio y, por tanto, acusarán una dimensión profundamente innovadora. Hará todo lo posible por inventar su trayectoria individual al margen de los caminos trillados. En el mejor de los casos, alcanzará lo universal llevando al extremo su lógica particular, y sus liberadores sobresaltos le alejarán de los significados adquiridos y las ambiciones inculcadas, hacia un universo en el que poder ser usted mismo, sin falsas apariencias. Sin embargo, la ebriedad de lo absoluto podría hacer que, como un albatros, se sintiese incómodo con sus alas en medio de la prosaica rutina.

Leo ascendente Aries

En teoría se trata de una fórmula sin sombras, totalmente inclinada hacia el espíritu ofensivo y de conquista. Enemigo de la duda y la ambigüedad, vive la vida equipado con una capacidad de decisión y un concepto de la existencia ante los que todo debe ceder. Con usted tan sólo existe una orden posible: «¡Adelante!»; no hay cabida para nada prefijado ni rígido. Una voluntad que lucha es una voluntad que triunfa. A menudo, basta con arriesgar para tener éxito. Sólo es individuo aquel que se atreve a mostrar la insolencia de no resignarse jamás, aquel que no se somete. No puede conseguirse nada trascendente sin plantear un desafío. Dudar, esperar y prorrogar no son más que actos de cobardía: cabe afirmarse y ponerse manos a la obra constantemente. En un mundo de sumisión, la arrogancia constituye una virtud. Sin duda, en ocasiones se le considerará temerario y, si ha integrado mal esta fórmula, será difícil vivir con usted: será agresivo, categórico y perentorio de forma arbitraria y parcial, y, una vez haya tomado posiciones, molestará, se enfrentará y generará conflictos inútiles. Con usted no será posible hacer nada de forma tranquila. Desprecia los matices, aparta las sutilezas de un brochazo y es incapaz de afirmarse sin generar polémica. Así, el afán de control y la dignidad de Leo se toparán ocasionalmente con grandes dificultades para dominar la reactividad espontánea de Aries. El furor del momento echará por tierra los objetivos, declaraciones de principios y decisiones importantes. Sin embargo, a base de pasar del fuego al agua, podría terminar adquiriendo un temple sagrado, como los mejores aceros.

Leo ascendente Tauro

Se trata de dos signos antagonistas pero sensibles a las cuestiones de autonomía y a las relaciones de dominación. Sin embargo, mientras Leo apuesta por la valentía ofensiva para librarse de las restricciones, Tauro opta por una resistencia pasiva. Así pues, el primero procede mediante sobresaltos y el segundo a través de una lenta obstinación. Uno se enciende, arriesga y se rebela contra la resignación que le rodea, y el otro se asegura unos cimientos y ejerce resistencia ante los impulsos del entorno. Uno provoca y el otro desconfía. Por tanto, en el mejor de los escenarios, Tauro le permitirá sacar el mejor provecho posible de sus accesos de valentía e impulsos: sabrá desgastar antes de atacar y asegurar el golpe antes de arriesgarlo, combinando duración e intensidad. En el peor, sin embargo, vacilará en el momento decisivo, paralizado por las últimas dudas, echando a perder pacientes esfuerzos por culpa de impulsos inoportunos. En este caso, podría terminar hundiéndose en una misantropía terca y desencantada, dando vueltas a sus ambiciones insatisfechas, incapaz de hacer algo para satisfacerlas. En todo caso, aunque cultive una aparente impasibilidad, será una persona tensa, atormentada por pasiones que le costará controlar y que, a veces, se expresarán en reacciones completamente desproporcionadas. Por tanto, los demás desconfiarán del volcán de su susceptibilidad, que nunca estará totalmente dormido.

Leo ascendente Géminis

Sin lugar a dudas, es usted una persona abierta al mundo, propensa a entusiasmarse e involucrarse y disponible. Se siente atraído por muchas cosas y podría cultivar talentos muy diversos. En efecto, su ascendente corrige el autoritarismo y el tenso individualismo de Leo, aportando flexibilidad, capacidad de adaptación y apertura de miras, aunque podría resentirse la eficacia. Es menos apremiante en sus decisiones y está menos seguro de querer pasar por alto el resto del mundo para concentrarse en su objetivo; además, está ansioso por gozar de una fuerte presencia en todos los frentes, de forma que en ocasiones apresura demasiado la conclusión y, en sus peores momentos, comete numerosos errores. Y cuando los fuegos de la pasión se apagan a la mínima, resulta difícil construir algo y aprovechar la experiencia. A pesar de ser capaz de realizar improvisaciones brillantes y audacias improbables, lo cierto es que le falta mesura, espíritu práctico y sentido común. En el mejor de los casos, no obstante, sabrá adaptarse e interesarse por todo sin traicionarse ni desdecirse de sus decisiones, y también sin dispersarse, gracias a una firme estructuración personal, o bien mediante la virtud de un conocimiento muy agudo al hablar de lo universal y enriquecerse de cualquier aportación sin perder por ello su particularidad. La auténtica fuerza es dispersa, no se ve disminuida por ninguna apertura.

Leo ascendente Cáncer

Dado que desconfía de los azares de la vida, tenderá a protegerse mediante el control de todo lo que le afecta. De hecho, sueña con no depender de nada externo ni deber nada a nadie. Es más sensible que otros al fracaso, de forma que querrá dominar sus propios fallos y superar sus carencias. A pesar de rebelarse ante las disciplinas impuestas, podrá verse limitado por restricciones severas y prohibirse cualquier desliz. Dicho esto, hay que apuntar que, en ocasiones, Cáncer se mostrará reacio ante los sacrificios exigidos por la ambición de Leo. Asaltado por los escrúpulos y las dudas, dudará en el momento de afirmarse, de asumir el riesgo asociado a sus ambiciones. En su dinámica de liberación, sentirá a veces la nostalgia de la tranquilidad rutinaria y lamentará no tener un hogar. Con el tiempo, seguramente acabará desconfiando de las proezas gratuitas, y más todavía de los accesos de entusiasmo y las huidas que le separen de sus raíces. En este caso, su esfuerzo y valentía aspirarán a mantener el equilibrio personal y alcanzar la plenitud de su vida íntima: tenderán más al enriquecimiento interior que a la ostentación exterior. Así pues, desmarcándose de las ambiciones vanas y las agitaciones inútiles, ganará mucho en eficacia.

QUÉ DICEN SUS TEST

Leo R extensivo

Sin lugar a dudas, siente usted la necesidad imperiosa de vivir en lo maravilloso, lo sorprendente y lo estimulante. Su felicidad requiere una cotidianeidad trufada de instantes excepcionales, sin monotonía ni aburrimiento, sin rutina. Desea vivir encantado, en una ensoñación constante del espíritu y los sentidos, pero también, y quizá sobre todo, del corazón. En el fondo, considera que la vida debe ser una fiesta interminable. Más dotado que otros para animar la vida cotidiana con fantasías, golosinas, ternura y belleza, se rebelará con facilidad ante cualquier tipo de restricción, incapaz de imponerse la más mínima disciplina.

En particular, si su nivel «r» es débil, es posible que la única dinámica que conozca sea la del placer. En este caso, los demás se quejarán de su inconstancia y desenvoltura, de su falta de rigor. No es que carezca de ambición; sencillamente, no tiene ninguna prisa por pagar el precio. Le gustaría que las cosas llegasen sin esfuerzo alguno, un poco como si se le debiese por adelantado lo que espera de la vida, con total naturalidad.

Por otra parte, existe la posibilidad de que las restricciones de la vida social le parezcan especialmente difíciles de soportar (sobre todo si su nivel «r» es bajo). Ebrio de libertad, no puede aguantar que se le limite o exija demasiado. En todo caso, cuando no se ve sometido a ninguna imposición, su sociabilidad natural hace maravillas. Dialogante, siempre listo para interesarse, emocionarse o maravillarse, destacará cuando se trate de divertir, distraer o seducir. Posee un sentido de la estética especialmente desarrollado, que será muy sensible en el ámbito de lo afectivo, que para usted reviste una importancia fundamental.

Su principal problema podría ser un exceso de confianza o bien falta de ella. En el primer supuesto, se sentirá como en su casa en cualquier lugar, llegando hasta la desvergüenza. Al imponer sus estados de ánimo, así como sus simpatías y antipatías, el exhibicionismo impúdico y molesto de sus sentimientos y estados anímicos podría resultar irritante. En el segundo caso, a menudo se verá excesivamente limitado, hasta el punto de parecer tonto o altanero. Se verá sometido a una emotividad inquieta y a una susceptibilidad alarmista, y tan sólo podrá mostrarse como es en compañía de algunos elegidos de cuyo amor o estima no le quepa ninguna duda.

Leo r intensivo

Su fórmula acentúa las cualidades y defectos de su signo solar. Así pues, casi siempre será objeto de un aprecio sin reservas o de un rechazo absoluto. Al tener una personalidad que tiende al exceso, provocará reacciones igualmente excesivas. Sin lugar a dudas, recibirá usted lo que desea, ya que le gustan las posiciones claras (que algunos calificarán de tajantes).

Así pues, usted se caracteriza, más que otros, por un afán por definirse, por saber con claridad lo que vale, quiere y puede, y hacia dónde le dirigen sus pasos. Las sombras le suscitan inquietud. Además, la mayoría de las veces sabe con gran precisión lo que quiere, y lo quiere de forma intensa. Poco propenso a quedarse estancado en dudas y vacilaciones interminables, es de los que deciden y sentencian. A sus ojos, el ser humano es responsable de su destino, y nada le resulta más ajeno que la resignación de ciertas personas ante la desgracia. Ante una situación problemática, reacciona con energía y exhorta a sus próximos a que reaccionen. Siempre hay una solución, todo es cuestión de voluntad.

Suponiendo que llegue a conocerse, desarrollará una idea muy elevada de sí mismo y, desde luego, hará todo lo posible por estar a la altura de dicha idea, generando un sentido de la responsabilidad muy meticuloso, una actitud idealista y, por último, según algunos, un temperamento ambicioso. Lo cierto es que es usted un enemigo declarado de la mezquindad, la pasividad y las chapuzas, y que le preocupa en gran medida su repercusión social. Por tanto, tratará de ser apreciado y admirado, de destacar y desempeñar su rol con plenitud, así como de hacerse oír y ver, pero también de resultar útil e incluso indispensable. En cualquier caso, nunca dejará nada a medias. Poco propenso a conformarse con poco, quiere ser el mejor, o bien contar con una competencia intachable. No obstante, deberá procurar que su brillo no haga demasiada sombra a los que le rodean. Debe tener paciencia, escuchar y respetar los ritmos de los demás. Déjeles el tiempo necesario para que encuentren su solución, y sea consciente de que sus verdades no tienen por qué ser universales. Además, haría bien en desconfiar de su susceptibilidad y autoritarismo. En una palabra: en ocasiones, le vendrá muy bien ser más discreto.

Leo E extensivo

Sin lugar a dudas, es usted de los que no se resignan a sufrir ni los acontecimientos ni su propio temperamento. Es incapaz de aceptar las cosas tal como son. Sin embargo, esto no significa que tienda a huir de la realidad, ni mucho menos, sino que, al contrario, le gusta cogerla por los cuernos y cargar enérgicamente con ella a fin de someterla a su proyecto, su voluntad y su ideal. Cuando coge el toro por los cuernos, cosa que le gusta hacer, puede estar seguro de que se entregará en cuerpo y alma hasta obtener un resultado, de que no cejará en su empeño hasta alcanzar sus objetivos.

Para ello, cuenta, además, con excelentes bazas. En primer lugar, se caracteriza por un pragmatismo realista y constructivo. Nunca se deja engañar. Sólo la experiencia permite decidir, sólo ella puede enseñarle algo. Desconfía de las verdades generales, de los buenos consejos gratuitos y de las ideas preconcebidas. Ante todo, desea considerar la situación concreta, tal como se presenta, con sus dificultades y oportunidades, a fin de controlarla o dominarla mejor y poder explotar de forma óptima las posibilidades reales que ofrece. Nunca actúa en función de lo que podría o debería ser, sino simple y llanamente de lo que es. Esto puede parecer una perogrullada, pero le aporta una gran eficacia. En el extremo, podría llegar a percibir la existencia como un vasto laboratorio de experimentos donde llevar a cabo sus pruebas, imponiéndose y, en ocasiones, superándose.

Un nivel «t» elevado podría acentuar su obstinación, desconfianza y sentido crítico, pero también obstaculizarle con vacilaciones y dudas inesperadas. Para llevarlo bien, deberá acostumbrarse a las luchas de larga duración, exigentes y difíciles. Un nivel «r» elevado, por su parte, le convertirá en una persona más sociable y capacitada para aprovechar las oportunidades presentes, así como para sacar partido a sus competencias. Por poco que el nivel «e» sea suficiente, su afán de control no podrá impedir que sufra excesos incontrolados, que ocasionalmente le podrían hacer perder los beneficios de sus esfuerzos; en cualquier caso, sabe extraer lecciones de sus experiencias mejor que otras personas, y con el tiempo no cabe duda de que aprenderá a dominar su temperamento, o como mínimo a volver a poner de su lado las situaciones que haya arriesgado por culpa de desvaríos de comportamiento o verbales.

Leo e intensivo

Es usted de los que viven, ante todo, en el nivel de los sentimientos: lo juzga todo en función de su afectividad. Quiere o no quiere, aprecia o no aprecia, se siente bien o mal: y no hay nada que hablar en relación con ello. Por otra parte, los áridos argumentos de la razón no le afectan de ninguna de las maneras, y la lógica fría no puede influir en sus impulsos de entusiasmo. No hay nada que argumentar contra una experiencia que es, ante todo, suya, de una intensidad demasiado apremiante para ser cuestionable. Así pues, el que desee obtener algo de usted deberá atraparle con los sentimientos... o los puntos débiles. Más que convencido, usted requiere ser seducido o afectado.

Del mismo modo, no es de los que siente la necesidad incesante de racionalizarlo todo, de justificarlo o explicarlo todo. Una vez las palabras no pueden decir nada sobre lo esencial, los demás deberían sentir lo que usted siente. Sin duda, nos encontramos aquí ante la capacidad de expresar cosas a través de los matices y vaivenes que le habitan y componen su vivencia, una vivencia que es, de por sí, bella, en el mejor sentido de la palabra, majestuosa.

Por tanto, nada le es más ajeno que las mezquindades calculadas y las precauciones menesterosas. Dando un paso más, acabará viviendo sin proyectos ni principios, a lo loco, sin escatimar nada y gozando de una presencia total en cada momento, con su intensidad y sus discontinuidades. En este caso, más de uno le reprochará su falta de rigor. Al vivir al ritmo marcado por sus entusiasmos, deseos y apetencias, sentimientos y caprichos, es posible que, en efecto, le resulte difícil imponerse cualquier disciplina. Funciona a base de impulsos, corazonadas y obstinaciones, sin preocuparse realmente por las consecuencias futuras de sus arrebatos momentáneos. Sin lugar a dudas, es posible que sea usted una persona muy activa, pero tan sólo cuando actúa por su propia voluntad. Soporta mal las limitaciones u obligaciones, y podría ser poco sociable debido a su dificultad para abstraerse de los estados de ánimo, el humor, sus antipatías y simpatías y, en ocasiones, caprichos. Reivindica el derecho, e incluso el deber, de que cada cual viva con naturalidad, y conseguirá que se perdonen sus excesos gracias a su poder de seducción, temperamento generoso y calor humano. Además, es muy difícil sentir resentimiento hacia usted durante mucho tiempo, ya que es una persona muy poco rencorosa.

Leo T extensivo

No sólo no se siente interesado por lo trivial, evidente y cotidiano, sino que ni siquiera los ve. Del mismo modo, no le interesan las ideas bien establecidas, el sentido común y los argumentos comunes. Esta actitud le convierte en una persona profundamente inconformista, y con frecuencia resultará difícil adivinar sus motivaciones. Incluso usted, en ocasiones, no sabrá muy bien adónde quiere llegar ni qué legitima sus actitudes o posturas. A menudo, tan sólo será consciente de la lógica de sus comportamientos a posteriori. Actuará por instinto, así como por una difícil necesidad interna de explicarse o justificarse.

De esta forma, es posible que a menudo sobresalga e incluso resulte explosivo, y ello aun en sus silencios o reservas; en cualquier caso, esta actitud no le desagrada en absoluto. Sobre todo si su nivel «r» es bastante elevado, le gustará hacer de aguafiestas, profiriendo sentencias llenas de sentido común, así como verdades indeseables por su perspectiva inédita; y ello de forma perentoria, a menudo autoritaria y en ocasiones insolente. Esta es su forma de reactivar la situación, de hacer que las cosas evolucionen: trastornándolas. Si, por el contrario, su nivel «r» es débil, será mucho más discreto. Enfrentado a la dificultad de expresarse, es posible que necesite tiempo para encontrar objetivos que le motiven realmente. En cualquier caso, a pesar de sus impulsos y fervores, de sus pasiones y espectáculos, siempre será una persona cerrada y contemplativa, que necesita recargar las pilas lejos de cualquier agitación ruidosa, que no siempre creerá en su propio guión. Alterna indiferencia y virulencia, estrépito y vacilaciones amortiguadas: es usted una persona compleja. En su vida se sucederán periodos de estancamiento con momentos de plenitud en los que, de repente, todo parecerá querer evolucionar de golpe.

Al no tener en cuenta ni las posibilidades concretas ni la influencia de su entorno, siempre correrá el riesgo de apuntar demasiado alto, o bien de aislarse en un rol de profeta al que nadie escucha. En el peor de los casos, sus enemigos y oponentes se multiplicarán, debido a su molesta aptitud para decir siempre lo que más vale callarse. Ahora bien, no le faltan recursos para sortear estos enredos. Incluso podría parecer que nada le conviene más que estos momentos cuya confusión raya en el absurdo. Así, su destino estará marcado por giros imprevisibles. En el fondo, se siente inspirado por la dificultad y lo desconocido. Quizás incluso busque de forma más o menos inconsciente situaciones lo suficientemente complicadas para favorecer el surgimiento de ideas o proyectos novedosos capaces de trastocar todas las perspectivas.

Leo t intensivo

Esta fórmula pone de relieve los aspectos desconocidos del signo de Leo. Aunque a todas luces no impide que se desarrolle la dinámica de afirmación, lo cierto es que esta procederá a través de la negación, en sentido inverso. Yendo al extremo, acabará afirmando fundamentalmente la vanidad ciega de toda afirmación. En efecto, es usted muy sensible a la ignorancia intrínseca a cualquier pretensión de conocimiento, a la faceta reductora y arbitraria de todo discurso. En ocasiones, se le reprochará su espíritu de contradicción. Sin embargo, deberíamos hablar más bien de una exigencia de autenticidad y de una lucidez atenta lista para denunciar el carácter parcial de toda verdad. Usted subraya las carencias, fallas y excepciones que alimentan su desconfianza ante cualquier afán de sistematización. Es incapaz de tomarse en serio las premisas inherentes a toda lógica. Ante las afirmaciones ajenas, usted opone de forma instintiva perspectivas diferentes y susceptibles de arrojar luz sobre nuevas facetas del problema. En el fondo, es sensible a una dimensión de la realidad que parece obligada a escapar siempre al irrisorio entendimiento humano.

Así pues, se encuentra más cómodo en la crítica que en los enunciados positivos. Más capacitado para suscitar preguntas que para responderlas, destacará sobre todo por un espíritu crítico siempre despierto. Para usted, no hay nada tan sencillo como eso: siempre anda a la busca de cimientos más sólidos. Es difícil sorprenderse y las falsas apariencias no le impresionan en absoluto. Yendo un paso más allá, llegará un momento en que tan sólo estará convencido de sus dudas y negativas. Ya que está usted investigando, le parece completamente natural desmarcarse de las creencias comunes y liberarse de las verdades convencionales para instaurarse en la singularidad, aunque no siempre será capaz de evitar la esterilidad de las actitudes sistemáticamente polémicas, así como el escepticismo lineal y las reflexiones e interrogaciones interminables. No obstante, la potencia de reacción de Leo sigue ahí, y si bien a menudo termina inclinándose por las respuestas y soluciones menos probables, también es cierto que estas podrán conllevar una fecundidad inesperada e inherentemente liberadora.

Si posee un nivel «R» elevado, ello despertará en su interior una mayor curiosidad por los demás y sus convicciones y conocimientos, así como una mayor apertura y espontaneidad, jovialidad y movilidad. Por el contrario, la debilidad de este nivel subrayará la exigencia, la distancia, la reserva y, en ocasiones, el aislamiento, pero también la perseverancia. En cualquier caso, será incapaz de expresarse realmente sin salir de los caminos trillados para inventar su propio destino, su propio pensamiento.

EJEMPLOS

ALEJANDRO DUMAS. El campeón indiscutible de toda desmesura, tal como atestigua el número de obras que publicó y el de amantes que tuvo, la fortuna acumulada y la impresionante masa de deudas... Incluso en su actividad literaria, nunca retrocede ante los grandes efectos ni se preocupa por las sutilidades psicológicas (d – diferencial). Tan sólo lo excepcional conviene a Dumas (F + desbloqueo). Nada le horroriza más que la mezquindad y la avaricia, así como las personas ceremoniosas, que a menudo no son otra cosa que traidores (Bonacieux y Mazarino). Tanto su obra como su vida constituyen sendas apologías del derroche y el riesgo.

ALBERT BOADELLA. Todos los planetas encima del horizonte y una cerradísima conjunción Sol/Júpiter/Plutón que presidió en hora de máxima culminación en Leo, en buen ángulo con Urano, se hallan en el intelectual signo de Géminis. El r intensivo, propio de la acción y el sentido de las combinaciones, hace que este Leo recurra a formas olvidadas de teatralidad y fantasía (Luna en Cáncer en buena disposición con Venus). ¿Cómo no ver este cóctel en Els Joglars y los espectáculos que proponen, siempre bajo la calculada y puntillosa dirección de Boadella? Los problemas del r intensivo están reforzados por una aflicción de Marte, que rige su ascendente Escorpio: así, este personaje, de indudable talento, resulta tan brillante como incómodo con sus declaraciones. Se trata de una *rara avis* para quien teatro y vida están íntimamente relacionados, aunque con una privacidad muy reforzada (Luna muy decreciente en Cáncer).

J. L. RODRÍGUEZ ZAPATERO. Después de dos presidentes Piscis, la historia quiso que en pleno verano un Sol muy intenso se levantase en Leo para el presidente Zapatero, con Urano/Venus en hora de máxima levantándose, mientras Marte culmina y Neptuno se oculta. El buen ángulo Urano/Venus a Júpiter en Sagitario propició que Zapatero se interesara por el derecho. Estos planetas, junto con el Sol, forman su dominante, que entra de lleno en el r intensivo propio de las situaciones de mando: sabe lo que quiere sin medias tintas y sin dejar cosas a medias. El Sol/Neptuno/Marte lo inclinó a la militancia socialista. Procura reforzar con hechos la imagen positiva que de él se tiene, jugando fuertemente su papel, porque el Sol ya se ha levantado. Luna y Mercurio débiles en relación con el resto de la configuración cooperan en que los factores estrictamente personales, incluido el *look*, no interfieran en la amplia dinámica a que su dominante lo inclina.

RENÉ GOSCINNY. Con *Astérix*, Goscinny nos propone un alegre ejemplo de los mecanismos de Leo. La aldea gala que desafía al Imperio romano evoca la noción de «protección concentrada»; la poción mágica, como mecanismo de excitación-desbloqueo, permite superar las limitaciones propias y las de la aldea fortificada; la resistencia de los valientes galos, su negativa a ceder y doblegarse, se corresponde con una «lentitud de excitación». *Obélix*, por su parte, cayó dentro de la marmita cuando era pequeño y, por tanto, encarna los simpáticos excesos de Leo. Personaje monolítico (d – diferencial), ofrece un menhir a la elegida de su corazón y tan sólo conoce una táctica: «¡Ataquemos, por Tutatis!». Por otra parte, las sutilezas de la civilización romana no dejan de sorprenderle: «Estos romanos están locos». Sin embargo, la v – sigue estando ahí, alimentando inquietudes relativas a los juicios que los demás emitan sobre su persona. De esta forma, su susceptibilidad hace que le sienten mal las alusiones a su gordura. Simplemente, está un poco relleno... ¿o no? Por último, tenemos la fase paradójica: el pequeño *(Astérix)* dirige al grande *(Obélix)*. ¿Y acaso la poción mágica, concentrado de sabiduría, no está contenida en un frasco diminuto?

ABAD PIERRE. Es un personaje, Leo «tE», que no evoca necesariamente la dignidad altanera del rey de la selva. Sin lugar a dudas, este religioso francés sabe mucho en lo que a dignidad respecta, pero en este caso se trata de dignidad humana, la que siempre defenderá (L +). Para ello, lo primero es sacudir la indiferencia general (F + desbloqueo). Y, a menudo, la urgencia de este objetivo no le ha permitido considerar las eventuales prudencias políticas (d – diferencial): es necesario ir directo al grano.

MADONNA. La Luna se hallaba en hora de máxima potencia levantándose en Virgo, dejando atrás a Mercurio/Plutón y al Sol/Urano en Leo, mientras que Marte es el planeta más elevado, en el signo de la Virgen (¿podría ser más ajustado el alias que llevó a la fama a esta italoamericana?). El t intensivo determina un afán por aprender y perfeccionarse casi obsesivo, que, unido al sentido de las combinaciones de su escondido Leo y al de los contrarios de su manifiesto Virgo, la han convertido en un «producto» diferente, rentable, de gran impacto y continua sorpresa. Sol/Saturno es ayudado por las buenas relaciones con Júpiter/Neptuno, que la llevan a manejar su carrera en el *show-bussiness*, todo ello determinado por Júpiter/Neptuno/Venus, en un mal ángulo, que hace que nunca esté totalmente satisfecha con sus éxitos, con su imagen, que genera tanto adhesiones como rechazos. Gracias al Sol/Urano/Júpiter, esta Leo nunca pasará desapercibida ni generará indiferencia, aspecto del r intensivo que concuerda muy bien con ella.

Virgo

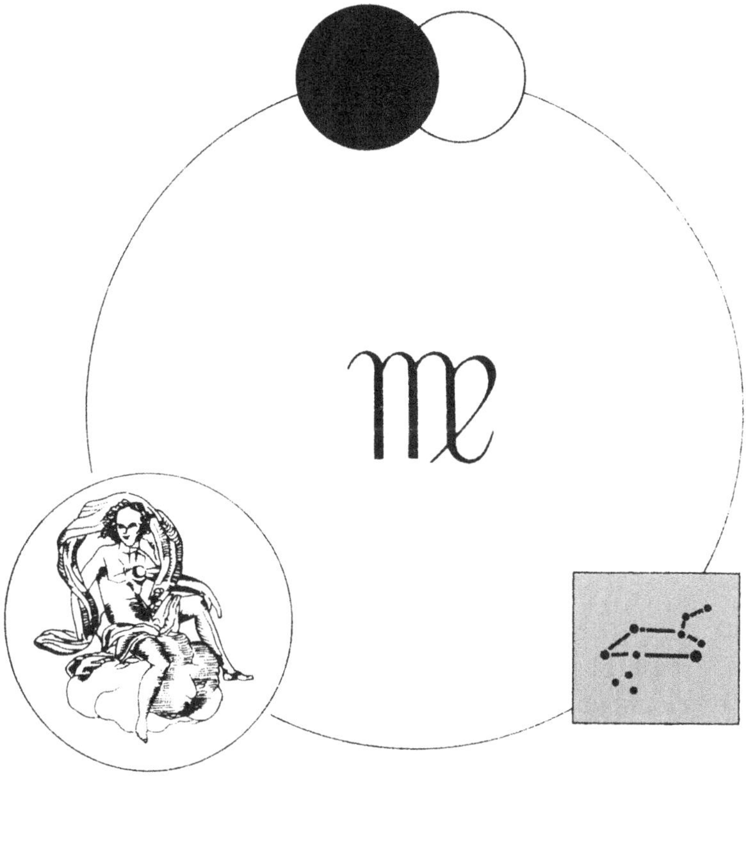

FÓRMULAS

En astrometría

Con una latitud geográfica media de 45°, cuando el Sol atraviesa este signo entre el 21 de agosto y el 21 de septiembre, o bien cuando un astro (sin latitud celeste) pasa de 0° a 30° de este signo.

- Su tiempo de presencia por encima del plano del horizonte pasa de 13:34 h a 12:00 h.
- Su altura máxima o culminación superior pasa de 56° 29' a 45° 0'.
- Su altura en relación con el plano de la eclíptica o declinación pasa de 11° 29' Norte a 0° 0'.
- Su acimut en el orto pasa de 106° 21' a 90° 0'.

Fórmulas condicionalistas

(véase primera parte de la obra)

En relación con el modo «adaptado»:

- Fuerza de inhibición (F –): todo tiene un límite.
- Lentitud de excitación (L +): avancemos con precaución.

En sentido de los contrarios.

En relación con el modo «contraadaptado»:

- Velocidad de inhibición (v –): jubilación anticipada.
- Debilidad de excitación (d +): al margen.

En fase igualitaria.

CONTEXTO

Su signo sucede a Leo y, por tanto, de acuerdo con la lógica de la evolución zodiacal, reacciona ante los excesos de este último, es decir, ya no aprehende el mundo de la forma en que lo hacía Leo, sino que, muy a menudo, de forma inconsciente, adoptará actitudes totalmente opuestas. En particular, su máxima ya no será «cada vez más lejos» o «cada vez más fuerte», ni será partidario de las sensaciones, la superación constante y la valentía, ya que seguramente considera que el hecho de forzar la naturaleza o los talentos propios resulta pretencioso: ¿por qué tentar lo imposible? A usted le parece mucho más sabio y más que suficiente explotar al máximo sus posibilidades, exigir de usted mismo todo lo posible, nada más ni nada menos. Esta fórmula indica a las mil maravillas cómo renuncia usted a sus sueños de poder y gloria en pro de pretensiones razonables y ambiciones hechas a la medida de sus medios. Así pues, se conforma, de forma más realista (aunque no siempre más modesta, al contrario de la imagen tradicional de su signo), con sacar el máximo partido a sus capacidades reales. Y es aquí precisamente donde radica su superioridad, una superioridad que no necesita ni mostrar ni demostrar, ya que es sinónimo de eficiencia, de eficacia.

En el fondo, sabe usted muy bien, de forma inconsciente, que la fuerza de Leo no carece de defectos y que las cualidades que se reconocen a su predecesor zodiacal le parecen otros tantos defectos en potencia, esto hablando en términos absolutos, es decir, sin tener en cuenta su ascendente ni su dominante planetario: de esta forma, considera que el afán de superación puede conllevar también un riesgo de sobrevaloración, de intrusión fuera de los límites de nuestras competencias. Del mismo modo, querer superar los obstáculos a cualquier precio equivale a una posible infravaloración de los mismos, incluso a su desprecio. Y acallar los temores propios sería vendarse los ojos ante una realidad cuyos riesgos desconocemos. Mientras Leo quiere triunfar, usted no quiere fracasar; Leo rebosa de seguridad, y usted prefiere asegurarse, estar seguro del resultado. Sus precauciones y prudencias, sus planes y cálculos son fruto de esta filosofía. Para medir sus fuerzas con el obstáculo, es necesario haber medido dichas fuerzas previamente, haber sopesado la situación y haber valorado la potencia del enemigo. De aquí deriva su célebre sentido de la «mesura»: la apreciación saludable, la estimación justa y el conocimiento preciso garantizan el éxito y aseguran un resultado satisfactorio.

En definitiva, no cabe duda de que, en su interior, se regocija de conocer su «medida», de haberse desprendido de la desmesura de Leo: por pequeño o grande que pueda ser su vaso, lo cierto es que usted bebe de él, y eso es lo realmente esencial, al fin y al cabo.

Por otra parte, la imperturbable lógica del cielo nos dice que, si bien su signo sucede a Leo, también constituye el «signo precursor» de Libra, es decir, que quizás en su interior anide un Libra en estado embrionario que le hace sentir que, aunque sus cualidades son apreciables en el ámbito de la vida práctica, lo son menos cuando se penetra en el universo más complejo de la existencia racional. En particular, su afán de conocimiento preciso, de valoración estricta y juicio exacto no se adapta demasiado a las sutilezas, los matices y las evoluciones de las relaciones humanas. En este caso, sus importantes méritos adquieren un matiz peyorativo: su prudencia se llama desconfianza y su rigor, rigidez o intransigencia; deja de ser previsor para ser calculador, ya no es realista sino interesado. Además, sentirá por momentos las veleidades de Libra e intentará acortar algo de distancia en sus relaciones, así como imprimir un poco más de espontaneidad y naturalidad. Como es evidente, en términos absolutos, sin tener en cuenta su ascendente o un eventual dominante planetario R extensivo, sus primeros pasos no carecerán de torpeza. Por ello, en algunos aspectos, Libra le parece fascinante, aunque tan sólo sea por la facilidad y la flexibilidad de su comportamiento.

LAS CUATRO DIMENSIONES DE SU PERSONALIDAD

Todo tiene un límite (fuerza de inhibición bloqueadora)

Los puntos fuertes de la primera faceta de su signo radican fundamentalmente en su facultad de delimitar el territorio, circunscribir su dominio y limitar su campo de acción o poner fronteras al alcance de sus relaciones. Existen límites que ni usted ni los demás pueden sobrepasar.

Usted no puede sobrepasarlos porque ha aprendido a conocer su medida, sabe de qué es capaz y lo que le conviene. Por tanto, sabe apreciar los obstáculos como son, y no se lanzará a proyectos aventurados ni cultivará ambiciones que estén fuera de su alcance. Nada de aspirar a la Luna, a menos que tenga el brazo lo suficientemente largo como para alcanzarla.

En cuanto a los demás, tampoco pueden sobrepasar dichos límites, ya que sus intercambios están reglamentados, sus relaciones controladas, las entradas filtradas y los puntos de acceso vigilados: para penetrar en su interior uno debe demostrar previamente que lo merece; no está dispuesto a aceptar a cualquiera en su círculo. En todo caso, lo cierto es que mantiene la «distancia de seguridad» de varias formas: frialdad, reserva, desconfianza, pudor y discreción; o bien mantiene a los demás a raya a base de sarcasmos y de un espíritu mordaz. De esta forma, su trato no siempre resultará agradable; además, no se entrega con facilidad. En el fondo, su lema podría ser «cada cual en su sitio»; y como usted sabe mantenerse en el suyo, se cree en el derecho de poner a los demás en el que les corresponde.

De hecho, es usted sensible a las incompatibilidades que separan a las personas, sean estas de carácter, ideología, medio o educación, y será su detección la que, en última instancia, determine su universo relacional. En términos más generales, rechaza lo que no se ajusta a sus valores y principios (lo que podrá recibir el nombre de integridad) o, de forma aún más habitual, aquello que no vaya en la misma dirección que sus intereses; como consecuencia, se le tachará unas veces de realista y otras de egoísta oportunista. De hecho, todo depende de sus criterios de selección.

Cada persona en su sitio, y lo mismo puede decirse de las cosas. Esto justifica la necesidad de orden racional, el espíritu lógico y riguroso y el gusto por el análisis que suelen atribuirse a su signo. El afán por clasificar, seriar, descomponer y llamar cada cosa por su nombre puede convertirle, de forma caricaturesca, en un maniaco o un purista; de forma más general, le conferirá un sentido indudable de la organización y el orden.

En el fondo, sabe usted diferenciar en cualquier ámbito lo bueno de lo mediocre, algo que quizá le haya permitido comprender con rapidez la necesidad de garantizar su autonomía para no depender del exterior, así como de contar con un ámbito personal o, sencillamente, con un fuero interior para protegerse de cualquier invasión.

En definitiva, la primera faceta de su signo denota afán de autoprotección y necesidad de estar preparado para lo que, de una forma u otra, pueda contrariar su equilibrio o trastornar el ordenamiento y funcionamiento de su pequeño universo. Por otra parte, este afán de salvaguarda puede conllevar una especie de incapacidad para renunciar de forma prolongada a la razón y sus protecciones: los tranquilizadores límites de lo racional y lo razonable podrían servirle para inmunizarse contra lo desconocido, para mantener un control y un domino que teme perder.

Esta faceta de su signo también conlleva defectos: hace falta poco para que sus «sistemas de cierre» y «dispositivos de seguridad» se desencadenen de forma mecánica. Así pues, practica el rechazo y la obstrucción de manera sistemática, algo que puede convertirle en un legislador de prohibiciones o un maniaco de la censura. A nivel del pensamiento, este rechazo irreflexivo podrá llamarse tanto incredulidad como escepticismo. Por otra parte, dado que esta actitud afecta incluso a las señales más amistosas, las distancias marcadas por usted también influirán en el círculo de sus seres más próximos. De esta forma, su trato es de lo más delicado y el acceso a su persona de lo más difícil. Tiende a encerrarse en su célebre «fuerte interior», en su persona, sus búsquedas y su trabajo... Cualquier propuesta de ayuda se convertirá, a sus ojos, en una injerencia, y cualquier intento de aproximación, en una interferencia. En el fondo, al no soportar ni demasiadas cosas ni a demasiadas personas, acabará usted sufriendo una alergia generalizada.

Avancemos con precaución (lentitud de excitación)

La facultad de rechazo y la capacidad de contención dimanantes de la primera faceta de su signo no le hacen demasiado propenso a las adhesiones espontáneas ni a los impulsos instintivos. La fuerza de la negación es demasiado intensa en su interior como para no madurar, examinar, calcular y reflexionar durante mucho tiempo sus afirmaciones. No se compromete a la ligera, sin estar seguro, y nunca irá a la cabeza sin rodearse de prudencia y precauciones, lo cual puede proporcionarle destacables cualidades en cuanto a sentido común y realismo.

Así pues, su excitación (y aquí radica la segunda faceta de su personalidad) ya no se corresponde con la excitación primaveral de la liebre, sino con la veraniega de la tortuga: como dice la fábula, usted avanza con lentitud. Esto significa que posee dotes de resistencia y tesón frente a la adversidad, que le permiten asegurar su avance y proseguir con su camino y objetivos con lentitud pero también con garantías. En este sentido, resulta difícil hacer que «se desvíe»: apenas sí es influenciable, y los demás tendrán numerosas ocasiones para elogiar su rectitud, ya que su brújula siempre señala el norte cuando soplan vientos contrarios; para los demás, resulta tranquilizador saber que usted siempre «está ahí» y se puede contar con ello.

Las cualidades que ha desarrollado y los valores que ha adoptado abundan en la dirección de la constancia y la continuidad: fidelidad a sus principios y promesas, dedicación leal, tenacidad, paciencia, cerrazón... De forma más general, es usted sensible a la permanencia de las personas y las cosas, y trata de imprimir un carácter duradero a todo lo que emprende.

En el plano de la actividad, su fuerza reside fundamentalmente en la regularidad de su esfuerzo y la asiduidad de su obra. Se adapta bien a los trabajos de larga duración, aquellos en los que la paciencia no puede convertirse en rutina, en los que retomar significa corregir y mejorar, y no repetir de forma mecánica las mismas cosas una y otra vez. En pocas palabras, es usted un perfeccionista aplicado.

De hecho, el ahorro que implica su comportamiento podría resumirse en una voluntad de conservación: mantener el rumbo y el orden, y conservar la posición, las ideas y la integridad propias, pese a las presiones exteriores, así como el equilibrio, a pesar de los elementos o acontecimientos contrarios. De lo anterior puede derivar una gran estabilidad; sin embargo, usted sabe más que nadie el gran coste que esta conlleva en términos de tensiones controladas, conflictos resueltos y contradicciones asumidas. De esta forma, la conservación del equilibrio conlleva la contención de un desequilibrio: sus tensiones internas y luchas intestinas (de acuerdo con la tradición, su signo gobernaría el funcionamiento de los intestinos) son fruto de esta física elemental; para evitar los desvíos de comportamiento y mantener la imagen que tiene de sí mismo ante usted o los demás es necesario que luche contra usted mismo, contra sus propios demonios del desorden y la inestabilidad, así como contra sus caprichos, que le incitan incluso a suprimir los principios directores. En este sentido, desconfía de la pasión y los sentimientos, ya que sus constantes mareas podrían desviar el curso de su vida y perturbar su estabilidad más de lo razonable.

Como es evidente, también adolece de los defectos asociados a sus cualidades: su estabilidad deriva fácilmente en estatismo. Cuando la rutina termina ganando terreno a la naturalidad, usted pierde todo atisbo de espontaneidad e imaginación, y la vida se convierte en un ritual que realiza de forma mecánica. Se siente fuerte con los vínculos que teje la costumbre, satisfecho con la rutina ordinaria y, por tanto, se muestra reacio a cualquier cambio y hostil ante todo tipo de perturbación. Así, se expondrá usted a los excesos del tradicionalismo, el conservadurismo y la idealización del pasado, que erigen como dogma todopoderoso la negación a evolucionar.

Por otra parte, teniendo en cuenta que la esclerosis no favorece demasiado la flexibilidad, su rigor puede convertirse en rigorismo, su rectitud mutarse en rigidez y la fidelidad a sus principios convertirse en un sectarismo ciego. En este caso, la escasa flexibilidad de su trayectoria no le permite adaptarse a las curvas y meandros propios de la existencia, y su falta de amortiguadores hace que sienta con mayor dureza los baches. De esta forma, de manera paradójica, es su propia inmovilidad la que le pone a merced de cualquier tipo de trastorno.

Jubilación anticipada (velocidad de inhibición)

La segunda faceta de su signo le sensibilizaba ante las cuestiones de constancia, conservación y estabilidad, le incitaba a desarrollar actitudes de prudencia y precaución destinadas a inmunizarle contra lo desconocido. Dado que todas las monedas tienen cara y cruz y todos los signos su reverso, como contrapartida, no es usted una persona demasiado adaptada a lo mutable, lo cambiante y lo imprevisto, a todo aquello que requiera actualizaciones rápidas y ajustes permanentes. La improvisación no es uno de sus fuertes: las situaciones demasiado novedosas y las circunstancias fortuitas podrían dejarle desarmado y desamparado.

En efecto, tiende usted (y esta es la tercera faceta de su signo) a sobrestimar los obstáculos y las dificultades que surgen a su paso. Las barreras se convierten en murallas infranqueables, las contrariedades en obstáculos insalvables y las reticencias hacia su persona en rechazos inaceptables o desprecios absolutos. Del mismo modo que Libra, su signo opuesto, abría el mundo con sus llaves maestras imaginarias, usted tiende a crear sus propios callejones sin salida. Su sentimiento de impotencia podrá calificarse de sumisión, resignación, pesimismo, derrotismo, fatalismo o determinismo; se trata de simples variaciones de una actitud fundamental de renuncia. Al igual que el niño al que todo le parece desmesuradamente grande, usted permanece en la aceptación y el respeto temeroso de potencias que considera invulnerables. En este sentido, será usted una persona fácilmente impresionable.

En general, sus fobias giran en torno a la cuestión de la amenaza de invasión: los «otros» le parecen demasiado agobiantes, teme que le hagan daño o piensa que le están juzgando; en cuanto al mundo exterior, abunda en agresiones y peligros que usted magnifica a voluntad: usted convierte mentalmente el mundo exterior en algo terrorífico, los raíles de su razón se ven ocupados por trenes fantasma. Si no consigue dominar sus angustias, podría correr el riesgo de ser la eterna víctima de su manía persecutoria.

El hecho de que sobreestime los obstáculos y pueble el mundo exterior de peligros imaginarios también se debe a que tiende a subestimarse. Así, podría adolecer de una falta permanente de confianza en sí mismo, de una carencia crónica de seguridad capaz de inhibir cualquier expresión y afirmación de su personalidad. En un caso extremo, podríamos plantearnos hasta qué punto, con esta actitud, se está excusando de vivir.

De hecho, esta tercera faceta de su signo subraya la facilidad con que huye para refugiarse en su interior: cualquier propuesta provoca en usted un movimiento de retroceso inevitable, una reacción inoportuna de retirada, pudiendo llegar a rechazar de forma sistemática cualquier sugerencia o incitación a valorarse o avanzar, aunque sólo sea un poco.

De esta forma, al contrario que Libra, su signo inverso, usted podría carecer sobre todo de don de gentes. Su voz de alarma se dispara en cuanto siente la amenaza de una presencia, provocando que pierda el norte y que la aguja de su brújula interior se convierta de repente en un metrónomo, su capacidad de juicio se vea nublada y su comportamiento sea torpe... Llega a perder toda la capacidad de control y dominio, deja de saber qué actitud adoptar y qué palabras pronunciar.

En cualquier caso, sus reacciones y respuestas rara vez son apropiadas. En el mejor de los casos, trata de aferrarse a los rituales de la cortesía y el decoro, exponiéndose, no obstante, a inevitables meteduras de pata, torpezas y errores de todo tipo como consecuencia de su falta de presencia de espíritu y su nulo sentido de la oportunidad.

Sus intentos de readaptación no eliminan sus temores, sino que se limitan a convertirlos en accesos de agresividad o recriminaciones diversas. De esta forma, podría acabar convirtiéndose en una persona gruñona o criticona: en usted, el espíritu de elegancia de Libra no es más que espíritu de evasión y la capacidad para realizar distinciones de gran sutileza continúa en la fase de la crítica, los comentarios quisquillosos y las ansias de buscar cinco patas al gato. De forma paralela, se rodea de mil y una precauciones inútiles con el único fin de conjurar sus aprensiones y angustias. En definitiva, si es de los que viven sobre todo la tercera faceta de su signo, podría ser perfectamente un criticón quisquilloso.

Al margen (debilidad de excitación)

La cuarta faceta de su signo deriva de la anterior: a base de refugiarse siempre en su interior, acabaría por sentirse tentado a no salir nunca más. De esta forma, resultaría difícil sacarle de sus retiradas y hábitos. Esta cuarta dimensión del signo posee un carácter oculto e íntimo, y, en cualquier caso, poco propenso a la exteriorización.

De esta forma, al contrario que Libra, su signo opuesto, no le gusta demasiado el contacto ni los intercambios. Usted no pretende establecer un flujo relacional, sino que más bien se las arregla para abortar todo intento de relación o aspiración a comunicarse. No trata en absoluto de agradar ni complacer: las costumbres y convenciones le parecen una hipocresía, y es posible que los demás terminen considerándole una persona carente de tacto y educación. De hecho, podría acabar cultivando, en nombre de la sinceridad, rasgos de carácter inadecuados para mantener relaciones. Por otra parte, no hace ningún esfuerzo por adaptarse, sino que cuida de sus especificidades, sus pequeñas manías y sus tics como obstáculos para la vida comunal. A la inversa, nunca aceptará nada de forma absoluta; como mínimo será una persona difícil, rizando el rizo y deseosa de decir siempre la última palabra. A un nivel más positivo, esto podría llevarle a denunciar los falsos acuerdos, los consensos precarios y los entendimientos ficticios, así como las generalizaciones demasiado rápidas o demasiado cómodas. Enemigo de los conceptos de norma y representación comunes, podría llegar a considerar el interés general como la caótica suma de los intereses particulares.

La mayoría de las veces, su actitud podrá tener como consecuencia el aumento del foso que le separa de los demás, así como aislarle de su entorno, medio y época, o bien, en los casos más extremos, del mundo humano. Del mismo modo que Libra se siente solidario, usted se considera solitario. Esto podría otorgarle un aspecto de persona silenciosa, incomprendida e incomprensible (un «gran silencioso», como se apodó a Maeterlinck), de oso asocial y personaje anacrónico o misántropo irredento, en función de su grado de inadaptación. En el fondo, empuja su afán de autonomía hasta la autarquía: vive en sí mismo, en un círculo cerrado.

Dando un paso más en este fenómeno de inadaptación, su política autárquica limitará con el autismo: su diálogo con el exterior se reduce al murmuro de las olas, a los bostezos de una vida demasiado larval y vegetativa. En todo caso, adolecerá de cierta incomunicación, de una falta de contacto con el mundo en general y, más concretamente, de una carencia de intercambios afectivos. Le falta impulso y empuje, desarrollo e ímpetu, energía, entusiasmo y ganas, pujanza, iniciativa, esperanza y motivación, es decir, todo aquello que le permita salir un poco de su sopor y apatía. Su pasividad innata le desanima por anticipado ante cualquier esfuerzo, le disuade de todo intento de desmarcarse del sueño y la deformación de su voluntad.

Su capacidad de deseo se resiente por no poder encontrar una contrapartida, un objeto sobre el que depositarse: en realidad, nada le «engancha» de verdad, todo le da lo mismo, nada tiene importancia y, como consecuencia de esta pasividad, nada vale lo suficiente como para despertar su interés. Su pensamiento aplana el mundo: la vida no es más que una sombría llanura, en la que usted es víctima del desánimo, la neurastenia y la depresión. De hecho, su lasitud, indiferencia y falta de reacción derivan en gran medida de una introversión demasiado desarrollada, de una impotencia (esperemos que momentánea) para salir de sí mismo. De lo contrario, su existencia carecerá de una línea directriz: al no verse respaldada por ningún proyecto, no será más que una sucesión de incoherencias, un montón heterogéneo de pequeños hechos cotidianos.

PERCEPCIÓN DEL RESTO DE SIGNOS

Libra

Todos los signos tienen su opuesto con respecto al eje de simetría natural que constituye la línea de los equinoccios, y el suyo es Libra. Dicho de otro modo, los puntos fuertes de este signo son sus debilidades, y viceversa. La percepción que tiene usted de su «imagen invertida» es, sin duda, tan ambivalente como puede serlo una mirada de reproche mezclada con envidia: en efecto, los días en que se encuentre bien consigo mismo, le reprochará a Libra su inconstancia, su lado más superficial y su forma de adoptar un tono diferente en función del interlocutor. Sin embargo, cuando su piel le pese tanto como para querer mudarla, le envidiará de forma inconsciente su facilidad para relacionarse y su facultad para salir de sí mismo y dirigir su mirada hacia el exterior.

Pareja: si ha escogido un Libra es porque se siente fascinado por su «imagen invertida». Desde luego, no se le podrá tachar de narcisista. Por una parte, Libra le servirá de guía en sus incursiones exteriores; por otra, usted tirará de la cuerda cuando sus prolongadas excursiones le alejen demasiado de su persona. Pero un consejo: no tire demasiado fuerte, ya que, en este caso, estaría recordándole precisamente que lleva una cuerda atada al cuello, algo que le horroriza de forma especial.

Amigo: de algún modo, será un «enemigo fraternal».

Enemigo: si le reprocha que siempre esté de acuerdo con usted, mejor que lo convierta en un amigo.

Escorpión

Aprecia su lado reacio a las influencias y le envidia una flexibilidad de la que usted carece.

Pareja: un vínculo muy estrecho les unirá en la adversidad. De hecho, todo irá bien mientras ambos se entiendan a costa de los demás. Cuando se produzcan disputas internas, por el contrario, apreciará mucho menos la intensidad de sus sentimientos, sobre todo porque, si usted le tiene miedo, sentirá un placer malicioso jugando con el poder que posee sobre usted.

Amigo: ideal para criticar a los demás y «pintarles retratos».

Enemigo: desde luego, es de los mejores enemigos que encontrará.

Sagitario

Les unen pocas cosas. Sin duda, a usted le parece algo agobiante o complicado. Además, aspira demasiado alto para su gusto.

Pareja: en principio, no viven al mismo ritmo: usted va al paso y él al galope; él no se puede estar quieto, mientras que a usted le gusta quedarse en su sitio. Se trata de una discordancia difícil de solucionar. No obstante, consulte los signos ascendentes y los dominantes planetarios: quizá les permitan trotar juntos.

Amigo: en el plano espiritual e intelectual, le abre nuevos horizontes sin que usted se vea obligado a salir de sí mismo, lo cual es toda una ventaja.

Enemigo: es un poco megalómano.

Capricornio

¡Por fin alguien organizado y metódico! Para usted será el colaborador ideal.

Pareja: desde luego, Capricornio le aporta una dimensión tranquilizadora que acalla sus temores y aprensiones. En este sentido, el trabajo o actividad comunes les unirán aún más, haciendo las veces de trampolín para una comunicación que, en caso contrario, resultaría problemática. En cuanto a los vínculos afectivos y los impulsos pasionales, consulten sus signos ascendentes y las respuestas de los cuestionarios.

Amigo: le encanta su rigor.

Enemigo: teme sus rigores.

Acuario

Estos dos signos no presentan demasiadas afinidades: su combinación podría resultar químicamente inestable.

Pareja: Acuario es la pareja ideal para sacarle de su rutina y sus hábitos, para perturbar sus certidumbres e ideas preconcebidas. Usted, por su parte, puede reprocharle su carencia de sentido práctico y realismo, así como, en una palabra, de sentido común. Si usted es hogareño, Acuario será más bien un «trastornahogares», es decir, que no se aburrirán. Ahora bien, si lo que desea es disfrutar de una mayor tranquilidad, le recomendamos que se decante por un Acuario flemático.

Amigo: desde luego, será muy enriquecedor para su persona: le abre perspectivas y puntos de vista inusuales.

Enemigo: sin ponderación no hay contención posible. ¡Es la irracionalidad personificada!

Piscis

Estos dos signos están frente a frente en el Zodiaco. Así pues, Piscis es su vecino o vecina de enfrente..., así que tendrá la curiosidad de echar un vistazo por su ventana.

Pareja: en principio, usted aprecia que no convierta la relación en un pulso de fuerzas. Es comprensivo y, si le quiere de verdad, las pequeñas disputas que puedan surgir no durarán demasiado. En definitiva, no pretenderá perturbar su pequeña organización... ni su pequeño egoísmo. Un consejo: no aplaste por completo la imaginación de Piscis bajo el peso de su rigor.

Amigo: el contacto de Piscis posee el encanto de lo bohemio.

Enemigo: es un eterno soñador... El comportamiento de Piscis eriza tanto su lógica como su sentido común, basado en el realismo.

Aries

En teoría, están en las antípodas el uno del otro: la espontaneidad y la energía de las reacciones de Aries no casan demasiado con su faceta más prudente y reflexiva.

Pareja: ¡tiene usted sus reservas! En cuanto a él, si es un Aries puro, no hará ni caso de las suyas. Desde luego, su unión no se explicará por las similitudes, pero tampoco por las diferencias. Consulten los signos ascendentes. En todo caso, frente a la adversidad, el espíritu de ofensiva de Aries complementará con eficacia su sentido de la organización defensiva.

Amigo: su presencia le resulta tonificante, ya que le otorga confianza en sí mismo.

Enemigo: ¡una auténtica cabeza cuadrada!

Tauro

Usando el simbolismo tradicional, ambos signos son de tierra. No obstante, de ello no puede derivarse que sus relaciones con los Tauro vayan a caracterizarse necesariamente por «tener los pies en la tierra».

Pareja: su espíritu práctico no puede reprocharle nada a la voluntad realizadora de Tauro. Sin embargo, no olvide que será más sensible a los argumentos de sus encantos que a los de su lógica. La prudencia característica de ambos signos haría suponer la creación de una pareja bien «instaurada», en todos los sentidos del término.

Amigo: para llegar a ser amigos deberán vencer las desconfianzas recíprocas.

Enemigo: desconfía de Tauro, y, en el fondo, razones no le faltan.

Géminis

Le cuesta seguir a Géminis: sus fantasías le parecen locuras y sus estados anímicos, incoherencias. En conjunto, comprueba usted que sufre una carencia seria (o no tan seria...) a la hora de dar continuidad a sus ideas.

Pareja: la imprevisibilidad de Géminis le resulta tan sorprendente como desconcertante. En ocasiones, la necesidad de seguridad y estabilidad afectiva que le caracteriza podría verse en entredicho a causa de su lado más cambiante; aunque, al fin y al cabo, un poco de emoción servirá para avivar el amor...

Amigo: les une el placer por la discusión, y usted puede incluso llegar a sentir un malicioso bienestar tratando de acorralarlo con la lógica de sus argumentos.

Enemigo: la dimensión más «veleta» o «malabarista» de Géminis le resulta horripilante.

Cáncer

En principio, encontrará en Cáncer un aire familiar, lo que en teoría podría tranquilizarle e incluso darle confianza.

Pareja: aunque no siempre comparta sus ideas, siempre podrá compartir sus temores, inquietudes y preocupaciones. Se entenderán a la perfección cuando se trate de defender los bienes e intereses propios, así como de protegerse mutuamente de los diversos azares y vicisitudes de la vida. Uniendo sus desconfianzas podrían llegar a formar una pareja cerrada en sí misma.

Amigo: todavía no se explica cómo ha podido conseguir amansarlo.

Enemigo: al fin y al cabo, no puede reprocharle que huya de usted, que se quede agazapado en su rincón sin presentar batalla...

Leo

Estos dos signos son contiguos en el Zodiaco, de forma que, a priori, nada impedirá que puedan discurrir codo con codo por la vida.

Pareja: usted admira su control y su forma de superar las aprensiones y acallar los eventuales temores. En principio, Leo sabe producir el gesto o la palabra que le devuelven la confianza cuando la duda le corroe por dentro. Sin embargo, su actitud protectora y paternalista no carece de autoritarismo y dominación.

Amigo: se trata de un estimulante excelente: nunca ahorra en ánimos.

Enemigo: sus aires de autosuficiencia y confianza en sí mismo le resultan irritantes.

Virgo

Con Virgo es difícil no sentirse cómodo: de alguna forma, se sentirá en su casa como en la suya propia.

Pareja: comparen sus ascendentes y las respuestas de los cuestionarios: dado que, en términos absolutos, la relación íntima no es el fuerte de estos dos signos, cabría preguntarse si alguno de los dos será capaz de desbloquear al otro. Se recomienda que realicen actividades en común, ya que servirán de plataforma para la comunicación. Además, comparten un afán de seguridad material que les acerca.

Amigo: la amistad entre ambos no será demasiado ruidosa.

Enemigo: sin lugar a dudas, le reprocha usted sus mismos defectos.

QUÉ DICE SU ASCENDENTE

Virgo ascendente Virgo

Esta fórmula refuerza las características de su signo solar, tanto los puntos fuertes como los débiles.

Su fuerza reside en la capacidad de negación que le caracteriza, pero también en su resistencia ante las presiones externas y ante todo aquello que pueda constituir una amenaza para mantener su equilibrio.

El único objetivo de su afán de orden, rigor y lógica, así como de su faceta previsora y cuidadosa, consiste en mantener su estabilidad equipándose contra la incertidumbre, la precariedad y el azar, contra todas las vicisitudes de la vida. En este sentido, su deseo de autonomía tan sólo constituye una forma de no depender de las fluctuaciones del exterior; si otorga una importancia excesiva al poder del espíritu y la razón, es precisamente porque desconfía del movimiento de los sentimientos, es decir, de las «intermitencias del corazón».

En general, tiende usted a limitar su ámbito de actuación y su medio de evolución. No obstante, este conjunto podría carecer de apertura, y, si no tiene cuidado, será propenso a pecar de carencia de contactos y relaciones, pudiendo rechazar en los casos extremos cualquier influencia o presencia ajena para poder recluirse en sí mismo y encerrarse en sus intereses. En este caso, al vivir en un entorno hermético, los únicos contactos que mantendrá con el exterior se basarán en el temor, la angustia y la aprensión.

Virgo ascendente Libra

Si fuese necesario comentar su fórmula signo solar-signo ascendente al estilo conciso de las cartas solares, podríamos limitarnos a la lacónica frase: «Destacables esfuerzos por comunicarse». Efectivamente, la influencia de Libra le empuja a comunicar, aunque tan sólo sean sus pensamientos, ideas y reflexiones. En este sentido, es posible que sienta la necesidad de un interlocutor o un público. De forma más general, como consecuencia de lo anterior, sus comportamientos y juicios aumentarán en flexibilidad: mientras que su afán de organización práctica considera las «relaciones humanas», su pensamiento, siempre riguroso, se preocupa por la elegancia del carácter o la simpatía en cuanto a la expresión.

En cualquier caso, a pesar de su deseo de abrirse a los demás, lo cierto es que no dejará de conservar cierta contención y reserva.

Por mucho que trate de encontrar el tono adecuado y permanecer en él, lo cierto es que a veces todo el conjunto carecerá de espontaneidad y naturalidad. En el fondo, los temores de Virgo siguen existiendo en su interior: siempre permanecerá algo al margen, en mayor o menor medida.

A un nivel más general, su apertura está sujeta a ciertos límites: otorga su consentimiento dentro de unos márgenes estrechos, y es capaz de realizar concesiones sin comprometer por ello sus intereses. El deseo de entendimiento no afectará a su afán de integridad, y no se dejará llevar por la corriente del momento a menos que vaya en su misma dirección.

Virgo ascendente Escorpión

La aportación de Escorpión, su signo ascendente, podría reforzar su tendencia a lo íntimo. Es posible que tenga usted la capacidad de disimular sus pensamientos, tanto por afán de protección como por voluntad diplomática de no revelar absolutamente nada de sus planes e intenciones. En cualquier caso, cuenta usted con ciertas trincheras en las que los demás no deberían acosarle, algo que quizá termine por darle fama de persona rara, e incluso individualista, y, en todo caso, reacia a cualquier tipo de influencia. De hecho, es usted una persona muy selectiva, selección que realiza lanzando su mirada al exterior, no siempre conciliadora y, en ocasiones por defensa, francamente agresiva. De esta forma, es posible que se haya construido un clan o, debido a sus dudas y desconfianzas instintivas, haya aprendido a confiar solamente en sí mismo.

A un nivel más profundo, la intensa conciencia que posee de su vulnerabilidad podría hacerle comprender rápidamente que más vale dar miedo que sentirlo, que la única forma de garantizar su seguridad es demostrar su poder, así como afirmando y reafirmando su capacidad.

Gracias a su realismo y a su afán de eficacia, es usted de los que no se preocupan por los rodeos ni las consideraciones inútiles a la hora de alcanzar sus objetivos. A pesar de su tenacidad y perseverancia, sabe aprovechar las oportunidades que se presentan y esperar el momento adecuado para pasar a la acción. En teoría, sabe aunar lógica con perspicacia, rigor con agudeza. Así pues, su espíritu crítico y penetrante podría otorgarle una dimensión revolucionaria o convertirle en un experto en el ámbito que haya escogido.

Virgo ascendente Sagitario

Entre su signo solar y su signo ascendente existe, en cierta medida, el abismo que separa el «juego del solitario» de «Juegos sin fronteras». De esta forma, podría sentirse dividido entre su tendencia al cierre y el mayor afán de expansión, en ocasiones considerado agobiante, de Sagitario. Así pues, su aspecto entusiasta y exuberante puede ocultar un temperamento más inquieto, y sus muestras públicas, una naturaleza más inhibida. Es posible que esto haya provocado el desarrollo de una vida exterior y social abrumadora, destinada a escapar del caparazón de una vida privada que le parece demasiado estrecha. O bien, en el caso inverso, es decir, que Virgo contenga las escapadas de Sagitario, podría haber acabado reservando sus desbordantes estados de ánimo al círculo de sus íntimos.

Por otra parte, su signo ascendente otorga mayor amplitud a sus ambiciones: es posible que sienta ganas de abandonar los roles secundarios y ocultos para pasar a ocupar funciones más representativas y lugares situados en primer plano. Dado que, en teoría, la paciencia y la reflexión deberían frenar los accesos de Sagitario, su éxito siempre será fruto, en mayor o menor grado, de una lenta maduración. Por último, en un plano más abstracto, y dado que su gusto por el detalle no descarta una buena visión de conjunto, podría poner sus cualidades analíticas al servicio de grandes síntesis. A la inversa, teniendo en cuenta que sus teorías y conceptos siempre se ven apuntalados por una documentación seria y una argumentación ajustada, podría convertirse en un interlocutor temible por su rigor y la energía de sus exposiciones.

Virgo ascendente Capricornio

La aportación de Capricornio, su signo ascendente, subraya sus cualidades de control, dominio y sangre fría. Dado que nadie se da nunca por satisfecho, lo cierto es que algunos serán más sensibles al reverso de su personalidad: cierta carencia de espontaneidad, contacto y calor vinculada a la preponderancia de su vida interior. En todo caso, sabe casar constancia con resistencia, dos bazas notables que le permitirán perseguir con tenacidad sus objetivos al tiempo que permanece inmune a las críticas, insensible ante los abucheos o indiferente al tumulto del mundo exterior: «Mucho ruido y pocas nueces», piensa usted. Desde fuera, presentará usted el aspecto de una persona moralmente íntegra y psicológicamente impasible.

Capricornio, además, debería dar mayor alcance a sus pensamientos o acciones: en vez de encerrarse en su pequeño dominio, es capaz de adoptar perspectivas más amplias y generales. En este sentido, podría acabar abandonando lo personal por lo impersonal, al preocuparse por un orden superior, ya sea de carácter social, jurídico, filosófico, matemático o cósmico, así como dejar de lado sus intereses particulares en pro del interés general. En este caso, el análisis se pone al servicio del espíritu comunitario. No obstante, sus constructos teóricos se ven respaldados por la observación práctica y la experiencia concreta, así como por un realismo que le impide extraviarse por los caminos de la abstracción y el idealismo puro.

Virgo ascendente Acuario

A priori, el sentido de permanencia y continuidad que le imprime Virgo no cuadra demasiado bien con el espíritu de cambio y evolución de Acuario. La necesidad de renovarse o transformar las cosas podría trastocar su tendencia al inmovilismo y el conservadurismo. Como mínimo, cabría suponer que aspirará a no ser prisionero de sus ideas, conceptos o costumbres, sino a abrirse a nuevas perspectivas.

Por el contrario, podría pensarse que su base de realismo escéptico atemperará las aspiraciones libertarias y los accesos de entusiasmo ocasionalmente ingenuo de su signo ascendente. En este sentido, el análisis crítico y realista del presente le debería permitir descubrir las promesas de evolución del futuro, y eventualmente de su futuro, sin desembocar en los proyectos utópicos o las visiones quiméricas propias de un espíritu desapegado de toda contingencia. De esta forma, Virgo podría asentar de forma sólida y concreta los valientes proyectos de Acuario.

Para acabar, esta fórmula podría hacer que reaccionase contra todo lo particularista, arbitrario o privilegiado, contra todo aquello que lleve impresa la marca de intereses o beneficios egoístas, y que en su opinión obstaculice la evolución de la humanidad y la emancipación del ser humano.

Virgo ascendente Piscis

La fórmula Virgo-Piscis puede favorecer el desarrollo de una tendencia a la meditación: su espíritu observador y razonador se ve acompañado por un alma contemplativa y soñadora, por mucho que el rumbo de sus pensamientos acabe diluyéndose la mayoría de las veces en ensoñaciones ilimitadas. De esta forma, podría tender a desarrollar su vida interior, sobre todo si tenemos en cuenta que su temperamento ya de por sí poco comunicativo se verá acompañado de cierto sentido de lo incomunicable. Esto le aportará un aspecto aún más íntimo y, a menudo, enigmático.

Su espíritu es complejo, a imagen y semejanza de los números denominados complejos porque incluyen una parte real y otra imaginaria: de esta forma, es usted tanto realista como imaginativo, analítico e intuitivo, aunque su afán de claridad y orden lógico podría verse perturbado a menudo por impresiones confusas, así como por la fluctuación y turbiedad de sus sentimientos. En lugar de responder a un razonamiento, la mayoría de las veces sus elecciones y acciones estarán dictadas por inspiraciones repentinas, escapando así de toda previsión.

De esta forma, su signo ascendente debería otorgarle, además, una mayor amplitud de miras y corazón al desprenderle de sus principios y prejuicios. Por último, y a un nivel más abstracto, podría estar capacitado para reconstituir lógicamente, mediante el análisis, aquello que normalmente está reservado a las impresiones intuitivas o las visiones poéticas.

Virgo ascendente Aries

Virgo frena y Aries acelera, de forma que su afán por mantener la distancia de seguridad no descartará en absoluto el riesgo de accidente.

Por caricaturesco que pueda parecer este retrato, lo cierto es que pone de manifiesto los contrastes de su personalidad: en ocasiones, sus temores, contenciones y reservas tendrán dificultades para reprimir la impaciencia, los impulsos y los entusiasmos, y cabría suponer que llegará incluso a cambiar la prudencia que le caracteriza por algo de inconsciencia e irreflexión. En cualquier caso, correrá el riesgo de verse superado a menudo por la energía de sus reacciones, algo que siempre conllevará la ventaja de hacerle salir de la rutina e imprimir un componente de imprevisión a sus cálculos, así como de exorcizar los demonios de la organización con la ayuda de una improvisación saludable.

No obstante, sus dos signos pueden conformar una alianza satisfactoria: sus reflexiones y análisis minuciosos de las situaciones se ven seguidos de iniciativas contundentes. De esta forma, dado que el analista reflexivo y el observador crítico que es se ven complementados por un hombre comprometido, no dudará en abandonar su fuero interior para descender a la arena, donde sabrá defender sus ideas con rigor y vigor al mismo tiempo.

De esta forma, podría resultar temible en la adversidad: dado que sus sistemas de defensa pueden transformarse de repente en acusaciones, no tiene ningún problema a la hora de pasar de la resistencia al ataque. En definitiva, será, sin lugar a dudas, un contrincante obstinado, íntegro y entero en sus convicciones y percepciones.

Virgo ascendente Tauro

Con la aportación de Tauro, la tenacidad y perseverancia que normalmente imprime a sus proyectos se ven, como no puede ser de otro modo, reforzadas. No se deja apartar con facilidad de sus objetivos. Una vez haya tomado una decisión o emitido un juicio, será muy difícil hacerle dar marcha atrás o cambiar de opinión. Además, puesto que su sentido de la organización a largo plazo se ve impulsado por una poderosa voluntad de realización, es de los que llevan sus proyectos, con paciencia y obstinación, hasta sus últimas consecuencias. De esta forma, podría vanagloriarse de su permanencia y de su profunda estabilidad, aunque deberá procurar que no terminen degenerando en inmovilismo y estatismo. En efecto, no le cuesta convertirse en prisionero de su rutina, y en cualquier caso carece de apertura de miras y curiosidad hacia aquello que no pertenezca a su ámbito o se encuentre entre sus pasiones. En ocasiones, se le reprochará con justicia su excesivo atrincheramiento o polarización.

En el plano de las relaciones humanas, su capacidad de cerrazón le convertirá en una persona eminentemente selectiva: sus exclusiones son a la vez razonadas e instintivas. Sin embargo, una vez descartados sus actos reflejos de defensa y desconfianza, sabe deshacerse de las distancias críticas para saborear con sencillez la presencia de los que le rodean, dando así libertad a la intensidad de sus pasiones y sentimientos.

Virgo ascendente Géminis

En teoría, la influencia de Géminis debería abrirle más al medio que le rodea: sabe abandonar su fuero interno en pro de una posición pública, así como salir de su retiro para mezclarse con la agitación del mundo exterior. Aunque esto tan sólo es una imagen, lo cierto es que indica con bastante justicia, en definitiva, que, en vez de limitarse a un único ámbito, sabe renovar sus focos de interés y que su espíritu investigador innato sabe mostrar curiosidad por cosas muy diversas. Es usted menos selectivo y exclusivo y más comunicativo y expansivo de lo que cabría esperar de su signo. En el peor de los casos, si no consigue conciliar sus tendencias, podría pasar de la frialdad a la exuberancia y de la prudencia excesiva a la irreflexión más absoluta.

Además, dado que su espíritu crítico posee una mayor vivacidad, hará gala de afirmaciones muy incisivas, así como de una lógica más ágil, imaginativa y maliciosa, aunque en un sentido más negativo será capaz de demostrar cualquier cosa. Lo bueno será que, al menos en teoría, sabrá aunar técnica y facilidad, o bien presentar el rigor de sus demostraciones bajo una luz vivaz y agradable. En términos más generales, es posible que esté capacitado para divulgar o publicitar aquello que estuviese silenciado o reservado a un número reducido de personas. El abanico es amplio: este rasgo podría ir desde el deseo de airear sin ningún pudor su vida íntima y sus secretos hasta el de divulgar conocimientos supuestamente herméticos.

Virgo ascendente Cáncer

La aportación de Cáncer, su signo ascendente, subraya un afán de seguridad y protección, así como una tendencia a limitarse a su universo familiar o a encerrarse en su mundo interior. En conjunto podría carecer de capacidad de apertura y comunicación, de forma que tiende a la autosuficiencia y prefiere el curso de sus pensamientos o la efervescencia de sus emociones a las agitaciones y los tumultos del mundo exterior.

De hecho, gracias a Cáncer, su capacidad de comprensión intelectual y racional se ve enriquecida por una inteligencia emocional: ve tan bien con los ojos como con el corazón (retomando la fórmula de Saint Exupéry) y es capaz tanto de razonar sobre el mundo como de dejar que este resuene en su interior. Así pues, para conservar su lucidez, se ve usted obligado a reducir el alcance de su mirada, siendo menos intransigente y más humano.

Por otra parte, podría suponerse que, para usted, la lengua no sólo será un instrumento de conocimiento objetivo que manejará con vigor y precisión, sino también un medio para expresar su subjetividad. En cualquier caso, su exigencia de claridad y concisión no le impedirá ser sensible a la aureola lírica y emocional que rodea las palabras.

Siendo menos optimistas, la atención que profesa a sus estados anímicos podría dañar seriamente su voluntad de control y dominio: los murmullos de su sensibilidad apagan la voz de la razón, y utiliza su humor a modo de lógica, lo que le expondrá a sufrir incoherencias en sus juicios y actos.

Virgo ascendente Leo

En teoría, su signo ascendente aporta a su signo solar una mayor capacidad de decisión y mayores ambiciones. De hecho, no deseará conformarse con lo que es o tiene. La clara conciencia de sus limitaciones o insuficiencias le lleva a superar y dejar atrás sus debilidades y obstáculos, sus dudas e inquietudes. Además, más que a un éxito espectacular o a una voluntad de dominar a los demás, usted aspira a triunfar sobre sí mismo, o bien, si es de los que deben ajustar cuentas con su vida, sobre el pasado.

Es usted consciente de que el éxito no se regala: hay que merecerlo y asegurarlo. Así pues, su éxito será fruto de la voluntad y la lucha, así como de un perfeccionismo paciente y aplicado. En efecto, la falta de confianza en sí mismo, unida al sentimiento ocasional de no estar a la altura, le empuja a no dejar nada en manos del azar, a preverlo todo por anticipado mediante un trabajo constante, correcciones incesantes y actualizaciones continuas.

Para acabar, una unión satisfactoria de Virgo y Leo le otorgaría un triunfo modesto: sabe demasiado bien el coste que conlleva el éxito en términos de trabajo y sacrificio como para ser ostentoso o vanagloriarse.

QUÉ DICEN SUS TEST

Virgo R extensivo

Aparentemente no hay muchas afinidades entre las características de su signo solar y las tendencias que se desprenden de los resultados de los cuestionarios. En efecto, su afán por protegerse de las intromisiones de los demás y de las intrusiones del mundo exterior no casa bien con la espontaneidad comunicativa a que le conduce su fórmula planetaria. De esta forma, podrían surgir tensiones entre un sentido del humor extrovertido y una tendencia a la cerrazón en sí mismo, entre la necesidad de establecer contactos y la acusada inclinación a limitar el diálogo pasando su universo relacional por el tamiz de la prudencia, la desconfianza y la precaución. Sin lugar a dudas, este contraste que afecta a su personalidad le acarreará más de un problema, y alguna que otra sorpresa entre su entorno: a menudo, sus aproximaciones irán seguidas de retrocesos y sus avances de regresiones. Aunque le gustaría dejarse llevar, lo cierto es que es una persona muy contenida, tanto que termina enredándose con las posiciones a tomar y los comportamientos a adoptar: no siempre sabe si debe expresar sus pensamientos o guardarlos para sí mismos, si debería manifestar su presencia u observar desde la distancia.

Para resolver estas contradicciones, es posible que haya desarrollado medios de expresión como la escritura, el dibujo e incluso el teatro, que cuentan con la ventaja de establecer un diálogo a distancia, de crear una relación en la que no se siente directamente implicado. En cualquier caso, siente usted la necesidad de exteriorizarse, y lo hará con mucha más soltura en los discursos impersonales que expresan ideas y convicciones, en los que se juega con el lenguaje de forma radical, que en un estilo de confidencia o confesión para destapar los secretos emocionales.

En otro orden de cosas, aunque vaya usted por delante de los demás, lo cierto es que, por el contrario, no le gusta introducirlos en su vida privada. En última instancia, de los contactos que establezca quedarán pocos vínculos, tan sólo con algunas personas íntimas que habrá escogido con mucho cuidado. De esta forma, es posible que se haya labrado un personaje adaptado al juego del comportamiento social al tiempo que conserva su integridad. En este caso cabe la posibilidad de que su sociabilidad no sea más que una máscara, una fachada que sirva para encubrir el fondo de su personalidad ante la mirada de los demás o incluso, en algunos casos, la naturaleza de sus intenciones. Esta forma de ser puede proporcionarle innegables dotes como diplomático. En este sentido, su facilidad para el trato convencional constituye un logro y una herramienta preciosa para la gestión de sus asuntos y la defensa de sus intereses: su elocuencia y su capacidad de deducción y seducción le permiten ganar la aceptación de sus ideas, de forma que sabe tratar con todo el mundo al tiempo que sigue siendo una persona intratable.

En otro registro, este arte para ganarse la aceptación de los demás puede conferirle indudables capacidades pedagógicas, así como la facultad de transmitir sus conocimientos de forma cálida al tiempo que rigurosa y de explicarlos con claridad y accesibilidad. Comunicar su saber con independencia de la forma (consejos, enseñanzas...) puede convertirse en una manera de abrirse sin mezclarse con los demás. Sabe ponerse a disposición de los demás sin pretender imponerse, y dar consejos sin dirigir. Al margen de su importancia o intrascendencia, sus servicios siempre serán discretos y eficaces.

Virgo r intensivo

La verdad es que se caracteriza usted por un carácter ambicioso que, en principio, no concuerda demasiado con el temperamento discreto y reservado que normalmente se atribuye a su signo solar.

En un primer momento es posible que haya sentido tensiones entre su tendencia a borrarse del mapa, a permanecer al margen, y el deseo de ponerse a la cabeza y desempeñar funciones de primer orden. En el fondo, a usted le gustaría que los demás fuesen conscientes de su presencia sin necesidad de exhibirse ni hacer ostentación o muestra de su persona. En este sentido, quizás haya decidido de forma inconsciente atraer la atención por su lado serio y concienzudo, o bien convertirse en una persona indispensable en la función que desempeña debido a la calidad de los servicios que presta. Su aspecto indiferente oculta un orgullo silencioso, una voluntad cuyo poder es mayor en cuanto que no resulta inmediatamente perceptible. De esta forma, podría llegar a ocupar cargos importantes y desempeñar, en su trabajo y a su nivel, funciones de una eminencia grisácea.

En su caso, el peligro radica en que la tendencia a infravalorarse y el temor a no estar a la altura complican su afirmación: es posible que se vea dividido entre la potencia de sus ambiciones y la impotencia de sentir que nunca podrá realizarlas. En el caso extremo, podría sentir la tentación de compensar con aires de grandeza el complejo de inferioridad que corroe su interior.

Con el tiempo y la experiencia, no obstante, debería poder aunar mejor las tendencias de su fórmula zodiacal con las de sus dominantes planetarios. En este caso, el equilibrio entre ambos no generará ni la infravaloración ni la sobrevaloración de sí mismo, sino una conciencia clara de sus posibilidades y una apreciación justa de su personalidad. En cualquier caso, dará usted mucha importancia a la satisfacción de sus insuficiencias y al control de lo que considera sus debilidades. Sus ambiciones se ven respaldadas por la obstinación, así como por una capacidad de trabajo que nunca ceja en su empeño. Debido a su capacidad crítica y a su buen sentido práctico, no tardará en descubrir los medios adecuados para llegar a sus objetivos; gracias a su espíritu perfeccionista, dará todo de sí en la vía o el ámbito que haya escogido.

Desde esta perspectiva, su necesidad de afirmación se expresará e ilustrará mediante la voluntad de dominar su materia y controlar su ámbito, saber o actividad. Dado que sus fórmulas zodiacal y planetaria denotan un espíritu estructurado y le confieren capacidad de organización, será capaz de dominar de forma óptima su ámbito de actividad a través de sus aptitudes para el orden y el método, la gestión y la administración. De forma más general, es posible otorgarle un gusto por las construcciones lógicas y las demostraciones rigurosas, así como dotes de conceptualización y un sentido de la fórmula precisa al tiempo que concisa. En este sentido, en la medida en que su entorno social y su educación se lo permitan, podría llegar a utilizar el lenguaje como un instrumento de poder, un medio de dominación y la plataforma necesaria para su afirmación.

Virgo E extensivo

De forma general, existen claras convergencias entre las tendencias de su fórmula planetaria y las características de su signo solar. Su combinación signo-planetas subraya y refuerza su realismo, así como su inteligencia práctica y su inclinación por las actividades pragmáticas.

Desde este punto de vista, es posible que su espíritu voluntariamente parsimonioso le haya permitido desarrollar el arte de sacar el máximo partido del mínimo de recursos. De esta forma, abundará en tácticas, astucias, pequeños trucos prácticos, chanchullos y artimañas de todo tipo que le permitan garantizar su beneficio con un mínimo de inversión, sea cual sea esta última: material, de dinero, tiempo o, sencillamente, energía. De ello derivará un espíritu ingenioso que todo el mundo coincidirá en reconocerle y que podría valerle dotes de inventiva en los ámbitos práctico o técnico.

Su realismo implica que para usted no existen las verdades absolutas, sino tan sólo aquellas que derivan de la experiencia concreta: sus criterios son el resultado y la eficacia. Dado que el sentimiento de su valor depende de la importancia de sus realizaciones, incluso su verdad personal y la estima que siente por los demás pasarán por la apreciación de lo que hayan realizado de forma eficaz.

De hecho, es usted una persona práctica, que trabaja sobre el terreno, un terreno cuyas dificultades ha aprendido a reconocer. Asimismo, ha tomado conciencia de sus puntos fuertes midiendo los obstáculos y probando la resistencia de las realidades. Por esta razón, sabe juzgar de forma sana y con claridad las situaciones, que rara vez le cogerán desprevenido.

Aunque su personalidad pueda parecer enérgica y emprendedora, su signo solar debería permitirle dominar el lado impulsivo de su fórmula planetaria. Desconfía de su eventual tendencia a apresurarse, así como de cualquier decisión tomada a la carrera. Por el contrario, prefiere planificar sus acciones y calcular su actuación a fin de protegerse contra lo imprevisto o los riesgos que conlleva cualquier improvisación. En el extremo, es posible que sólo le guste actuar sobre seguro y avanzar exclusivamente cuando haya asegurado lo adquirido y protegido su retaguardia. Con independencia de la situación, aspirará siempre, en primer lugar, a controlarla y tenerla bien asimilada. De esta forma, no pasa por alto ningún detalle antes de emprender un camino o tomar una decisión.

A la inversa, el dinamismo que implica su fórmula planetaria corrige la tendencia al estatismo a que podría vincularle su signo solar. Así pues, su fuerza reside fundamentalmente en la continuidad de su esfuerzo y sus actividades, así como en la constancia de sus acciones. Ello le aporta una resistencia y un tesón poco comunes frente a la adversidad. En este sentido, la imagen que arrojan sus fórmulas planetaria y zodiacal coincide con la de un edificador, un constructor. Con usted no se trata de actuar por actuar, sino que su acción está tanto orientada como meditada. En teoría, dispone usted de cualidades complementarias, iniciativa, capacidad de organización y poder de reflexión, todo lo cual converge para otorgar a sus acciones una eficacia máxima. Para acabar, si bien su éxito no será fulgurante ni espectacular, al menos sí contará con el mérito de ser su obra personal, con la ventaja de ser sólida y duradera. De esta forma, disfrutará de la satisfacción de sentirse realizado.

Virgo e intensivo

A priori, el dominante afectivo que ponen de manifiesto los resultados de sus cuestionarios no coincide demasiado con el carácter más contenido y reservado de su personalidad, que le lleva a controlar y reprimir sus sentimientos de forma ocasionalmente excesiva. Debido a esta contradicción entre un temperamento emotivo y una personalidad poco propensa a las efusiones, es posible que haya terminado adaptando una máscara de frialdad o indiferencia destinada a protegerle de los excesos y las exageraciones de su sensibilidad.

En cualquier caso, parece difícil darse y al mismo tiempo sustraerse, entregarse y conservar la propia naturaleza, abolir y mantener de forma simultánea la distancia que le separa de los demás. Entre sus aproximaciones y sus retrocesos, entre sus impulsos hacia el exterior y sus inmersiones hacia sí mismo, entre sus muestras de generosidad y su egoísmo, será una persona siempre imprevisible o cuyas acciones deberán interpretarse debido a su ambigüedad. Dado que el deseo y el temor a abandonarse originan en su interior corrientes de personalidad contradictorias, podría ocurrir que terminase adoptando comportamientos diametralmente opuestos a sus sentimientos, de forma que utilizase burlas, frases incisivas e indirectas para traducir sus impulsos de simpatía, así como actitudes ariscas y cara de pocos amigos para disimular su ternura, pudiendo perfectamente manifestar su alegría de reencontrarse con la persona amada colmándola de invectivas y reproches.

Por otra parte, podría ocurrir que las tensiones y conflictos originados por la doble necesidad de expresar y reprimir sus sentimientos terminasen por generar en su interior un estado de tensión y nerviosismo manifestado a través de bruscos accesos de emotividad: termina por desbordarse, sus diques de protección ceden ante los ataques de sus emociones y corrientes internas. En sentido inverso, y como reacción a lo anterior, su sensibilidad podría verse sujeta a bloqueos tan repentinos como intempestivos.

En este sentido, su relación con los demás no será fácil y podría plantear problemas. Su dificultad en este ámbito está relacionada fundamentalmente con el hecho de que le cuesta conseguir que se acepten y admitan sus sentimientos, algo que podría convertirse en una fuente de incomprensión y, en el extremo, de incomunicación. Al sentirse menos cómodo en las relaciones con las personas próximas, es posible que reserve sus actos de ternura y compasión para aquellos con los que se siente menos ligado, al conjunto de los desheredados de la naturaleza o la sociedad.

En el peor de los casos, si no consigue conciliar los componentes de su personalidad, dará una imagen de misántropo desbordante de pensamientos e impulsos humanitarios en su interior, de persona solitaria rebosante de afectos secretos. En cualquier caso, siempre contará con el recurso de dar vida a sus sentimientos mediante evasiones artísticas.

Con el tiempo, sin embargo, podría alcanzar un mejor equilibrio de sus tendencias y un mayor dominio de su afectividad, en cuyo caso la tentación más inmediata será, sin duda, separar la vida sentimental de la vida privada y no consentir que una invada la otra, algo que le permitirá vivir sus pasiones de cara al exterior al tiempo que mantiene una preciada integridad. La solución más fácil, sin por ello ser la más evidente, consistirá en encontrar una pareja que le convenga y aceptar que «otro» se entrometa en su universo. En este contexto, tendrá la oportunidad de dar rienda suelta a los impulsos de su corazón en el mismo círculo de su intimidad.

Virgo T extensivo

En un primer momento, las tendencias de su fórmula planetaria y las características de su signo solar parecen contradictorias. En efecto, su tendencia inconformista no resulta coherente con las inclinaciones más conservadoras de Virgo, y podría pensarse que le costará conciliar su aspecto y comportamiento intencionadamente reservados con la voluntad de ser visible sin dejar de vivir lo que le hace diferente. Por otra parte, su aspiración a salir de su condición o medio social, a vivir de forma diferente, puede haberse visto frenada e inhibida por cierta carencia de confianza en sí mismo, así como por actitudes derrotistas o temores imaginarios.

Sea como fuere, no siempre es usted consciente de la necesidad de reconocer y respetar el poder de la razón (una razón razonable y razonante que le conduce a la resignación), ni de tomar partido de forma deliberada y resuelta por la «imaginación al poder». Como consecuencia, es posible que se haya sentido dividido entre el rechazo y la aceptación de la realidad, entre su aspiración a lo imposible y su sentido de la imposibilidad, entre su sed de infinitud y la intensa conciencia de los límites que impone la existencia: por un lado, una realidad que una parte de usted considera insatisfactoria y, por otro, aspiraciones que la segunda parte de sí mismo estima insensatas y totalmente irrealizables.

Si no ha conseguido conciliar de forma concreta las tendencias de sus fórmulas planetaria y zodiacal, la imagen que dará de sí mismo podría parecer, como mínimo, contradictoria: tras la fachada de una vida bien organizada, movida por la inercia y la rutina, su pensamiento destilará de forma concienzuda sueños inaccesibles e incluso ideas revolucionarias, o bien, atrapado entre una tendencia al inmovilismo y una aspiración al cambio, parecerá un reformador temeroso de cualquier idea innovadora, que denuncia cualquier evolución como la fuente de un apocalipsis.

Desde una perspectiva más positiva, debido a sus facultades imaginativas y creativas, podría hacer gala de ideas originales y ser un auténtico innovador en el ámbito de su actividad. La «dimensión nueva» a que aspira siempre se encontrará en los límites de lo razonable y lo realizable. Si llega a trastocar los usos y perturbar las costumbres, pensamientos y prácticas que considera demasiado rutinarios, es porque, en su opinión, frenan una evolución que le parece inevitable. El atrevimiento de su pensamiento y la audacia de su comportamiento estarán intensamente marcados por el rigor y la prudencia, el sentido común y el realismo. En este sentido, las transformaciones que proponga estarán lejos de ser quiméricas. Con la ayuda de su perseverancia, cuenta con buenas armas para imponer a la larga otras formas de ver y concebir las cosas, así como para llevar a término con paciencia una obra que satisfaga sus exigencias.

Virgo t intensivo

Su fórmula planetaria le lleva a acentuar la distancia introducida entre su persona y el mundo exterior. Como consecuencia de lo anterior, se verán reforzadas tanto su capacidad crítica y analítica como su tendencia a reducir el diálogo con el medio que le rodea y, en el extremo, a encerrarse en su universo interior.

La distancia que adopta responde al mismo tiempo a un sistema de defensa y a la expresión de una mirada crítica hacia las personas y las cosas: siente temor al tiempo que vacilación. Como es evidente, este tipo de actitud no le convierte en una persona comunicativa, aunque al menos sí tendrá la ventaja de aportarle lucidez y perspicacia. En este sentido, será difícil engañarle y aprovecharse de usted. Su temor a ser inocente le convierten en una persona muy desconfiada. Cuenta con la capacidad de percibir el lado oscuro de las cosas, de comprender, más allá de las palabras y los gestos bonitos, las motivaciones secretas, las intenciones ocultas y las razones inconfesadas.

En este aspecto de su personalidad se encuentra el germen y la posibilidad de eventuales tendencias paranoicas: si no la controla bien, su facultad para leer entre líneas podría convertirse con facilidad en delirios de interpretación, miedos o manía persecutoria. De forma más positiva, podrá contar con la íntima convicción de que cualquier comportamiento o sentimiento está marcado por la ambivalencia y la ambigüedad, que el blanco siempre tiene un reverso negro, y viceversa.

En cualquier caso, es preferible que su espíritu crítico y razonador se aplique a los mecanismos del mundo objetivo en vez de al funcionamiento oculto del alma humana, y que su búsqueda de lo desconocido tome prestados los métodos de la lógica, más tranquilizadores. Por poco que su medio social y su educación le predispongan a ello, su sentido analítico y sus dotes de observación y especulación deberían proporcionarle innegables aptitudes en aquellos ámbitos que requieran objetividad, profundidad de pensamiento y rigor de razonamiento. En particular, su práctica de la duda y su desconfianza hacia las opiniones o valores recibidos le aportan las cualidades indispensables para un auténtico espíritu científico. Su escepticismo, carente de toda objetividad, le lleva a comprobar la vanidad de cualquier verdad, la fragilidad de todas las empresas humanas, la imposibilidad de toda certidumbre y la insignificancia y nimiedad de cualquier realización.

En las relaciones humanas, su agudo sentido de la reflexión crítica podría convertirse fácilmente en un gusto por las reflexiones críticas. En este caso, aparecerá ante los demás como un bromista o un cínico. Poco propenso a hacer la pelota a los demás, sus observaciones a menudo resultarán hirientes o agresivas; a pesar de constituir, en parte, la expresión de su sistema de defensa, no por ello serán menos percibidas como una ofensa manifiesta.

En el peor de los casos, podría ocurrir que su fórmula planetaria acentuase la carencia de sociabilidad que caracteriza la fórmula inadaptada de su signo solar. Dividido entre el espíritu crítico y voluntariamente ofensivo, siempre listo para encontrar buenas razones para no establecer relaciones ni contactos, y una imaginación propensa a poblar el mundo exterior de peligros imaginarios, que le sensibiliza de forma exagerada ante todo lo que pueda constituir una amenaza para su equilibrio o un atentado a su integridad, se expone a cierta modalidad de cerrazón interior, en su fuero interno, en un universo en el que usted será el extraño y secreto habitante.

EJEMPLOS

MAUPASSANT. El E intensivo y extensivo domina la carta de Maupassant. Del E extensivo reconocemos fácilmente el realismo de este protegido de Flaubert: la fidelidad en la caracterización de las costumbres, el arte del detalle, la justicia de las descripciones y la precisión de la observación. Esta «copia inmóvil y muda de la vida» convierte su obra en un fresco «más verdadero que la propia vida» (Brunetière). Además, la inhibición protectora de Virgo le proporciona lo que él mismo califica de «excesivo pudor en los sentimientos».

GRETA GARBO. Virgo ascendente Cáncer: domina la inhibición protectora del verano, con la v – como telón de fondo. Se la describe como una persona «fría y distante por su timidez, como método de autodefensa, intensamente temerosa y desconfiada, atenta para observarlo todo sin dejar entrever nada de sí misma». Su imposibilidad de renunciar a su pasado en Hollywood responde a la L + y la d + asociativa.

AGATHA CHRISTIE. Los dos planetas de la «generación semilla», Neptuno-Plutón, estaban en hora de máxima activación culminando y aspectando a Saturno justo levantándose en el signo, donde, por otro lado, estaba el Sol aspectando a Marte ocultándose, al nacer Agatha Christie, «la reina del crimen», creadora del Inspector Poirot y Miss Marple. Los seis planetas en aire con Libra muy acusado ocasionan que la acción de sus novelas transcurra en ambientes variados y acomodados, y sin valerse de una violencia excesiva:

de hecho, el secreto está en la trama, en la forma de asociar sospechosos dispares. Junto al afán investigador de Virgo, esta escritora británica se valió de las técnicas psicológicas subliminales más actuales para atraer al público.

JARRY. Un potente t intensivo de tipo cáustico: *Ubú rey* sigue siendo «la obra más irrespetuosa que jamás se haya escrito». El sentido de los contrarios marca no sólo su obra, sino también su personalidad: el también literato Rachilde lo describe como «el ser más contradictorio que pueda existir».

MICHAEL JACKSON. Si en Madonna veíamos la combinación Leo/Virgo, en el caso de Michael Jackson tenemos la contraria, artistas ambos nacidos el mismo año. Plutón/Sol en hora de máxima potencia culmina y la Luna se oculta en Piscis horas después de llegar a la fase de llena: Jackson es muy «integral» en su concepción del espectáculo. Marte se ubica en el descendente en mala relación con Urano/Venus/Mercurio en Leo: pleitos, donaciones, derroches e incomprensiones le acompañan siempre, haga lo que haga, vaya donde vaya. El talento y la excentricidad, pero también los problemas, llegaron pronto a su vida. Su dominante lo hace mudar y renacer, a veces jugando a ser el «doble» de otro o de otra, por el sentido de los contrarios de Virgo reforzados por el sentido de las combinaciones de Leo.

3.
El trío del tiempo

Libra
Escorpión
Sagitario

Libra

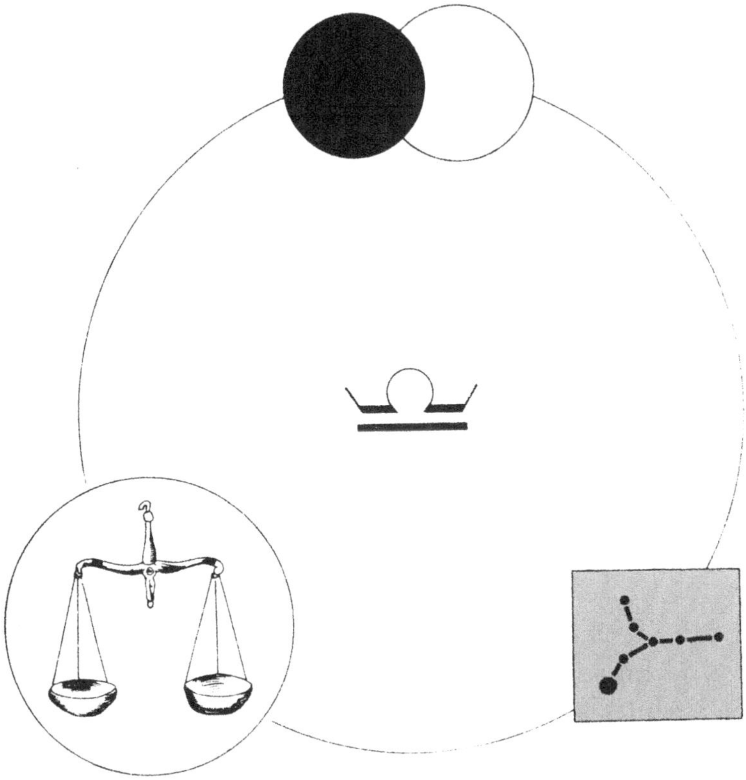

FÓRMULAS

En astrometría

Con una latitud geográfica media de 45°, cuando el Sol atraviesa este signo entre el 23 de septiembre y el 23 de octubre, o bien cuando un astro (sin latitud celeste) pasa de 0° a 30° de este signo.

- Su tiempo de presencia por encima del plano del horizonte pasa de 12:00 h a 10:26 h.
- Su altura máxima o culminación superior pasa de 45° 00' a 33° 31'.
- Su altura en relación con el plano de la eclíptica o declinación pasa de 0° 00' a 11° 29' Sur.
- Su acimut en el orto pasa de 90° 00' a 73° 39'.

Fórmulas condicionalistas

(véase primera parte de la obra)

En relación con el modo «adaptado»:

- Fuerza de excitación (F +): acordemos los violines.
- Velocidad de inhibición (V –): violemos los acuerdos.

En sentido de los contrarios.

En relación con el modo «contraadaptado»:

- Inercia de excitación (I +): hacia y contra todo.
- Debilidad de inhibición (d –): no hay límites.

En fase igualitaria.

CONTEXTO

Su signo sucede al de Virgo y, de forma más amplia, reacciona contra las tendencias autoprotectoras del verano, simbolizadas por el caparazón del cangrejo o el himen de la virgen. En términos absolutos, sin considerar el signo ascendente ni el dominante planetario, su signo se ha liberado de todos los temores, inquietudes, aprensiones y alarmas, casi siempre injustificados, que obligaban a Cáncer y Virgo a cerrar sus puertas ante lo desconocido en el marco de actitudes de temerosa retirada u observación distante. En el caso de Libra, ya no se trata de vivir entre o dentro de uno mismo, al abrigo de los demás. En términos generales, ya no se basta a sí mismo, sino que abre la puerta al mundo exterior para reanudar un diálogo que Virgo había reglamentado o reducido demasiado, e incluso interrumpido.

Si hay nativos de Virgo a su alrededor, seguramente les reprochará que mantengan unas distancias que usted, por su lado, pretende abolir, así como que no sean lo suficientemente afectivos y conciliantes, y no tengan el espíritu ni el corazón lo suficientemente abiertos. Lo que eran cualidades en Virgo le parecen a usted defectos incomprensibles, y considera que su rigor no es más que falta de flexibilidad.

De esta forma, muchas de sus conductas y actitudes pueden comprenderse como reacciones inconscientes y, a menudo, excesivas, ante la forma de ser y pensar de Virgo: así, su confianza ocasionalmente ingenua se hace eco de la desconfianza y las dudas de esta última; y cierta dosis de despreocupación puede responder a las mil prudencias y precauciones de que se rodea habitualmente su predecesor zodiacal. En el fondo, en su interior se congratula, sin lugar a dudas, de no ser ya «Virgo» en algunos sentidos; tal es su alejamiento, por momentos, de cualquier problema o afán de seguridad. En particular, le cuesta comprender esa voluntad de Virgo de proteger la retaguardia mientras asegura el avance. Usted, por su lado, prefiere adaptarse al fluir de las circunstancias. No obstante, si opta por rechazar la dimensión «hormiga» de Virgo, deberá desconfiar de no acentuar demasiado su lado «cigarra»: no haría sino ir de mal en peor.

La rueda del Zodiaco, como también la de la vida, nunca para. Su signo sucede al de Virgo, pero también es el signo anterior a Escorpión.

Así pues, cabría preguntarse si, tras haber matado a la virgen que había en su interior, no existe en el fondo de su inconsciente un escorpión medio dormido. Es posible que, por momentos, sienta la tentación de desmarcarse más de su medio o entorno, de mostrarse menos flexible y más mordaz, menos complaciente y más desagradable. Sin duda, bajo sus adhesiones, acuerdos o consentimientos se esconden otros tantos rechazos, negativas y exclusiones que no se atreve a formular, revueltas que contiene en su interior y que teme llevar hasta el final de sus consecuencias. ¡Reconózcalo! Hay días en que preferiría poder comportarse como Escorpión, mostrarse menos pendiente de la aprobación de los demás y, diciéndolo de forma clara, más «agresivo». El signo de Escorpión, en cualquier caso, no puede dejarle indiferente. Piense tan sólo en las relaciones que pueda mantener con personas de este signo. Aunque, en cierta manera, le parecen demasiado secretas y algo inquietantes, seguramente hay en ellas algo que le fascina, como si presintiese, de forma oscura, que un día u otro el Libra que es está llamado a convertirse en Escorpión.

LAS CUATRO DIMENSIONES DE SU PERSONALIDAD

Acordemos los violines (fuerza de excitación asociativa)

Del mismo modo que la debilidad de excitación asociativa de Virgo podría llevarle a vivir de manera hermética, la fuerza de excitación asociativa incita a Libra a vivir de acuerdo con el principio de los vasos comunicantes.

En sus buenos momentos, cuando nada contraríe sus tendencias naturales, buscará de forma espontánea el entendimiento, el punto de acuerdo común, el hilo capaz de establecer el contacto y que permita que la corriente pase.

De esta forma, su primer movimiento será tender un puente más allá de las diferencias y controversias que le separan de los demás, considerando tan sólo aquellos elementos que puedan aproximarles. Esta disposición le convertirá en una persona muy afable, conciliadora y tolerante. Normalmente, los demás le considerarán una persona transigente, y en caso de conflicto o desacuerdo será el primero en tratar de encontrar un terreno de entendimiento, un término medio, una solución común en la que todo el mundo se encuentre cómodo y feliz, con la que nadie se sienta perjudicado.

Este afán de acuerdo o equilibrio afecta no sólo a las relaciones interpersonales, sociales o políticas (Eisenhower), sino también a las formales. No hace falta mucho para otorgarle eventuales inclinaciones estéticas, así como cierto gusto por la armonía: los equilibrios pueden ser volúmenes, líneas o masas; y los acuerdos, colores o una guitarra.

Por otra parte, tampoco es que sea una persona amable por definición o por decreto divino. Dado que las actitudes agresivas o los aires demasiado ariscos o broncos no favorecen en absoluto el contacto y el entendimiento cordial, se ve más o menos obligado a mostrarse bajo un aspecto agradable, así como a utilizar el arsenal de su encanto y en ocasiones la panoplia del perfecto seductor. Con el desgaste, sin embargo, el barniz de su afabilidad se pelará y agrietará de forma seria.

En la vida social, su apertura hacia los demás puede convertirle en un hombre con don de gentes y dialogante. De forma más general, su dinámica asociativa le orienta hacia aquellas profesiones en que lo esencial sea participar, cooperar y colaborar.

No obstante, la primera dimensión de su signo también le acarrea algunas debilidades, que se manifiestan mediante la búsqueda sistemática del acuerdo, sin distinción ni discernimiento. Su necesidad de obtener la aprobación de los demás puede llevarle a depender de ellos de forma excesiva, a regularse en función de su opinión o a adaptarse con demasiada facilidad a su forma de ver o sentir. En este sentido, sus opiniones y actitudes podrían ser auténtica «geometría variable», de forma que podrá ser tildado de veleta o de persona fácil, además de exponerse, en cualquier caso, a reproches por su inconstancia e inconsistencia.

Además, debido a sus afinidades con cualquier cosa y persona, tendrá necesariamente problemas de elección: así, dado que no es demasiado propenso a pronunciar sentencias exclusivas, correrá el riego de desembocar en asociaciones que no le convengan demasiado, ya sean de carácter profesional o personal.

En el fondo, no sabe decir que no: en ningún caso demuestra oposición, sino que siempre está preparado para emprender nuevas relaciones, para hacer favores y para ayudar a los demás, incluso a riesgo de ser usted mismo el principal perjudicado. Sus excesos de complacencia ocultan y revelan de forma sistemática su debilidad: llega demasiado lejos al realizar concesiones, y esto siempre le perjudica. Es demasiado maleable, flexible, liberal, conciliador y confiado, y, en definitiva, otorga una posición demasiado importante a los demás. Sus excesos también convergen hacia una carencia de afirmación de su personalidad. En el límite, cuando su espíritu asociativo degenere en conformismo, se expondrá a no ser más que el reflejo de su medio de evolución, un fiel eco de su época.

En un plano más abstracto, para acabar, su sociabilidad indiscriminada le hace sensible a todos los mitos e ideales igualitarios: pacifismo, fraternidad..., allí donde ya no haya jerarquía, distinciones ni diferencias, allí donde reine el entendimiento perfecto.

Violemos los acuerdos (velocidad de inhibición)

La segunda faceta de su signo corrige supuestamente los excesos de la primera: los acuerdos que en ocasiones otorga con demasiada rapidez pueden verse seguidos, en un segundo momento, por repentinos retrocesos, por bruscas retiradas impuestas por las circunstancias.

De esta forma, sus afirmaciones a menudo se verán matizadas por un *pero*, con todo lo que ello conlleva de reserva, restricción, reticencia y, eventualmente, sustracción. En el fondo, evita con gran cuidado comprometerse demasiado y siempre se las arregla para contar con una puerta de salida, con una vía de liberación o salida de socorro. Una cosa es vincularse y otra muy distinta sentirse atado. Así pues, su adhesión es retráctil y sus elecciones, prudentes: en su caso, podría tratarse de conservar todo margen de maniobra en un sentido u otro, algo que hará que los demás le tilden, en función de las circunstancias, de chaquetero u oportunista. En términos menos peyorativos, se dirá que es usted una persona diplomática que sabe aprovechar las oportunidades; en definitiva, que sabe manejar un barco y, en caso necesario, dar los rodeos que hagan falta. A este respecto, cuenta usted con la cualidad de no pronunciarse o, en cualquier caso, de no pronunciar ninguna exclusiva, así como de reservarse sus opiniones, matizar sus afirmaciones, retrasar sus respuestas o mantener, en muchas ocasiones, una neutralidad difusa. Si posee la educación pertinente, estas tendencias naturales le permitirán manejar todas las sutilezas del lenguaje, valerse de todos los entresijos y artimañas del juego social y jugar con lo que se denomina cortesía y buenas maneras, que no son sino formas de ganarse la aceptación de los demás o de disculparse uno mismo con elegancia.

Por otra parte, no le gustan demasiado los enfrentamientos directos, en los que opta de buena gana por ocultarse, conformándose con esquivar los golpes y no estar al alcance del adversario.

Como se dice en el noble arte del boxeo, evita el combate y prefiere utilizar con encanto y civismo las armas de la persuasión y la disuasión (Gandhi). Del mismo modo, más que coger el toro por los cuernos, es posible que tienda a actuar y maniobrar por medio de conocidos y a través de sus relaciones.

En definitiva, dispone usted de un comportamiento muy flexible, algo que no sólo puede valerle una notable facilidad para establecer relaciones, sino también, en términos más generales, una importante capacidad de adaptación y acomodación. En teoría, cuenta usted con una buena capacidad de réplica, en la acepción general de utilizar respuestas rápidas y apropiadas en las situaciones más variadas. De forma más común, los demás le atribuirán el don de adaptarse a las circunstancias y un olfato para adoptar el comportamiento que conviene, algo que no tiene por qué ser peyorativo. En resumen, sabe usted evolucionar en todos los sentidos de la expresión, en su medio, donde se mueve como pez en el agua, y con su época, o, mejor dicho, con el tiempo: cuando procede, sabe cómo no quedar prisionero de una imagen de sí mismo (hermanos Lumière) y aceptar sus variaciones, cambios y transformaciones como una señal necesaria de cualquier evolución (Bergson).

La segunda dimensión de su signo también conlleva debilidades: no hace falta mucho para que sus reacciones de elusión se conviertan en sistemáticas y mecánicas, ni para que su actitud esquiva se convierta en una tendencia a la huida. Así pues, destacará usted por adoptar posiciones, como mínimo, sinuosas y tortuosas, así como por la calidad de sus huidas y evasivas. De esta forma, podría acabar desarrollando aptitudes inequívocas para ahogar sus respuestas en una verborrea rebosante de giros, rodeos y cambios inextricables. A un nivel más fundamental, la negación del compromiso, una posición política de espera, se convertirá en miedo al compromiso, pasando de ser una posición de fuerza a un signo de debilidad. En el ámbito sentimental, en particular, se guiará por el miedo a elegir mal, y siempre encontrará pretextos para no dar el paso definitivo. En el fondo, es incapaz de decidir qué le conviene y qué no. Como consecuencia, se expone a arrepentirse a posteriori de aquello que no se atrevió a hacer.

Esta segunda dimensión de su signo, en definitiva, no le incita demasiado a adoptar posturas tajantes, firmes y definitivas. Aunque, de forma ocasional, esto será un inconveniente al nivel de la existencia, ya que, en general, la vida implica la toma de decisiones claras y precisas, será, por el contrario, todo un logro en el ámbito del pensamiento: mientras que, en los hechos, resulta difícil pasar constantemente de una decisión a otra, en la reflexión es muy fácil pasar de la tesis a la antítesis, sopesar los pros y los contras. Este juego de alternancia introduce un movimiento de comparación en que su pensamiento adquiere una gran precisión, realizando distinciones muy sutiles mientras busca una formulación a través de la expresión perfecta... Aquí radica el secreto del famoso sentido de los matices que tradicionalmente se atribuye a su signo.

Hacia y contra todo (inercia de excitación)

El segundo y el tercer aspecto de su signo son, a todas luces, el día y la noche. En sus momentos de inadaptación, cuando pierde el control de las situaciones, su capacidad de amoldarse a las circunstancias se transforma en la obstinación de dejar de tenerlas en cuenta: incapaz de ver la realidad, tan sólo considera su punto de vista y desprecia cualquier atisbo de prudencia y sentido común elementales.

De esta forma, tenderá a despreciar las dificultades y subestimar la adversidad, barriendo de un plumazo de pensamiento los obstáculos y objeciones que puedan oponerse a sus proyectos o aspiraciones. Desprovisto de toda objetividad, cultiva un optimismo sereno, una expectativa ingenua y confiada que nada puede perturbar: prácticamente no presta atención a las advertencias y consejos informados de las personas que le rodean, e incluso sus fracasos reforzarán la obstinación y el orgullo ciegos que le poseen. Nada podrá hacerle renunciar o dudar, sobre todo de sí mismo. De esta forma, dará muestras de una molesta tendencia a encabezonarse en el error, a persistir en comportamientos aberrantes o, como mínimo, inoportunos. En la mayoría de los casos, esta actitud le llevará a aventurarse a lo loco en las dificultades de la adversidad: corre hacia su propia perdición lanzándose a luchas sin esperanza y dirigiendo combates perdidos de antemano, en los que tan sólo su amor propio encontrará alguna satisfacción. En el fondo, al contrario que Virgo, su signo inverso, usted no se adapta demasiado a las situaciones que exigen paciencia y tenacidad: toma por constancia lo que no es más que negativa a ponerse en evidencia y llama perseverancia a la persistencia de sus ilusiones.

De hecho, su subestimación o desprecio de la realidad también se deben a que sobreestima sus posibilidades, a que se vanagloria de sí mismo, así como de sus fuerzas y derechos. Le gustaría cambiar el orden del mundo más que sus deseos, hacer que la realidad se doblegase a sus exigencias e imponer su voluntad o ley a los acontecimientos que escapan a su control o sobre los que no tiene alcance. En este sentido, tiende usted a creer ciegamente en su buena estrella, a leer en sus aspiraciones confusas la certidumbre de su éxito o talento. Esta inflamación de la subjetividad puede hacerle vivir en una imagen de sí mismo poco coherente con lo que realmente es, pudiendo quedar encallado de forma inconsiderada en un modelo con el que se identifica, o bien permanecer exageradamente impregnado por los sueños de grandeza y gloria que forjase durante la infancia o la adolescencia. De una forma u otra, el destino le ha marcado con el dedo: tiene una misión que cumplir y persigue con obstinación y de forma invariable e implacable el mismo objetivo, un proyecto obsesivo al que se dedica por entero. Perseguidor de utopías, idealista irredento, se siente fascinado por una imagen obsesiva, hasta el punto de que la misma acaba decidiendo sobre su vida. En cualquier caso, vive usted en la estela de su imaginario, promoviendo sueños imposibles y proyectos quiméricos, manteniendo un mito de sí mismo que ni la negación de los hechos ni la refutación de los acontecimientos pueden empañar. La realidad no es tan de color de rosa. Su poder absoluto no es más que una ilusión interior y subjetiva; en la mayoría de los casos, sus ambiciones se reducen a bellas elevaciones líricas que, por desgracia, no alcanzan una materialización concreta ni van seguidas de grandes repercusiones: su ambicioso proyecto arroja resultados irrisorios y su potente soplo interior no provoca más que pobres balbuceos. De esta forma, los grandes proyectos, las importantes empresas y los planes más grandiosos se quedan en el estadio de boceto o garabato; lo que está claro es que los resultados estarán lejos de igualar sus expectativas o pretensiones, y las ambiciones a que aspirase revelarán su verdadera condición: meras visiones de su espíritu. No obstante, nada impide que posea auténticos talentos, aunque en este caso será aún más arrogante y altanero, y aspirará a ser inimitable.

En cualquier caso, teniendo en cuenta la tenacidad de la realidad, nadie mejor que ella para desinflar sus ideas banales y desflorar la ingenuidad de sus pretensiones. Tras haberse dicho, como Rimbaud, «mago o ángel», se verá devuelto, como él, «al suelo, [...] con la rugosa realidad por abrazar». Debería aprovechar este momento para ganar en modestia y otorgar a sus quimeras un tinte más realista. No obstante, deberá aceptar despojarse de su carácter superlativo para vestir un traje más realista, que, si bien será menos brillante, también ganará en solidez y resistencia. De lo contrario, siempre podrá excusar sus fracasos acusando al exterior de sus propias deficiencias: incomprendido, rechazado, cualidades desconocidas, talentos inusuales, proyectos contrariados..., su currículum vítae será, de forma obstinada, el de la eterna víctima de un destino contrario.

Sin límites (debilidad de inhibición bloqueadora)

La cuarta faceta de su signo deriva de la anterior. Al no tener conciencia de sus propios límites, se inclinará a rechazar los límites que la realidad impone a todo hijo de vecino, las restricciones que la sociedad ejerce sobre su persona, así como a rechazar aquello que, normalmente, garantiza a las personas la seguridad y la estabilidad, el equilibrio y la regulación: trabajo, familia (añadamos la patria, aunque ya no sea un valor seguro), principios, leyes morales, reglas y convenciones sociales..., nada escapa al exterminio de su obstinado individualismo. Su revuelta no puede ser sino subjetiva, aunque nada impide que pueda convertirse, como Rimbaud, Libra ascendente Libra, en un auténtico «desorden».

Además, esta cuarta dimensión de su signo puede llevarle a vivir fuera de las condiciones «normales» de la vida, lejos de cualquier rutina de tipo «metro-trabajo-cama». En este caso, tan sólo se sentirá libre en el movimiento (si puede ser, no rectilíneo ni uniforme), en las escapadas continuas, reales o imaginarias, a través de las cuales se proyecta hacia el exterior, cada vez más lejos. Hay en usted algo del «barco ebrio» de Rimbaud, del «hombre de las suelas de viento»: se ve obligado a abandonar constantemente el puerto y retirar los diques de protección, a soltar amarras para hacerse a la mar y a los nuevos horizontes que esta depara.

Si consigue dominarla, esta fórmula puede conllevar virtudes positivas, ya que constituye toda un agua de la juventud: le incita a no resignarse con una vida estrecha y maquinal, regulada, ordenada y organizada, es decir, lo que para usted es rígida. Su odio ante el estancamiento y la inercia, su horror ante las personas conformistas, le podrían valer una vida rica en trastornos y embrollos de todo tipo. En un caso extremo podría, como Lanza del Vasto, «decidir abandonarlo todo».

En cualquier caso, usted evoluciona a base de impulsos, golpes de suerte u obstinaciones: sabe volver a empezar sobre cimientos nuevos cuando es necesario, hacer tabla rasa. No se siente retenido por su pasado y no duda en desprenderse de sus vínculos y costumbres cuando estos le pesan o le parecen anacrónicos. En este sentido, es posible que se sienta fascinado por los «puntos de partida», que siempre incluyen promesas de aventura y apertura a nuevas vías, además de llevar en sí todas las posibilidades. Debido a su necesidad y sed de innovación, procura no crear restricciones inútiles por miedo a que limiten su disponibilidad.

No hace falta mucho para que su afán de sortear una vida demasiado regulada se convierta en apología de la inestabilidad, en cuyo caso su horror ante todo lo estable y definitivo le llevará a vivir de forma desbocada, a merced de la incertidumbre, la precariedad y la provisionalidad. Su voluntad de no instalarse, de no establecerse ni arraigarse, se traducirá en un rechazo fundamental a dejarse encerrar en cualquier cosa, ya sea una idea, una certidumbre, un sistema, una imagen de sí mismo, una relación entre dos personas, una situación profesional o cualquier tipo de función social. En definitiva, se niega a encerrarse en una decisión, a comprometerse de un modo u otro: usted no pertenece a nada ni a nadie, se siente limitado en cualquier sitio, como si nada pudiese satisfacer la desmesura de sus aspiraciones ni contener su deseo de vivir más allá de las normas comunes.

Sin duda, esta actitud le acarreará un intenso sentimiento de libertad, aunque se trate de una libertad puramente platónica, totalmente subjetiva y metafísica, que usted concibe como la simple ausencia de restricciones y trabas: atacará a todo aquello que retenga o restrinja, contenga y constriña el sentimiento de su individualidad. Al dejar de hacer distinciones, lo reducirá todo al mismo denominador: nada parecerá positivo a los ojos de su nihilismo. Por ejemplo, dado que cualquier trabajo le parecerá una restricción, esto le dispensará e impedirá escoger un oficio que le convenga, así como ver que existen profesiones que ofrecen más libertad que otras.

En el caso límite (o, más exactamente, «ilimitado»), su afán de revuelta puede llegar hasta el rechazo a integrar toda estructura social y la negación de toda forma de sistematización. En definitiva, su existencia corre el riesgo de limitarse a un rosario de sucesivas huidas, a una serie de desequilibrios. En caso de que esta sea su definición de evolución, también implica que la misma será permanente, ininterrumpida, sin muelle ni puerto donde atracar... Sin domicilio fijo, religión ni moral: este podría ser su lema.

PERCEPCIÓN DEL RESTO DE SIGNOS

Virgo

Se trata de su signo «inverso»: las fuerzas de Virgo son sus debilidades, y viceversa. Es posible que Virgo le parezca ajeno, aunque, sin embargo, también le provocará atracción, del mismo modo que los polos opuestos se atraen. De hecho, cuando todo va bien, tiende usted a criticar sus defectos y cuando todo va mal, a apreciar sus cualidades, precisamente aquellas de las que usted carece. Su relación podría adolecer de ambigüedad: encontrarán dificultades para establecer una alianza y encontrar un territorio de entendimiento común. Sin duda, Virgo le parece una persona poco cooperante y comunicativa, y sus retrocesos pueden acabar desanimando sus propios avances. Por el contrario, puede convertirse en un excelente colaborador.

Pareja: los silencios, reservas y ambigüedades de Virgo le parecerán llenos de misterio, algo que le atraerá mientras averigua qué se esconde detrás. Si usted concibe la pareja como una organización material, quedará satisfecho. De lo contrario, cabe desear que el amor sea lo suficientemente fuerte para que acepten mutuamente sus diferencias. Además, a la larga, es posible que las pequeñas costumbres y manías de Virgo le terminen pesando y le den ganas de explorar otros territorios.

Amigo: aunque no suelen estar en la misma longitud de onda, le parece que sus consejos valen la pena.

Enemigo: teme usted su espíritu crítico y carente de toda complacencia hacia su persona.

Libra

«Dios los cría y ellos se juntan», dice el refrán. Y, desde luego, el contacto con Libra le hace sentir una complicidad inmediata: les une una connivencia instintiva, aunque la relación podría no superar la fase del flirteo.

Pareja: para que Libra le sirva de contrapeso, sería preferible que sus ascendentes o dominantes planetarios les hiciesen más complementarios; de lo contrario, como Narciso, estarán besando un espejo. Además, dado que toda moneda tiene dos caras, Libra también será el eco de sus debilidades, de forma que se sentirá tentado a reprocharle sus propios defectos. Para acabar, su entente podría carecer de iniciativa y espíritu de decisión.

Amigo: comparten el mismo placer por el intercambio.

Enemigo: Libra le resulta irritante: conoce todas sus artimañas y se pregunta cómo es posible que los demás caigan siempre en su trampa.

Escorpión

Se trata del signo que sucede al suyo: reacciona ante su complacencia, en ocasiones excesiva; además, también puede poner de manifiesto sus debilidades y parecerle un juez tan perspicaz como inmisericorde.

Pareja: sus respectivos poderes de seducción, a pesar de ser diferentes, permiten prever una relación pasional intensa, pero que puede asustarles en cierta medida. En los conflictos también habrá fuertes dosis de pasión: desde luego, no le decepcionará en este aspecto.

Amigo: demasiado exclusivo y exigente para su gusto.

Enemigo: no sólo es poco conciliador, sino que, además, se muestra agresivo. Huye de Escorpión como de la peste.

Sagitario

Existe entre ambos una comunión espiritual: con él, se siente como en familia.

Pareja: Sagitario le sirve de plataforma: su dinamismo le saca de las dudas y le lleva hasta el final de sus talentos. Si no es usted una persona ambiciosa, cambie su Sagitario: hay signos más reflexivos. En una palabra: busque un antisagitario.

Amigo: aprecia usted su amplitud de miras y su gran corazón. En cualquier caso, con él siente la seguridad de poder moverse, ya sea en sentido literal o figurado: se tratará de grandes evasiones espirituales o intelectuales, o bien podrán asociar sus respectivos afanes de movilidad para recorrer el mundo.

Enemigo: su forma de tenérselo tan creído le resulta irritante.

Capricornio

No existen demasiados puntos en común entre ambos signos, algo que, en teoría, debería molestar al Libra que es usted en su búsqueda de afinidades electivas. Si sus ascendentes o dominantes planetarios no les aproximan, la relación se convertirá en incomprensión mutua.

Pareja: si es un verdadero Capricornio, debería hacerse usted algunas preguntas sobre sus decisiones: ¿está buscando una tutela tranquilizadora? O quizá sea él quien le ha elegido a usted... o quizá no sea usted un auténtico Libra.

Amigo: se respetan sin llegar a comprenderse siempre.

Enemigo: desde luego, le falta apertura e imaginación.

Acuario

Sus dos signos no tienen en común más que cierto interés por las relaciones humanas; no obstante, Acuario sería más propenso a perturbar las costumbres, convenciones y conductas decorosas que usted tiende a aceptar. Sin embargo, el espíritu libertario o la inclinación aventurera de Acuario pueden encontrar una figura análoga en su horror ante toda limitación.

Pareja: no es que sea el ideal de la pasión, pero quizá sí la pasión del ideal; es decir, que el entendimiento se desarrollará sobre todo al nivel de las ideas. En teoría, Acuario debería estimularle y animarle en el sentido de sus aspiraciones.

Amigo: ideal para arreglar el mundo en el transcurso de largas conversaciones nocturnas o bien para sorprenderse juntos ante la fealdad de la vida.

Enemigo: su aire desapegado, impasible y superior le resulta muy irritante.

Piscis

Estos dos signos tienen en común una duración de la noche sensiblemente superior a la del día.

Es muy posible que el lado nocturno y misterioso de Piscis le resulte atrayente.

La relación, en todo caso, podría calificarse de vacilante y enigmática.

Pareja: usted se ahoga de buena gana en las corrientes espirituales de Piscis; no obstante, como este afirma o niega siempre en términos absolutos, ello no hará sino ampliar sus vaivenes. Se trata de un juego apasionante: se pasan constantemente la patata caliente. Más valdría que alguno de los dos tuviese una signatura planetaria que implicase un mayor autoritarismo.

Amigo: ¿pueden comunicarse verdaderamente sus dos mundos?

Enemigo: no cae presa de las trampas de sus encantos, se le escapa entre los dedos.

Aries

Si no le gustan las relaciones de fuerza, las que mantenga con los auténticos Libra no serán nada recomendables.

Pareja: aprecia su lado impulsivo, su espíritu de decisión, que, por otra parte, usted llama brusquedad o falta de delicadeza. Aries le obliga a hablar con claridad, algo que por momentos le parece insoportable: su sentido del todo o nada le parece, como mínimo, carente de todo matiz.

Amigo: le gusta su entusiasmo. Es un hombre al que seguir... o una mujer, según los gustos.

Enemigo: se trata de un bruto instintivo, un cabeza cuadrada y un salvaje.

Tauro

El espíritu melómano que le caracteriza a usted, gustoso de los medios tonos y otro tipo de matices, podría adaptarse mal a este virtuoso de lo monocorde.

Pareja: si Tauro suspira por usted, siempre podrá enseñarle acordes más sutiles; él, por su parte, sabe tocarle la fibra sensible, y también la sensual. Todo ello puede desembocar en un dúo de gran éxito, aunque considere que Tauro no siempre encuentra la medida, la justa medida, como es evidente. Además, no debería reprocharle sus ideas preconcebidas: gracias a ellas, tan sólo tiene ojos para usted.

Amigo: será un amigo en principio fiel, siempre que usted haya sabido sortear su desconfianza.

Enemigo: creía que era una persona con capacidad de adaptación, como usted, pero resultó ser un viejo zorro.

Géminis

En principio, Géminis le parece más bien comunicativo y aprecia su naturalidad, salvo cuando se convierte de forma deliberada en desvergüenza.

Pareja: la fiesta se respirará en el aire, siempre y cuando su pareja sea un Géminis «de pura cepa» y usted no tenga un ascendente hogareño.

Amigo: Géminis se mueve, desde luego, por el buen humor. Se trata del colaborador ideal para transformar su lugar de trabajo en el patio del recreo. No obstante, debido a su excesiva ligereza y alegría, a la larga le resultará un poco embriagador.

Enemigo: un payaso, un farsante.

Cáncer

En teoría, no existen demasiadas afinidades entre ambos. Usted piensa que él vive en un círculo cerrado; además, no le cuesta nada refugiarse en su caparazón. O bien no deja de hablar de sí mismo... ¡Todo esto no favorece en absoluto el contacto y el intercambio!

Pareja: sin lugar a dudas, habrá sido necesario domesticarlo. Podría convertirse en el hombre o la mujer con el interior soñado por usted, siempre y cuando le perdone su pequeña tendencia a reinar y velar de forma excesiva por su pequeño universo, así como a preocuparse por dos, si es que no son más... Ahora bien, si es usted muy inquieto, no podrá soportar durante mucho tiempo su eventual afán de comodidad.

Amigo: con un poco de paciencia, acabará apreciando la delicadeza y la exuberancia de sus jardines interiores.

Enemigo: basta con dejarlo en su rincón: ahí se quedará.

Leo

Seguramente le gusta el lado más demostrativo de Leo; por el contrario, siente menos aprecio por sus accesos de dominación.

Pareja: le parece una persona exigente consigo misma, pero también con usted, algo a lo que, a fin de cuentas, puede adaptarse. Ahora bien, si sus exigencias llegan al punto de no poder aceptarle tal y como es, la relación no tardará en ser insoportable y acabará huyendo del dominio de Leo de una u otra forma.

Amigo: aprecia su capacidad de decisión.

Enemigo: sus intenciones se ven a la legua. Desde luego, no destaca por su sutileza.

QUÉ DICE SU ASCENDENTE

Libra ascendente Libra

Su fórmula subraya e intensifica las características de su signo solar, tanto los puntos fuertes como las debilidades.

Usted posee un agudo sentido de la interdependencia de las personas, cosas o fenómenos, algo que puede proporcionarle, en función de sus inclinaciones personales, espíritu de solidaridad, sentido de la armonía o, de forma más abstracta, gusto por establecer correlaciones y aproximaciones.

En cualquier caso, lo cierto es que tiene el don de sentir las afinidades, intuir las connivencias y las complicidades, y adivinar las complementariedades y las correspondencias. Por esta razón, los demás le atribuirán normalmente un deseo de comunicación y buena mano para establecer contactos.

Si embargo, su sentido del movimiento y la fluctuación está demasiado agudizado como para considerar las relaciones que le vinculan definitivas: no le importa vincularse, pero sin sentirse atado. En este sentido, el deje artístico de algunos de sus comportamientos no es más que una modalidad de su célebre capacidad de matización: en su caso, se trata de no ser tajante ni en sus afirmaciones, ni en sus actitudes.

En cualquier caso, el peligro radicaría en querer sustraerse a toda elección y compromiso con el pretexto de sentirse alienado de algún modo. Por muy potente que fuera el sentimiento de libertad que se desprendería de ello, no por ello sería menos ilusorio.

Libra ascendente Escorpión

La influencia de Escorpión, su signo ascendente, le proporciona una faceta individualista y rebelde que corrige los aspectos excesivamente conciliadores de su signo solar. Lo cierto es que resulta difícil contar con su adhesión: cortés o de carácter político, es posible que su aprobación tan sólo sea superficial, mientras que guarda en secreto sus pensamientos y sentimientos por detrás de su fachada, esperando el momento propicio para manifestarlos de forma abierta.

Por otra parte, le resultará difícil reprimir sus instintos polemistas y contestatarios: es muy posible que, tras haber desplegado sus encantos, se atrinchere en la provocación, o bien sustituya las actividades de seducción diplomáticas por maniobras de intimidación. Todas las rosas tienen espinas. En cualquier caso, lo cierto es que su flexibilidad y habilidad son temibles.

Su mirada crítica no tardará en hacerle perder la ingenuidad que Libra aporta en ocasiones a las relaciones humanas. Es usted demasiado perspicaz para no adivinar las relaciones de fuerza o interés que subyacen a cualquier declaración de amistad. Esta condición puede acarrearle una faceta cínica y desencantada o, sencillamente, llevarle a mantener, entre los muchos contactos establecidos, tan sólo aquellos con los que sienta más afinidades y parentesco. Ello podría incitarle a unirse a un clan o equipo. De esta forma, sus relaciones pasarán de ser extensivas a intensivas, de ser indiscriminadas, a electivas, y de ser indiferentes, a apasionadas.

Libra ascendente Sagitario

Con la aportación de Sagitario, la jungla social se convierte para usted en un medio natural donde se mueve con especial gracia: con independencia de su medio de evolución, será de los que conocen bien las reglas, algo que le permite adaptarse a cualquier circunstancia.

Además, su interés por las relaciones humanas se extiende a las conexiones sociales: el otro, hacia el que le empuja un impulso espontáneo, ya no es tan sólo una persona, un álter ego o un alma gemela, sino que se convierte en un conjunto constituido (grupo, partido, estrato social, sociedad, nación, universo) cuya cohesión desea garantizar o del que desea erigirse en representante. De hecho, le interesa todo aquello que pueda constituir un vínculo social, un medio de comunicación, todo aquello que pueda garantizar el buen funcionamiento de una comunidad y de sus relaciones interindividuales: cultura, derecho, valores... sin limitación alguna. Para acabar, cabe decir que su fórmula también tiene debilidades: en el caso de que le falte envergadura o ambición, en vez de ser el representante activo de su medio y época, no será más que un reflejo pasivo de los mismos. Además, debe desconfiar de la tendencia a identificarse con su función social o con el grupo que representa: al dejar de ser sencillamente usted mismo, podría sentirse inclinado a cultivar una actitud megalómana.

Libra ascendente Capricornio

Con la aportación de Capricornio las actitudes mundanas, cívicas y urbanas de Libra podrían parecerle simples fuegos artificiales, un vulgar polvo que se echa a los ojos de los demás. Lo que sí es cierto es que su sentido del contacto se ve complicado por un afán de distancia y retirada. Desconfía de los accesos efímeros de entusiasmo y, aunque sabe embriagarse con los contactos momentáneos y los encuentros breves, aspira a tener relaciones más estables y fundamentales, menos fluctuantes. Dada su mayor exigencia en cuanto a la calidad de las relaciones humanas, también será una persona menos flexible, menos propensa a realizar concesiones, en una palabra, menos diplomática. Aunque se adaptará de buena gana a todo lo que no le resulte esencial, en otras cuestiones permanecerá irreductible e intratable: tomada una decisión, será difícil que la cambie; establecidos unos objetivos, nadie ni nada podrá desviarle de los mismos.

En sus relaciones profesionales no se preocupa demasiado por los rodeos y los circunloquios: aunque para algunos carecerá de tacto, otros apreciarán su franqueza. Por último, en su caso, la solución ideal sería pertenecer a un cuerpo constituido, integrarse en una estructura establecida, en un conjunto estable en cuyo seno pueda, no obstante, establecer intercambios humanos.

Libra ascendente Acuario

La aportación de Acuario, su signo ascendente, confirma su interés por lo humano. Ya no se conforma con establecer vínculos, sino que se interesa también por las personas por las promesas y posibilidades que esconden. Su apertura hacia los demás cobrará un aura de idealismo, un optimismo algo ingenuo que podría incitarle a regalar su confianza de forma exagerada e irreflexiva. De hecho, se encuentra usted en las antípodas del realismo negro y cínico: en el extremo, podría llegar a considerar el entendimiento entre las personas como el fermento para un mundo mejor.

Su problema, por otra parte, quizá sea saber hasta qué punto debe entregarse a su medio o liberarse del mismo: deberá encontrar un término medio entre el deseo de complacer y la voluntad ocasional de enfrentarse, entre la preocupación y el desprecio por el qué dirán. Si este no es el caso, Acuario podría conducir a Libra por el camino de la autonomía libertaria: no sentirá más que desprecio por los que confunden seguridad con comodidad y beneficio, estabilidad con estatismo y parálisis, y mantendrá su indiferencia y desdén por las contingencias materiales, así como sus ilusiones y entusiasmos, con el propósito de gozar de la mayor libertad posible.

Libra ascendente Piscis

Con Piscis como signo ascendente, su sentido del contacto humano gana en profundidad en cuanto a sentimientos humanitarios: el impulso espontáneo que le lleva hacia el otro se ve incrementado por una profunda capacidad de comprensión, la simpatía se convierte en compasión, la búsqueda de acuerdo y entendimiento se transforma en afán de armonía y comunión.

De hecho, es posible que se encuentre tan cómodo en su clima interior como en los ambientes exteriores, algo que le permitirá, cuando sea necesario, desconectarse del exterior para saborear las delicias del interior, así como perderse en insondables sueños y reflexiones informulables.

Por otra parte, su fórmula carece de gancho y afirmación, de forma que podría terminar conformándose con actitudes puramente especulativas y contemplativas, así como rechazar tanto cualquier compromiso real como la adopción de posiciones tajantes o cualquier proyecto que haya sido definido con demasiada claridad y transparencia. Y ello no por voluntad diplomática, sino por la convicción profunda de que la verdad no puede encontrarse en un único territorio. Es posible que los demás le tilden de incomprensible; otros apreciarán, por el contrario, una ausencia de cerrazón de miras que le coloca más allá de toda actitud chauvinista y patriótica, más allá de las fronteras arbitrarias y convencionales que separan a los hombres. En este sentido, Piscis puede ampliar el marco de Libra: su medio de evolución no sólo será la sociedad y sus conformismos, sino toda la humanidad, sin discriminación alguna.

Libra ascendente Aries

Libra toma posiciones adaptándose y Aries oponiéndose. A partir de esta fórmula, no cuesta imaginar la dualidad de sus tendencias y los contrastes a que pueden verse sometidos sus comportamientos. La impaciencia de su signo ascendente trastocará las vacilaciones de su signo solar y las leyes de su instinto natural irrumpirán en las reglas del juego social del modo más impertinente, de tal forma que acabará atropellando las cosas que deseaba arreglar y transformando sus juegos de piernas en coces muy inoportunas.

Mal avenidas, sus tendencias le harán dar giros y cambios imprevisibles: de esta forma, podría acabar sembrando la discordia en el mismo terreno de entendimiento que había negociado, o bien, en sentido contrario, intentar apagar el mismo fuego que estaba atizando. En el fondo, no concibe el acuerdo sin enfrentamiento o cuestionamiento, como si todo entendimiento implicase, en su opinión, la realización de concesiones inaceptables, como si fuese necesario volver permanentemente al punto de partida para evitar arrastrar lo que usted considera ambigüedades o malentendidos. Por último, a un nivel más positivo, la capacidad de compromiso de Aries corrige el aspecto veleidoso de Libra: para usted, justicia y equidad no son más que piadosos anhelos; sabrá luchar para hacer valer lo que le parece justo.

Libra ascendente Tauro

Tauro se coloca en uno de los platillos de Libra con todo el peso y la potencia de sus instintos. Sin lugar a dudas, su problemática consistirá en saber cuándo no debe comprometerse o comprometerse a fondo, cuándo no debe mojarse o lanzarse a ciegas y, en definitiva, si debe o no dejarse llevar por la corriente de sus pasiones, dejarse deslizar por la pendiente natural de sus inclinaciones y perder todo sentido de la mesura. En su caso, no cabe duda de que el único paso que cuesta es el primero: a menudo, la vergüenza, las dudas y las reflexiones sobre los pros y los contras serán barridas por el carácter impetuoso de sus pulsiones. A pesar de parecer reflexivas, sus decisiones casi siempre serán instintivas.

Si Libra confiere a Tauro una mayor flexibilidad de comportamiento, este aporta a su signo solar un poco de su constancia y obstinación. En definitiva, la alianza Libra-Tauro puede ser de las más satisfactorias. En particular, sus relaciones serán menos superficiales: su gusto por el intercambio necesita verse prolongado por un vínculo y siente la necesidad de profundizar las relaciones que establece. De esta forma, podría pasar de las relaciones mundanas a las amistades electivas, del galanteo a las exigencias del instinto y la pasión...; de alguna forma, estaría pasando del vestíbulo al dormitorio.

Libra ascendente Géminis

La influencia de Géminis, su signo ascendente, no puede sino ampliar y diversificar sus intercambios con el medio: de esta forma, siente la necesidad de multiplicar sus contactos, variar sus actividades y aficiones, y ver el reflejo ante sus ojos de las mil y una facetas del universo que le rodea.

La flexibilidad y vivacidad de su espíritu le convierten en una persona especialmente adaptable: se siente cómodo en cualquier sitio y no hay ninguna puerta que se resista a la llave maestra de su encanto y energía. Una sabia mezcla de respeto y atrevimiento, de cortesía y naturalidad, constituye la receta básica de su poder de seducción: tiene la facultad de saber presentar las cosas, sabe cómo embellecerlas, y, además, tiene el don de formular sus ideas de forma atractiva, algo que le confiere innegables cualidades como relaciones públicas o, en un sentido más peyorativo, como charlatán y embaucador.

Por otra parte, cuenta usted con una gran facilidad para vincularse y desvincularse: la movilidad de Géminis, conjugada con la capacidad de no comprometerse, hace que rehúya las relaciones estables y definitivas, o al menos aquellas que lleven el sello de la exclusividad, como el matrimonio. En este sentido, la excitabilidad difusa y abierta de Géminis puede hacer que caigan las últimas reticencias de su espíritu asociativo: abierto ante todo y todos, carente de prejuicio alguno, de discernimiento y limitación, termina ofreciéndose a los demonios de la dispersión y la inestabilidad.

Libra ascendente Cáncer

La influencia de Cáncer fragiliza su sociabilidad y hace inestable y desigual su estado anímico. De esta forma, sus emociones interiores tienden a parasitar la calidad de sus contactos con el exterior: abierto y comunicativo por naturaleza, experimenta, asimismo, imprevisibles introversiones en sí mismo y retrocesos inexplicables. Sus movimientos de retirada se ven guiados, la mayoría de las veces, por el miedo a avanzar demasiado o a adelantarse de forma desconsiderada. Así pues, su apertura hacia los demás no está desprovista de cierta desconfianza. En el juego del amor, en particular, sus estrategias de seducción se verán seguidas de retiradas que resultarán, como mínimo, desorientadoras: no le importaría atrapar a la otra persona, si no fuese por su miedo a ser atrapado.

De hecho, siente usted la necesidad de domesticar al otro, de fagocitarlo de alguna manera. Si bien Libra se conforma con establecer relaciones, Cáncer exige vínculos más estrechos, ligaduras potentes, toda una red de señales familiares que le sirvan para exorcizar lo desconocido. Además, se sentirá dividido entre el deseo de ampliar el círculo de sus relaciones y el de restringirlo a sus íntimos y familiares.

En el fondo, se siente agitado por corrientes contradictorias: su afán de seguridad contradice sus aspiraciones libertarias, se enreda en una maraña de limitaciones y se amarra a vínculos mientras desea, asimismo, no sentirse retenido por nada. Aunque Cáncer limita el potencial asociativo de Libra, también le protege de su propia tendencia a la inestabilidad.

Libra ascendente Leo

El ascendente Leo otorga cierta amplitud a su signo solar. El medio en que evoluciona ya no sólo constituye una plataforma para sus intercambios y relaciones, sino que se erige como el trampolín de su afirmación personal. El encanto y la facilidad de trato que le caracterizan están al servicio de sus proyectos y ambiciones, pero sin adoptar una actitud calculadora mezquina ni hacer gala de un espíritu retorcido. En el fondo, se las arregla para que los demás le impulsen sin tener la sensación de aplastarlos ni pisotearlos. Con la sospecha de la mala fe, será de los que podrán afirmar que lo han conseguido a pesar de sí mismos.

Por otra parte, sabe cómo hacer que los demás se sientan cómodos y en confianza, así como distender y desbloquear las situaciones más delicadas. No obstante, deberá tener cuidado con cierta tendencia a agenciarse el mejor papel, a utilizar a los demás como un espejo en el que cultiva su imagen y contempla su magnanimidad.

Por último, el lado veleidoso y oscilante de Libra se ve compensado por la voluntad tenaz de Leo. Una vez establecidos sus objetivos, será capaz de superar más de un obstáculo, e incluso de superarse a sí mismo para alcanzar sus fines.

Libra ascendente Virgo

Libra une y Virgo separa. Es posible que las fórmulas opuestas de su signo solar y su signo ascendente le hayan valido abundantes tensiones y contradicciones: al no saber muy bien si debe abrir o cerrar las fronteras que le separan de los demás, podría acabar retomando el día siguiente las mismas distancias que había abolido la víspera en el ardor de un encuentro, así como anular, tras pensarlo bien, los acuerdos que había otorgado o concluido de forma espontánea, como si su razón corrigiese constantemente los tiros de su instinto adaptable y sociable. De forma más general, la tentación que siente de abrirse al mundo se ve equilibrada por la de cerrarse en su mundo interior: le provocarán idéntica insatisfacción una vida demasiado organizada y otra demasiado anárquica.

En cualquier caso, no debería tener demasiados problemas para poner este desajuste a punto. Partidario de la justa medida y del equilibrio, sabrá tener en cuenta las cosas, ser oportunista al tiempo que mantiene su integridad y adaptarse a las circunstancias a pesar de seguir siendo consecuente consigo mismo. Será moderado y ponderado en todo: flexible sin adolecer de lasitud ni permisividad, firme sin ser sectario ni rígido. Su gusto por las relaciones humanas no descarta el sentido y el conocimiento de la realidad política y social: realista, consciente de las divergencias de intereses, así como de todas las diferencias que separan a las personas, se esforzará por garantizar la permanencia de los vínculos que encadenan una comunidad grande o pequeña.

QUÉ DICEN SUS TEST

Libra R extensivo

Su fórmula planetaria subraya e intensifica las tendencias asociativas de su signo solar. Es usted una persona comunicativa, abierta y expansiva por naturaleza, y todo el mundo estará de acuerdo en reconocerle su don de gentes, su trato agradable y una gran facilidad para establecer relaciones. En este sentido, es usted muy coherente con la imagen que tradicionalmente se ha labrado de su signo. Goza de cierta facilidad de palabra, así como de la facultad para exponer sus ideas de forma viva y atractiva. Su elocuencia persuasiva, no obstante, responde menos al razonamiento riguroso y la lógica intratable que a un discurso que aúna brío con sentido del humor y seducción. En lo que a usted respecta, se trata menos de convencer que de cautivar, y considera la discusión más como la sal de cualquier intercambio que como la voluntad de imponer sus ideas.

Su personalidad es expresiva y atractiva, y precisamente no le disgusta que le admiren: al contrario, le gusta sentirse en el punto de mira del grupo en que evoluciona y es sensible a la imagen que los demás se puedan hacer de usted.

De hecho, es posible que se sienta cómodo en cualquier entorno y que tenga la facultad de hacer sentirse cómoda a cualquier persona. Así pues, goza de una gran capacidad de adaptación y de una gran flexibilidad en su comportamiento. Cuenta más que cualquier otra persona con el instinto de saber qué decir en cada momento, así como con la intuición de qué actitud adoptar en función del interlocutor y las circunstancias. En pocas palabras, sabe cazar las oportunidades al vuelo, algo que le permite transformar los terrenos más delicados y desfavorables en territorios de entendimiento. En este sentido, goza de unas cualidades innegables como diplomático, así como de la capacidad de conseguir que su interlocutor se comprometa o realice concesiones, de alcanzar un acuerdo sin por ello perder de vista sus intereses. Desde fuera podrá considerarse que está usted lleno de recovecos. De hecho, su actitud conciliadora y adaptable, unida al afán de conservar un margen de independencia y de no generar limitaciones inútiles, puede llevarle a realizar sutiles acrobacias para encontrar el equilibrio entre su preocupación por los demás y la que siente por sí mismo. Es de los que pretenden gestionar tanto sus propios asuntos como los de los demás, algo que consigue realizar con bastante éxito gracias a sus aires deliberadamente embaucadores y engatusadores, que le ayudan a conseguir que se acepte lo prácticamente inaceptable. De esta forma, es posible que sea una persona servicial, gracias a esta faceta de su personalidad, que le permite prever a menudo los deseos de los demás, que le hace satisfacer con frecuencia las expectativas depositadas en su persona, aunque procura que sus cortesías no se conviertan en compromisos y que sus servicios no se transformen en esclavitud.

De forma global, prefiere seducir a instalarse en una relación continua, del mismo modo que prefiere las relaciones extensivas a las intensivas, es decir, ampliar sus contactos y diluir su deseo de comunicación en el mayor número posible de personas. En este sentido, se le recomienda cualquier profesión que implique muchos y variados contactos, ya que satisfará la curiosidad que pueda tener por los demás, así como su capacidad para las relaciones públicas.

Libra r intensivo

Su fórmula planetaria modifica de forma sensible la imagen tradicional de Libra: usted es menos dubitativo e indeciso de lo que se pretende y sabe podar el jardín de sus vacilaciones cuando es necesario.

Si bien su fórmula planetaria le confiere una mayor resolución y capacidad de determinación, también puede abonar el terreno para que el Libra flexible y matizado que es adopte juicios monolíticos y comportamientos lineales: le cuesta mucho retirar sus opiniones y decisiones, no reconoce fácilmente sus errores; su orgullo se resiente ante la renuncia, ante la comprobación de los límites de su poder.

De hecho, su apertura ante los demás se ve intensamente compensada por una importante dosis de individualismo, que incorpora al deseo de entenderse con los demás el de imponer sus posiciones y convicciones personales de forma ocasionalmente perentoria. Así pues, su tendencia deliberadamente conciliadora y adaptable podría ocultar un trasfondo más autoritario, que se manifiesta a través de bruscos accesos de intransigencia. Su aspecto natural deja aflorar por momentos una persona profundamente exigente, sin duda debido a su intenso perfeccionismo. Una mirada más meticulosa nos revelaría una persona conciliadora tan sólo mientras siente que lleva las riendas de una u otra forma, mientras considera que el orden del mundo o de su pequeño mundo se ajusta a las exigencias de sus deseos. Está a favor del entendimiento y el acuerdo, pero siempre que vayan dirigidos a su persona. Por el contrario, la contradicción y la oposición le suscitan reacciones violentas, ya que no puede soportar verse limitado o cuestionado en su misma personalidad.

Si no consigue conciliar sus inclinaciones flexibles y conciliadoras con su tendencia individualista y dominadora, acabará sorprendiendo a su entorno con bruscos giros que le harán pasar, sin transición alguna, de una postura matizada, abierta ante eventuales intercambios y concesiones, a una actitud tajante que imposibilita cualquier diálogo y concesión.

Con el tiempo y la experiencia, sin embargo, estará en mejores condiciones para orquestar los componentes de su personalidad. Será más diplomático y aprenderá a flexibilizar sus convicciones, a contar más con los demás. Su alianza signo-planetas sugiere la capacidad de dirigir con flexibilidad y comprometer de forma óptima sus intereses. A este respecto, se esforzará por establecer contactos y relaciones susceptibles de ser útiles para sus proyectos o ambiciones.

En el plano profesional, lo ideal en su caso sería rodearse de colaboradores dedicados o bien formar parte de un equipo muy unido, con objetivos comunes, en cuyo seno no se vea obligado a recibir instrucciones de nadie. Para acabar, en la medida en que el lenguaje es al mismo tiempo un instrumento relacional y un signo de poder, su necesidad de control y afirmación podrá expresarse en cualquier ámbito en que este posea impacto social, como por ejemplo el mundo de la política, el derecho, el arte, la cultura o la pedagogía.

Libra E extensivo

En usted, la fórmula planetaria subraya la necesidad de acción concreta, algo que, en teoría, debería corregir la faceta veleidosa que normalmente se atribuye a su signo. Dado que las exigencias de la acción no soportan retraso alguno, no duda a la hora de interrumpir sus reflexiones sobre pros y contras con decisiones rápidas e iniciativas directas. De esta forma, su afán de eficacia podría relegar a un segundo plano las prórrogas, expectativas y plazos que le suscita su signo solar.

Su alianza signo-planetas subraya, además, los contrastes de su personalidad. De esta forma, su sentido innato de las relaciones se ve unido a un espíritu de confrontación, por no decir enfrentamiento, aunque en su caso la expresión «tener roces con los demás» no excluye la posibilidad de sufrir alguna que otra colisión. Más directo y menos sinuoso, cuenta con bazas innegables que le permiten pasar alternativamente del matiz a la firmeza, así como apostar tanto por el acuerdo como por el conflicto, en función de las oportunidades y circunstancias. En particular, su sentido de la resistencia activa impone límites a su espíritu de conciliación: sabe hasta dónde no puede llegar a la hora de realizar concesiones, así como hacer valer sus derechos sin miedo a un eventual pulso de fuerza. Así pues, su ánimo deliberadamente conciliador y adaptable, propenso al entendimiento y la distensión, puede ocultar en realidad un temperamento más combativo, sujeto a impulsos y ofensivas bruscas.

El realismo que implica su fórmula planetaria se aplica principalmente al ámbito de las relaciones. Habiéndose liberado, con el paso de los años y la experiencia, de la confianza ingenua y excesiva de Libra, posee una clara conciencia de las relaciones de fuerza y los vínculos de interés que rigen las relaciones humanas. De esta forma, antepone las nociones de pacto, contrato o acuerdo, más concretas y ajustadas a su visión realista del mundo, al pacifismo etéreo y el ideal de la paz universal. En el extremo, podría llegar a considerar las relaciones interindividuales como meras alianzas objetivas susceptibles de anudarse y desanudarse en función de la situación y las circunstancias, por mucho que no le guste esta actitud.

Su realismo, por otra parte, le lleva a desconfiar de las palabras bonitas y las buenas intenciones para basarse exclusivamente en los hechos probados. Ni escéptico ni idealista, sabe cómo «arreglárselas» y, aunque no espera nada de los demás, sí trata de ganarse su adhesión mediante un dinamismo comunicativo. En este sentido, puede reconocérsele un espíritu de equipo, un sentido de la acción y de la realización ordinaria. De hecho, «querer no es decirlo, sino demostrarlo». Sin lugar a dudas, esta es la mejor fórmula para expresar que su combinación signo-planetas le impulsa a no conformarse con un acuerdo de principios, con una simple comunión de ideas, sino que reclama compromisos concretos, una participación activa en la realización de los objetivos comunes.

En definitiva, si no ha pasado por alto ninguna escala de su teclado planetario, su sentido del oportunismo será de los más desarrollados: sabe esperar el momento adecuado para actuar, y sus decisiones son rápidas sin caer por ello en la irreflexión. El encanto de Libra, para terminar, contribuirá asimismo a su voluntad de realización.

Libra e intensivo

Su fórmula planetaria hace que pertenezca a lo que podríamos denominar, en caracterología, el tipo «emoción-sensación». De esta forma, el sentido relacional de Libra se ve redoblado por una necesidad de contacto emocional y comunicación afectiva. Además, su apertura hacia los demás no se conforma con un trato meramente superficial o convencional: no le basta con una simple aprobación, sino que aspira a vivir en un estado de comunión íntima. Dado que usted valora la calidad del intercambio según la intensidad de los sentimientos y las emociones experimentados, buscará de forma espontánea ambientes cálidos, y le gustará crear a su alrededor un clima de cordial simpatía propicio a las efusiones de su corazón.

Este carácter (o más bien cabría decir corazón) presenta el inconveniente de que le hace excesivamente permeable a las fluctuaciones del medio que le rodea. Así pues, es usted una persona sugestionable e impresionable, y su sensibilidad a flor de piel hace que pase con facilidad, sin razón aparente, de un estado anímico alegre a accesos de melancolía tintada de ansiedad.

Teniendo en cuenta que, para usted, lo más importante es mantener el contacto, tenderá a reprimir su agresividad, a dejar en la sombra todo aquello que pueda generar divergencias y conflictos, así como a evitar con cuidado cualquier motivo de disputa. Se trata, sin lugar a dudas, de un afán de complacencia loable, pero que, sin embargo, olerá a debilidad cuando evite las explicaciones francas o se vea cegado por la naturaleza de sus sentimientos. En el fondo, no le gusta dar pena y detesta tener que decir que no. Esta será, a todas luces, su mayor debilidad, y podrá hacer que mantenga relaciones que no le convienen.

Desea gustar y al mismo tiempo complacer. Siempre disponible para los demás, cuando alguien le toca el corazón sabe colmarle de atenciones, deferencias y delicadezas. En sentido inverso, también espera que le rodeen de muestras de afecto, y sus exigencias en materia sentimental le convierten en una persona muy posesiva y acaparadora: odia no sentirse amado.

Su fórmula planetaria, por otra parte, le incita a seguir sus tendencias, inclinaciones e impulsos, aun a riesgo de que sus «nobles sentimientos» le lleven más lejos de lo que desearía y, más concretamente, lejos de los «grandes principios». Como consecuencia, podría dar muestras de un comportamiento inconstante o, como mínimo, zigzagueante, sobre todo si tenemos en cuenta que no es una persona propensa a la estabilidad y lo definitivo, y que su deseo más profundo no consiste en instalarse en una relación, sino en vivirla con intensidad.

De hecho, tiene el corazón demasiado grande para no compartirlo, y no pondrá demasiadas restricciones en cuanto al número de partes... Al fin y al cabo, si no encuentra al amor de su vida, nada le impide, en el fondo, ir de flor en flor, a menos que haya optado por el amor universal y haya sustituido las pasiones humanas por los sentimientos humanitarios, que le impulsan a dirigir su mirada hacia el destino de la humanidad más desfavorecida, sin distinciones de raza ni continente.

Libra T extensivo

Los resultados de sus cuestionarios ponen de manifiesto tendencias individualistas y rebeldes que no casan demasiado bien con la inclinación sociable y adaptable de Libra. En todo caso, parece difícil poder conciliar su deseo de vivir en concordia y de forma inteligente con el medio con la tendencia inconformista que le empuja por momentos a la insumisión y la oposición. De hecho, es posible que le resulte difícil doblegarse ante las restricciones que ejercen sobre usted el entorno o la sociedad, y prefiera por el contrario no obedecer más que a sus propias exigencias. De lo anterior se desprende que, a menudo, su aprobación tan sólo será aparente, y le servirá para ocultar un fondo de rebelión siempre listo para resurgir en cuanto se trate de presionarle o de imponerle algo. A pesar de ser una persona pacífica y complaciente normalmente, podrá dar muestras de reacciones violentas cuando sienta que se está atacando su dominio.

A riesgo de cometer incoherencias y dar giros inesperados en sus juicios y comportamientos, deberá encontrar el punto medio entre el afán de gustar y las ganas de provocar, entre el deseo de ganarse la estima y la aprobación de los demás y el de afirmarse contra cualquier opinión, entre la necesidad de sentirse solidario y la voluntad de no deber nada a nadie. En el fondo, sabe arreglárselas para permanecer aparte sin sentirse excluido, para integrarse al tiempo que está al margen, para aunar marginalidad e inserción en su forma de actuar.

De hecho, esta fórmula planetaria subraya la amplitud de sus aspiraciones. En este sentido, la realidad presente podría parecerle demasiado restringida, y el día a día demasiado banal para satisfacer y responder a sus exigencias. Sus ambiciones profundas, impulsos y expectativas, así como su amplitud de miras, podrían generar en usted el deseo de cambiar, si no la vida, tal como proclamaba Rimbaud, sí al menos su vida: tener una existencia más ajustada a lo que siente que hay en lo más profundo de su interior, o bien incitarle a unirse a cualquier modalidad de rebelión, ya sea individual, social o metafísica. El principal problema será encontrar, en el seno de sus diversas y confusas aspiraciones, una vía a la medida de sus ambiciones, sobre todo en lo que se refiere a la elección de una profesión. En este sentido, la dimensión indecisa de Libra podría perjudicar su determinación interior. Desconfíe de la eventual tendencia a conformarse con honores imaginarios, a vivir con el simple sentimiento de sus posibilidades sin llegar nunca a realizarlas ni explotarlas plenamente. Relinchando de insatisfacción en el cubículo de salida de las realidades normales y corrientes, podría llegar a evadirse tan sólo con el galope de sus sueños, las coces de sus estados anímicos y las aceleraciones de su pensamiento o imaginación. Así pues, teniendo en cuenta que esta fórmula refuerza su tendencia a la inestabilidad, será necesario intensificar su nivel E para que los grandes impulsos y las buenas intenciones se vean seguidos de un esfuerzo de concretización.

A un nivel mucho más positivo, es posible que predique otra forma de concebir o vivir las relaciones humanas. Sin llegar a ser teórico de nuevas doctrinas o utopías sociales ni a fundar comunidades fraternales, podrá bastarle ser testigo, por su misma existencia, de su aspiración a cambiar las relaciones entre personas, a crear nuevas formas de intercambio y comunicación.

Libra t intensivo

En principio, no existen demasiadas afinidades entre las tendencias de su fórmula planetaria y las características de su signo solar. Su sentido de la vida en sociedad se mezcla con el gusto por el retiro, e incluso por la soledad, aunque su comunicación nunca será tan libre y espontánea como le gustaría, y, en sentido inverso, nunca podrá decidirse a cortar todo contacto de verdad. Abierto al tiempo que cerrado, es posible que alterne periodos de sociabilidad directa, de apertura al mundo exterior, con periodos menos exhibicionistas en los que se cerrará de forma imprevisible en su universo interior, perdiéndose en insondables meditaciones e inextricables reflexiones. En este sentido, el peligro de su fórmula radica en favorecer la actitud especulativa en detrimento de los compromisos concretos.

En cualquier caso, le resulta difícil, en el mismo seno de las relaciones que establece, desprenderse de cierto malestar, de cierta sensación de distancia, como si, de manera esencial, no se viese realmente afectado por las mismas. De esta forma, se expone a desconexiones brutales, a bruscos fallos de contacto que tratará de compensar con toda una serie de piruetas destinadas a producir un cambio momentáneo, a engañarse a sí mismo.

Aunque en ocasiones se entregue y participe en el juego de la vida social, con sus convenciones y actitudes mundanas, en todo aquello que, por otra parte, le parece a posteriori simples gestos y meros remilgos, tenderá a huir de las relaciones demasiado convencionales. En efecto, su fórmula planetaria le inclina hacia una sociabilidad menos superficial, hacia una exigencia de relaciones más auténticas y profundas. En el fondo, aspira a comunicar su dimensión incomunicable, aunque también experimentará un placer perverso al mostrarse impenetrable e indescifrable, al rodearse de misterio.

Por otra parte, aunque se muestre crítico hacia los impulsos de su época, no siempre estará seguro de si debe vivir con su tiempo o situarse en un entorno atemporal, sonriendo ante la máscara de seriedad y conformismo que llevan sus contemporáneos. De hecho, nadie es más lúcido que usted, incluso a pesar de que sus reflejos espontáneamente sociables le empujen a reprimir las reflexiones más bien pesimistas y trágicas en torno a la verdadera naturaleza de las relaciones humanas. Sin embargo, al no contar con ninguna ilusión en el fondo, podría ser el primero en ofrecer su confianza, aun a riesgo de arrepentirse en seguida. Del mismo modo, la mirada crítica que dirige a los demás se mezcla con el respeto que siente hacia ellos, de forma que podría llegar a matizar sus afirmaciones, suavizar sus ideas más punzantes y vestir sus pensamientos con una ligera ironía y una malicia delicada que los haga más atractivos y menos incisivos.

Sea como sea, no parece fácil lanzar al mismo tiempo o de forma alternativa una mirada benevolente y otra de un criticismo inmisericorde: esto le hará bizquear, no ver con claridad o no saber de qué ojo fiarse. Como resultado, podría ocurrir que, en el fondo de sí mismo, nunca esté verdaderamente de acuerdo, mientras que de puertas para afuera dará la impresión de que nunca se opone de forma absoluta. Ni rechazo ni adhesión: será difícil conocer el trasfondo de su pensamiento.

EJEMPLOS

LANZA DEL VASTO. La F + asociativa se combina con la d – protectora con un telón de fondo T. En su caso, se trata de «entrar sin ambages en el ámbito de las relaciones humanas» por medio de la caridad *(oehimsâ)*, es decir, «la abolición de barreras y límites». Asimismo, si decide «abandonarlo todo, no por ello rompe sus vínculos con el mundo»: «Sencillamente me he alejado para tensarlos de forma que suenen y canten como cuerdas afinadas». La asociación se caracteriza por la amplitud del nivel T, del mismo nivel T que hizo que se reconociese a Gandhi como el promotor de una verdad capaz de reanimar la vida y renovar el mundo.

EISENHOWER. El sentido de la organización del R intensivo y el espíritu de conciliación de Libra llevaron a Eisenhower a encontrar soluciones para las tensiones políticas y sociales. Investido presidente en 1953, no tardó en ocuparse de resolver el conflicto con Corea. En 1956, hizo todo lo posible por solucionar el problema racial del sur del país mediante la integración escolar. Además, impuso el arbitraje del Estado en caso de conflictos entre patrones y obreros para reducir los riesgos económicos y sociales que conllevaba la huelga.

LE CORBUSIER. El proyecto asociativo de Libra llevó a Le Corbusier a realizar edificios colectivos con el mínimo de barreras, susceptibles por tanto de favorecer las relaciones y los encuentros interindividuales. Su obra está marcada por la dimensión creativa del T extensivo: nunca dejó de predicar un nuevo concepto de espacio, fundando en 1962 la ASCORAL, Asamblea de Constructores para la Renovación Arquitectónica.

ENRICO FERMI. Saturno/Júpiter venían de culminar en Capricornio, dándoles el Sol el único aspecto tenso, y Marte/Venus se acercaban a hora de máxima pujanza poniéndose en Escorpio. Saturno predomina (Saturno/Marte/Júpiter) en el pronunciado e extensivo de este premio Nobel de Física, precursor de la era atómica. El e extensivo favoreció su gran modestia (Júpiter último en el trío) y capacidad de simplificación. Todo ello le hizo ganarse la estima y el apoyo de muchos, así como colaboraciones a la medida de su ambición, que nunca iba por delante de las necesidades de su trabajo. A pesar de su aire tranquilo (Saturno dominante), era un apasionado de su trabajo (Marte en Escorpio): un buen aval para el proyecto asociativo de Libra dentro de la investigación. La esposa de Fermi jugó un importante papel en su carrera profesional: judía, motivó que durante la segunda guerra mundial el matrimonio emigrase a Estados Unidos, país donde el físico pudo desarrollar mejor su talento. El dominante saturnino, común en los científicos, se ve apoyado por una buena relación con la Luna y Tauro levantándose, lo cual sugiere una vida privada sin sobresaltos, así como que se trataba de un hombre de costumbres sobrias y gran aficionado al montañismo.

RIMBAUD. «El hombre de las suelas de viento» encarna el polo inadaptado de Libra sobre un telón de fondo T. Sus huidas, *El barco ebrio* y su odio hacia los conformistas son algunos ejemplos de la falta de inhibición protectora (d –). La l + conviene al poeta y demiurgo, que se cree provisto de poderes para modificar la realidad.

SCOTT FITZGERALD. El escritor americano que tan bien retrató la sociedad estadounidense de los años veinte, la exaltación del éxito y el dinero, y los entresijos psíquicos y sociales de quienes lo alcanzan, como se puede ver en *El Gran Gatsby*, una de sus novelas más conocidas, presenta un R extensivo (Sol/Mercurio/Venus). Vivió el ambiente que retrataba con la distancia suficiente para describirlo con tacto y evitando la polémica y la crítica, que por lo general fue benévola con sus textos. Venus en su signo, donde está fuerte, enlaza con un e intensivo en una buena disposición hacia Marte/Neptuno y la Luna en Tauro. El Sol y Saturno, débiles de aspectos, lo hicieron tributario de los excesos del tren de vida que llevó, así como del alcohol, si bien sólo escribía cuando estaba sobrio.

EDWARD BACH. Venus/Mercurio en Virgo se acercaban a hora de máxima pujanza en el caso de este cirujano y homeópata, idealista y místico. Gracias a su amplia labor de consulta y los repliegues sucesivos que le indica su fuerte t intensivo (uno de ellos debido a un cáncer que superó gracias a sus experimentos), llega al proyecto asociativo propio del signo, mediante los remedios florales que le hicieron tan famoso. Con ellos culminaba una idea que se remontaba a su infancia: aliviar el dolor de una forma simple, indolora, anodina, poco costosa y, además, natural, propósito propio del T extensivo, ya que Sol/Urano/Júpiter estaban armónicamente ligados a Neptuno/Plutón.

Escorpión

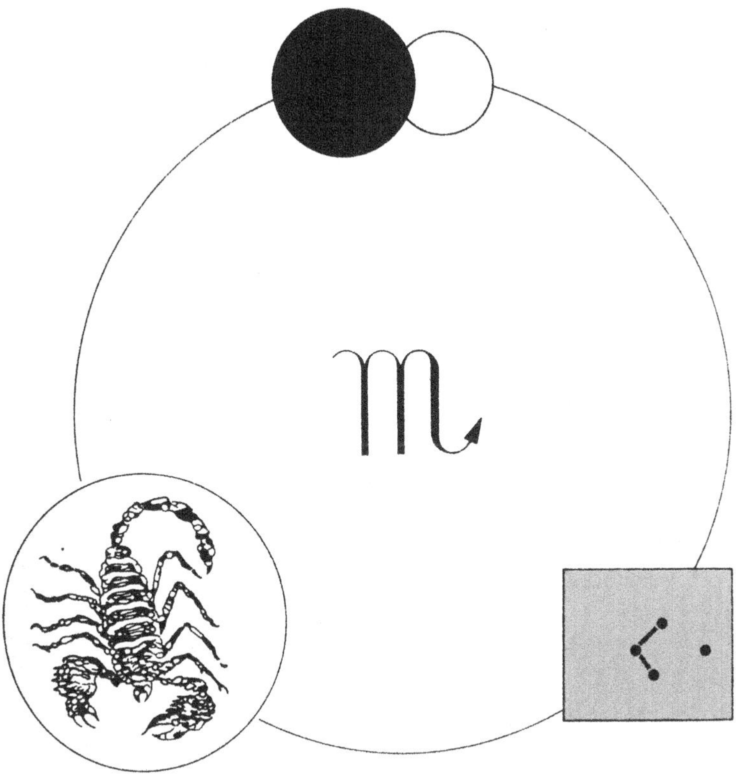

FÓRMULAS

EN ASTROMETRÍA

Con una latitud geográfica media de 45º, cuando el Sol atraviesa este signo entre el 23 de octubre y el 23 de noviembre, o bien cuando un astro (sin latitud celeste) pasa de 0º a 30º de este signo.

- Su tiempo de presencia por encima del plano del horizonte pasa de 10:26 h a 9:08 h.
- Su altura máxima o culminación superior pasa de 33º 21' a 24º 50'.
- Su altura en relación con el plano de la eclíptica o declinación pasa de 11º 29' Sur a 20º 10' Sur.
- Su acimut en el orto pasa de 73º 39' a 60º 50'.

FÓRMULAS CONDICIONALISTAS

(véase primera parte de la obra)

En relación con el modo «adaptado»:

- Fuerza de inhibición (F –): un grupo al margen.
- Velocidad de inhibición (V –): quien ríe el último, ríe mejor.

En sentido de las combinaciones.

En relación con el modo «contraadaptado»:

- Debilidad de excitación (d +): ¡aquí huele a cerrado!
- Inercia de excitación (I +): el fracaso exitoso.

En fase paradójica.

CONTEXTO

Signo anterior

Al sensibilizarse ante los límites de la adaptación natural primaveral, la dinámica del verano permitía al individuo circunscribir y estructurar su personalidad propia, así como delimitar y dominar su territorio. Hecho esto, los signos de otoño constituyen una salida donde se implementarán los mecanismos de la adaptación sociocultural. Es entonces cuando hablamos de asociacionismo. Con Libra, dicho asociacionismo es muy concreto y consiste verdaderamente en una apertura hacia la individualidad del otro, hacia su lógica, lenguaje y valores. Cabe resaltar las tendencias conciliadoras de este signo, que pule aristas y busca puntos en común, ejes para una posible convergencia, similitudes y, en definitiva, todo lo que pueda favorecer el diálogo, hasta el punto de olvidar en ocasiones lo que le es propio, hasta negar y perder su especificidad. Se da un deseo de reconocimiento recíproco a toda costa.

Escorpión ya no se muestra de acuerdo con esta actitud, y ello de una forma absoluta. Mientras Libra acecha las similitudes, Escorpión acorrala las diferencias y divergencias. Y es que intercambio no tiene por qué ser sinónimo de mezcla. Allí donde no hay confrontación no hay un verdadero encuentro, como tampoco puede arraigarse la pluralidad auténtica en lo singular. Una relación no es auténtica si no posee un componente de fuerza. Cualquier relación exige una tensión, una vigilancia fuera de la cual toda adhesión no es sino renuncia. Escorpión no está dispuesto a renunciar a sí mismo para ser aceptado, ni a ser común para pertenecer a la comunidad. Es mucho más sensible a la carga de negación, retroceso y renuncia que implican las colaboraciones denominadas armoniosas. Allí donde reina la paz, usted buscará la victoria. En su opinión, un entendimiento demasiado bueno conlleva el coste del silencio aullante y mortificante. Por ello, prefiere ser vomitado a rebozar con azúcar sus particularidades indigestas. Más vale callarse que hablar como todo el mundo, como los demás. Y, sin embargo, no se resigna fácilmente al anonimato. Desea ser oído y aportar su propia piedra al edificio común.

Signo posterior

En la lógica del Zodiaco, el signo de Escorpión prepara al de Sagitario. Es entonces cuando la noche se aproxima a su duración máxima al tiempo que permanece en una dinámica de expansión, es decir, que el proceso de las estaciones, el asociacionismo, será totalizador, tenderá a englobar el todo sin olvidar ni rechazar nada, sin pasar por alto ni acallar nada, sin caer en la trampa de las elecciones mutiladoras. ¿Acaso no es esa, en el fondo, su ambición secreta? ¿Acaso no aspira en su interior a gozar de una presencia total a los ojos de los demás?

Sin duda, estos Sagitario le contrarían de forma prodigiosa, con su buen tono, siempre cómodos, siempre como en casa, preparados para entenderlo, admitirlo, explicarlo y justificarlo todo. En su opinión, esta actitud servicial roza en ocasiones la servidumbre y su cortesía, la hipocresía. Sin embargo, el hecho de apuntar tan alto les permite pasar por alto realidades inevitables por su pequeñez o mezquindad... Quizá lo hagan para olvidar mejor sus eventuales bajezas. Además, en sus mejores momentos, poseen una forma distendida y natural de hacerse oír y respetar en su integridad, así como de decir todo lo que desean sin romper el diálogo. Seguramente, esta actitud no le deja indiferente, por mucho que sea incapaz de olvidar los eventuales compromisos que requiere. En el fondo, si usted se reduce a sí mismo y conserva con celo su otredad es precisamente con la esperanza secreta de encontrar una palabra lo suficientemente fuerte para ser única al tiempo que universal. ¿Acaso no poseen sus tormentos ese bronco anhelo de un encuentro total y verdadero? Mientras espera, no tiene más remedio que vivir el exigente presente de Escorpión.

LAS CUATRO DIMENSIONES DE SU PERSONALIDAD

Un grupo al margen (fuerza de inhibición)

El asociacionismo del otoño permite la adhesión e integración en una sociedad y cultura, sensibilizando ante lo que se dice, se piensa y se hace en una época, así como ante las normas y costumbres. Además, permite superar el nivel individual para pasar a los valores y significados colectivos. Frente a esta dinámica ocasionalmente mutiladora y alienadora, Escorpión medita su especificidad irreductible e inalienable de persona independiente.

Así pues, si bien le preocupa su repercusión social, no será de los que considere la posibilidad de dejar su singularidad en casa para ser aceptado en el mundo. ¿De qué le serviría ser oído si, para ello, se ha visto obligado a renegar de sus diferencias y encerrarse en lo convencional o bien considerado? Reacio ante el conformismo y la holgazanería de los hábitos del pensamiento, será usted de los que dicen sin complejos lo que los demás se callan, de los que se interesan por todo lo que el hombre ordinario rehúye, desprecia y rechaza. Aun a riesgo de chocar o colisionar, sacará a la luz lo que la educación viste y oculta, una actitud que le aportará cierta aspereza de carácter; además, tendrá ocasión de degustar el extraño placer de estar solo en sus afirmaciones.

De esta forma, el asociacionismo está ahí, pero concentrado, altanero, intenso, tenso y apasionado. Lo que a sus ojos tiene sentido lo hace de una forma exclusiva, violenta y, en ocasiones, intolerante. Literalmente poseído por aquello que le suscita sentimientos, exige una adhesión total y sin reservas. En este contexto, cualquier divergencia se convierte en traición y cualquier persona culpable de ello se excluye a sí misma para reunirse con la inmensa muchedumbre que constituyen los demás, las personas insignificantes. Este fenómeno será el que motive sus pasiones intelectuales y su sombría susceptibilidad, por no hablar de la apariencia exclusiva, posesiva y exigente de sus relaciones. La coherencia del grupo responde a una lucidez compartida, a una diferencia consciente y a una crítica y resistencia frente a los argumentos ordinarios. En el extremo, sus creencias acabarán inscribiéndose en la ruptura. De esta forma, las personas que se vinculen a usted podrían correr el riesgo de aislarse con respecto al resto del mundo. Cultiva usted complicidades secretas, entretejidas de sutiles connivencias, que resultan totalmente invisibles para las miradas superficiales. Si manipula su mundo, es para verificar el control que ejerce sobre el mismo, incluso en ocasiones hasta resultar agobiante. No es fácil escapar una vez ha estampado usted su marca con un hierro al rojo vivo. Una cosa está clara: aspira a una relación auténtica, en cuyo marco se desarrolle un encanto, un sortilegio, algo irremediable..., una preocupación que se verá traducida en la importancia que otorga a las relaciones sexuales.

Ya que su fórmula evoca una concentración del sentido y, por tanto, del valor, lo que para usted resulta importante será decretado como algo fundamental, mientras que el resto será tildado de insignificante. De esta forma, se ve subyugado por esos momentos decisivos en los que todo está en juego y todo se tambalea, lo que incluye, como es evidente, el momento de la muerte. Poco le faltará para inventarse este tipo de momentos. Exagera el alcance, subraya el fracaso, hace subir las apuestas. Ha llegado el momento decisivo y, ahora, todo depende de lo más insignificante. Hay que jugar las cartas con prudencia. Algunos dirán que dramatiza... Y quizá sea cierto que juega a darse miedo a sí mismo.

Afirmarse equivale a afirmar la diferencia propia y, sobre todo, a no ceder ni un milímetro a las pasiones de una época, a no adherirse nunca a la opinión común.

Quien ríe el último, ríe mejor (velocidad de inhibición)

Así pues, con frecuencia Escorpión se atrinchera en sus posiciones, obstinado y rebelde. Ahora bien, de ahí a ser agresivo, sistemáticamente provocativo, sucio, sadomasoquista... En lo esencial, su personalidad intrínseca puede contar con un espacio cerrado difícilmente perceptible bajo un camuflaje minucioso. Y es que, si bien anda a la búsqueda de una relación intensa y auténtica, imparable, es posible que lo haga con tal sutileza que no pueda percibirse de forma fácil. En el extremo, es posible que secrete su singularidad a espaldas de casi todo el mundo. Más que desafiar o provocar, a menudo prefiere insinuar, sobrentender e influir de forma disimulada, es decir, jugar a ser francotirador.

Su mayor baza consiste, sin duda, en el control preciso de todos los códigos de comunicación. Sabe cómo dosificar sus activos. Cada palabra, mirada y gesto pueden estar cargados de sentido y expresar lo esencial con un mínimo de recursos. Casi siempre prefiere la presión insidiosa al enfrentamiento frontal, o bien la abstención. ¿Acaso no hay que saber resistir mientras se espera el momento adecuado para la ofensiva? Con frecuencia se recurrirá a las nociones de clandestinidad, lucha subrepticia y devastación para caracterizar a Escorpión. En cualquier caso, deberíamos conformarnos con percibir una capacidad de decisión que no se deja ver, así como una voluntad que genera las condiciones de su realización sin imponerse de forma ostensible ni anunciarse verdaderamente. Si alcanza un estado óptimo de su personalidad, será capaz de condenarse a sí mismo y a los demás al objetivo que haya designado a voluntad. Al ir cerrando poco a poco cualquier otra salida, llegará a instaurar una fatalidad. Adquiriendo de este modo un carácter de necesidad, sus elecciones y opciones se inscribirán en la perspectiva de lo irremediable.

Tomada una decisión, es capaz de seguir su camino sirviéndose de los inextricables embrollos de las relaciones sociales. Se le describirá como una persona hábil para manipular lo dicho y lo no dicho, la sugestión y la amenaza encubierta, lo sobrentendido y el silencio percibido... Será difícil arrinconarle. Inalcanzable, será capaz de esquivar los ataques, explicaciones y actualizaciones de claridad demasiado violenta. Es usted capaz de simular y disimular, de morder con la educación más exquisita, de ser deferente hacia algo con el objetivo de obtener otra cosa. Saber dar a entender sin decir nada, sabe hacer planear la sombra de la amenaza...

Sin duda es usted un buen estratega. Planificando y multiplicando las distinciones perversas, enredará a su interlocutor en los recovecos de sus argumentos. Sabe tejer su tela como una astuta araña. El adversario cree que está a favor de su causa y la mordedura será venenosa. Sacando partido de las alianzas y rupturas, no duda a la hora de avanzar haciendo uso incluso de las fuerzas adversas con el objetivo de ahorrar las suyas propias. De esta forma, podrá vérsele comer con el mismísimo diablo, pero, eso sí, para manipularlo a sus espaldas. Quien ríe el último, ríe mejor. Y las vestimentas del diablo tampoco le sientan tan mal... Debe reconocerlo: no le desagrada inspirar cierto miedo y suscitar inquietud. Permite entrever que posee cierto poder oculto, que cuenta con un arma secreta que más vale no obligarle a utilizar. En definitiva, se apoya usted en la fuerza de la disuasión.

Otro aspecto que resulta perceptible consiste en la agudeza de su mirada: nada escapa a su percepción. Sabe cómo respaldar sus acciones y basar sus análisis en detalles aparentemente insustanciales. Esta perspicacia tan segura le permite descubrir hasta el más mínimo atisbo de resistencia o, utilizando una expresión común, el punto débil de la coraza. Es este otro punto a su favor para invertir poderosamente el rumbo de las cosas con presteza. Para aquel que es prudente y está equipado con una palanca o un punto de apoyo, cualquier insignificancia, hasta la más mínima aspereza utilizada de forma juiciosa, puede servir para levantar el mundo con un único dedo. En este contexto, la sutileza reemplaza la brutalidad. En vez de forzar los acontecimientos, más vale dar con la solución exacta, con la clave, la que se impondrá por sí misma...

¡Aquí huele a cerrado! (debilidad de excitación)

En vez de tirar abajo las puertas, usted ausculta las cerraduras. Prefiere el deslizamiento furtivo de una persuasiva tarjeta de acceso a la brutalidad de una palanqueta. Si bien no le disgusta penetrar con allanamiento de morada en el universo privado de los demás, lo cierto es que lo que más le gusta es desentrañar los secretos de los mecanismos de cerrojo, adivinar la clave numérica para abrirlos, el código, actuando con dulzura sin forzar nada. Uno puede imaginarle en un sótano sombrío, limando, justificando y rectificando constantemente la llave que desea con tal eficacia que termina suscitando la complicidad de la misma cerradura.

Por destacadas que sean estas cualidades de obstinación paciente, lo cierto es que esta actitud implica algunos riesgos, incluyendo el de terminar enmoheciéndose demasiado tiempo en sus encierros. De forma tradicional, podríamos evocar la oscura fermentación de las marismas: podredumbre y estancación. A fin de que su éxito futuro sea imparable, ha multiplicado usted las maniobras, las ramificaciones subrepticias, los senderos tortuosos y los sabios entresijos, hasta tal punto y tan bien que será incapaz de reencontrarse a sí mismo. En este laberinto, todo está tan entremezclado que no existe ni el más mínimo margen de movimiento. Sus análisis se ven obstaculizados por todo un aparato de disociaciones, particularizaciones, excepciones, sospechas e impedimentos que les privan de toda eficacia. Nada es tan simple como parece, ni exactamente como se ve, ni es posible generalizar. Por tanto, no vale la pena decir ni hacer nada. Se ha hundido demasiado pronto en las profundidades y ya no es capaz de reencontrar el camino hacia la luz del día.

En el fondo, el problema radica en ese miedo a traicionarse a sí mismo que le atenaza. Sobre todo, no desea ser manipulado ni rescatado, y ningún objetivo, palabra ni realización parecen bastar para expresar su carácter. Mientras ellos cotorrean, a usted le gustaría hablar; mientras ellos se agitan, a usted le gustaría hacer. Así pues, el ámbito de sus intereses y motivaciones se ve estrechado. Las posibilidades son escasas. La atmósfera se torna agobiante. Ahora bien: expresarse de cualquier forma ¿no equivale a ponerse en común, al alcance de los juicios, y, por tanto, a comprometerse? Y si alguien es reconocido, será porque se ha inscrito en el ámbito de lo conocido y, por tanto, de algún modo, se ha doblegado ante los demás. En estos momentos sombríos, cualquier atisbo de éxito le parecerá sospechoso, susceptible de encerrar casi siempre un pacto vergonzoso, una abdicación, una traición hacia uno mismo. La honradez no se aviene bien con este tipo de ruidos, proyecciones y ovaciones. Quizá tan sólo sea auténtica cuando se manifiesta en el silencio y la inmovilidad, en el secreto.

En este estadio de escepticismo, le resultará tentador conformarse con el fracaso: es muy posible que no haya alcanzado sus objetivos, pero al menos de este modo ha afirmado su diferencia. La lucidez niega los valores y las virtudes de una época ciega en la que el tuerto es rey. El fracaso asumido e incluso reivindicado permite diferenciar a los inocentes de los que se han dejado estafar por bonitas palabras y promesas inútiles. Los poetas malditos, los genios desconocidos, los descubrimientos ignorados y los valores ridiculizados nos dicen, a través de su misma existencia, que, a pesar de todo, no es cierto que todo sea fantástico y nos encontremos en el mejor de los mundos. De esta forma, su inmovilismo obstinado afirmará en su silencio incluso la negativa definitiva a transigir y adaptarse a lo existente.

Ocasionalmente también es posible que se vea tentado a llegar hasta el final de su noche, hasta las profundidades de su infierno..., quizá para comprobar hasta dónde puede llegar el absurdo o el fracaso, y así desmarcarse con un vigor aún mayor de los asentimientos complacientes. Se trata de nuevo de una dramatización, en cuyo marco se sentirá fascinado por los procesos de autodestrucción. En el fondo, vive habitado por algo irremediable e imperceptible que provoca que todo esté determinado de una forma definitiva. El destino se ha perdido en un lodazal inextricable del que nada puede salvarlo. Los latidos sordos del tiempo martillean, terroríficos, en la cabeza, marcando el ritmo de lo inexorable e incluso de la espesura del silencio. El fracaso se aproxima al punto en que todo será dicho. Toda esperanza es una quimera, toda empresa es inútil, toda solución es una utopía. La araña negra de los tiempos cierra su trampa concéntrica, a la que nada podrá escapar. La mosca se agita, en un movimiento patético. Hay que ser tonto para esperar, aún, un mañana feliz...

El fracaso exitoso (inercia de excitación)

Por consiguiente, es posible que viva usted excluido, recluido, reservado..., aunque no por ello impotente. No es usted una persona propensa a los sufrimientos prolongados, que se quede sin recursos. Mejor harían los demás en no olvidar en ningún momento sus cualidades de resistencia. Allí donde otros se dejarán hundir por las circunstancias, usted desafiará las críticas, se reirá de las desgracias y las pondrá en escena. Poco faltará para que haga creer que todo va exactamente como lo había deseado y calculado..., que si se encuentra en esa situación es porque así lo ha escogido..., que todo esto le divierte mucho..., que no le está ocurriendo a usted..., que su vida no ha sido sino una novela, un drama. Nada impide ver en esta actitud cierta modalidad de heroísmo. Sea como sea, a menudo existirá un desfase entre sus ambiciones y las posibilidades objetivas de la situación presente, aunque esto tampoco le molestará en absoluto. Su eventual sentimiento de poder no se justifica por un control efectivo del entorno. Sin necesidad de llegar siempre a convertir sus fracasos y rechazos en glorias, es posible que pueda obtener auténticas satisfacciones de los mismos. ¿Acaso el ostracismo a que se ve sometido no confirma el poder potencial del discurso que enarbola? En este contexto, le parecerá que nada expresa mejor su superioridad que un silencio altanero, un inmovilismo orgulloso y un desdén arrogante. Fiel a sí mismo, imperturbable, cuenta al menos con la valentía de no doblegarse ante las presiones externas. Y, dado que no se siente afectado por los hechos, puede llegar a considerarse más fuerte que ellos, incluso aunque dicha fuerza sea estrictamente defensiva y no tenga ningún efecto.

Incluso replegado en su guarida podrá influir de forma insidiosa pero decisiva en el rumbo de las cosas. Como consecuencia, los demás le atribuirán un espíritu conspirador. Según algunos, se pasará usted el día maquinando intrigas, manipulando su mundo y multiplicando los chanchullos y las trampas. Digamos que aspira usted a obtener el máximo de efectos con el mínimo de esfuerzo. Se imagina capaz de moldear el mundo con su magnetismo como único medio. Y, si bien no posee estos poderes, lo cierto es que domina el arte de imponer su voluntad sin ni siquiera haberla expresado con claridad, ejerciendo una influencia discreta para conducir a la otra persona hasta su punto de vista. Así pues, tiende usted a considerar con cierta condescendencia a esos abanderados que a menudo se agotan en vano. En su opinión, el auténtico poder permanece oculto, la influencia verdadera y las auténticas relaciones de fuerza están, en la mayoría de ocasiones, escondidas.

PERCEPCIÓN DEL RESTO DE SIGNOS

Leo

Simplificando, podría decirse que Leo carece de Escorpión, y viceversa. Por tanto, se tratará de una relación exigente pero rica en cuanto a posibilidades de creación. Mientras usted se las ingenia para desentrañar con paciencia las situaciones consideradas inextricables o, al contrario, para adornarlas con algunos de esos sabios nudos de los que usted tiene el secreto, Leo tan sólo piensa en cortar, arrancar y romper cualquier ligazón. Lo que gana en eficacia con este método también lo pierde en sutileza. A menudo, sus análisis u opiniones son sumarios. Por el contrario, nada le predispone a usted a las vigorosas reacciones de Leo, que le permiten superar de un plumazo las restricciones del momento.

Cuando Leo le exaspera, usted le reprocha su simplismo, su grosería arrogante, su vanidad ingenua y su profundo arribismo, así como sus aires de suficiencia y su afán de apariencia. Le gusta adoptar aires de gran señor, algo que usted considera tan vulgar como grosero. En una relación mejor, apreciará la capacidad de Leo para forzar la solución, aun atropellando en cierta medida cosas, personas y situaciones. En todo caso, sea buena o mala, la relación no será tranquila. Les interesa compartir con claridad los poderes y responsabilidades, a menos que quieran que la relación se convierta en un constante campo de batalla. La susceptibilidad de ambos favorecerá crisis y dramas. Frente a las pretensiones de Leo, usted tratará de establecer su dominio de manera muy astuta, con grandes dosis de trampas e insidiosas provocaciones. Seguramente, no tardará en aprender a no dejarse intimidar por sus sentencias lapidarias y sus fanfarronadas. Por mucho que se haga el fanfarrón y el indomable, usted presiente que es vulnerable. Es posible que le sea fácil impresionar a Leo y, en ocasiones, darle miedo.

Virgo

Virgo es serio, riguroso y preciso en sus análisis, aunque carece de espíritu de lucha y se borra aun antes de haberse escrito. ¡Es el colmo!

Pareja: se entenderán, como mínimo, para criticar a los demás, aunque también podrían correr el riesgo de vivir en un mundo demasiado cerrado y agobiante. Virgo es capaz de dejarse dominar para atarle más fuerte y hacerse indispensable.

Amigo: la meticulosidad de observación de Virgo permite que se lo pase en grande con los tics, las manías y las pequeñeces ocultas de los demás.

Enemigo: aunque es capaz de encontrarle cinco patas al gato, lo cierto es que le divierte darle miedo.

Libra

Se trata de una relación de una delicadeza sutil, aunque acabará por cansarle comprobar cómo Libra se empeña siempre en complacer. Aquel que no tiene enemigos constituye, para usted, un amigo temible.

Pareja: la mayoría de las veces será Libra quien lime las asperezas, no sin experimentar cierto placer cuando se admire su paciencia y capacidad de adaptación. Sin embargo, en el fondo, Libra se caracteriza por una libertad que le costará encadenar.

Amigo: Libra abre nuevas vías a la especificidad de su pensamiento y a los firmes particularismos de su personalidad.

Enemigo: desde luego, no es a usted a quien conseguirá dormir con sus nanas. Aunque usted crea estar abierto a cualquier cosa y persona, lo cierto es que cualquier insignificancia puede desmontarlo.

Escorpión

En este caso es necesario jugar las cartas con prudencia. ¿Se trata de amor o de odio? Quizá de una mezcla de ambos...

Pareja: por mucho que se esconda de las miradas indiscretas, la pasión está ahí, celosa, exclusiva e inevitable. A los demás les resultará muy difícil comprender las implicaciones profundas de esta relación.

Amigo: asistimos aquí al encuentro de dos grandes espíritus. El mundo les parecerá en ocasiones poblado de imbéciles, y se felicitarán por la lucidez que les une en una complicidad impecable.

Enemigo: no será usted a quien tome el pelo con sus aires de entendido, aunque la enemistad será tan íntima que parecerá fraternal.

Sagitario

Al igual que usted, Sagitario posee un sentido innato del juego de las relaciones, aunque carece en cierta medida de mesura y espíritu crítico, y quizás incluso de personalidad, a pesar de sus severas críticas.

Pareja: Sagitario podría ser su agente comercial, con la condición de que no le traicione y no acapare demasiado espacio.

Amigo: se apoya en usted para mantenerse alejado de los cebos de la vida social. Usted, a su vez, se aprovechará de su don de gentes. Con él, todo parece más fácil.

Enemigo: contento consigo mismo y con el mundo, pero sobre todo consigo mismo en el mundo, bien situado...; no hace falta decir más.

Capricornio

Capricornio es una persona que no se deja engañar fácilmente, aunque lo cierto es que tampoco tiene demasiado que aportar.

Pareja: Capricornio desdramatiza, en ocasiones demasiado. Con él, la vida podría ser aburrida. No obstante, sabe reconocer los verdaderos valores.

Amigo: al dedicarse a la tarea de erigir como sistemas sus críticas epidérmicas y sus negativas espontáneas, Capricornio construye una torre, de marfil, como es evidente, en la que usted puede reencontrarse.

Enemigo: resulta fácil hacerse el superior cuando uno se abstiene de ensuciarse las manos removiendo un poco el lodo del mundo. Es de los que nunca dicen nada, pero tampoco piensan nada.

Acuario

A pesar de ser capaz de mantener su libertad de maniobra, adolece de una ingenuidad pasmosa.

Pareja: en el mejor de los casos, Acuario inventará perspectivas estimulantes partiendo de sus críticas, desconfianzas y negativas. En el peor, le desesperará con su credulidad atontada. La pasión subyacente favorecerá una relación de fuerza.

Amigo: Acuario percibe que sus aversiones poseen un carácter profético, a pesar de no perder nunca la esperanza de que todo se pueda arreglar.

Enemigo: ¿cómo es posible que los demás no vean la dimensión carnívora de la sonrisa de Acuario?

Piscis

A pesar de ser tan reacio como usted a los conformismos heredados, en ocasiones le falta espíritu de decisión. Lo que está claro es que estimula su curiosidad.

Pareja: Piscis será la mejor pareja posible cuando sus intuiciones confirmen los análisis que usted realiza, pero también la peor cuando se empeñe en no comprender las fiebres y pasiones que le mueven.

Amigo: en el fondo, son dos extraños en un mundo hipócrita, dos exiliados. Esta situación no hará sino favorecer una relación cuya autenticidad no tolera ninguna hipocresía.

Enemigo: tolerar lo intolerable no es, desde luego, ninguna virtud. En este mundo, la indiferencia es culpable.

Aries

Su naturaleza fogosa maltrata los conformismos, pero su espontaneidad se presta a la recuperación. Aunque, al igual que usted, es un «maleducado», lo es de una forma más simple y primitiva.

Pareja: poco receptivo a sus sutilezas, Aries le dinamiza, aunque en ocasiones también le dinamita. No esconde nada perverso. Incluso sus accesos de ira son honestos, mientras que usted siempre lo «truca» todo en cierta medida.

Amigo: la honestidad y claridad de sus actitudes le permiten descansar de los chanchullos hipócritas del mundo.

Enemigo: resulta fácil ser decidido y dinámico cuando todo es siempre sencillo y claro. Resulta fácil avanzar cuando no hay distancia por detrás.

Tauro

Ambos tendrán interés en usar guantes y pinzas para manipular la susceptibilidad de sus encuentros.

Pareja: para lo bueno y para lo malo, suele decirse. Y en esta relación se mezclarán ambas cosas. Gozarán de una complicidad íntima en su forma de no ser inocentes, aunque también se caracterizarán por una vigilancia permanente para no dejarse dominar.

Amigo: nadie se atreverá a inmiscuirse en una relación tan estrecha. Se sentirán unidos, sobre todo, por los vigorosos rechazos de ambos.

Enemigo: Tauro tiene demasiado miedo de perder para poder ganar, ama demasiado la vida como para ser verdaderamente inteligente.

Géminis

Aunque su sentido de la libertad le hace respetable, por desgracia en ocasiones realiza un mal uso del mismo al dejarse seducir por todo lo que brilla.

Pareja: Géminis desdramatiza y airea la relación, aunque posiblemente en ocasiones le dejará con la sensación de no haber sido comprendido. Sin embargo, constituye un buen antídoto para su misantropía.

Amigo: le aporta mil ideas, algunas de las cuales retomará para profundizar en ellas y explotarlas. Con él nunca se aburrirá.

Enemigo: la enorme variedad de intereses que le caracteriza equivale a no interesarse por nada ni nadie.

Cáncer

Si bien goza de la cualidad de no dejarse impresionar por los encantos del espectáculo y el politiqueo, en ocasiones resulta demasiado cerrado e indiferente a todo.

Pareja: aunque se trata, desde luego, del descanso del guerrero, en ocasiones Cáncer tiene dificultades para compartir las pasiones y problemas que usted tiene. No obstante, sí es posible que le tranquilice.

Amigo: usted posee su propio universo, en el que nadie podrá penetrar sin haber sido invitado.

Enemigo: aunque no le interesa nada que supere las dimensiones de su pequeño mundo, le gusta hacerse el tirano doméstico.

QUÉ DICE SU ASCENDENTE

Escorpión ascendente Escorpión

Con esta fórmula, sin duda estará dotado de una enérgica conciencia de sí mismo. Le resulta realmente difícil discutir sobre sus convicciones, principios y objetivos sin elevar el tono, ya que siente la necesidad de ser comprendido con exactitud, e incluso aceptado y muy posiblemente admirado en todo lo que constituye su particularidad.

En cualquier ámbito, no le satisfará nada que no lleve impreso el sello de la autenticidad más intransigente. En el plano intelectual, por ejemplo, se preocupa usted por forjar convicciones muy personales sobre las que más valdrá no discutir, y a nivel relacional no presenta una pasión menor. En sus relaciones no habrá nada superficial, y se complacerá con decir hasta la más mínima insolencia.

Muy sensibilizado ante las relaciones de fuerza, su susceptibilidad no tolerará demasiado bien que un contrincante le haga la mínima sombra. Sin lugar a dudas, en ocasiones se le tildará de persona dominante.

Sus eventuales problemas estarán relacionados con la excesiva intensidad de sus exigencias. Espera demasiado de la vida, de los demás y de sí mismo.

Al negarse a aceptar cualquier adaptación y compromiso, podría acabar encerrándose en un mutismo solitario, rumiando una y otra vez sus ambiciones frustradas, así como un desprecio con tintes de amargura y una impotencia altanera.

Escorpión ascendente Sagitario

Esta fórmula le sensibiliza ante los problemas de adaptación cultural, aunque de una forma ocasionalmente contradictoria. A través de Sagitario se preocupa usted de su repercusión social. Le gusta ampliar su público y se muestra abierto ante la diversidad de costumbres, hábitos y modos. Escorpión, por su parte, sabe que es diferente y no está dispuesto a sacrificar nada ante las convenciones de una época. Bajo la aparente sociabilidad en ocasiones entusiasta de Sagitario, subyace la inquietud de un ser que, en el fondo, sabe que siempre está solo, prisionero de una especificidad inaccesible. Por cálidas que puedan ser, sus adhesiones no estarán desprovistas de segundas intenciones. Nunca se olvida de sus convicciones u objetivos propios, y es consciente de que los atronadores acuerdos no impiden la existencia de insidiosas relaciones de fuerza. Más de uno denunciará las artimañas que le permiten imponer sus exigencias particulares en nombre del interés colectivo. En el mejor de los casos, sabrá otorgar una forma aceptable a sus indigestas particularidades, así como un alcance general a un pensamiento caracterizado por su especificidad. En el peor, aspirará a una aprobación que, sin embargo, no resolverá nada, ya que la desprecia por anticipado.

Escorpión ascendente Capricornio

Esta fórmula le caracteriza como un rebelde muy desconfiado frente a los entusiasmos colectivos. Aunque le confiere cierta fuerza de carácter, ello se debe, en primera instancia, a la dificultad de los demás para imponerse sobre usted e impresionarle, y también a que elimina sin piedad todo lo que pueda entorpecer la realización de sus objetivos o ambiciones. De esta forma, se le caracterizará como una persona dura, obstinada, paciente y astuta. Sabe esperar el momento oportuno, reunir sus fuerzas para golpear en el instante decisivo, partir del subsuelo para alcanzar las más altas cumbres y manipular el presente para conquistar el futuro. Aunque parezca distante o indiferente, la mayoría de las veces será una persona tensa, inquieta, movida por ambiciones difíciles y pasiones secretas. No obstante, su principal baza radica en cierto desapego con respecto a las falsas apariencias y las glorias inútiles, los éxitos de prestigio y los entusiasmos efímeros. De esta forma, es posible que viva bastante bien la travesía del desierto que le conduzca a afirmaciones fundamentales. En cualquier caso, el peligro residirá en un aislamiento mal llevado. Entre rechazos y muestras de indiferencia, entre críticas y burlas, podría acabar experimentando el desencanto amargo de los solitarios incomprendidos cuyas ambiciones insatisfechas ya no pueden expresarse más que mediante un desdén envidioso y atormentado.

Escorpión ascendente Acuario

La mezcla provocada por el escepticismo de Escorpión y la esperanza de Acuario podría llegar a ser explosiva. No obstante, estos dos signos poseen un punto en común en la sensibilidad ante lo sobreentendido, lo subyacente y las insignificancias insustanciales que, a menudo, ponen de manifiesto las grandezas ocultas. Esto conlleva que resulte difícil socavar la coherencia de sus actitudes. Sus comportamientos son caóticos y no hace falta prácticamente nada para hacerle cambiar de humor. Ello se debe a que acecha usted los indicios, los signos casi invisibles y las sospechas de verdad que le dicta su conducta. Debido a que es más receptivo ante lo imperceptible que ante lo evidente, sus reacciones a menudo parecerán desproporcionadas. Así pues, siempre que goce de una buena integración, esta fórmula le dotará de un olfato poco común ante lo que está a punto de morir y lo que nacerá como consecuencia. Su rechazo de un presente ahogado por las convenciones será muy intransigente, sobre todo teniendo en cuenta su capacidad para percibir posibles salidas y que, por tanto, será necesario acelerar la noche para llegar al nuevo amanecer. De esta forma, de crisis en crisis irá oscilando entre el negro y el blanco, entre la alegría radiante y el desencanto, entre la esperanza desbocada y el fatalismo resignado. Por estimulantes que puedan ser, estas contradicciones también podrán tener un efecto paralizante. ¿Qué puede hacer aquel que se desespera de seguir esperando? También le acecha el peligro de una adaptación más que difícil al presente inmediato.

Escorpión ascendente Piscis

Como Escorpión, seguramente será una persona inquieta, apasionada y siempre reacia a todo tipo de conformismo, aunque, de modo más o menos consciente, las luchas y tensiones resultantes acabarán por presionarle, de forma que aspirará a la indiferencia tranquila del que sabe que está en otra parte, libre de cualquier prejuicio, liberado de todas las presiones socioculturales. Sin embargo, para encontrar su propio camino, su propia huella, debe, en primer lugar, desligarse de los determinismos sociológicos y de todo tipo de afiliaciones. Así pues, es posible que su actitud en primera instancia resulte dura, áspera en la discusión y reivindicativa.

No obstante, también será capaz de una sensibilidad muy enérgica cuando su lucidez compruebe la escasa importancia de tantos debates inútiles. En el fondo, si es agresivo y reactivo, lo es contra las cortesías hipócritas y las anodinas deferencias que impiden una relación verdadera y plena, contra la estrechez de las verdades convenidas y los significados aprendidos que obstaculizan el cerebro e impiden alcanzar un conocimiento íntimo de las cosas y las personas. De esta forma, guarda la esperanza de alcanzar lo universal elevándose hasta la última cumbre de su especificidad. En todo caso, al no aspirar más que al milagro, podría terminar acumulando decepciones y, por tanto, cayendo en un pesimismo lleno de rencor, en un desdén amargo y una impotencia altiva que se inventen universos tan paralelos que nunca se encontrarán con el mundo real.

Escorpión ascendente Aries

Las interpretaciones clásicas insisten en su agresividad, y es cierto que usted acostumbra a enseñar los colmillos. Y no hay nada para sacarle de sus casillas como las relaciones establecidas, la insipidez de los intercambios convenidos y la hipocresía circunstancial con que se visten las ambiciones más descarnadas. Donde otros se relamen en piadosos silencios y prudentes mentiras, usted muestra la verdad en toda su desnudez, los bajos instintos o los triviales mecanismos que se engranan bajo los ideales bonitos y los sentimientos más nobles. Dicho esto, la influencia de Escorpión podría atemperar su ímpetu provocador, matizándolo con cierta astucia pérfida. Así pues, antes de golpear, se tomará el tiempo de apuntar bien e impedir toda posibilidad de respuesta del adversario. Es posible que este ni siquiera se dé cuenta de dónde provienen los golpes. A pesar de permanecer muy atento a las relaciones de fuerza, la verdad es que no siempre sale armado. Si bien es cierto que, debido a sus convicciones personales, a menudo andará a contracorriente, es posible que prefiera vivirlas con total libertad en vez de estar guerreando constantemente. Si no controla las divergencias de esta fórmula, acabará rumiando sus resentimientos hundiéndose cada vez más en el fracaso, no pudiendo salir de este amargo silencio más que a través de ciegos accesos de ira que resultarán más destructivos que constructivos.

Escorpión ascendente Tauro

Es usted una persona apasionada cuya eventual impasibilidad oculta una efervescencia de tensiones tumultuosas, inquietudes febriles y deseos incandescentes. Además, alimenta un ideal de dominio. Mientras Tauro desea ceñirse a sus propios ritmos y naturaleza, Escorpión posee un discurso personal, una cultura específica. Usted será un rebelde que ofrece una resistencia obstinada tanto a las fiebres y entusiasmos del entorno como a la presión de las ideologías dominantes, el consenso implícito y las verdades aprendidas cuya validez no cuestiona nadie. De esta forma, a menudo evolucionará a contracorriente, debiendo desconfiar de un espíritu de contradicción tan sistemático que le impedirá todo atisbo de aprobación. Así, podría acabar viviendo desajustado y, por tanto, impotente. Lejos de ser indiferente, percibe su permeabilidad ante las exigencias exteriores como una debilidad y un peligro para su autonomía, situación de la que derivará una susceptibilidad expresada a través de reacciones tan devastadoras como inesperadas. Cualquier intercambio no tardará en convertirse en una relación de fuerza en cuyo marco aspirará a ser el dominante en vez del dominado. En cualquier caso, debería desconfiar de una actitud defensiva excesivamente negativa, que impida todo atisbo de dinamismo ofensivo, toda iniciativa y realización. Sería una pena que acabase hundiéndose en la esterilidad de una misantropía irreductible.

Escorpión ascendente Géminis

Desde luego, en este caso tenemos una buena dosis de contradicciones. Mientras el signo Escorpión evoca pasión exclusiva, tensión, afán de posesión, cerrazón, control y relaciones de dominación, Géminis nos habla de libertad, distensión, apertura total, improvisación y gratuidad. Bien integrada, esta fórmula le permitirá gozar de un humor y una imaginación capaces de ganarse una mejor aceptación de sus duras críticas e indigestas verdades. En el mejor de los casos, a través de las luchas y enfrentamientos de la vida, acabará definiendo poco a poco sus convicciones personales, inquebrantables, de forma que el hecho de encontrarse sólidamente anclado en sí mismo le permitirá estar disponible ante cualquier tipo de encuentro, sin prejuicio alguno. Por la carga de resistencia ante las arbitrariedades socioculturales que lleva implícita, Escorpión podría acabar por favorecer la apertura de espíritu y la libertad de Géminis. Siendo menos optimistas, podría multiplicar las muestras de intolerancia, los motivos de irritación y las incompatibilidades. En el peor de los casos, soñará con un universo libre de toda pasión y restricción sin conseguir desprenderse de los chanchullos, alergias e insistentes rencores que le atenazan. A pesar de aspirar a la pureza de los grandes espacios, se sentirá obstaculizado por sus desconfianzas, su susceptibilidad y la negativa a realizar concesiones.

Escorpión ascendente Cáncer

Aunque, debido a la influencia de Escorpión, esté usted siempre dispuesto a apasionarse y combatir para defender o imponer la especificidad a veces exagerada de sus puntos de vista, aunque nunca deje pasar una sospecha, una crítica o un enfrentamiento, aunque no pueda resistirse al placer de lanzar la piedra de su provocación en el charco de los biempensantes, la influencia de Cáncer le predispone a experimentar tarde o temprano la inútil vanidad de esas luchas incesantes, de forma que acabará no teniendo más ardor que el defensivo. Así pues, si bien es posible que, algún día, se desentienda del mundo y sus disputas, al menos dispone de buenas bazas para construirse un universo particular, protegido de la incomprensión de los ambiciosos y los estúpidos. De esta manera, en efecto, podrá tanto apasionarse por los grandes debates socioculturales como mostrarse totalmente indiferente ante los mismos, en cuyo caso le bastará con un universo íntimo donde vivir con plenitud, resguardado de cualquier molestia. De hecho, sin duda, sólo se hará valer por completo cuando haya limitado el ámbito de su expresión y arrinconado el hambre de poder a una esfera reservada. En caso de fracaso, tanto para sus íntimos como para usted mismo, su universo íntimo podría acabar convirtiéndose en una prisión, un infierno o una habitación cerrada donde los sueños de poder no encuentren más manifestación que las disputas intestinas y los rencores sordos.

Escorpión ascendente Leo

Esta fórmula subraya la capacidad de trabajo, la ambición, la voluntad de dominación y la susceptibilidad. Así pues, no es de los que se deja pisotear, a pesar de contar con una sensibilidad muy desarrollada. En cualquier caso, si bien es cierto que a veces no hace falta mucho para que se sienta ofendido, también cuenta con la capacidad de permanecer imperturbable ante los peores ataques. Esta es tan sólo una de las numerosas paradojas que encierra un temperamento tenso y apasionado. Así, dotado de una astucia paciente capaz de inventarse nuevas formas para avanzar dando rodeos, es posible que salte a la primera línea de la palestra en cualquier momento, con un escándalo memorable. No hace falta decir que es usted una persona de recursos, así que, si consigue dominar bien sus tendencias, podría convertirse en un adversario temible. Entre análisis y deducciones, es posible que se haya forjado convicciones difíciles de cuestionar. Por abruptas que puedan parecer, sus afirmaciones se ven fortalecidas por una estrecha red de ramificaciones subterráneas: en una palabra, sabe de lo que habla. Una mala integración de estas contradicciones, por el contrario, le provocará considerables molestias. Será propenso a terminar las cosas mal, sobre todo por su impaciencia: es posible que haya tejido con gran meticulosidad la red de su trampa, punto por punto, para finalmente terminar arrancándola de forma brusca porque se le resiste un último nudo. Cuando esté a punto de conseguir su objetivo, cantará victoria demasiado pronto y echará por tierra todos sus planes... debiendo volver a sus afanosas maquinaciones.

Escorpión ascendente Virgo

Esta fórmula le permite contar con una extraña agudeza de observación, así como con análisis penetrantes y sutiles, argumentos inatacables y una sagacidad siempre despierta, pero sobre todo con un sentido crítico alerta. Desconfiado hasta decir basta y escéptico por naturaleza, nunca se dejará intimidar por el reluciente brillo de las apariencias. Siempre anda al acecho de la mentira, el fallo y el defecto. Adepto de la duda sistemática, nunca aceptará nada como verdadero sin haberlo comprobado de forma personal. Sus auténticas convicciones son las que se ha forjado solo, al fuego de las luchas y enfrentamientos de la existencia. Para usted, lo importante es no dormirse con ilusiones ni dejarse contaminar por la lógica de los demás ni por los conformismos obligatorios. Sin duda, es usted una persona ambiciosa, aunque prefiere no exponerse a los golpes de la vida ni a la humillación del fracaso. Además, le gusta imponer su voluntad de forma subrepticia, sin asumir los riesgos que implica el poder visible: ¿qué importancia tienen los signos exteriores del poder para el que aspira a gozar de un control real? Sus eventuales problemas estarán relacionados con esta falta de apertura de espíritu, que le impide disfrutar de encuentros satisfactorios y percibir la dimensión positiva de las cosas, un rasgo del que derivará un inmovilismo cargado de ambiciones que nunca llegarán a realizarse.

Escorpión ascendente Libra

El afán de armonía y conciliación de Libra se oponen a la tensión de Escorpión y a los ángulos de su individualismo rebelde. No obstante, estos dos signos se unen para sensibilizarle ante las sutilezas y el valor de las relaciones humanas, así como ante las formas y los contenidos de las relaciones sociales. Gracias a su agudo control de los códigos de comunicación y de las reglas tanto implícitas como explícitas que rigen el ritmo de cualquier intercambio, adopta usted de forma instintiva la actitud adecuada para tocar, herir, seducir o desarmar a su interlocutor, para conducirlo a sus motivaciones y conseguir de él lo que desea. Diestro en el arte de evitar los golpes, sabe comprometerse sin por ello vincularse y retirarse de sus posiciones en el momento adecuado. En este caso, la seducción constituye verdaderamente un poder. Con su mano de hierro en guante de terciopelo, sabe encantar y hechizar sin realizar concesiones en ningún momento en cuanto a la esencia. En una palabra, sabe usted llegar a buen puerto, algo que en ocasiones se le reprochará. Con una integración menos positiva, esta fórmula le hará sensible a las renuncias que conlleva el diálogo. Le gustaría seducir, pero desprecia las maniobras de seducción. A fin de poner a prueba la autenticidad de los afectos dirigidos a su persona, será capaz de tentar al diablo y hacer de todo para provocar una crisis, como si sintiese la necesidad constante de coquetear con la ruptura, aun a riesgo de quejarse a continuación de no ser comprendido.

QUÉ DICEN SUS TEST

Escorpión R extensivo

Con esta fórmula, será usted una persona al mismo tiempo abierta y más cerrada de lo que hace suponer su signo solar. Es abierto de primeras, ya que le gusta sentirse interesado, seducido, sorprendido y maravillado. Por tanto, a pesar de la desconfianza y el escepticismo inherentes al signo Escorpión, se muestra totalmente dispuesto a afrontar las cosas con una anticipación favorable. Al ser una persona de contacto, debería aprender a multiplicar y diversificar sus centros de interés, así como sus pasiones, cuando entre en juego la tensión de Escorpión. En todo caso, tan sólo se interesa por aquello que le afecte o increpe directamente, y por tanto sólo se mostrará emprendedor y trabajará bajo el influjo de un entusiasmo, en la excitación del descubrimiento. Esta situación podría derivar en una falta de perseverancia y, en el extremo, hacer que tan sólo se mueva por la dinámica del placer.

Como es evidente, las obligaciones de la vida social le parecen aburridas y, en ocasiones, insoportables. En el fondo, con independencia de sus ambiciones, siente rechazo ante el esfuerzo y las restricciones. Poco faltará para que sea necesario que las cosas lleguen por sí solas. En caso de fracaso, no le cuesta echar la culpa a la mala fe de los demás, o bien a la perversión de las relaciones sociales. Así, sus accesos de alegre agitación podrían verse sucedidos por sombríos periodos de desengaño. Mostrará una preocupación especial por que los demás se interesen por su situación y realizaciones, así como por sentirse amado y admirado; sin embargo, no será propenso a realizar concesiones, sino que, más bien, mantendrá una estrecha vigilancia de la calidad de sus relaciones y de la estima y el afecto que se le profesen. Ello derivará en una susceptibilidad que algunos considerarán enfermiza.

De esta forma, podría acabar viviendo herido, recluido en su interior a pesar de su urgente necesidad de diálogo. En su caso, todo es cuestión de confianza: si esta no existe, carecerá literalmente de expresión y prácticamente de vida. E incluso si, en este caso, se muestra desenvuelto o insolente, incluso si se pone una máscara altanera o desdeñosa, lo cierto es que tan sólo estará ocultando una sensibilidad trémula. En el fondo, sigue manteniendo un ideal, una demanda o exigencia que no consigue encontrar un interlocutor, un campo de expresión o un objeto en el que desembocar. En estas circunstancias, no se sentirá interesado por nada, y tan sólo unos pocos elegidos tendrán el privilegio de descubrir los tesoros de la imaginación, el humor, la inventiva y la ternura de que es capaz.

Escorpión r intensivo

Esta fórmula conlleva una tensión muy potente que podría traducirse en una hipertrofia de la voluntad. Cuenta con la fuerza de una concepción de la dignidad humana que le mantiene alejado de la pasividad y las aproximaciones.

Debido a su introversión, esta tendencia le permitirá imponerse a sí mismo severas restricciones, pero sin que ello conlleve un coste real. Cuando quiere algo, lo quiere con pasión. Por tanto, le parece totalmente natural pagar el precio correspondiente sin decir una palabra más alta que otra. Es de los que se entregan por completo al objetivo que persiguen. Todas sus tendencias deben converger, de forma que podría llegar a sacrificar sin pestañear aquellas que adolezcan de un carácter recalcitrante. Siente la necesidad imperiosa de controlarse y controlar su destino, de decidir todo aquello que le concierne. Al no saber anular su voluntad, en ocasiones podría mostrarse demasiado tenso y crispado.

Si es más extrovertido, puede ocurrir que este ideal de control le convierta en una persona difícil para los demás. No puede tolerar que las cosas no marchen de acuerdo con la idea que se ha hecho de ellas. Por ello, deberá desconfiar de su autoritarismo. Aunque la sutileza de Escorpión afine la capacidad de imponer su punto de vista, usted es una persona que cae fácilmente en el elitismo, el sectarismo y, en ocasiones, el fanatismo. Es susceptible y no siempre sabe gestionar la susceptibilidad de los demás. De esta forma, no siempre podrá hacer oír su voz al tratar de expresar su opinión. Se muestra perentorio en sus afirmaciones y, en cuanto alguien le contradiga, no dudará en cortar de raíz la discusión. En el extremo, tan sólo mostrará desprecio por los que no suscriban por completo sus argumentos..., sin por ello sentir estima necesariamente hacia los que sí los compartan. Le cuesta grandes esfuerzos verse obligado a volver sobre sus pasos. Para estar seguro del fundamento de sus convicciones, le basta con ser lógico consigo mismo. Sus intervenciones pretenden ser definitivas. Lo cierto es que no habla por hablar, de forma que hacen falta unos argumentos sólidos para enfrentarse a usted de forma eficaz.

Para demostrar de todo lo que es capaz, necesitará encontrar un campo de expresión que se adapte con gran exactitud a sus ambiciones. Nunca se mostrará dispuesto a transigir. No obstante, por poco que haya sabido desarrollar cualidades de flexibilidad y apertura de miras, los demás apreciarán su capacidad de decisión, su rigor y su sentido de la responsabilidad. Se exige tanto a sí mismo como a los demás.

Escorpión E extensivo

Una cosa está clara: no se le ganará ni con palabras bonitas ni con promesas vanas. Vive totalmente volcado en las realidades concretas, sean o no positivas, y sabe no conformarse con falsas apariencias ni con esperanzas infundadas. No hace falta decir, por tanto, que es una persona realista. Poco importa lo que podría o debería ser; tan sólo cuenta lo que es y saber arreglárselas con ello. No contamos con nada por anticipado, si no es, precisamente, con los datos inmediatos de la situación presente. Nadie puede conseguir nada si no empieza por considerar y asumir la realidad actual y las condiciones de su existencia. De esta forma, se enfrentará de buena gana a los discursos brillantes recordándoles el peso del presente y sus irremediables realidades. Nada informa de nada, exceptuando la experiencia personal, y todo el mundo sabe que es intransferible. Según usted, lo importante es considerar las cosas por lo que son, sin prejuicios, en toda su crudeza, y también en su crueldad, y arreglárselas con ellas.

Y es que no es usted de los que se resignan y sufren las peores desgracias sin decir ni mu. Aunque sabe tener paciencia, fingir, simular o disimular, nunca olvida que la existencia es un constante combate. No tiene nada de inocente y no está dispuesto a permitir que le pasen por encima. Al saberlo todo sobre las duras leyes de la vida, sabe cómo mantener su integridad, cómo hacerse su propio hueco e incluso cómo utilizar este conocimiento para alcanzar más fácilmente sus objetivos. El peligro consistiría, sobre todo si su nivel «e» resulta suficiente, en no saber vivir una relación más que como una relación de fuerza. En este caso, la violencia de sus reacciones podría volverse en su contra.

Si cuenta con un nivel «r» intenso, será una persona especialmente capacitada para hacerse oír, para conquistar su propio espacio y desempeñar su papel... aprovechándose, ocasionalmente, de las reglas del juego. Con un nivel «t» elevado, por otra parte, se mostrará más vacilante, inquieto, cerrado y asaltado por dudas paralizantes. Al tener exigencias extrañas, le resultará más difícil encontrar un camino. No obstante, la fuerza que le confiere su notable espíritu crítico le permite plantear las preguntas adecuadas y, en última instancia, estará bien armado para imponerse en las situaciones que exijan un auténtico control, en las que las falsas apariencias ya no engañen a nadie.

Escorpión e intensivo

Ya sea de forma espectacular o más interiorizada, es usted todo lo contrario a una persona tranquila; desde luego, la objetividad fría no es su principal cualidad. Por el contrario, es más bien de los que viven en caliente, siempre a la que salta, movido por emociones en ocasiones tumultuosas, así como por deseos tiránicos y estados anímicos abrumadores..., caprichos, como dirán las malas lenguas. Así pues, vivirá casi siempre en función de sus propios sentimientos, sin preocuparse demasiado por el «qué dirán» ni por las consecuencias de sus acciones. Resulta difícil prever cuándo y cómo actuará. Algunas cosas que puedan parecer importantes le dejarán indiferente; otras, por el contrario, le sumergirán en estados extremos sin que su entorno llegue a comprender qué es lo que ha podido afectarle hasta ese punto. Así, si bien su sensibilidad le permite compartir los sentimientos de los demás, también podrá convertirle en una persona del todo asocial. Incluso siendo injustificables, sus simpatías y antipatías poseen un carácter imperioso que le impide sobreponerse a ellas. A menudo será incapaz de doblegarse a las exigencias de la vida comunitaria, de limitarse en aras del interés colectivo o de someterse a la opinión general; por el contrario, vivirá su presente como un loco, de forma descontrolada. Reivindica lo auténtico y natural, la insurrección de los sentidos... Al vivir la urgencia de sus afectos, no siempre sabrá respetar las reglas de la vida en común.

Por suerte, su sutil sensibilidad puede corregir estos excesos: sabe percibir, adivinar y presentir, de forma que comportamientos aparentemente irracionales podrán revelar al final su total adaptación a las exigencias del momento. Poco importan los análisis y razonamientos. No es posible saber nada de lo que no se ha sentido ni vivido de forma concreta. Nada que no le afecte le dirá nada. Aquel que trate de razonar con usted o de convencerle por la simple lógica estará perdiendo el tiempo. Ni siquiera ve la utilidad de precisar sus propias posiciones, de explicarse y rendir unas cuentas que, por lo demás, no posee. Esta forma de vivir tan intensa resulta suficiente por sí misma. No hay necesidad de justificarse. Lo importante es vivir y hacer vivir, y no tanto demostrar. Tratar de explicarse a menudo equivale a traicionarse. El lenguaje común no puede expresar la especificidad exacta de lo que siente. Además, en su opinión, ningún encuentro es auténtico si no consigue superar la pobreza de los intercambios lingüísticos. En definitiva, está usted predispuesto a una vida afectiva intensa y apasionada, en la que podrá darlo todo, pero también lo pedirá todo.

Escorpión T extensivo

Si bien las opiniones sobre usted no son, ni mucho menos, unánimes, todo el mundo estará de acuerdo en describirle como una persona singular y difícil de prever. No obstante, los más avispados sabrán ver su intensa coherencia íntima. Quizás incluso perciban algo de la lógica implacable que subyace a sus acciones, palabras y silencios, pero no serán capaces de decir nada coherente en relación con la misma que, tarde o temprano, no se vea desmentido por alguna actitud o posición inesperada y, en opinión de algunos, incongruente. En definitiva, los demás no sabrán dónde situarle: parece ajeno a las categorías habituales del entendimiento humano. Nadie sabe de dónde proceden sus vivencias, pensamientos, acciones o palabras.

Lo cierto es que usted mismo tampoco sabría precisarlo con claridad. En realidad, se decide en función de una lógica que escapa a las definiciones, una lógica demasiado sutil para dejarse atrapar en la tosca red de las palabras y los conceptos evidentes. En el mejor de los casos, será consciente de poseer una lógica interna inquebrantable, pero será incapaz de describirla sin traicionarla. De esta forma, los puntos de referencia habituales de la acción y el pensamiento no le son de gran ayuda. Hace poco caso a los objetivos declarados y las intenciones confesadas. Actúa y se expresa movido por el impulso de órdenes interiores sobre las cuales no ejerce ningún control y que no sabe expresar. Se siente mudo o paralizado por una voluntad tan profunda y esencial que escapa a las deliberaciones, elecciones y decisiones de la voluntad consciente. Así, le parece totalmente natural desmarcarse de las afirmaciones comunes. Se informa de sí mismo y del mundo de una forma muy particular. Para usted, nada tiene más sentido que esos detalles que la mayoría de las personas considera insignificantes.

Aunque en ocasiones parezca distraído, ciego o indiferente ante aquello que resulta evidente o llamativo para los demás, lo cierto es que es capaz de percibir los mecanismos íntimos de las personas, cosas y situaciones, a veces sin ni siquiera ser consciente de ello. ¿Cómo expresar su fuente de conocimiento? Se trata de un conocimiento intrínseco, en ocasiones vacío de todo contenido susceptible de expresión o definición. Si posee un nivel «r» débil, también correrá el riesgo de dejarse aprisionar en un rol de incomprendido, así como de encerrarse en lo inexpresable, perder el control de su vida y, sobre todo, ser incapaz de sentirse motivado por cualquier cosa. Sin embargo, sería una pena que acabase conformándose con un canto al fracaso, con una marginalidad impotente.

Escorpión t intensivo

En lo que a espíritu crítico se refiere, no siente usted miedo de nadie. No lo puede evitar: siempre ve en primer lugar y en cualquier cosa lo que va mal, los fallos y defectos. Escéptico, desconfiado y receloso, nunca se conformará a la primera. Según usted, cualquier discurso, persona o situación se parecen a un iceberg, es decir, lo más importante está oculto. Y lo que le interesa es precisamente esa parte. Con independencia de las circunstancias, siempre empezará preguntándose quién es el títere y quién el que lo maneja. Busca lo secreto, lo callado. No le interesa lo que los demás le dejan oír o ver. Por el contrario, siempre rebuscará entre bambalinas, a fin de descubrir el reverso del decorado, la maquinaria oculta que provoca la agitación visible. Todo es discutible. Su pensamiento investiga y su mirada inquiere. En muy raras ocasiones sentirá admiración. Se siente más cómodo en la ironía, la burla, la desmitificación y la crítica. Siente orgullo por su lucidez vigilante, a la que no puede engañar ninguna falsa apariencia.

Su dinámica consiste, en primera instancia, en coger distancia. Además, no es usted de los que hablan por hablar: prefiere el silencio a la banalidad. ¿Para qué decir una palabra si no desestabiliza los pensamientos habituales, si se inscribe en lo convenido? Por otra parte, no le disgusta mantener sus misterios, sugerir en vez de afirmar, para así inspirar cierta desconfianza, por no decir un miedo oscuro. Desea ser penetrante pero impenetrable. Y al hacerlo, especialmente si posee un nivel «R» débil, podría embarrancarse en las sombrías orillas de un mutismo atormentado. Celoso de su especificidad, será incapaz de compartir lo que le resulta esencial. Se conformará con criticar a los demás sin proponerles nunca algo constructivo. En caso de tener un nivel «R» elevado, será una persona más abierta y animada, más dispuesta a establecer contacto, pero también más burlona. De todas formas, podría resultarle difícil encontrar su propio camino y contar con un objetivo que le motive. A base de tener demasiado miedo y de ser engañado, podría acabar sintiéndose desengañado...

Por otra parte, su fórmula admite la búsqueda nunca hermética de un conocimiento en el que nada se vea paralizado por lo arbitrario de las definiciones, donde el sentido permanezca suspendido, siempre dudoso, al borde de lo incierto. Desea comprender rechazando la vanidad de las explicaciones. La valentía y la lucidez de sus negativas le protegen de toda aprobación fácil, además de mantenerle alejado de todo conformismo de pensamiento o vital, así como de toda resignación cómoda.

EJEMPLOS

ALBERT CAMUS, Escorpión «tE». «Si hay un pecado contra la vida, no es quizá tanto desesperar de ella como esperar otra vida e incluso hurtarse a la implacable grandeza de esta [...]. Pues la esperanza, contra lo que se cree, equivale a la resignación. Y vivir no es resignarse». Camus predica la rebelión de una lucidez capaz de asumir su presente, su presencia en un mundo sin respuesta ni solución (falta de «r»). No obstante, si bien el nivel «t» se encuentra omnipresente (rebelión, rechazo, Ser), nunca debe desligarse del nivel «E»: «Para conquistar el ser, hay que partir del poco ser que hay en nosotros, no negarlo desde un principio... Para conocerse, hay que actuar, lo que no quiere decir que uno pueda definirse». Siendo Escorpión «t», propone una «filosofía de la ignorancia calculada»: «No creo lo suficiente en la razón como para creer en un sistema. Lo que me interesa es saber cómo hay que conducirse, y más precisamente cómo se puede conducir uno cuando no cree ni en Dios ni en la razón».

AUGUSTE RODIN, escultor (1840-1917). A los modelos profesionales considerados demasiado convencionales, Rodin prefiere la gente de la calle, con las características acentuadas de su singularidad (F – diferencial). La historia de su obra más importante da fe de una falta «de excitación de desbloqueo». En el origen, se trataba de una simple acuarela, *La puerta del paraíso*, inspirada por Ghiberti. Tras leer a Dante, se convirtió en un proyecto de escultura: *Las puertas del infierno*. Trabajó en ella desde 1880 hasta su muerte, sin llegar a terminarla jamás. En ella, se «combinan»

186 figuras en las puertas, nunca acabadas y que no pueden abrirse... Por esta falta de desbloqueo, *El pensador* permanecerá mucho tiempo meditando.

REINBERG. Padre de la cronobiología, pone de manifiesto que el tiempo no es indiferente. En función del momento en que se administra un medicamento, su efecto es más o menos eficaz y la dosis óptima varía.

MARÍA CASARES. Esta actriz francesa de origen español fue considerada un monstruo sagrado de la escena: fue la primera mujer extranjera admitida en La Comédie Française. El r extensivo de Mercurio/Sol/Venus poniéndose (como ocurría con otra gran actriz, Margarita Xirgu, pero en Cáncer) le aportó presencia, dramatismo y una particular voz (Tauro levantándose), que hicieron que no necesitase de la desconfianza propia del signo, profesionalmente hablando, para triunfar. La intelectualidad de los años sesenta y setenta consideraba un privilegio ser representado por ella. En una buena relación con Saturno, Marte en hora de máxima pujanza culminaba en Acuario, planeta dominante acorde a su signo. La relación con Neptuno tiene como enlace a Venus para el e extensivo, muy frecuente en artistas.

GEORGE S. PATTON. Marte en hora de máxima culminación ocultándose y Saturno levantándose en su nacimiento, mientras que Júpiter/Urano en armonía con Neptuno/Plutón cerraba así el E extensivo que caracterizó la vida y carrera de este incansable genio militar y estratega, que se creía la reencarnación de Aníbal. El sentido de las combinaciones del signo le hizo saber dónde y cómo atacar, y qué movilizar; entre una de sus exigencias tácticas, propias de la fórmula, figuró la introducción de los tanques de combate como fuerza significativa en los escenarios bélicos. Luna/Venus en Capricornio mal con Saturno acentuó la exigencia a sí mismo y a los demás: no toleraba la falta de entrega ni la incapacidad. Entre las numerosas aflicciones planetarias cabe destacar la de Mercurio/Marte: sus declaraciones jugaron en su contra, incluso le generaron grandes problemas diplomáticos, a alguien que no estaba hecho para la diplomacia, a la que, por otra parte, no encontraba ninguna utilidad.

BAHÁ'U'LLÁH. Mercurio y Sol estaban en hora de máxima culminación, levantándose en el signo en Teherán, pero dejaban atrás un Venus en Libra muy bien aspectado, cuando nació el profeta de la Nueva Era. «Se maravillarán con los adelantos que vendrán como al ver el lucero de la mañana». El profeta estuvo casi toda su vida en prisión, escribiendo el *Nuevo Orden Mundial*, término que se le debe (Saturno se ocultaba en Acuario). Los planetas del T extensivo no podían ser más expresivos: Urano/Júpiter/Neptuno en Sagitario en mal ángulo con Plutón en Piscis, los cuatro ligados a Marte en Géminis, quien prácticamente aspecta a todos los planetas. «El orden actual se derrumbará y otro se establecerá». Pero con Venus/Júpiter fuertes por el signo ligado a Marte, su dominante es del e intensivo: «Mi más preciado don es la Justicia». Bahá'u'lláh deja establecidas las bases del mundo por venir con una visión profética nunca antes conocida: la «purificación» tendrá lugar antes de ese cambio social que no deja aspecto sin tocar, «ahora que la Humanidad es una, tendiendo a la Unidad, en la diversidad», y lo decía a mediados del siglo XIX.

Sagitario

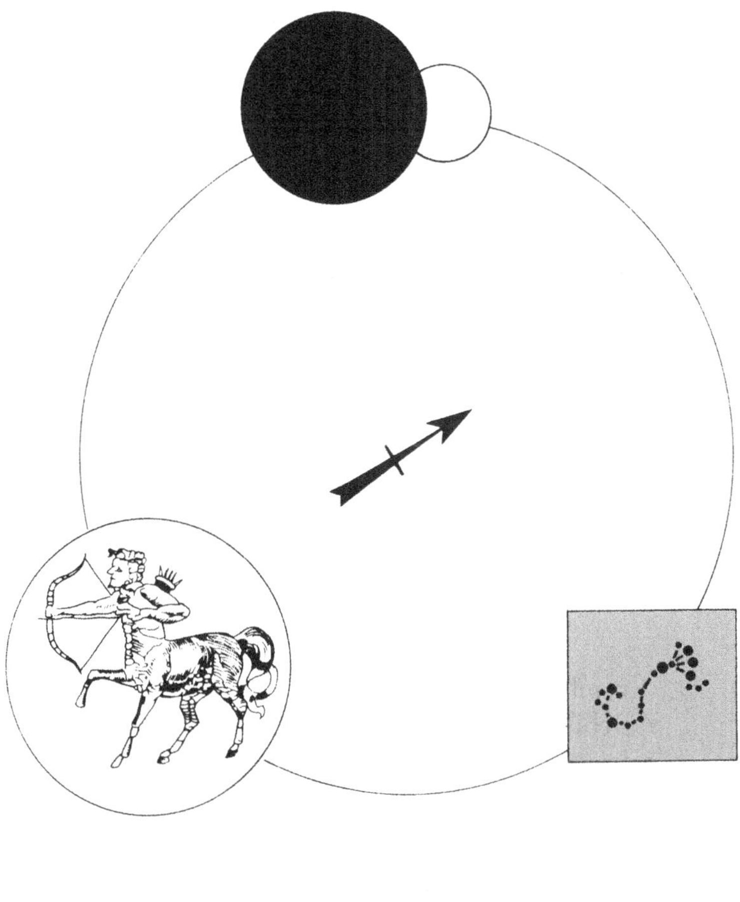

FÓRMULAS

En astrometría

Con una latitud geográfica media de 45°, cuando el Sol atraviesa este signo entre el 23 de noviembre y el 22 de diciembre, o bien cuando un astro (sin latitud celeste) pasa de 0° a 30° de este signo.

- Su tiempo de presencia por encima del plano del horizonte pasa de 9:08 h a 8:34 h.
- Su altura máxima o culminación superior pasa de 24° 50' a 21° 33'.
- Su altura en relación con el plano de la eclíptica o declinación pasa de 20° 10' Sur a 23° 27' Sur.
- Su acimut en el orto pasa de 60° 50' a 55° 45'.

Fórmulas condicionalistas

(véase primera parte de la obra)

En relación con el modo «adaptado»:

- Fuerza de excitación (F +): el mediador.
- Velocidad de inhibición (V –): el hombre de mundo.

En sentido de los conjuntos.

En relación con el modo «contraadaptado»:

- Debilidad de inhibición (d –): el temerario.
- Inercia de excitación (I +): el megalómano.

En fase ultraparadójica.

CONTEXTO

Signo anterior

Al rebelde Escorpión le sucede el cooperativo Sagitario. Como reacción al exceso de bondad de Libra, el segundo signo de otoño tenía la necesidad de reafirmar su individualidad manteniendo el diálogo social. El ámbito de posibles concesiones quedaba restringido al máximo: sólo se aceptaban aquellas que hiciesen posible la coexistencia entre un ser original y una sociedad con tendencia a adaptarse a él. En la fase de Sagitario, volvemos a encontrarnos con los marcos de referencia de Libra, pero considerablemente ampliados: usted no sólo tiende a identificarse con el prójimo y con el mundo que le rodea, sino que, además, no soporta los factores de división.

Su vecino y predecesor analizaba (a menudo con pertinencia, es cierto) las diferencias absolutas que hacían imposible o improbable todo acercamiento o simpatía, lo que daba cuenta de sus estrechas relaciones, sectarias e intransigentes, pero también profundas, intensas y apasionadas. Desde su perspectiva, todo eso está superado o puede estarlo con un poco de buena voluntad. Es cierto que todos somos únicos; ahora bien, ¿acaso el interés general no provoca que cada uno salga de la encrucijada de su individualismo para cooperar?

Usted no ha perdido ninguna de las facultades discriminatorias de Escorpión, pero las usa de forma muy distinta: él criticaba desde fuera, como un francotirador, con una violencia marginal y opuesta de forma obstinada a la evolución del entorno. Usted, por el contrario, cree que es más provechoso criticar desde dentro del sistema, tanto que prefiere una evolución tranquila a una ruptura radical.

En última instancia, puede sucederle que encuentre a Escorpión perfectamente insoportable. Se queja de que todo va mal, pero ¿qué hace para romper las barreras de su gueto de oponente? Llama laxismo a lo que usted llama tolerancia, hipocresía a aquello que para usted es una interdependencia necesaria. Y por mucho que trate de explicarle el cómo y el porqué de su punto de vista, de volver a llevar la oveja negra a la manada colectiva, este permanece incorregible, sistemático en su negativa a doblegarse: para él, interceder significa someterse.

¿Diálogo de sordos? En absoluto. Usted lo comprende perfectamente, entiende con agudeza la imperiosa necesidad de sus comportamientos. Su conciencia de Sagitario cree haber logrado la síntesis individuo-sociedad, haber conseguido asociar de forma flexible independencia y sociabilidad. Si ese diablo de Escorpión hiciese un pequeño esfuerzo, también podría conseguirlo.

No. Escorpión permanece imperturbable y echa leña al fuego cuando usted lima asperezas. Exasperante.

Signo posterior: Capricornio

Nuevo cambio de estación (y nueva ruptura relativa). De Virgo a Libra (equinoccio), pasábamos como quien no quiere la cosa del sentido de sus propios límites a la apertura al prójimo. De Sagitario a Capricornio, el mecanismo es diferente: nos separa un escalón, es un gran salto a lo desconocido. Tropezamos con la frontera solsticial, mengua la influencia de la sociedad sobre el individuo: nos esforzamos por deshacernos de los lazos demasiado apretados para reencontrar la integridad personal.

¿Alguna vez ha presentido los límites de su apertura al mundo, de su adaptación demasiado fácil y amplia al medio social, a la época? ¿Se dice usted, en los momentos de hastío, que se entrega demasiado al prójimo y que, a fuerza de limar asperezas para mantener la armonía colectiva, se olvida de ser usted mismo? ¿Piensa que el día menos pensado su solidaridad, cooperativismo y tolerancia acabarán agotándose?

Si ha respondido que sí (aunque sea con desgana), tiene más o menos conciencia de que Capricornio amplía a Sagitario y que será necesario que un día su gusto por las vastas síntesis se transforme en la búsqueda de la sabiduría, y que al final de sus aventuras federativas se tome su tiempo para estructurar sus experiencias, para decantarlas y obtener, en solitario, la sustancia pura.

Si su respuesta ha sido no, sus relaciones con Capricornio son, sin lugar a dudas, complejas. Cuando él preconiza el rigor, usted predica la generosidad. Usted les tiende la mano: ellos la ignoran, demasiado preocupados por su intransigencia. Usted inicia un diálogo entusiasta y confiado: su respuesta es el silencio o, en el mejor de los casos, algún comentario decepcionante o indolente. Irritación mezclada con una pizca de aprensión: Capricornio es todo lo que usted podría ser desembarazándose de sus vínculos sociales. Deseche la trama euforizante de los vínculos que le relacionan y ¿qué le queda? Un mundo de Capricornios solitarios, ensimismados, encerrados en la incomunicable verdad del propio yo.

Su subconsciente Escorpión le invita a desarrollar uniones flexibles y múltiples entre los diversos seres y objetos del mundo. Su inconsciente Capricornio le recuerda levemente esa ineludible realidad: los vínculos flexibles, al cristalizarse, se convierten en estructuras invariables. Hay que comprender su signo en el marco de las relaciones con sus vecinos: asocia lo que su predecesor disociaba y prepara, sin saberlo, la búsqueda de un orden absoluto, muy característica de Capricornio.

Sin duda, ahora comprenderá mejor las páginas siguientes: no se puede entender un signo si no se le sitúa en relación con los que le rodean.

LAS CUATRO DIMENSIONES DE SU PERSONALIDAD

El mediador (fuerza de excitación)

La necesidad de armonía, acercamiento y comprensión mutua alcanza, en usted, la cima: piense, por ejemplo, que Lejzer Ludwik Zamenhof, el lingüista polaco que creó el esperanto, lengua internacional, nació bajo este signo.

Desde su perspectiva de Sagitario, toda solución de continuidad es una aberración: vive en un mundo tejido de interdependencias y solidaridad.

Se trata de solidaridad entre lo vivo y lo inerte, entre lo vegetal, lo animal y lo humano, entre microcosmos y macrocosmos, entre física y metafísica, entre razón e imaginación. Todo se mantiene, todo está unido, cada elemento del universo representa, para usted, un eslabón de una larga cadena evolutiva. Walt Disney y Rudyard Kipling, a su manera, recrearon la confabulación entre el mundo animal y el universo humano. Norman Wiener, padre de la cibernética, asoció estrechamente al hombre y el ordenador en su visión del mundo.

Su capacidad de síntesis es particularmente fecunda: no duda en crear uniones entre las categorías más diversas, las más ajenas entre sí, las más heterogéneas. Henri Marie Fabre, inventor del hidroavión, desconcertante (en su época) síntesis de barco y aeroplano, no nos deja por embusteros. Este aspecto le otorga una conciencia de gran alcance, una vista panorámica de todos los medios y épocas, algo que, asimismo, le hará aspirar a un saber enciclopédico.

La misma fórmula, si usted pertenece a esta categoría de Sagitario, le convierte en humanista, tolerante y extremadamente sociable. Es usted, más que otros signos, capaz de sacrificarse profundamente por los que le rodean, está listo para dar lo mejor de sí mismo a fin de construir y mantener una sociedad educada y civilizada, en la que todos trabajen en el lugar que les corresponda por el bienestar de todos. Estas buenas cualidades se transforman, en ocasiones, en debilidades relativas: al ser demasiado diplomático, al identificarse tanto con los mitos e ideales de su clase social o de su cultura, puede que olvide totalmente su parte de espontaneidad animal, su autenticidad natural. ¿Cuántos ciudadanos «modelo», grandes figuras del civismo, hay bajo este signo? En todos los Sagitario se esconde alguien demasiado adaptado a su sociedad y su cultura: es cortés, conciliador, afable y servicial, sube como un beato los escalones de la jerarquía social mientras se dice que la civilización es, en cualquier caso, lo mejor que hay..., sin darse cuenta de que está muy condicionado socialmente y de que lo que él considera originalidad no es más que un refinamiento individual de las tendencias dominantes de su época.

La astrología tradicional ha hecho de Sagitario el prototipo (y estereotipo) del viajero. Lucky Luke (su creador, Morris, tiene cuatro planetas bajo este signo), el pobre *cowboy* solitario y lejos de su hogar, es un buen ejemplo. Sin embargo, evidentemente, todos los Sagitario no son viajeros.

En cambio, a un nivel más profundo, la excitación asociativa generalizada les invita a ampliar permanentemente el alcance de sus ideas y experiencias; si usted no pertenece al estilo trotamundos, tendrá, sin duda, como buen Sagitario, la necesidad de ampliar su espacio, de conocer gente distinta y aprender otras lenguas, al tiempo que se erige como representante de su comunidad de origen.

Esta visión de conjunto puede hacer de usted un excelente organizador, un federativo tolerante, un diplomático distinguido, así como un místico en búsqueda de la vida infinita. Sea cual sea su trayectoria, tratará de ser un hombre completo: afectivo y racional, social y espiritual..., dispondrá, para todo ello, de buenas aptitudes coordinadoras, aunque irá directo al fracaso si mira hacia un horizonte demasiado ambicioso.

El hombre de mundo (velocidad de inhibición)

Para evitar esos obstáculos, dispone, además, de una gran selectividad y de sistemas flexibles y variados de defensa. Soltura, distinción y elegancia no le faltan, y no necesita mucho tiempo para cogerle el pulso a los acontecimientos. Percibe con rapidez y agudeza los obstáculos susceptibles de interponerse en su camino. En vez de enfrentarse a ellos directamente, prefiere rodearlos con habilidad utilizando todos los recursos de que dispone, su perspicacia y su oratoria, muy desarrollada. ¿Oportunista? Probablemente. Sabe tocar la fibra sensible de sus interlocutores, convencerles sin contrariarles, aun a riesgo de usar artificios y convencionalismos. La cortesía y la educación le permiten evitar los enfrentamientos. A menudo le tacharán de hipócrita: no dice lo que piensa sinceramente, el tono que usa para su discurso acaba por edulcorar el fondo. Sin duda, es difícil ser un hombre de mundo.

Se mienten, se engañan, se evitan y se esquivan unos a otros, actuando de modo que nunca abordan cara a cara los problemas reales. La sutil elocuencia sustituye las amistades sinceras y las enemistades naturales... Ahora bien, no todos los Sagitario de esta familia son así.

La velocidad de inhibición confiere a los mejor dotados una mente analítica y sintética, apta para entender en su globalidad la multiplicidad de las relaciones existentes en la realidad. Si usted forma parte de este grupo, seguramente tiende a la búsqueda y posee cierto olfato premonitorio: cuando uno ha comprendido que todo tiene relación, no es difícil evaluar las posibles salidas de una situación a partir de la síntesis de algunos de sus elementos.

Aunque las realidades que percibe sean contradictorias, ello en realidad no le molesta: sabe manejarlas hábilmente para conseguir sus propósitos. ¿Intelectual? Un poco, sí... Posee una inteligencia activa y pluridisciplinaria que se interesa por todos los ámbitos de conocimiento y se esfuerza, sin rechazar nada a priori, por hacer una elección eficaz de los mismos. Objetivo: conseguir encontrar *la* llave mágica que abra todas las puertas del saber. No es nada fácil, pero siempre puede probar suerte...

Otra variante de esta fórmula, combinada con la excitación asociativa, puede convertirle en una persona elitista: sensible a la multiplicidad y a la complejidad de las relaciones sociales y, sin embargo, extremadamente discriminador, puede verse tentado por una especie de dirigismo liberal, de acuerdo con el cual los mejor dotados sirvan a la causa de la colectividad, cuiden de los intereses de esta última.

Variante feliz: tomamos como ejemplo la ONU, organización internacional compuesta por funcionarios consagrados (teóricamente) a la causa de la concordia universal. Simpática, aunque no siempre eficaz. Variante menos feliz: muchos líderes políticos no retroceden ante ningún tipo de demagogia populista y conformista con tal de hacerse con un poder sólido, reservado a unos pocos... que dicen y pretenden ser los mejores, por supuesto, y que se «sacrifican» por el bien público.

Vivida con mayor o menor fortuna, no cabe duda de que esta fórmula le otorga talento como líder de partido, legislador o dirigente. El resto es cuestión de calidad moral y de percepción de los límites que no deben sobrepasarse.

El temerario (debilidad de inhibición)

¿No superar límites? Si usted forma parte de los Sagitario temerarios, eso es mucho pedirle. «¿Cómo se frena?», preguntaba el cantante Bashung (Sagitario ascendente Sagitario). El aviador Jean Mermoz, célebre temerario, no sabría qué contestarle...

La fórmula, en efecto, le invita a vivir en el caos más absoluto: de forma consciente o no, rechaza todo límite, protección y seguridad. Hace caso omiso de la cordura, la prudencia y la moderación: ebrio de libertad absoluta, desea tener un destino fuera de los caminos trillados. Para usted, echar raíces significa encerrarse. Respetar las barandillas, incluso las más «seguras» y elementales, constituye un impedimento para vivir una multitud de experiencias embriagadoras. Le repugna la monotonía familiar, la rutina diaria de una existencia guiada y trivializada.

Es infinitamente más emocionante soltar amarras, jugarse el destino a cara o cruz, sumergirse en las aventuras más peligrosas, los desafíos más insensatos y las apuestas más locas. No tiene ni idea de lo que es el instinto de conservación. Como mucho, le puede inspirar desprecio: el colmo de la excitación, desde su perspectiva, es jugar a la ruleta rusa, exponerse a todos los peligros.

Dicen que la suerte sonríe a los más audaces. ¿Será esto aplicable a los más temerarios?

Eso es lo que usted quiere creer. De todos modos, no tiene elección, se siente oprimido por la obligación de las normas, se retuerce en los moldes de los hábitos de pensar, actuar o amar. Si es capaz de ello, esa actitud podría llevarle a rechazar toda referencia al pasado, toda evidencia y punto de referencia para vivir una existencia exaltadora, al margen de la ley, de las normas y de los reglamentos, en cuyo marco sus contemporáneos se jactarán de prosperar hipócritamente. Usted aspira al infinito, a lo ilimitado, a la embriaguez de grandes viajes y vastos espacios: «Hay que estar ebrio. Todo reside en eso, esa es la única cuestión. Para no sentir el horrible peso del tiempo... hay que embriagarse sin descanso» (Toulouse Lautrec). Sin planes, programas, objetivos ni obligaciones: le encantaría convertirse en el vector que une alfa y omega, el microcosmos y el macrocosmos, como un viajero sin equipaje de camino a la inaccesible estrella. «Sigo mi camino sin cesar, un camino que me pertenece como una línea recta, impecable, de la que no querría por nada del mundo separarme» (Jean Mermoz).

Le acecha un gran riesgo: sus grandes vuelos irracionales, metafísicos o imaginarios pueden chocar contra el muro de la realidad. «Salió de ninguna parte y no llegó a ningún sitio»: a fuerza de sobreestimar sus posibilidades, corre el riesgo de agotarse por completo. O peor aún: al evitar las protecciones, las normas reguladoras y los límites protectores, le podrían faltar bases sólidas, un núcleo consistente; en este caso, el psiquismo pierde su estructura y la individualidad, carente de armazón, se vacía, se derrama en el mundo. La inconsistencia absoluta no anda muy lejos. Además, será el poeta de todas las revueltas, indisciplinas e insumisiones, abarcando todas las causas en una anarquía delirante. Hará apología del crimen, de lo que se sale de las normas, de la amoralidad e incluso del nihilismo. Asimismo, soñará con un mundo sin fronteras en el que todos los hombres sean hermanos y construyan improbables torres de Babel con frágil arena, olvidándose de las incompatibilidades reales entre las culturas. Le tacharán de utópico, de idealista empedernido..., pero no serán más que pequeñas críticas a sus oídos.

Vivir sin trabas, no tener que rendir cuentas ante nada ni nadie, rechazar toda ley común: si, a pesar de todo, consigue estructurar su personalidad, ¡estará usted de suerte! Pero no es fácil: al francotirador también le gustaría conquistar el poder del mundo...

El megalómano (inercia de excitación)

El orgullo es su talón de Aquiles, un orgullo ocasionalmente desmesurado que le inspira sentimientos irracionales de poder. ¿Acaso Nietzsche, el creador del «superhombre», no estaba fuertemente marcado por Sagitario?

Hay una idea fija que le ronda, un proyecto obstinado que le obsesiona: cumplir sus sueños de grandeza, reorganizar el universo en función de sus deseos, crear una obra gigantesca, grandiosa, sublime e incomparable. Algunos Sagitario que disponen de la fuerza necesaria lo consiguen: observe por ejemplo a Alexandr Solschenizyn, que se ensaña, con una tenacidad sobrehumana, al dar cuenta de la totalidad de la revolución de Octubre rusa. ¡Cada instante de esos «diez días que hicieron temblar al mundo» dio origen a un «tocho» de unas quinientas o seiscientas páginas! Observen también la obra de Ludwig van Beethoven: ¡un súmmum de heroísmo grandioso, de creación obstinada sobre temas recurrentes y persistentes!

Lástima que todos los Sagitario pertenecientes a esta fórmula no alcancen esas cimas tan inaccesibles. Muchos se enfrascan, simple y llanamente, en proyectos quiméricos, seguros de una irreducible, indefectible e irracional confianza en sí mismos. A pesar de las contingencias de la vida, de las contradicciones y la resistencia de los acontecimientos, usted persiste y firma: Yo, el sublime... No se le puede pedir que sea objetivo, que se enfrente a la realidad cara a cara y renuncie a sus ilusiones: tendría la impresión de renegar de usted mismo. Su existencia se debe constituir a modo de saga mitológica. ¿Mitomanía? Efectivamente, esta le acecha: llevando al extremo la inadaptación, podría perder todo contacto con la realidad e incluso llegar a negarla.

Quizá crea en exceso en la fuerza de su voluntad, en el poder de sus convicciones. Puede que incluso tenga la embriagadora impresión de ser el misionero de un orden sobrenatural. En todo caso, su sentimiento de poder subjetivo es tal que no considera en absoluto los obstáculos, los consejos de prudencia y moderación. Cree usted que su estrella le guía y protege, ayudándole a superar todas las dificultades. ¿Se acumulan los fracasos patentes a lo largo de su trayectoria novelesca? No importa, todo llega al que sabe esperar. ¿Nunca aparece la estrella mágica para salvarle de sus locuras? Mala suerte, en otra vida será: nada le hará retirarse nunca, nada podrá demostrarle que no tiene razón. Y, además, siempre podrá escudarse en aquello de «nadie es profeta en su tierra» y decirse que los grandes hombres siempre son unos incomprendidos, rechazados y perseguidos...

Esos grandes hombres, figuras por las que siente gran interés y con las que se identifica con mucho gusto. En efecto, usted no es tan eficaz como ellos, pero tratará de imitarlos. Es estimulante creerse Juana de Arco, Alejandro Magno o Napoleón..., aunque no haya echado a ningún inglés de Francia, no haya conquistado más que Orientes imaginarios ni reine más que en un imperio de quimeras; lo importante no es hacer algo concreto, sino tener pinta de importante.

Si se empeña en pensar que es un genio incomprendido, puede que haya llegado el momento de que baje de esas gloriosas nubes. Ganará en eficacia todo lo que pierda en soberbia y quizás incluso consiga crear una obra fuera de lo común, de carácter heroico-fantástico, pero dentro de los límites impuestos por la condición humana. Piense lo que piense, la vida no es una novela. Es una verdadera lástima, pero ¡tendrá que acostumbrarse!

PERCEPCIÓN DEL RESTO DE SIGNOS

Cáncer

Cáncer es su imagen simétrica/opuesta en el espejo del Zodiaco: usted sabe lo que él no e ignora lo que él conoce. Cuando se encuentre con un Cáncer, probablemente se tope con un problema: le fascina de una manera oscura. El territorio de Cáncer está circunscrito y el de usted carece de fronteras; él es en mayor o menor medida autosuficiente, y esto desmonta su sociabilidad interdependiente. Él vive de forma concreta, algo que a usted le parece absolutamente impensable.

Pareja: si es cierto eso de que el amor es ciego, estarán perdidamente enamorados: Cáncer es el punto de anclaje que le hace falta. Sin embargo, con tan sólo ver un puerto siente ganas de soltar amarras.

Amigo: con él saboreará de forma clandestina la alegría de la introspección y la delicadeza. Le hará adentrarse en un mundo de sueños apacibles.

Enemigo: es demasiado impasible y nostálgico, y está excesivamente unido a su hogar: es su mejor enemigo.

Leo

Usted aprecia su valentía, audacia y soltura: en este aspecto, se parece un poco a usted. No obstante, también será consciente de su falta de sutileza, discriminación y selectividad, algo en lo que no se le parece en absoluto...

Pareja: usted es independiente y él rotundamente individualista. Esto provocará una relación tensa y pasional, interesante pero agotadora...

Amigo: se trata de una amistad de choque, de una complicidad basada en pasiones comunes, en el diálogo sincero y leal, de igual a igual.

Enemigo: por mucho que usted exagere a menudo, considera que él lo hace aún más, y eso ya es el colmo. Leo está aún más seguro de sí mismo que usted. Son hermanas gemelas en cuanto a megalomanía: la lucha por el liderazgo está asegurada.

Virgo

Apenas tienen puntos en común, a menos que sus signos ascendentes o dominantes planetarios les acerquen. En lo que se refiere a sus signos solares, la relación se plantea hipotética y problemática: Virgo le parece demasiado mezquino y usted a él, demasiado ampuloso.

Pareja: el compromiso matrimonial pide obligatoriamente muchísima paciencia y tolerancia mutua.

Amigo: Virgo analiza sistemáticamente sus brillantes síntesis. No siempre es divertido, pero sí eficaz: le evita las amalgamas y mezclas incongruentes, le obliga a ser coherente y a respetar una lógica interna.

Enemigo: al diablo con sus naderías, con su prudencia pusilánime y con su manía de hilar tan fino. Usted no entiende cómo se puede tener un ámbito de conciencia tan limitado, una inteligencia tan puntillosa.

Libra

En principio tienen muchas cosas en común: la sociabilidad, la necesidad de dialogar abiertamente y la tolerancia. En última instancia, usted podría echarle en cara de vez en cuando sus dudas y dilemas.

Pareja: rivalizan en flexibilidad y diplomacia. En la pareja, si una esquina se dobla, el dúo enseguida limará asperezas; ahora bien, si una esquina se hincha, la pareja explotará, cosa que sorprenderá inmensamente a ambos miembros.

Amigo: los análisis sutiles de Libra se complementan con precisión con sus síntesis. Se hacen muchos favores y les gusta salir por sitios modernos.

Enemigo: aun a riesgo de sobrepasar los límites e incluso dirigirse directamente a los mismos, en última instancia usted considera su vagar demasiado limitado.

Escorpión

Escorpión encarna lo que usted teóricamente ha superado. De ahí las relaciones ambiguas: le recuerda su pasado reciente, cuando trataba de anticipar el futuro; él critica su tolerancia, usted le responde que es demasiado selectivo.

Pareja: Escorpión realiza una selección severa entre las múltiples relaciones que usted ha establecido: no todo el mundo está admitido. Y razón no le falta, aunque sí exagera un poco: ¡su pasión acaba siendo sofocante!

Amigo: Escorpión hace sonar la alarma cuando el deseo de socializar que le caracteriza a usted le hace olvidarse de su propia persona. Su vigilancia fraternal pero crítica le resulta indispensable.

Enemigo: le da vueltas a todo y lo ensucia y critica todo, ejerce una oposición sistemática y, por tanto, inútil, en su opinión, pero le resulta útil al hacerle aumentar la sociabilidad.

Sagitario

Poseen casi los mismos ritmos y ciclos zodiacosolares. Cuando un alma abierta encuentra otra, ambas combinan sus esfuerzos para crear nuevas aperturas, aunque envidiándose en secreto.

Pareja: viajan juntos, en sentido literal o figurado. La pareja puede convertirse en un cruce de encuentros múltiples. Procuren respetar sus respectivas independencias.

Amigo: si él le contradice, no es ascendente Sagitario. O puede que su herencia terrestre sea muy distinta a la de usted. Si ese no es el caso, traten de establecer una asociación.

Enemigo: es usted capaz de ser tolerante hasta allí donde comienza la influencia de su rival en cuanto a tolerancia, es decir, Sagitario. ¡Es el colmo!

Capricornio

Usted se caracteriza por una pasión ardiente y se ve enfrentado a un apasionado en frío. Esto no tiene por qué dar lugar por sistema a una relación tibia, sino más bien a una mezcla de indiferencia mutua. Usted se tomará su indiferencia como un desprecio, algo que no facilita el diálogo.

Pareja: es difícil conseguir que Capricornio comparta sus entusiasmos. Si él no le hace directamente boicot, le dará lecciones de cordura. No es muy sentimental que digamos...

Amigo: aprecia usted su humor frío, su carácter reservado y su lucidez decepcionada. Con él, consigue tomar las medidas de lo imposible. No es muy divertido, pero sí necesario, y le conviene.

Enemigo: es un reprimido cuya crueldad y perversidad usted sospecha. Usted desconfía de los que esconden demasiadas cosas. Su silencio es un camuflaje inhumano.

Acuario

Todo depende de su adaptación social. Si en usted la faceta rebelde domina la conformista, considerará que Acuario posee una humanidad ideal. Si domina la dimensión conformista, se culpará profundamente al pensar en las audacias que usted se prohíbe para ser «normal».

Pareja: la pareja puede carecer de raíces y estabilidad, y estará más basada en el intelecto que en el plano afectivo (en teoría, por supuesto).

Amigo: no dejarán de rehacer el mundo juntos, de evocar las razones por las que vale la pena esperar una fraternidad universal.

Enemigo: Acuario no sabe manifestar su originalidad si no es con el escándalo, y eso resulta realmente desagradable. Además, es demasiado brusco y entrecortado. Si se fija, verá que usted también lo es, pero precisamente por eso es su enemigo en este ámbito.

Piscis

Viven en universos distintos. En principio, Piscis tan sólo debería aprovechar sus intentos de diálogo abierto. Sin embargo, sus impulsos entusiastas le dejan indiferente. ¡Si al menos le dijese por qué! Y lo que es peor: no muestra ningún interés. En su opinión, eso es lo peor.

Pareja: en el mejor de los casos, Piscis no le molestará y observará, con una actitud contemplativa pero ingenua, sus propósitos. En el peor de los casos, usted se cansará de su apatía desencantada.

Amigo: ¡mira que es raro! Piscis hace tabla rasa de la mayor parte de los problemas que a usted le preocupan. Y tiene razón: detrás de su ilógica aparente, hay una lógica terriblemente profunda.

Enemigo: huye, es esquivo, no es claro, le falta combatividad. Va de desidioso, pero a usted no le engaña: ¡es un incompetente!

Aries

En general, a usted le gusta: tiene marcha, es audaz, es una persona dinámica que no se deja desmoralizar por nadie. ¿Quizás expresivo en exceso? Es cierto, pero de todo ha de haber en la viña del Señor, se dice usted con indulgencia.

Pareja: se trata de una relación ardiente y viva, pero usted pretende utilizarla como elemento ejecutante, y él no la entiende del mismo modo. De ahí tantos conflictos.

Amigo: cuando su sentido diplomático y su gusto por las reglas de urbanidad paralizan un poco sus focos de decisión, él le llama al orden. ¡Qué suerte ser tan espontáneo!

Enemigo: usted le reprocha su intransigencia y agresividad. Él, en realidad, no hace ningún esfuerzo por ponerse en la piel de su adversario, es decir, de usted. ¡Qué dura puede ser la falta de reciprocidad!

Tauro

Reconózcalo, le va a costar un poco comprenderle. Lo considera terco, obstinado y materialista. A usted le gustaría que se dejase llevar por grandes impulsos líricos y euforizantes. Pero ¡imposible! Es la sensatez en persona. ¡Es demasiado!

Pareja: es el tipo de persona que se refugia en los jeroglíficos cuando usted tiene ganas de discutir. Posesivo. De mala fe. Pero tan paciente y fiel que acabará por atarse a él.

Amigo: usted lo respeta profundamente: por su tranquila prudencia, por su filosofía natural y por su lógica tan animada.

Enemigo: es tosco y limitado, y se pasa el tiempo repitiendo lo mismo. Su susceptibilidad crónica le irrita, y los chanchullos jesuíticos que utiliza para justificarse pueden con usted. ¡Pero qué pesadez tan infernal!

Géminis

Usted lo percibe, como a Aries, a través de una simpatía mezclada de indulgencia, un poco como a un hermano pequeño que se niega a hacerse mayor y le hace revivir su infancia..., algo que puede llegar a ponerle los nervios de punta.

Pareja: sentirán una atracción muy fuerte pero ambivalente. A usted le encanta su lado juguetón, es algo que le relaja de su exceso de seriedad. Pero a veces lo considera demasiado ligero...

Amigo: su curiosidad se siente un poco burlada por la sociabilidad demasiado «institucional» y oficial que le caracteriza. La de Géminis, por el contrario, es libre y salvaje. Sin querer, le hace empezar de cero cuando es necesario. Y a menudo lo es...

Enemigo: demasiado anarquista y despreocupado; demasiado disperso. ¡Y se niega a tomarle como ejemplo, como guía, como modelo!

QUÉ DICE SU ASCENDENTE

Sagitario ascendente Sagitario

En primer lugar, hay que señalar que esta combinación es realmente muy Sagitario...

En los momentos de adaptación, usted se muestra cooperador, flexible y sociable, a la vez que independiente e incluso a veces individualista.

Ser un Sagitario modelo no es moco de pavo: siempre debe hacer acopio de coraje, diplomacia, gentileza y distinción para estar a la altura de su persona y reputación. De amplias miras, es capaz de ver más allá de sus narices, su perspectiva del mundo no se detiene en las fronteras naturales o artificiales... ¿Tolerante, unificador? Sin duda. Pero su orgullo sobresale, le obliga a elevarse por encima de las masas que desea reunir...

Posee usted una conciencia altanera de sí mismo, que puede hacerle precipitarse hacia la inadaptación. Se lanzará de forma temeraria a los proyectos más dementes, saboreando con deleite sus fantasmas, quimeras e ideas fijas irrealizables. Una vez haya soltado amarras, se sentirá ebrio y libre, por encima de toda especie humana, demasiado humana, cabalgando en sus caballos de nubes en un viaje celeste infinito.

Si se identifica con esta descripción, lo más sensato es que siga este consejo: piense en guardar provisiones para su sed terrenal, cuente con un punto de amarre en alguna parte..., colóquese un paracaídas en buen estado. Si no, al final de sus sueños de grandeza, la caída será más dura.

Sagitario ascendente Capricornio

Estos dos signos se preceden en el Zodiaco: por tanto, experimentan una evolución natural.

¿Se trata, entonces, de una fórmula fácil? En absoluto: requiere atravesar el solsticio, pasar del otoño al invierno. De esta forma, a su personalidad zodiacal no le faltarán contradicciones: el calor de la comunicación va de la mano del frío flemático, la manifestación excesiva y la austeridad.

Si ha realizado una transición óptima entre Sagitario y Capricornio, en principio dispone de buenas aptitudes para lanzarse a proyectos ambiciosos, que requieran dinamismo y reflexión, audacia y lucidez, aventura y rigor. Su reputación es, por tanto, la de un organizador prudente, diplomático pero inflexible, consagrado hasta el sacrificio al interés general, cuya flexibilidad adaptadora sabe prolongarse cuando las circunstancias lo requieren. También es posible que, a la larga, la observación metódica de las artimañas de la vida mundana haya transformado al hombre cortés y afable que era usted al principio en un filósofo desilusionado, al que incluso sus fáciles triunfos le dejen impasible.

Si esta transición es menos satisfactoria, experimentará dolorosas tensiones, dividido como está entre un ideal de participación colectiva y el gusto por las retiradas solitarias. ¿Cómo puede estar en sociedad integrando su personalidad?

Sagitario ascendente Acuario

Esta fórmula combina dos signos hechos para entenderse... quizás incluso en exceso. Humanismo, generosidad y una imaginación prolija y brillante se conjugan con un incorregible optimismo y una apertura ilimitada ante las promesas del futuro: es usted de los que piensan que no hay que tirar la toalla ante las fatalidades, el odio y la rigidez, de los que militan de forma activa por un mundo más justo, unido y humano. Como prueba de ello, no le faltan triunfos: gracias a Sagitario, sabe adaptarse con flexibilidad a las costumbres de su tiempo. ¿Le consideran conformista? No podría ser peor: su negativa a ser prisionero de un personaje único y su necesidad de deshacerse del mismo son demasiado fuertes como para dormirse en los laureles. Engaña a su mundo y sabe hacer pasar, como quien no quiere la cosa, las ideas más nuevas y perturbadoras como normales, evidentes, de su época. Su inteligencia sintética, prendada de paradojas sorprendentes y sutiles, no le fue otorgada en vano.

El otro lado de la moneda: le falta realismo y su optimismo inocente e inconsecuente puede costarle duros desengaños: piense lo que piense, no todos los mañanas posibles son de color de rosa. No importa, contestará usted: sin duda, no sabemos distinguir tantos matices de color...

Sagitario ascendente Piscis

El universo del lenguaje enfrentado con el mundo del silencio: extraña y compleja alianza. A poco que sus dominantes planetarios vayan en el mismo sentido, su personalidad zodiacal se compondrá de delicados contrastes.

Esta fórmula, al menos en sus primeros años de vida, debió traerle problemas: sus grandes arrebatos de dinamismo debían tambalearse como un flan, dando paso posteriormente al escepticismo y la indiferencia. Sus intentos de acercamiento y comunicación debían tropezar contra el muro de lo indecible: ¿qué se puede decir realmente del mundo y de uno mismo? Desde una perspectiva mística, Sagitario aspira a la estrella inaccesible (simbólica vertical), mientras que Piscis lo hace al nirvana (simbólica horizontal). De ahí que a menudo se encuentre en una encrucijada de aspiraciones decididamente contradictorias y, en apariencia, de un antagonismo irreductible.

Por suerte, goza usted de una elevada capacidad de síntesis y sabe, mejor que el resto, escapar del dilema de la elección. Así, si consigue beneficiarse de una evolución satisfactoria, conjugará armoniosamente el humanismo federativo y la búsqueda del amor absoluto.

En el caso de que predominen sus ambiciones socioprofesionales, hará tabla rasa sin esfuerzo de todo lo que le impida lograr sus objetivos, despistando a sus adversarios con maniobras aparentemente ilógicas.

Sagitario ascendente Aries

Esta combinación zodiacal le otorga un temperamento de cabecilla dinámico, emprendedor, siempre en acción. Impetuoso, independiente e impaciente, no soporta las obligaciones, trabas y obstáculos: su libertad de acción debe ser óptima y utiliza todos los medios necesarios para conseguirlo.

Si bien sabe escuchar con atención, diplomacia y generosidad los consejos más dispares, esforzándose, en primer lugar, por encontrar puntos de acuerdo y soluciones de síntesis, en un segundo momento, cuando la fase de negociación haya acabado, no dudará en cortar por lo sano, en imponer la síntesis, si ha sido posible, y en recalcar su punto de vista sintético cuando no se pueda alcanzar ningún compromiso.

A pesar de ser siempre cortés, nunca olvida quiénes son sus adversarios, algo que estos percibirán cuando hayan alardeado demasiado de su paciencia y tolerancia.

Su humanismo es comprometido. Considera necesario luchar para que triunfen los valores civilizados en que cree. ¡Cuidado con el extremismo! La imparcialidad no es su fuerte: no transforme su generosidad impetuosa en vehemencia agresiva, su idealismo militante en intolerancia radical.

Sagitario ascendente Tauro

Simbólicamente, se trata de un encuentro entre el hombre de mundo, sutil, refinado e intelectual, y el provinciano astuto, rudo y lleno de sensatez. ¡Imagínese la conversación! No seamos pesimistas: después de todo, tan sólo las montañas son inamovibles: el Sagitario abierto al mundo, sensible a la cultura tiene mucho interés en aliarse con el Tauro rebelde y natural.

Si la combinación resulta satisfactoria, se adaptará sin problemas a las leyes, códigos y reglamentos de su medio, algo que le hará destacar en sociedad y ampliar el número de sus conocidos. No obstante, no olvide regar su jardín, alimentar su actitud de reserva. Desde otra perspectiva, sus proyectos ambiciosos, unidos a su óptima capacidad de trabajo y a la dosis correcta entre el interés general y sus intereses particulares, le deberían proporcionar grandes éxitos. Sobre todo teniendo en cuenta que, una vez en marcha, no se dejará distraer por nada ni nadie.

Por el contrario, si la combinación resulta disonante, si sus intenciones idealistas, ambiciosas y generosas se estrellan contra el muro de la realidad, corre el riesgo de dejarlo todo y sumirse en un egoísmo tan pesimista y misántropo como inocentes y optimistas eran sus primeros movimientos.

Sagitario ascendente Géminis

Para bien o para mal, usted quiere agradar a todos los públicos, destacar en todas las circunstancias, abrirse, sin excesiva discriminación, a todos los puntos de vista, a todas las imágenes del mundo y a todos los toques de campana.

Empecemos por lo peor, y así saboreará mejor los aspectos más positivos de su personalidad. Esta fórmula le incita, para empezar, a la máxima dispersión, al rechazo de toda elección. Quiere estar en todas partes a la vez, multiplica sus máscaras, personajes y actividades con una energía desbordante y entusiasta; en cuanto a los resultados tangibles, más vale no mencionarlos. Su brío, inteligencia y piruetas son inútiles: no se puede estar bien con todo el mundo y no se consigue nada sin esfuerzo, disciplina ni límites. Cuidado con los pactos hechos de cualquier modo: sus enemigos se frotan las manos cuando usted les tiende la suya. Y sus amigos se sienten contrariados por su distanciamiento e infidelidades.

Y llegamos a lo mejor: una inteligencia sutil, un carácter de síntesis brillante, un humanismo sin límites, una elegancia refinada y una mundología que no excluyen la fantasía, la espontaneidad y la naturalidad.

Sagitario ascendente Cáncer

Las debilidades y carencias de su signo solar se ven totalmente compensadas con su signo ascendente: una combinación destacable, que también puede ser factor de inmovilismo y plenitud.

En cuanto al inmovilismo, posee cierta dificultad para conciliar la tolerancia de Sagitario con la prudencia de Cáncer. Le encantaría acoger a todo el mundo con los brazos abiertos, pero en cuanto entabla el diálogo, la timidez se apodera de usted y se encierra en sí mismo como una ostra.

Su más preciada aspiración es que la sociedad se convierta en una gran familia unida, protegida de toda agresión: un ideal utópico y romántico que le define muy bien. Además, cultiva nostalgias retrospectivas al tiempo que desea pertenecer a su época. ¡Cuánta contradicción!

Estas contradicciones desaparecen en su faceta de plenitud: su apertura al mundo enriquece su cosmos personal, su talento prolífico de sensibilidad estimula su imaginación. En lo que respecta a la vida social y a sus ambiciones, es usted de los que saben por instinto ponerse objetivos a la altura de sus posibilidades reales. Una vez haya establecido bien sus límites, podrá dar lo máximo de sí mismo con una eficacia óptima. ¡La garantía del éxito!

Sagitario ascendente Leo

Esta fórmula resulta imponente y le hace orgulloso a la vez que generoso, absolutamente extrovertido, ávido de éxito, proezas y conquistas: no debe de pasar muy desapercibido.

Por otra parte, no desea pasar desapercibido. No soporta en absoluto la sombra, el anonimato y los segundos papeles. Aspira a liberarse de toda traba, restricción y limitación. Sus ambiciones son extensas y sus ideales elevados. Para cumplirlos, goza de un sentido diplomático a todo riesgo (aunque en ocasiones meta la pata y sea demasiado sincero o iracundo). Trata bien a sus adversarios para vencerlos mejor y es usted magnánimo en sus victorias: nobleza obliga. Su abnegación y sociabilidad no son desinteresadas: sabe usarlas bien para sacar tajada (un Leo en toda regla) del pastel comunitario.

Sus detractores le reprocharán la tendencia dominadora, la impulsividad y los juicios ocasionalmente someros y simplistas, así como sus arrebatos de mal gusto. Escúcheles: le pondrán en guardia contra la tendencia al exceso, la desmesura y el individualismo altivo, cosas que perjudican su imagen. ¡Y eso es algo que no le gusta en absoluto!

Sagitario ascendente Virgo

Las tendencias de su signo solar no casan bien con las del signo ascendente: es una combinación «problemática». ¿Cómo es posible llegar a un entendimiento entre la desmesura del lirismo de Sagitario y las medidas precisas del racionalismo de Virgo? Puede sucederle que se embarque en grandes proyectos y acabe abandonándolos en el momento de realizarlos, diciéndose al final que es imposible; o bien que calcule con tanta minuciosidad el margen de riesgo que se permite que acabe por no tomar ninguna iniciativa. ¿Cuántos sueños grandiosos no han acabado siendo más que bocetos olvidados en un cajón?

Pero no exageremos. Esta combinación también tiene cosas buenas: el sentido crítico y la inteligencia discriminadora de Virgo corrigen de sobra el exceso de entusiasmo y optimismo de Sagitario. Lo mismo ocurre en lo relativo a su apertura hacia el prójimo: puede que sea amplia y confiada, pero su purismo evita que caiga en las redes de una vida demasiado mundana. Por último, en el plano de la vida intelectual, Virgo realizará, en el seno de las síntesis de Sagitario, una tarea útil de elección, selección y análisis que evitará que lo mezcle todo. No obstante, no escapará a las tensiones existentes entre su audacia y sus fobias, entre sus impulsos de generosidad y sus crispaciones egocéntricas.

Sagitario ascendente Libra

Dos signos de «excitación asociativa» que destacan por su grandeza de espíritu, su sociabilidad y su aptitud para el diálogo y la comunicación. Es usted flexible, conciliador y cooperador, se siente como pez en el agua con los códigos, leyes y reglamentos que estructuran la vida en sociedad.

Cuando las circunstancias requieren un árbitro, suelen recurrir a usted: sabe mejor que nadie limar asperezas, buscar el camino del entendimiento, encontrar el más mínimo denominador común que permita acabar con los conflictos y la incomprensión. Tolerante y pacífico, piensa que ha de haber de todo en la viña del Señor y que, con un poco de buena voluntad recíproca, todo se puede arreglar.

Este es el polo «adaptado» de la fórmula. En cuanto a sus momentos de inadaptación, corre el riesgo, por exceso de mundanería, de olvidarse de ser usted mismo y hacer demasiadas concesiones para conseguir la paz: le tacharán de hipócrita o blando. También puede vivir esta combinación a bordo de un barco ebrio, sin punto de amarre, sin protección, prisionero de un peligroso fantasma de libertad absoluta, de una voluntad quimérica que le empuja a traspasar todos los límites humanos y comunes...

Sagitario ascendente Escorpión

Sus signos tienen en común mecanismos vigilantes de defensa, una capacidad consumada de evasión, cierta selectividad y una gran habilidad de maniobra. Sin embargo, mientras Sagitario usa sus triunfos a favor de una gran sociabilidad, abierta y tolerante, Escorpión los utiliza para hacer oposición, distanciarse y jugar unas cartas mucho más individualistas.

De esta forma, la lógica de su evolución requerirá, a la larga, que realice una seria selección entre sus numerosas relaciones. Los múltiples y débiles vínculos que haya establecido en un primer momento tenderán a estrecharse, a hacerse cada vez más fuertes, apasionados y exigentes. Además, su cómoda adaptación a las normas del medio y la época no le impide saber denunciar las carencias, hipocresías y mojigaterías de estas. ¿Buenas dotes de abogado? Algo sí tiene de eso: al dar lo mejor de usted para su grupo, cultiva de forma arisca su individualismo. Su tolerancia termina allá donde empiezan las alianzas ilegítimas: sabe quiénes son sus enemigos, aunque no muestre muy abiertamente sus sentimientos.

Sus defectos consisten en un carácter demasiado autoritario, así como en una gran propensión a controlarlo y organizarlo todo, todo ello sazonado con una buena dosis de paranoia. Puede que también se haya ganado fama de temible chanchullero.

QUÉ DICEN SUS TEST

Sagitario R extensivo

Sus dominantes planetarios acentúan la sociabilidad, tolerancia y apertura de miras de su signo solar: está abierto al diálogo, el encuentro y la comunicación. Es un hacha del lenguaje, sabe encontrar de forma espontánea las palabras y frases que hacen que las personas más diferentes y distintas se unan, entablen una conversación fructífera y fraternicen sin trabas.

A priori no esconde segundas intenciones ni imparcialidades: desde su perspectiva, los puntos de vista y las visiones del mundo más dispares pueden coexistir pacíficamente e incluso enriquecerse mutuamente, siempre que cada cual cultive el humor y la distancia, pero también la cortesía, la mundología y la educación. No se le conocen enemigos ni adversarios. Y si se diese el caso, no dudaría en tenderles la mano, incluso en llevarlos a su terreno para seducirlos mejor, ablandarlos y convencerlos de sus buenas intenciones pacíficas. A veces, esto funciona tan bien que acaban por ser sus amigos. Esta actitud puede contrariar o desconcertar a las personas de su entorno que sean más selectivas que usted: le reprocharán que tiene un corazón demasiado grande o un carácter demasiado receptivo.

Es cierto que no soporta el carácter de camarilla que hace que la gente se aglutine en grupos pusilánimes. Por el contrario, necesita que le rodee un grupo de gente, incluso heteróclito, que le admire, le escuche y le comprenda. Sus relaciones dentro de ese grupo serán ambiguas: está dispuesto a numerosas concesiones y piruetas diplomáticas para conservar la armonía, hasta el punto de identificarse totalmente con las aspiraciones de los demás. No obstante, eso no impide que haga gala de impulsos dominantes, así como de un carácter de independencia a veces receloso.

Su problema consiste en conseguir coordinar el deseo de llevar una vida única, de desvivirse en cuerpo y alma por una pasión estimulante, con respetar las exigencias de un carácter curioso, entremetido, siempre dispuesto a abandonar la carretera de la vocación para adentrarse en los senderos de la fantasía, la imaginación y el delirio. Tampoco debe olvidar que no hay libertad real sin trabas: su fórmula, en efecto, tiende a reforzar el carácter indisciplinado de su signo solar. Si se ciñe a un mayor rigor, alcanzará mejor los objetivos que se haya fijado.

Sagitario r intensivo

Las respuestas de sus test lo convierten en un Sagitario dinámico, ambicioso y particularmente independiente. Seguro de sí mismo, fácilmente dominador, no duda en embarcarse en grandes proyectos: no le queda más remedio que tener una visión muy ambiciosa.

Su sociabilidad permanece viva, aunque está dirigida de forma estricta: no coopera con nadie a menos que ello sirva a sus intereses. Los demás reconocerán su autoridad (muy grande, por cierto), su capacidad de síntesis y su aptitud para planificar y organizar las tareas de grandes grupos. Apenas sí conoce la duda, la indecisión y la vacilación: tal como usted ve las cosas, todo está claro, nítido e impecable. Analiza rápidamente el contenido de las situaciones a las que se enfrenta y toma, sin perder el tiempo, decisiones enérgicas y eficaces (habrá quien hable de brutalidad o intransigencia).

No teme las responsabilidades, sino más bien al contrario: le entusiasman, estimulan y hacen que dé lo mejor de usted. Dicho esto, hay que apuntar que su sentido riguroso de la jerarquía a menudo le hace perder flexibilidad: a pesar de parecer abierto a los múltiples puntos de vista y tener aspecto de escuchar las propuestas y consejos de los que le rodean, casi siempre acaba por cortar por lo sano. Los que creían haber podido influir en sus decisiones quedarán, pues, a expensas de estas.

Además, es extremadamente sensible a lo que ocurre a su alrededor y particularmente receptivo a los grandes problemas que afectan a nuestra sociedad. Desde su perspectiva, sin duda, todo iría mejor si la gente hiciese alarde de más civismo, rigor y disciplina, si las leyes se respetasen más: es usted de todo menos laxista y considera el desorden un horror. De temperamento elitista, a veces incluso piensa que está bien que otras personas (quizá como usted) sostengan con firmeza la barra de los principios sin los cuales no podría sobrevivir ninguna sociedad.

Una de sus mayores cualidades es la oratoria: maneja el lenguaje con brío, sabe convencer a sus interlocutores (compañeros o adversarios) e imponer sus opiniones con firmeza sin dejarse vencer por las críticas. En resumen, sabe, por instinto, desenvolverse en cualquier grupo, hacerse valer, convertirse en el cabecilla o líder. Su talón de Aquiles radica en un orgullo presuntuoso, así como en la falta de perspectiva y moderación, en un exceso de individualismo altivo que puede acarrearle enemistades sólidas y duraderas. Puede corregir estos defectos trabajando sus niveles «R» y «t».

Sagitario E extensivo

Sus dominantes planetarios acentuarán el lado expansivo, conquistador y entusiasta de su signo solar. Es hiperactivo (hay quien diría incluso activista), emprendedor, hacendoso y valiente hasta la temeridad. Vivir, para usted, es probar mil y una experiencias arriesgadas: la rutina diaria y la dinámica de metro-trabajo-casa no son, ni de lejos, lo que le conviene.

Las dificultades le estimulan y la adversidad mejora su estado físico. No duda en lanzarse a proyectos arriesgados. Puede que le tomen por un presuntuoso: de hecho, siempre se esfuerza, tras la aparente temeridad de sus actos, por conciliar y coordinar pragmatismo, agresividad ofensiva y reflexión profunda. Puede ocurrirle que, arrastrado por su impulso y embriagado por el entusiasmo, vaya aún más lejos, tenga demasiadas ambiciones, reaccione demasiado rápido ante los acontecimientos; no obstante, en general, toma conciencia rápidamente de sus debilidades y sabe, a su debido tiempo, rectificar el tiro.

Sin duda alguna, está extremadamente dotado para dinamizar un grupo, para trabajar en equipo y movilizar personas y cosas. Independiente al tiempo que servicial, utiliza los sabios trucos del arte de la diplomacia para conciliar los distintos puntos de vista, tanto que la eficacia de la acción no se ve perjudicada. Cuando se eternicen las discusiones surgirán la impaciencia, la brusquedad y un realismo ligeramente altivo, en cuyo caso cogerá las riendas y tomará decisiones con rapidez.

Tiene un fuerte orgullo: le cuesta negarse una victoria espectacular, una proeza (a riesgo de poner en peligro la posición que ha adquirido). Además, le pueden reprochar cierto gusto por los «éxitos» mediáticos, así como un activismo febril que los demás podrán tildar de agitación crónica.

Seguramente ha sido usted así desde la juventud, cuando se decía que algún día tendría que aprender el significado de la mesura, la prudencia y la paciencia, así como sustituir su genio táctico por sabias estrategias.

Le complace hacer favores concretos y tangibles a su comunidad, así como erigirse como su portavoz, motor o guía iluminado, ya sea de forma simultánea o alternativa. En caso de que su adaptación sea óptima, los demás reconocerán sus cualidades, las de una persona realista, con competencias manifiestas, que coordina las actividades de todos sin temor a meter la pata. No obstante, al menor error, no podrá evitar que aparezcan sus defectos: activismo desenfrenado, imprudencia, imprevisión y falta de reflexión. Reflexione bien antes de lanzarse a sus vuelos heroicos: para lograr sus objetivos, el caballero valeroso debe saber disciplinarse y dominar su furiosa montura.

Sagitario e intensivo

Existe una contradicción entre sus dominantes planetarios que subraya los aspectos emotivos, afectivos y sentimentales de su carácter, así como el dinamismo extrovertido de su personalidad zodiacal, una contradicción que puede generar muchos dilemas, pero también proezas.

En resumen, ¿cómo es posible conciliar estados de ánimo ricos, confusos y complejos con la necesidad apremiante de actuar inmediatamente? Dado que la inhibición no es su fuerte, en principio tenderá a actuar de forma visceral, es decir, a lanzarse en cuerpo y alma a la acción para evitar tener que reflexionar o hacerse preguntas sobre la inquietud de su conciencia.

De esta forma, corre el riesgo de tener que encajar abundantes reveses; sin embargo, al estar animado por una fe sólida e indestructible en la pertinencia de sus compromisos y respaldado por aquellos que quiere y le quieren, que aprecian su generosidad desmedida, es posible que consiga, como por arte de magia, triunfar sobre todos los obstáculos. Es lo mejor que cabe desearle. De lo contrario, tenga cuidado con sus entusiasmos ingenuos.

Esta fórmula también aumenta su imaginación y su deseo de amar un poco, mucho, apasionadamente, con locura. Así, su compasión activa podría extenderse a toda la humanidad sufriente y perturbar seriamente las relaciones privilegiadas que necesita para estimularse y equilibrarse. Además, sus fuertes arrebatos líricos se estrellan a menudo contra un muro de egoísmo. Aspira a vivir en un mundo fraternal y amoroso, en el que las fronteras hayan desaparecido, pero su realismo está ahí, diciéndole que no es tan fácil como eso.

Pasa completamente por alto los artificios, la mezquindad y los cálculos: siempre prefiere actuar de manera espontánea guiándose por sus intuiciones, sueños e incluso fantasmas, rodeándose de gente que participe de sus creencias, que comparta sus ideales desinteresados.

Todo esto conlleva un importante riesgo: su falta de perspectiva le convierte en presa fácil para los manipuladores, al tiempo que su universalismo generoso, que le impulsa a tender la mano con lealtad a sus adversarios, puede resultar inadaptado para los duros combates de la existencia.

Su ideal de comprensión le exigirá muchos sacrificios y su desinterés exagerado podría resultar perjudicial para su seguridad material: no olvide rodear sus acciones con protecciones, ponerse objetivos precisos y disciplinar sus emociones si no quiere que todo el mundo use y abuse de su gran corazón, de su gentileza y sensibilidad ilimitada; de lo contrario, la inestabilidad de su vida amorosa le hará infeliz, a pesar de su tendencia a las extravagancias y los cambios.

Sagitario T extensivo

De todos los Sagitario, probablemente sea usted el que cuente con una conciencia más amplia, con unas intenciones más ambiciosas y con una imaginación más fértil. Desde muy pequeño soñó con vivir una vida al margen de los caminos fáciles, desafiando todo conformismo, seguridad, rutina y hábito. Extrovertido, independiente, ardiente de impaciencia, prefiere, pase lo que pase, dejarse llevar por su inspiración.

Las grandes aventuras están hechas para usted. Su mayor problema radicará, sin embargo, en saber cuáles son sus límites. En su fórmula destaca la debilidad de su realismo, su falta de instinto de conservación: no tiene los pies en la tierra. Mejor dicho (o peor, depende): sobrevuela las nubes más altas, a mil leguas de la condición humana, y prefiere dialogar con los dioses, las musas o los seres sobrenaturales de diversa índole a comunicarse con sus contemporáneos. Orgullosamente rebelde, cree ciegamente en su buena estrella: sean cuales sean las circunstancias, está seguro de que le protegerá y le guiará a través de la jungla de la existencia. Si tiene una fe fundada y contagiosa, le permitirá mover montañas. Pero si aspira a grandes logros, correrá el peligro de fracasar en todos sus objetivos: tenga la prudencia de tener ambiciones dentro de sus posibilidades objetivas.

Tiene fama de ser imprevisible, misterioso y desconcertante. Quizás incluso le haya rondado por la cabeza la tentación de hacerse el profeta, a menos que no se haya metido ya en ese papel. En todo caso, tan sólo se siente como pez en el agua en un clima de cambio, ruptura y cuestionamiento: su destino debe ser fértil en resurgimientos homéricos, en giros de 180º, en crisis saludables pero desestabilizadoras, sobre todo teniendo en cuenta que su imaginación, su intuición y su instinto están «conectados» con el porvenir, con el futuro y con los acontecimientos subyacentes, que no duda en precipitar.

Existe en usted una parte de altruismo generoso que no siempre armoniza con su sombrío individualismo; le consideran sociable y disponible, pero usted no tarda en demostrar, de forma brusca y estruendosa, su independencia intransigente. Además, no le desagrada desorientar a los que le rodean alternando tolerancia pacifista con selectividad estrecha, laxismo con autoritarismo, bondad con fría lucidez. Ello contribuye a reforzar su leyenda épica: la de un personaje fuera de lo común, dispuesto a toda desmesura.

Sagitario t intensivo

Existe un contraste acusado entre el gusto por el misterio, lo secreto y lo incomunicable de sus dominantes planetarios y la sociabilidad cálida de su signo solar: apenas sí se sentirá identificado con las descripciones clásicas de Sagitario.

Su personalidad tiene dos o más facetas. Por un lado, le gusta entablar un diálogo abierto, comunicarse con los seres más dispares, tender puentes sobre los puntos de vista más diferentes y participar activamente en los cambios sociales de su entorno y su época. Sin embargo, por otro lado, alberga enigmas, introspecciones y misterios. Su sagacidad, su carácter crítico y sus dotes de analista perspicaz le impiden hacerse ilusiones: en el fondo, se dice usted que es posible que todo atisbo de comunicación no sea más que una farsa, aunque no podrá renunciar a ello por completo.

Tiene una gran curiosidad, que le lleva a explorar los territorios más desconocidos, a buscar incesantemente lo que se esconde tras el velo de las apariencias y las realidades sensibles. Se siente como pez en el agua en la complejidad, la dificultad y lo múltiple, que estimulan su inteligencia abstracta y sintética, así como su insaciable necesidad de conocer, comprender y dilucidar. Se siente atraído por lo insólito, lo oscuro, lo incierto y lo irracional: tal como usted lo ve, todo lo que perturba las ideas es interesante; es usted marginal por naturaleza.

Marginal pero ansioso, como todo buen Sagitario que se precie, por integrarse de forma activa en el destino de un grupo abierto, cosa que le exigirá dar muestras de su sociabilidad. La suya es, sobre todo, embriagadora: se cansa rápido de los compromisos y se refugia en el papel de crítico implacable, de oponente sistemático, de francotirador irreducible, al acecho de los errores ajenos.

Le horroriza que le etiqueten, estereotipen y clasifiquen. Por ello multiplica sus máscaras, locuras y piruetas para evitar que alguien formule un juicio absoluto sobre usted. A fin de ocultar su profundidad, su búsqueda de lo absoluto, desempeña el rol de la superficialidad, la fantasía y la falta de seriedad, cosa que saca a todo el mundo de sus casillas. No es fácil saber lo que piensa realmente, y menos aún teniendo en cuenta su tendencia a hacerse preguntas incesantemente, a vacilar tanto de sus convicciones como de sus dudas: aquellos que opten por una posición clara llamarán atrevimiento y cinismo a lo que no es más que ansiedad enmascarada, lucidez magullada y una sensibilidad muy aguda. En cualquier caso, ¿qué es vivir si no tomar decisiones? Si le cuesta decidir, mejore sus resultados en los test «r» y «E». De lo contrario, sus riquezas quedarán desaprovechadas.

EJEMPLOS

La fuerza de excitación asociativa de Sagitario alcanza su mayor expresión en la obra musical de BEETHOVEN, una obra monumental, desmesurada (la falta de inhibición bloqueadora se hace también evidente), que coquetea de forma romántica con todos los estilos, con todos los matices de la sensibilidad humana, desde la tranquila meditación de las sonatas hasta los furiosos arrebatos de las sinfonías. En este caso, la lentitud de excitación nos transporta a lo grandioso, a lo sublime: Beethoven, gran maestro de los elementos desencadenados, organizador de vértigos metafísicos. Un Sagitario de gran envergadura y un ejemplo inmejorable del asociacionismo generalizado de su signo.

El fogoso JACQUES CHIRAC ilustra también el tercer signo de otoño. La excitación asociativa lo ha convertido en un unificador. La debilidad de inhibición se manifiesta en su impaciencia arrolladora. En cuanto a la fase ultraparadójica, sin duda, se ve reflejada en los frecuentes giros ideológicos del líder del RPR (Agrupación para la República), además de ser, probablemente, la responsable de su imagen ambigua: como hombre público, tiene fama de ser autoritario y napoleónico; sin embargo, en su vida privada cultiva, según dicen, el sentido del humor y una verdadera tolerancia. Este «reaccionario» ultraparadójico votó por la abolición de la pena de muerte.

Por otra parte, el filósofo SPINOZA celebra la unidad del mundo. Asocia de modo sintético lo profano y lo sagrado, lo humano y lo divino, la naturaleza y la metafísica. FRIEDRICH ENGELS, compañero de Karl Marx, se esforzó por crear las bases para una síntesis del pensamiento científico positivista de su tiempo, integrando en este el análisis político-económico marxista. A otro nivel, CLAUDE LÉVI-STRAUSS, creador del estructuralismo, investigó los puntos comunes entre las distintas mitologías de las múltiples culturas.

¿Por qué no inscribir a MANUEL FRAGA IRIBARNE en el registro de «velocidad de inhibición»? Un estereotipo del Sagitario todoterreno (aunque en r intensivo), adaptado a los usos y costumbres de su medio, gracias a Saturno en Libra. Mercurio y Venus flanqueando al Sol en buen aspecto con Luna suponen la cuota de R extensivo que lo predisponen a abordar todo tipo de contactos y asuntos de una forma caballeresca, como una máscara que no se despinta, sean cuales sean las circunstancias en las que haya que actuar. La supeditación al r intensivo hace que la sociabilidad sea dirigida, sirva a lo que cree o determine su fuerte sentido de la autoridad.

Otro ejemplo interesante es el de MORIHEI USHIBA, inventor japonés de un nuevo arte marcial, el aikido. Este deporte de combate menos violento, más pacífico, es, en realidad, una síntesis del judo, el kárate y el kendo. Sus principios son asociarse con el adversario en vez de enfrentarse a él (F + asociativa); esquivándolo (V –) puede crearse un movimiento de vacío que desequilibra al contrincante, transformado, muy a su pesar, en compañero (fase ultraparadójica). Para acabar, incluso la etimología de la palabra *aikido*, inventada por Ushiba, responde a Sagitario: literalmente, significa «la vía *(do)* de unión *(ai)* de las energías (ki»), el yin y el yang fusionados, sintetizados. Un deporte de combate pacífico: ¡su inventor tenía que ser Sagitario! «Destruye el ataque, pero no destruyas a tu adversario», dijo este viejo sabio otoñal.

LUDWIK ZAMENHOF es el creador del esperanto, la lengua internacional. El Sol/Mercurio en el signo, sólo ligados a Urano, Neptuno y Plutón, lo sensibilizan ante las grandes ideologías sintetizadoras del T extensivo, mientras que el sentido de los grandes conjuntos de Sagitario resulta muy evidente. De hecho, el nombre e*speranto* es la espera del profeta que centra sus energías en que la humanidad esté más unida; para ello, es fundamental lograr primero entenderse mejor a través de una lengua auxiliar, en la era de la comunicación que Neptuno/Plutón iba imponiendo.

Cuando nació el aviador JEAN MERMOZ había cuatro planetas en hora de poder: Marte, Júpiter y Saturno en el fondo del cielo (existencia extensiva) y Neptuno culminante (Marte y Neptuno: existencia intensiva). Se trataba de un hombre que necesitaba vivir emociones y sensaciones fuertes, correr todos los riesgos (falta de inhibición bloqueadora), exponerse a todos los peligros para sentir que «vivía con más intensidad». Marte y Júpiter le dieron el gusto por las proezas; Marte y Saturno, la resistencia; y Marte y Neptuno, el deseo de vivir una vida fuera de los caminos fáciles. Murió joven...

No podemos dejar de evocar al cantante y guitarrista JIMI HENDRIX (Sol, Mercurio y Venus dominantes, R extensivo, y Neptuno dominante, Venus y Neptuno, e intensivo). Llevó el espectáculo (R) hasta el frenesí. Su amor por la música y las emociones transcendentales o inefables (Venus y Neptuno), junto con la falta del sentido de los límites de Sagitario, lo condujeron rápidamente a la sobredosis. Lo mismo ocurrió con EDITH PIAF (Marte y Júpiter, E extensivo dominante). La cantante realista más representativa era marciana, por supuesto... CAMARÓN DE LA ISLA, carismático cantaor, también murió joven. Marte desciende en Capricornio, en mal ángulo con Luna/Neptuno que se ocultan, señalando la peculiaridad de su voz, pero también una vida agitada e intensa. La fuerza de excitación asociativa propia del signo hizo que necesitase a «su» gente allá por donde iba. Por su e intensivo (Venus conjunto a Sol, Neptuno/Marte), necesitaba vivir en un mundo fraternal para dar lo mejor de sí mismo, aunque corriese el riesgo de rodearse de oportunistas. La falta de disciplina en su emotividad, la poca conciencia de los límites, todo ello intensificado por una mala disposición de Mercurio/Saturno, lo llevaron finalmente a la droga.

4.
El trío de la estructura

Capricornio
Acuario
Piscis

Capricornio

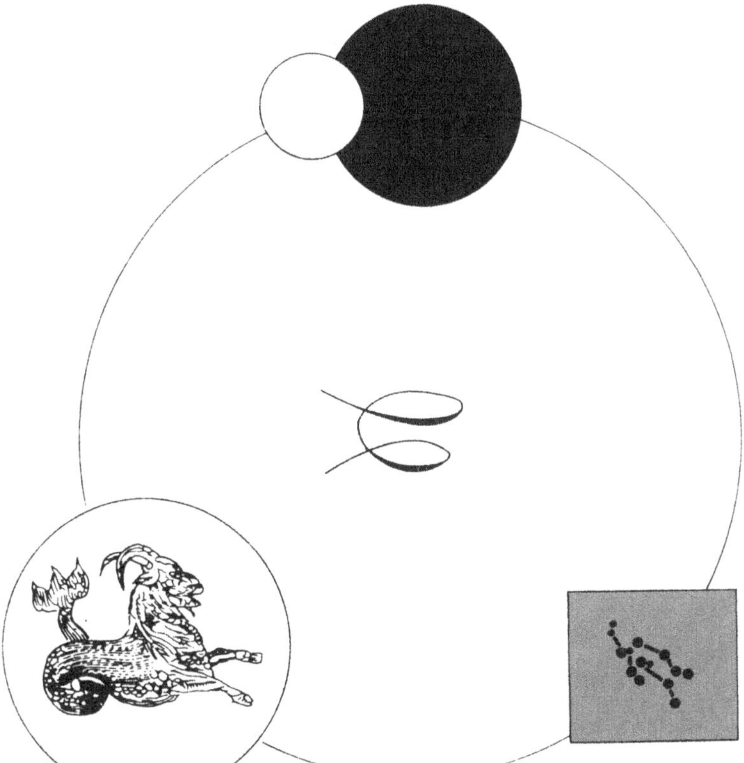

FÓRMULAS

En astrometría

Con una latitud geográfica media de 45°, cuando el Sol atraviesa este signo entre el 22 de diciembre y el 20 de enero, o bien cuando un astro (sin latitud celeste) pasa de 0° a 30° de este signo.

• Su tiempo de presencia por encima del plano del horizonte pasa de 8:34 h a 9:08 h.

• Su altura máxima o culminación superior pasa de 21° 33' a 24° 50'.

• Su altura en relación con el plano de la eclíptica o declinación pasa de 23° 27' Norte a 20° 10' Sur.

• Su acimut en el orto pasa de 55° 45' a 60° 50'.

Fórmulas condicionalistas

(véase primera parte de la obra)

En relación con el modo «adaptado»:

• Fuerza de inhibición (F –): el liquidador.

• Lentitud de inhibición (L –): la esfinge.

En sentido de los conjuntos.

En relación con el modo «contraadaptado»:

• Debilidad de excitación (d +): el decepcionado.

• Velocidad de excitación (v +): el maniaco.

En fase ultraparadójica.

CONTEXTO

Signo anterior

Capricornio inaugura el invierno y pone punto final al asociacionismo otoñal de Sagitario: la duración de las noches, que sigue siendo dominante, disminuye, y con ella su interés por el mundo exterior y la vida social.

En Sagitario, la influencia de la sociedad sobre el individuo se encontraba en su apogeo: tejía entre estos una multitud de vínculos tan flexibles como exigentes, no exentos de ambigüedades; su adaptación a los códigos, leyes y reglamentos del entorno y la época le permitían hacer valer su autonomía e independencia. Sin embargo, a cambio, se convertía en rehén y prisionero de los mismos: su colusión con el entorno humano le obligaba a traicionar su ser profundo y su intimidad. Se desplegaba en el eje horizontal, prolongando hasta el infinito el alcance de su solidaridad, extendiendo su simpatía y puliendo su personalidad para civilizarse, así como limando las asperezas de sus pensamientos para hacer posible una nueva síntesis. Para Sagitario, el yo debe estar enteramente disponible para el prójimo; en última instancia, la asociación entre ambos puede ser tan estrecha que desemboque en la indeferencia: el ser será aquello que la sociedad haya hecho de este. En el peor de los casos, el discreto encanto de la máscara de las civilizaciones ocultará un individualismo desprovisto de todo contenido original. En el mejor, Sagitario romperá los moldes, blandiendo el estandarte de una gloriosa libertad metafísica.

Sin embargo, no sabrá, o no podrá (aún no), hacer el vacío, cuestionar de forma radical su forma de ser en el mundo, ya que este es precisamente el papel de Capricornio.

Como reacción al exceso de apertura y cooperación del último signo del otoño, usted tenderá a encerrarse en sí mismo, a romper los vínculos que le unen al mundo exterior para dedicarse mejor a lo que considera esencial, inalterable y absoluto: la extensión horizontal se transforma en análisis vertical. Ya no quiere ser una víctima, ni de los demás ni de sí mismo. Egoísmo o prudencia, a partir de ahora prefiere dedicarse a sus aspiraciones fundamentales, que no son negociables ni divisibles.

En ocasiones tenderá a juzgar con severidad a su predecesor zodiacal. Demasiado extrovertido para ser íntegro, pensará usted, demasiado diplomático para ser auténtico. No obstante, recluido en su torre de marfil, es posible que, de vez en cuando, sienta nostalgia de sus entusiasmos enormes y comunicativos. Sin embargo, con el tiempo, hará tabla rasa de todo, incluyendo sus añoranzas: forma parte de la lógica de su evolución como Capricornio.

Signo posterior: Acuario

Esta lógica imperturbable le pide y ordena acabar con todo, en el marco de una negativa obstinada y definitiva ante lo fútil, lo variable, lo efímero y lo ilusorio, pero también hacia lo inédito, lo nuevo y el porvenir.

A lo largo de sus austeras y filosóficas reflexiones sobre el orden inherente de las cosas, a veces se preguntará si lo inmutable no es más que un momento particular de un sistema general, en el que el movimiento también tiene cabida. ¿Es lo absoluto estático, está cerrado en sí mismo? ¿O es más bien un ente dinámico, en el que tienen lugar los fulgores y surgimientos? ¿Implica la indiferencia necesariamente la desesperación o, al menos, la falta de esperanza? ¿Tiene la lucidez como efecto obligatorio el desengaño?

Le resulta difícil responder estas preguntas; incluso es posible que, de forma inconsciente, se niegue a formularlas, algo que perturbaría demasiado el orden de su mundo, que debe admitir que es demasiado fatalista. También es posible que le asalten de forma solapada. Si quiere ver con mayor claridad, diríjase a los Acuario de su entorno.

Ellos son como usted: en sus mejores momentos, no se hacen ilusiones. Son diferentes: conservan la esperanza porque, para ellos, lo absoluto debe transformar el presente y no rehuirlo. Al extraer el tesoro del ser de su cueva introspectiva, lo ofrecen con generosidad al mundo exterior. En su opinión, esto es un sacrilegio, una herejía, una locura: ¡no se les da margaritas a los cerdos!

Usted afirma: somos irremediablemente solitarios. Acuario responde: precisamente, razón de más para ser solidarios. Le exaspera el elixir de la juventud que Acuario vierte a su alrededor: el mundo tiene millones de años, no se puede cambiar. Y, sorprendido, su legendaria objetividad le obliga a comprobar que no es así: consiguen hacer que las cosas renazcan de sus cenizas.

¿En qué se convertiría si alguien provocase el deshielo de su glaciar? Atrapado entre el pasado (el entusiasmo participativo de Sagitario) y el futuro (la esperanza estimulante de Acuario), tendería a refugiarse todavía más en su interior. Sus vecinos zodiacales le invitan a ser Capricornio, mal que bien. De hecho, es lo único que puede ofrecer a su entorno, como buen Capricornio solitario.

¿Solitario? ¡Cuidado con las etiquetas triviales! Existen Capricornio muy sociables, a pesar de todo. Conozcamos esta familia tan invernal...

LAS CUATRO DIMENSIONES DE SU PERSONALIDAD

El liquidador (fuerza de inhibición)

Su fuerza radica en la capacidad de desapego: más que nadie, es usted capaz de desprenderse de lo accesorio para dedicarse exclusivamente a lo que, en su opinión, corresponde a la esencia. No se deja influir, distraer o seducir por las «apariencias»: lo que cautiva, entusiasma o estimula a su entorno, por lo general, no le inspira más que indiferencia o desprecio. El resplandor de los espejos no le deslumbra, usted se deslumbra con otro tipo de cosas: con una verdad interior descubierta gracias a la intuición introspectiva, con una realidad exterior que debe comprender descorriendo el velo de las ilusiones sensoriales.

¿El mundo de los fenómenos? Tiende a creer que no es más que una quimera construida por los cinco sentidos. ¿El pensamiento abstracto? A pesar de utilizarlo, desconfía de él: se basa en demasiados prejuicios como para otorgarle crédito. El científico norteamericano John Lilly es el inventor del ya célebre «tanque de aislamiento sensorial», que constituye, sin duda, la mejor forma de explicar la necesidad de Capricornio de cortar con el mundo exterior, de desconectarse de sus afectos perceptivos. La conducta de Michel Siffre, espeleólogo de signo Capricornio, es idéntica: se encierra durante meses en oscuros abismos para encontrarse cara a cara consigo mismo, para observar lo que ocurre cuando el «exterior» ya no transmite ningún estímulo.

De hecho, aspira a ser total, única y auténticamente usted mismo. Para conseguirlo, existe una sola solución: boicotear, prohibir y eliminar todo lo que no se corresponda con las aspiraciones fundamentales de su personalidad. Su frialdad e indolencia enmascaran una pasión glacial: es bien sabido que el frío absoluto quema tanto, si no más, que el fuego. Idealista absoluto, ambicioso, ávido, fanático por una causa o enamorado místico; nada le desviará del camino que haya elegido. Está preparado para la «larga marcha», como habría dicho Mao Zedong, Capricornio ascendente Capricornio: pasa por alto las oportunidades para centrarse únicamente en su objetivo último, sin dejarse desanimar por los fracasos y reveses de la fortuna, sin dejarse aturdir por los triunfos.

Su carácter se anticipa a los acontecimientos; programa su acción en función de sus intuiciones, de forma que tan sólo queda (como una simple formalidad) alcanzar sus objetivos. El tiempo hace justicia a las personas de sangre fría, a los pacientes e imperturbables.

Por otra parte, necesita hacer de su personalidad un todo estructurado, ordenado, coherente y jerarquizado. Desde su perspectiva, el desorden y la anarquía no existen de por sí: tan sólo son el efecto de la desaparición del interior en el exterior. Estos mismos mecanismos le hacen sentir la necesidad de pertenecer e integrarse en una estructura de la que usted será un engranaje eficaz y pertinente (su lugar e importancia en la jerarquía apenas sí tienen relevancia). Esto le sensibiliza en gran medida ante las ideologías totalizadoras, aquellas que pretenden crear un mundo perfecto, rigurosamente estructurado (tristemente, Mao Zedong y Joseph Stalin constituyen sendos ejemplos de esta tentación totalitaria y aniquiladora de Capricornio), algo que, del mismo modo, le sensibiliza frente al orden del mundo, un orden que buscaron y descubrieron muchos científicos Capricornio como Johannes Kepler, Newton y Tycho Brahe (astrónomos-astrólogos) o Pasteur; también podríamos citar a Champollion, que consiguió descifrar la enigmática lengua egipcia antigua.

En resumen, no le faltan sólidas cualidades: sangre fría, lucidez, integridad, disciplina en las emociones y desapego. Pero ¡qué gran abismo existe entre Pierre Mendès France, símbolo de la incorrupción, puro como la leche (pasteurizada, por supuesto), y la consagración fanática a la «causa» absolutista de Stalin!

La esfinge (lentitud de inhibición)

Los signos del otoño, en velocidad de inhibición, se caracterizaban por unos mecanismos flexibles, rápidos y oportunos de defensa. En invierno, la táctica cambia, transformándose en una estrategia inmutable: su defensa es sólida, estable e insensible, no tiene en cuenta en absoluto lo que ocurre alrededor de la muralla de su fortaleza. Pase lo que pase, usted no reacciona.

Si la situación requiere movimiento, improvisación o contraataque por su parte, usted se encuentra, como es obvio, en situación de debilidad: es difícil sacarle de sus casillas, de su impasibilidad de piedra. Ahora bien, en sentido inverso, los ataques de sus adversarios se estrellan contra sus murallas: tiene una coraza de indiferencia.

En resumen, está blindado, es resistente y se refugia de forma implacable en su posición, que esperemos que sea fuerte. De ser así, apenas sufrirá el aislamiento al que le condenan sus silencios, sus principios inquebrantables y sus hábitos cristalizados. Jerárquico y monolítico, se constituirá con paciencia desde el interior y mostrará al exterior una mirada fría y tranquila, sin salir de su hermetismo habitual más que para abandonarse a un humor frío, a la ironía sarcástica, a la abstracción corrosiva. Desprecia a los exaltados, inocentes y crédulos que actúan según la dirección del viento sin preocuparse por las despiadadas inclemencias del tiempo. Los demás le pedirán consejo o ayuda en las situaciones más difíciles, aquellas en las que uno se enfrenta a sus ligerezas e imprevisiones. Será entonces cuando usted, al que tacharon de aguafiestas y «destrozasueños», emprenderá su venganza secreta.

Desde luego, no pasa usted por un vivalavirgen. Sin duda, le reprocharán su insensibilidad, dureza y falta de generosidad, así como su inflexibilidad intransigente. Sin embargo, a usted le trae sin cuidado: no pretende gustar. E incluso sus peores detractores, a la larga, se sentirán obligados a reconocer sus cualidades: precisión, método, búsqueda de la construcción, prudencia y profundidad.

Si se refugia de forma excesiva en sí mismo, podría convertirse en un misántropo. Molière, dramaturgo de signo Capricornio, puso en escena, en su teatro, a *El Avaro* y *El Misántropo*. ¿Maldad pura y dura? No es tan simple... ¿Esquizotimia? Evitemos las etiquetas. Resulta difícil emitir un juicio indulgente de un hombre cuando uno se mantiene alejado de sus pasiones, cuando se le observa con la frialdad de un entomólogo, con la estricta objetividad de un Pasteur obsesionado por sus anaerobios e incluso con la lucidez mórbida de un Saint Simon: «Su carácter penetrante, sutil, amargo, es como el instrumento natural para hurgar en la corrupción, actividad a la que, además, aporta la violenta investigación de un confesor, la libertad filosófica de un historiador».

Saint Simon, Capricornio de pura cepa, rendía culto a las etiquetas: por mucho que criticara severamente las hipocresías de su entorno y su época, no por ello estaba menos atado que los demás al inevitable orden de las prelaciones y las ceremonias inmutables de la Corte, todas ellas barreras contra la agitación, el desorden y la espontaneidad. En última instancia, el mayor peligro de Capricornio consiste en identificarse por completo con sus principios, con sus murallas, utilizándolos para construirse no sólo una coraza, sino también la sustancia misma de su yo, un yo con una conciencia tan rígida y estrecha que le hará apático, enigmático y duro como las esfinges del desierto.

El decepcionado (debilidad de excitación)

¿Se muere la esfinge de aburrimiento, encerrada en su cuerpo de piedra? Nadie lo puede saber. En cambio, en sus peores momentos de inadaptación, adolece usted de una carencia trágica de fuerza, energía o voluntad para salir del caparazón de su desazón. El mínimo movimiento le cansa. O, peor aún, no consigue reaccionar ni siquiera ante las situaciones urgentes que requieren respuestas inmediatas, dinámicas e instintivas, aunque tan sólo sea para evitar el peligro y asegurar su supervivencia.

Con frecuencia, es usted pasto de la duda, la tristeza y la melancolía. Se trata de un *blues* profundo pero inenarrable, indecible, incomunicable: siempre se siente solo, en silencio, lo ve todo negro, rumia pensamientos oscuros, encerrado en vida en la fortaleza que usted mismo ha construido a su alrededor. ¿Salir para respirar el aire fresco del exterior, para encontrarse con gente que le suba la moral o para contemplar la belleza de la naturaleza? ¿Para qué? Usted es de piedra, se encuentra petrificado en una inmovilidad mineral y desencantada. A base de mostrar tanta indiferencia a su alrededor, ha acabado siendo insensible al exterior. En el extremo, podría llegar a no emocionarse, impresionarse ni conmoverse por nada, convirtiéndose en una roca inaccesible. Si se siente llamado por lo trascendental, quizá termine haciéndose monje, asceta, ermitaño o «meditador trascendental» (Maharishi Mahesh Yogi, el inventor de la Meditación Trascendental, es Capricornio). O quizás un místico puro como Santa Teresa de Jesús. En caso de que la trascendencia no haga acto de aparición, también es posible que se refugie en un egoísmo pasivo, de hormigón armado. E, incluso, si sus tendencias son más afectivas, podría sufrir un exceso de emociones, que se acumularían en la prisión de su ser sin posibilidad de derramarse, verterse ni compartirse. De ahí a sufrir una frustración imborrable, «complejos» y represión no hay más que un paso. En este contexto, el amor que es incapaz de experimentar se trasformará en odio hacia aquellos que se aman y lo demuestran, en un odio frío, doloroso y mudo. Siendo menos dramáticos, podría ser una persona torpe, tímida o confusa a la hora de entablar una conversación, iniciar una relación o dejar hablar a su corazón.

La falta de excitación natural plantea otros problemas. Entre ellos, tiende a reprimir o impedir cualquier atisbo de autoafirmación espontánea. No se atreve a intervenir ni a imponerse, no se ve con fuerzas. Algunos llegan incluso a alimentar complejos de inferioridad. Además, en el plano intelectual, está usted, más que otras personas, sujeto a las reflexiones, los cálculos complicados y sinuosos e incluso, en el peor de los casos, el maquiavelismo y las maquinaciones retorcidas. Es bien sabido cómo y por qué Richard Nixon perdió la presidencia de Estados Unidos. En un registro menos negativo, los conocimientos que haya acumulado serán sencillamente demasiado complejos para resultar útiles para sus contemporáneos, o bien demasiado subjetivos y personales para ser trasmisibles.

Filtra y decanta los mensajes sensoriales a través de su inhibición extintiva, dando lugar a un sentimiento legítimo de desconfianza. Con la falta de excitación-gasto del Capricornio «débil», las percepciones se convierten en un verdadero misterio angustioso: ¿qué siento?, ¿qué veo?, ¿qué oigo?, ¿qué escucho? Sufre pánico ante la multitud de estímulos con que le bombardea el mundo exterior. Por eso se refugia en un entorno cerrado y «pasteurizado», para sentir cuantas menos cosas, mejor.

En sus momentos de debilidad, por lo general, su signo le predispone a desvalorizarse. No obstante, si cuenta con la fuerza suficiente para reírse de los juicios ajenos, dicho signo le otorgará una indiferencia de piedra: no se sentirá afectado por ninguna crítica. Siempre que no tenga nada que reprocharse, se encontrará en una posición indestructible: sabe ejercer la autocrítica hasta, con frecuencia, minar su moral y, de forma menos habitual, alcanzar la objetividad total. Aunque, para ello, será necesario que domine su febrilidad interior.

El maniaco (velocidad de excitación)

En el solsticio de invierno, el día empieza a crecer, pero la noche sigue dominando. Las reacciones de excitación rápida inducidas por este fenómeno son febriles, inexpertas e inadaptadas. En general, se encuentran enmascaradas, camufladas, y son poco perceptibles: usted interioriza sus entusiasmos y traspone en su fuero interno sus antojos de acción. ¿De qué sirve alimentar la imaginación con proyectos embriagadores que nunca realizará o que llevará a la práctica demasiado tarde?

De hecho, todo depende de su grado de emotividad. Si no es emotivo, le será difícil salir de su ataraxia, de su apatía y de su torpeza. A fin de mantener la tranquilidad, se esforzará por disciplinar e incluso suprimir radicalmente cualquier impulso intempestivo, movimiento espontáneo o reacción instintiva. Este dominio absoluto y perfecto reforzará su indolencia legendaria; los que le rodean se preguntarán si hay que temer o burlarse de su impasibilidad de hierro, de su autocontrol perfecto y de su dignidad rígida.

Subamos un escalón en la escalera de la emotividad: en este contexto, se dará un conflicto entre el deseo de acción y la reflexión. A fuerza de intentar preverlo todo y programarlo todo sin dejar nada al azar, se impedirá actuar y satisfacer sus propósitos, que, por cierto, son muchos y apremiantes. Sus impulsos se bloquean y usted sufre cruelmente al no poder exteriorizarlos. Está dispuesto a hacer declaraciones de amor apasionadas, pero en el último momento se retracta amedrentado. Aspira a vivir sus sueños, pero, ¡vaya!, existe una razón de peso que se lo impide: sería fantástico, es cierto, pero ¿vale realmente la pena?, ¿no será una ilusión más?

Esta represión le saca de quicio, le irrita. En ocasiones sale de su sopor y experimenta un acceso violento y breve de ira. Estos ataques no duran mucho: pronto vuelve a hundirse en sus tristes fantasías, en sus pensamientos mórbidos. Subamos otro escalón más en la escalera de la emotividad: ahora nos encontramos ante un temperamento maniaco-depresivo. La timidez, la represión, los complejos y las inhibiciones le impiden toda expresión natural y espontánea de sus sentimientos: a pesar de todo, los expresa, pero provocando a sus parejas afectivas, jugando con ellas a juegos algo inocentes, multiplicando sus travesuras. Si aceptan esa actitud por su parte (¡no hay nada garantizado!), usted nadará en la euforia. A fin de cuentas, ha conseguido que le comprendan, a pesar de los complicados rodeos que da para manifestar sus emociones. No obstante, la mayor parte de las veces, la gente se cansará, y en este caso se sumergirá usted en un doloroso estupor, en una angustiosa insatisfacción. Otros incluso se harán crueles y sádicos, algo que constituye una forma «fría» de vivir las relaciones afectivas. Y otros acabarán por refugiarse en el masoquismo puro y duro: si querer significa sufrir, pues suframos. En los dos últimos casos, la histeria no queda lejos, y la neurosis tampoco...

Este masoquismo puede exaltarse religiosamente, como fue el caso de Santa Teresa de Jesús. Por otra parte nos encontramos el universo del cineasta Sergio Leone: planos largos inmóviles, vaqueros que sufren de un sopor crónico, que de repente se desatan en una violencia ciega. Y el peor caso de todos lo constituye Stalin, el loco, el «maniaco peligroso».

PERCEPCIÓN DEL RESTO DE SIGNOS

Géminis

Le deja atónito, perplejo y estupefacto. Es todo lo que no es usted: flexible, charlatán, comunicativo y espontáneo. Es el signo que menos se le parece, aquel cuyas actitudes y visión del mundo usted se cuestiona y llaman más su atención. Si le gusta lo inesperado y el riesgo, conozca a un Géminis: le hará descubrir realidades insospechadas.

Pareja: en el mejor de los casos, les unirá una complementariedad perfecta. En el peor, acabará por cansarse de su inocencia y agitación.

Amigo: Géminis sabe tirarle de la lengua, hacer que afloren sus reflexiones profundas, que tan a menudo enmascara el silencio. Resulta tonificante y refrescante.

Enemigo: odia usted profundamente su futilidad, su cháchara y sus piruetas. Géminis no se toma nada en serio, y a usted menos aún. Proyecta usted sobre él la quintaesencia de sus protestas y enfados.

Cáncer

Ambos poseen las mismas cualidades: prudencia, tenacidad y discreción. Sin embargo, usted le considera demasiado romántico y sentimental, sueña demasiado. En general, se muestra usted relativamente indulgente hacia Cáncer.

Pareja: Cáncer se ocupa a la perfección de la gestión y organización de su torre de marfil. En ocasiones, usted se recrimina el no poder ofrecerle el afecto que le pide.

Amigo: cuando él le cuenta sus sueños, le hace caer en un abismo de reflexión. La imaginación de Cáncer alimenta su inteligencia. Se trata de una relación muy íntima y privilegiada.

Enemigo: es demasiado pesado, demasiado indolente. Uno nunca sabe a dónde quiere llegar. Tiende a moverse en el mismo terreno que usted, con la misma obstinación.

Leo

A priori, sus universos no tienen absolutamente ningún punto en común. Usted puede tanto admirar su soltura, descaro y rechazo de la mediocridad y lo banal, como odiar sus excesos y juicios superficiales.

Pareja: es casi tan egocéntrico como usted, que no es poco. Deberán elegir entre un amor apasionado, lleno de crisis, o una soberbia indiferencia por su parte tras varios años de matrimonio, indiferencia que a él le irritará sobremanera.

Amigo: le gusta el dinamismo y la franqueza de Leo, que contrastan con la indolencia y la actitud calculadora de usted. Él derriba los muros que rodean su yo, pero le hará encontrarse al borde de la asfixia.

Enemigo: la falta de sutileza de Leo y su gusto desmesurado por los grandes efectos le repulsan: ¿cómo se puede ser tan poco modesto?

Virgo

Para usted Virgo es una persona estable y seria. Aprecia su rigor, su moderación y su lado razonable y contenido. Aunque no se tratará de una gran pasión, sí existirá un respeto real, basado en una complicidad discreta pero sólida.

Pareja: es la fidelidad y la prudencia en persona. Usted le profesa un afecto silencioso y sobrio. En cualquier caso, procuren no acabar muriendo juntos de aburrimiento.

Amigo: Virgo es el mejor amigo del mundo: no se mete en su territorio. Juntos, analizan el mundo y a las personas con una fría pasión.

Enemigo: en su opinión no da la talla, le falta ambición y confunde lucidez con crítica. Él siente temor hacia su persona y usted desprecia a aquellos que le temen. Se tratará del combate entre dos conciencias rígidas.

Libra

Libra tiende a relativizarlo todo, incluyendo lo que, para usted, pertenece a lo absoluto: en su opinión, esto es casi un crimen. Sin embargo, usted siente en algunas ocasiones un poco de celos de su soltura y su carácter sutil. Se tratará de una relación más bien difícil.

Pareja: cabe esperar una gran dosis de incomprensión. Usted le pide un rigor que él rechaza. Le molestan un poco sus numerosas relaciones.

Amigo: con tacto, Libra le hace salir de sus atrincheramientos. Su carácter geométrico casa admirablemente con el carácter sutil de Libra. Deben de tener discusiones muy interesantes.

Enemigo: Libra es demasiado oportunista y mundano, y quizá también demasiado educado para ser honesto. Su carácter rígido e íntegro no aguanta demasiado bien los cumplidos y compromisos de Libra.

Escorpión

Es un poco como usted: distante, apasionado en frío, bastante duro y muy riguroso. Usted aprecia su perspicacia y su sentido crítico. La habilidad de maniobra de Escorpión le deja estupefacto. La austera estrategia de Capricornio envidia la aguda táctica de Escorpión.

Pareja: la verdad es que Escorpión no es demasiado divertido. Pero lo que usted busca y encuentra en él es su pasión tenaz y secreta. Dado que Escorpión aprecia en gran medida su propia autonomía, respeta la de usted, algo que es de agradecer.

Amigo: juntos no hablan más que de lo esencial. Es un compañero exigente pero fiel. A usted le gusta su inteligencia incisiva.

Enemigo: desconfía usted de sus líos y chanchullos. No deja de preguntarse qué golpe bajo estará tramando a sus espaldas.

Sagitario

Envidia usted su optimismo y dinamismo: Sagitario maneja demasiadas cosas, personas e ideas. Quien mucho abarca, poco aprieta, o como mucho el aire, se dice usted. El discurso enfático de Sagitario casa mal con su austeridad.

Pareja: el acuerdo es posible siempre que se base en el respeto y la estima recíprocos más que en el afecto. Sin embargo, Sagitario muestra una molesta tendencia a invadir su jardín secreto.

Amigo: navegan en la abstracción. Las conversaciones de carácter filosófico y político están garantizadas; usted admira su pensamiento móvil, alerta y sintético, así como su voluntad audaz.

Enemigo: o bien despreciará usted su ambición desmedida y su arribismo, o bien Sagitario será un competidor peligroso cuya habilidad diplomática y don de gentes le provocan temor.

Capricornio

Cuando un Capricornio conoce a otro, puede pasar una eternidad antes de que uno de ellos dé el primer paso, rompa el hielo y establezca contacto. Se comprenden en un silencio indiferente, se valoran sin complacencia.

Pareja: si sus hábitos, principios y métodos son idénticos a los de usted, experimentará hacia él una pasión glacial. De lo contrario, lo odiará.

Amigo: es un amigo de los de siempre, absoluto, fiel compañero de aventuras, dispuesto a sacrificarse por usted, por ese otro yo.

Enemigo: proyectará sobre él todos los defectos que se niega a aceptar en su persona, o bien sentirá celos de sus virtudes, que son las de usted, pero que no consigue cultivar.

Acuario

Observa usted sus comportamientos con una indiferencia llena de perplejidad. ¿Es ingenuo o visionario? ¿De dónde saca su eterna juventud? ¿Cómo consigue, a pesar de todo, conservar su optimismo y ánimo?

Pareja: sólo recomendable si le gusta la dificultad. En el mejor de los casos, le hechizará con su poesía y su generoso desapego. En el peor, su frescura le enfriará aún más.

Amigo: Acuario le abre su carácter rígido y riguroso, le comprende profundamente. Sus opiniones libertarias trasforman su visión del mundo habitual.

Enemigo: es inestable, imprevisor e inconsecuente, aptitudes todas ellas que usted no admite, o bien logra con brío y rapidez los proyectos en los que usted fracasa tras años de lucha desgarrada; es insoportable para usted, le asquea que sea tan serio y metódico.

Piscis

Al igual que usted, los Piscis son tranquilos, flemáticos y bastante cerrados en sí mismos. Pero, al mismo tiempo, le desconcierta un poco su aparente maleabilidad, su indecisión.

Pareja: es un ser tranquilo y pacífico. A menudo, usted creerá dominarle, aunque de hecho escapará a su control. Su extraña sensualidad en ocasiones le hará temer el desenfreno.

Amigo: Piscis aporta a sus intensas reflexiones un toque de irracionalidad, magia y rareza. Con él, los problemas desaparecen como por arte de magia. Comparten el mismo desprecio por las normas y por la vida exterior.

Enemigo: Piscis es un rajado, un perezoso, un indolente y un soñador. Y lo que es peor: es ilógico. Un crimen, desde su perspectiva.

Aries

El entendimiento resultará problemático: los Aries le parecen demasiado impulsivos y agresivos. Improvisan a la primera, mientras que usted elabora minuciosamente sabias estrategias. Pero debe admitirlo: envidia su energía y combatividad.

Pareja: Aries es todo fuego, todo ardor. Resulta agotador. Pero también se encarga de todo aquello que a usted no le gusta hacer. Y como a usted no le gusta hacer mucho, la relación le parecerá muy interesante. En cualquier caso, le resulta difícil soportarlo.

Amigo: se tratará de una amistad irregular: él le da mucha caña y a usted le cuesta seguirle. Aprecia su franqueza y espontaneidad, así como su desinterés.

Enemigo: es como usted: de una pieza. Ahora bien, usted es una pieza monolítica e inmóvil, y él, una pieza dinámica y contundente. Un enemigo muy, muy cansino.

Tauro

En principio, usted aprecia a los Tauro: su estabilidad, resistencia y solidez le impresionan. Sin embargo, teme sus reacciones, a veces demasiado bruscas, vivas o iracundas.

Pareja: es perfecto en todo: paciente y fiel. Demasiado posesivo, quizá, pero eso no le molesta. También es susceptible, aunque usted es lo bastante sabio para evitar herirle.

Amigo: Tauro concreta sus abstracciones. Es tan calculador como usted, pero con más sensatez. Y, además, es un vividor, como quien no quiere la cosa. Incluso estando serio, le anima.

Enemigo: puede mostrarse tan maquiavélico como usted, ¡es el colmo! Le resulta imposible ignorarle o boicotearle: Tauro resiste todos sus ataques. Es espeso y patán, pero intocable.

QUÉ DICE SU ASCENDENTE

Capricornio ascendente Capricornio

Usted nació al amanecer; por tanto, su signo solar también es su signo ascendente, lo que acentúa las cualidades y defectos del primer signo del invierno.

Su imagen pública es la de una persona seria, rigurosa y metódica. Orienta su existencia en función de grandes principios, que aprecia como a la niña de sus ojos: su conciencia moral es exigente y la fidelidad a sus ideas, absoluta. Más que nadie, sabe olvidar, renunciar o abstenerse de todo lo que pueda desviarle de su camino recto y austero.

Odia la dejadez, el azar y la improvisación, tanto que organiza estrictamente su vida en función de los objetivos (ambiciosos) que se ha impuesto. Su frialdad se compensa con un humor bromista que, llegado el momento, sabe utilizar. Visto desde fuera parece sólido, orgulloso, lacónico y seguro de sí mismo. Sin embargo, en sus momentos de debilidad duda de todo, incluso de sí mismo, en cuyo caso se mostrará extremadamente susceptible a los juicios de su entorno, pudiendo reaccionar ya sea refugiándose en sí mismo y rechazando con obstinación toda comunicación, ya sea con breves accesos de cólera que no solucionan nada.

Capricornio ascendente Acuario

La fría lucidez que cultiva no desemboca en el fatalismo, la resignación ni el pesimismo, sino más bien al contrario. A pesar de observar con imparcialidad las personas y las cosas tal como son, a pesar de saber por experiencia que hay que desconfiar de los grandes sentimientos y los impulsos generosos, a pesar de estar convencido de que, en el fondo, todos somos personas solitarias más o menos egocéntricas, guarda usted la esperanza de hacer evolucionar la situación, de cambiar el curso de las cosas.

Las dificultades, fracasos y retrasos, lejos de desesperarle, le estimulan. Espera usted su momento, paciente y resistente, riguroso e imaginativo. Quizá considere, además, que si los hombres fuesen más buenos, más desinteresados y razonables, se abrirían nuevas perspectivas ante sus ojos, existirían otras posibilidades de futuro a pesar del agotador pasado.

Existe en usted un moralista austero que aspira a trasformarse en un libertario sin prejuicios. En el mejor de los casos, sabrá imponerse una estricta disciplina personal sin ser dogmático. Una evolución menos afortunada podría llevarle, por otra parte, a abandonar todo rigor y principio para entregarse con deleite a la alegría de la libertad de vivir sin obligaciones ni barreras. Está bien que haga la revolución, pero no debería olvidarse de la lucidez.

Capricornio ascendente Piscis

Esta fórmula asocia dos signos con muchas afinidades. Usted es una persona más bien secreta, silenciosa y poco comunicativa por naturaleza. Su fuerte es saber despegarse, abstraerse de todo lo que no va en el sentido de sus deseos profundos y aspiraciones dominantes. Dice el proverbio que no hay peor sordo que aquel que no quiere oír. Eso le va muy bien a su personalidad zodiacal: no tiene oídos más que para sus pensamientos, meditaciones e intuiciones, sigue su camino, mudo como una tumba, sin preocuparse de las opiniones, juicios y prejuicios de los que le rodean, de su entorno. Aun pareciendo maleable, nada le presiona; su sistema de defensa es casi indestructible, algo que no acarrea pocos peligros: le cuesta salir de sí mismo, explicarse, hacer que le comprendan y le acepten. En sus momentos de debilidad se desanima fácilmente, carece de energía y voluntad. Si sus dominantes planetarios no mejoran su forma física, corre el riesgo de ser flexible, vacilante, excesivamente tímido y apagado, así como de carecer de la más elemental confianza en sí mismo, sin poder salir de su torpeza más que mediante una vana agitación. Lo cierto es que prefiere en gran medida la contemplación a la acción.

Capricornio ascendente Aries

Esta fórmula asocia dos signos antagonistas. Por ello, cabe considerar que, seguramente, ha vivido usted desde un principio de forma conflictiva estos dos polos de su personalidad zodiacal.

Por ejemplo, no cabe duda de que no existe mejor previsor y estratega que usted: calcula los riesgos y planifica las experiencias sin dejar nada al azar. Ahora bien, en el momento de realizar el proyecto, decide improvisar y dar palos de ciego, aun a riesgo de provocar la destrucción de sus más bellas y sabias estructuras. O incluso pierde su sangre fría en aquellas situaciones que más la requieren, metiéndose en conflictos cuyas consecuencias teme, con una obstinación ciega y una testarudez fanática y calculadora.

Con el tiempo, quizás haya aprendido a coordinar mejor al bueno de Capricornio con el ardiente Aries. En este caso, será terriblemente eficaz al embarcarse en proyectos: el combatiente valeroso será la prolongación del estratega prudente. Declarará la guerra a las injusticias del mundo, equipado con una sólida retaguardia y una fuerza de carácter fuera de lo común. Se trata de una fórmula poco flexible y poco conciliadora, ideal para ser duro.

Capricornio ascendente Tauro

Las tendencias psicológicas de su signo ascendente coinciden con las de su signo solar. En este caso, cabe insistir en las cualidades de profundidad, resistencia, paciencia y estabilidad. Dispone de una voluntad de hierro, persistente, así como de un deseo obstinado de construir algo sólido y duradero, una obra que sobreviva al paso del tiempo y a los elementos.

No tiene fama de ser una persona abierta, conciliadora ni sociable, sino más bien todo lo contrario. Reacia al paso del tiempo, solitaria, trabajadora empedernida, extremadamente entregada a la causa que se ha impuesto, no tiene tiempo que perder con vanos discursos y fantasías. Sensible a las ideas y teorías abstractas, rigurosamente constituidas, tiene los pies en la tierra: la sensatez compensa, en su caso, los eventuales excesos de intelectualidad. En ocasiones también sabe huir de los rigores de una moral impasible para gozar con deleite de los placeres simples y concretos de la vida. Trate de no caer en los obstáculos de su fórmula: podría convertirse en la más egocéntrica, egoísta y «sorda» de las criaturas, incapaz de aceptar y comprender un punto de vista distinto del suyo, totalmente incapacitado para escuchar a los demás.

Capricornio ascendente Géminis

Se trata de la combinación más extraña posible: ¿cómo pasar de Capricornio, que tiende a boicotear el mundo exterior para dedicarse a lo absoluto y concentrarse en lo esencial, a Géminis, que, en cambio, no se siente cómodo más que fuera de sí mismo y cuya curiosidad está salpicada por las múltiples facetas cambiantes del universo que le rodea?

Por ejemplo, aun siendo grave y profundo, aprenderá a no tomarse en serio; con el paso del tiempo, se distanciará de los principios demasiado estrictos que asfixian su libertad de actuar, de pensar o de amar. Una buena síntesis hará de usted un estratega prudente, que programa sus objetivos a largo plazo de forma bastante rígida, pero muy flexible en cuanto a las tácticas cambiantes que emplea para conseguir sus propósitos. Lo que sí es seguro es que tiene una inmensa necesidad de conocer y comprender el universo que le rodea: su capacidad de síntesis va en busca de un saber total. Si da la talla, aunará el carácter abstracto de un investigador fundamental con el brío y la brillantez de un divulgador. En el supuesto de una evolución menos afortunada, esta misma fórmula puede incitarle a «meter la pata», a estropear planes ambiciosos por culpa de despistes, distracciones o improvisaciones de última hora: le acecha la dispersión.

Capricornio ascendente Cáncer

Esta fórmula asocia dos signos opuestos en el Zodiaco: existe antagonismo al tiempo que complementariedad. Veamos primero cómo se pueden manifestar los posibles antagonismos. A fuerza de separarse del mundo, de reflexionar en exceso sobre sus relaciones con los demás, de buscar una objetividad fría, puede sucederle que, al cabo de los años, sienta cada vez con más dolor todas las carencias y rechazos que esa actitud conlleva. Como consecuencia, desarrollará un exceso de subjetividad y deberá asumir la vuelta masiva de mil y una emociones que había tratado de eliminar hace tiempo. O incluso, harto de su aislamiento estudiado pero monótono, sentirá la necesidad de integrarse en un grupo para sentirse protegido de sí mismo, a pesar de sentir nostalgia de su tranquilidad. Vaya una carga de tensión...

Si ha logrado una mejor transición de Capricornio a Cáncer, quizás haya puesto su sentido de la moral y su gusto por el rigor y la lógica al servicio de la defensa de los intereses de su comunidad. En este caso, habrá adquirido una autoridad real en su entorno, llena de prudencia y de sabiduría de sus propios límites, y, gracias a las virtudes de la lucidez, sabrá dejar hablar a su corazón sin temor a empequeñecerse a sus ojos y a los del resto del mundo.

Capricornio ascendente Leo

Esta combinación le otorga un carácter bastante íntegro, una voluntad de hierro y grandes ambiciones. Probablemente, se habrá dado cuenta muy pronto de que no puede contar tan sólo consigo mismo, de que la vida no regala nada y de que, para salir victorioso y triunfante de los duros combates de la existencia, hace falta tanto disciplina como audacia, tanto cálculos maquiavélicos como fuertes estallidos, tanto fría determinación como energía vital.

No se hace ilusiones ni consigo mismo ni con los demás, algo que no le impide ser orgulloso y muy consciente de su valor personal. Se tratará de una dignidad legítima, siempre que su éxito se deba a su rigor, tenacidad y entusiasmo. Ahora bien, cuidado con el triunfalismo y la obcecación: no basta con ponerse deliberadamente en el lado de los mejores y de los vencedores para ser un superhéroe.

El lado negativo de su fórmula es que corre el riesgo de ser un sabiondo y un auténtico caradura: consciente de todo lo insignificante de este mundo, soltará alegremente todos sus principios y escrúpulos. Todo será posible, todo estará permitido a partir del momento en que saque provecho de su voluntad de poder. Tenga sangre fría en sus victorias y no abuse de sus instintos dominantes: meterá la pata y sus ambiciones se derrumbarán.

Capricornio ascendente Virgo

Las fórmulas de sus signos solar y ascendente son convergentes: no le debería costar armonizarlas en pro de su equilibrio e intereses. Secreto, discreto, poco locuaz y poco efusivo, preferirá ser usted mismo, simple y auténtico, ni más ni menos. Su gusto por las síntesis abstractas desemboca, en general, en aplicaciones prácticas y eficaces, en análisis pertinentes y lúcidos.

Es lógico, disciplinado y ordenado: desde su perspectiva, el universo es una estructura racional en la que cada cual puede encontrar su sitio. Alérgico al azar, a la imprecisión y a lo irracional, prefiere constituir su vida con paciencia y parsimonia, ahorrándose el máximo de energía y limitando sus necesidades fundamentales a lo estrictamente necesario.

Crítico y discriminador, su carácter tiende a aislarle en exceso de todo diálogo con los demás. ¿Quizá sea demasiado riguroso, purista y clasificador? Le asaltan mil y una dudas: ¿su sistema de defensa es eficaz? ¿Realmente le protegen del azar y los imprevistos de la vida sus principios intangibles? Evite convertir en un refugio temeroso su fuero interno: la unidad de su yo correría el riesgo de encerrarse en un rompecabezas angustioso.

Capricornio ascendente Libra

Su signo solar se ve acosado por lo absoluto; su signo ascendente es sensible a la relatividad de las cosas. La fórmula es compleja y le exige relativizar lo absoluto. Siente que se debate, que se divide entre dos polos. Por un lado, se niega a sucumbir a las presiones exteriores y prefiere mantener invariablemente sus líneas de conducta, convencido de que la fidelidad a sí mismo y a sus objetivos acabará infaliblemente por ganar a los azares de la vida. Paciencia y continuidad..., ¡la erosión puede con las rocas más duras! Pero, al mismo tiempo, no puede pasar por alto (la lucidez obliga) la necesidad de aceptar compromisos, de llegar a acuerdos tácticos, de tener en cuenta las oscilaciones de los seres, las ideas y los acontecimientos. En el mejor de los casos, se convertirá en un maestro en el arte de la diplomacia, firme y rígido en el fondo, flexible y conciliador en la forma: una mano de hierro en un guante de terciopelo. Su obstinación mitigada y la actitud de hacer como si limase asperezas le harán conseguir sus propósitos con toda seguridad (después de haber dado bastantes rodeos que le hubiese gustado poder evitar). En el peor de los casos, dudará y perderá valiosos triunfos preguntándose si no habría que cambiar de estrategia en pleno campo de batalla, y perderá el hilo conductor a fuerza de parlamentar con sus competidores y adversarios.

Capricornio ascendente Escorpión

A poco que sus dominantes planetarios vayan en la misma dirección que las fórmulas (convergentes) de sus dos signos, estará dotado de un carácter concentrado, íntegro e inflexible, de una voluntad de hierro que no elude ninguna responsabilidad, ninguna tarea ingrata ni ninguna situación desmoralizadora.

Su inteligencia crítica, lúcida y mordaz disfruta con la resolución de enigmas, con las maniobras enrevesadas y las estrategias secretas. Ya pueden alardear los demás de conocer las cartas que tiene y la jugada que va a hacer... Sabe sacar partido tanto de sus debilidades como de las de sus adversarios. Dado que maneja con virtud el miedo y la amenaza, debilita despiadadamente, sin sentimientos ni piedad, las bases y la moral de sus competidores. Sería peligroso por parte de ellos tratar de presionarle: usted haría un uso maquiavélico de su influencia para desestabilizarles todavía más...

En su fórmula existe una buena dosis de fanatismo, sectarismo e individualismo. Su peligro radica en caer en las trampas tortuosas que ha puesto en su camino destinadas a aquellos que se enfrentan a usted y que desea eliminar, es decir, enredarse en sus propios líos, creyendo ser el más astuto, así como olvidar todo rigor para abandonarse a una exaltación mágica, al delirio de una influencia ineficaz.

Capricornio ascendente Sagitario

Se trata de dos signos solidarios debido a su situación a ambas partes del solsticio de invierno, aunque no por ello sus signos solar y ascendente serán menos antagonistas.

La fórmula le confiere un carácter a la vez profundo y amplio, que podría invitarle a salir de la estrechez de sus principios para abrirle aún más a la pluralidad, así como a abandonar su soledad monacal para unirse al mundo exterior y encontrar su rango y lugar. ¿Cómo conciliar rigor moral y artificios mundanos, indiferencia y calor humano, desengaño y optimismo federativo? A menudo sufre tropiezos que achaca a su exigencia de lo absoluto, aun sabiendo perfectamente que, para vivir en sociedad, hay que perder un poco de autenticidad.

Una mejor síntesis de Capricornio y Sagitario le permitirá coordinar con gusto la soledad monacal y la necesidad de fraternidad. Quizá trate de crear un sistema riguroso, un orden abstracto e invisible que hará posible el desarrollo de una sociedad mejor, más decente y humana. También puede, simplemente, aceptar su papel social por el bien de todos, sin hacerse ilusiones por los premios que le concederán como recompensa a su civismo.

QUÉ DICEN SUS TEST

Capricornio R extensivo

A priori, no resulta evidente que pueda producirse un entendimiento entre sus dominantes planetarios, que hacen de usted una persona sociable, elocuente y comunicativa, y su signo solar, más propenso al retraimiento, la distancia y la frialdad. Su personalidad se compone de una curiosa mezcla de cálculo y espontaneidad, dureza y flexibilidad, austeridad y calor humano: nunca sabe con qué pie pisar. Unas veces aspira a vivir encerrado en sí mismo, otras el mundo exterior le seduce, le atrae y le fascina. En su interior, se reprocha que le gusten hasta tal punto el contacto, el diálogo y conocer a gente: parece ir en contra de sus principios, basados en el rigor, la seriedad y la prudencia. Además, alterna los periodos en que se muestra con su apariencia más taciturna y aquellos en que exterioriza sus sentimientos con alegría, con una soltura que le sorprende incluso a usted.

Necesita que le reconozcan, admiren y adulen, sin por ello ser víctima de los papeles que desempeña: usted es el primer espectador, lúcido y decepcionado, de sus máscaras y extravagancias, y a veces se culpa cuando se abandona demasiado a la facilidad, la superficialidad y lo mundano. En ocasiones duda, con angustia, de todo y, sobre todo, de usted mismo: ¿es realmente usted esa persona que se entrega al espectáculo, que engatusa y seduce, que se desvive por estar siempre en escena?

Otro problema consiste en conciliar su gusto por los placeres inmediatos y su amor por la fiesta con los objetivos ambiciosos, posibles tan sólo a largo plazo, que tanto le rondan por la cabeza. Le encantaría imponerse una disciplina de hierro, conseguir eliminar las menudencias de su existencia, estar siempre a la altura de su reputación de persona seria. Sin embargo, le gustan demasiado la improvisación, el humor y los despropósitos para obligarse a una conducta lineal y carente de toda fantasía.

No le faltan proyectos ingeniosos e inventivos, ni deseos apremiantes. No obstante, le cuesta exteriorizarlos, darles consistencia y concretarlos: en comparación con sus hipótesis radiantes, la realidad siempre le parece decepcionante. Sin embargo, cuando se trata de satisfacer sus aspiraciones fundamentales, no cede nunca. Con el tiempo, sin duda, Capricornio le ayudará a superar su juventud, de carácter demasiado amplio, para ser más concreto, profundo y resistente. Tiene grandes ambiciones y conseguirá mejor sus objetivos cuanto menos sucumba a las trampas de la dispersión y a las delicias de sus tentaciones fugaces.

Capricornio r intensivo

Sus respuestas a los test acentúan la determinación, la lógica, la tenacidad y el rigor que normalmente se desprenden de su signo solar. Desde muy joven, fue plenamente consciente de su propio valor: le era imposible vivir una existencia común y oscilante, sin estructura, sin ideales ni valores. ¿Ambicioso? Sin duda lo es al más alto nivel, y sus ambiciones son diversas. En primer lugar, ambición moral: aspira a convertirse en un modelo de integridad, honradez y abnegación. De esta actitud deriva cierta rigidez intransigente de la que se mofan sus críticos: a menudo le reprochan su severidad, su excesivo apego a los principios, su falta de flexibilidad e indulgencia, e incluso su orgullo desmesurado.

También posee ambiciones sociales y profesionales. Es usted de los que están dispuestos a cualquier cosa para conseguir los objetivos que se ha fijado. En última instancia, desde su perspectiva, el fin justifica los medios. Sigue adelante su camino impecablemente rectilíneo, con la vista fijada en su objetivo, indiferente a todo lo que ocurre a su alrededor, programando sistemática y metódicamente sus actividades, encuentros y días en función de su ambición. No obstante, debería desconfiar de su obcecación, de su falta de diplomacia, de su carácter íntegro y abrupto y de la dureza de su corazón: a fuerza de negarse tanto a realizar concesiones y compromisos, uno pierde aliados y gana enemigos irreductibles. Sin embargo, lo cierto es que esto le trae sin cuidado y prefiere seguir su camino austero y solitario, haciendo alarde de una inquebrantable confianza en sí mismo y en la pertinencia de sus orientaciones, opiniones y certezas.

De un modo u otro no se permite usted ser sentimental. Apiadarse, ya sea de sí mismo o de los demás, es para usted un signo de debilidad, e incluso de decadencia. A fin de ser una persona movida por el orden, la convicción y el deber, no duda en sacrificar sus intercambios afectivos, su vida privada y sus impulsos amorosos, con el objetivo de cumplir la misión que se ha impuesto. Si la cumple, la consideración y admiración de los demás hacia su obra constituirá la recompensa de todas sus frustraciones y renuncias. Pero cuidado con su orgullo solitario: podría llevarle a una falta de sensatez, sobre todo si su E extensivo es débil; es peligroso aspirar a grandezas sin haberse asegurado una base sólida y tangible. Dada la dificultad de ejercer presión sobre usted, sobre sus certezas y juicios, en caso de fracaso no podrá tomarla con nadie más que consigo mismo.

Capricornio E extensivo

La combatividad de sus dominantes planetarios casa perfectamente con la inflexibilidad y la dureza de Capricornio. Ni qué decir tiene que es un trabajador empedernido, un constructor ambicioso y un realizador metódico.

Reflexiona antes de actuar, y lo hace durante mucho tiempo, con paciencia y obstinación, teniendo en cuenta tanto las oportunidades de la situación como sus objetivos a largo plazo, tanto sus puntos fuertes como sus debilidades, así como aquellos de sus adversarios, que conoce bien a fuerza de haberlos experimentado en muchas ocasiones. No improvisa en absoluto, jamás combate a la ligera y rechaza las luchas inútiles. Prefiere las pacientes estrategias en secreto, aquellas que requieren una voluntad inquebrantable, un empeño y un rigor sin tara, a las victorias brillantes pero, sin duda, sin futuro. A pesar de saber ser diplomático cuando la ocasión lo requiere (siempre que le convenga), no puede desprenderse de su dureza. Es usted un autodidacta que construye su carrera paso a paso, sin desanimarse nunca por la adversidad, los obstáculos o los retrasos. En el extremo, llegarán a gustarle la resistencia, los combates violentos en que cada uno se muestra tal como es, las experiencias duras en que nadie puede hacer trampas. Esta inclinación podría provocar a su alrededor un ambiente de conflicto, a veces inútil, por el simple placer de enfrentarse a enemigos tenaces y de conseguir triunfar a pesar de los impedimentos aparentes.

Siente usted, sin duda, placer por el desafío y el éxito, y ello no por necesidad de destacar (algo que le trae sin cuidado), sino por demostrarse a sí mismo que tiene un carácter fuerte y enérgico. La victoria, por otra parte, le deja frío e incluso ligeramente decepcionado: «¿Sólo era eso?». Siempre se reprochará el haber fracasado al comprometer sus esfuerzos pacientes por un combate de orgullos.

Sus más allegados conocen la ira y los impulsos que le caracterizan y que suelen suceder a largas reflexiones. Sus amigos aprecian su solidez, su franqueza a la vez reflexiva y brutal y su filosofía forjada de la experiencia. Sus enemigos temen su rencor: para usted, la venganza es un plato que se sirve bien frío. Los chanchulleros, insignificantes y charlatanes no pueden esperar nada de usted más que desprecio. Para los demás, aquellos a los que las adversidades han hecho fuertes y cuya austera lucidez no les impide luchar y triunfar, será usted el más fiel, vigilante y servicial de los compañeros. Pero cuidado con las decepciones...

Capricornio e intensivo

Esta fórmula no es de las más simples. En efecto, requiere de usted un terreno de armonía entre las tendencias emotiva, afectiva y sentimental de sus dominantes planetarios y aquellas, más frías y «descarnadas», de Capricornio, su signo solar.

Sus sentimientos son interiores, discretos, secretos, púdicos y, al mismo tiempo, fuertes, absolutos y apasionados. No tiene término medio: es todo o nada, la adhesión total al otro o el rechazo más absoluto. Tanto es así que, para usted, el amor constituye una fuente de preguntas febriles, de frustraciones abundantes y multitud de tormentos: vivir una relación privilegiada requiere salir de uno mismo para compartir la intimidad con un tercero, algo que le obliga a renunciar a su soledad, a abandonar su torre de marfil. Además, las situaciones de dependencia que supone inevitablemente la vida en pareja no se adecuan a su carácter autónomo y receloso.

Es cierto, sabe usted seducir, encantar y conmover a aquellos que le aman y a los que ama. Pero también puede ser injustamente agresivo con ellos, responsabilizándoles de lo que a usted se le antoja una debilidad por su parte: atarse a alguien. Si ha dado con un alma gemela, le exigirá un amor puro, perfecto, absoluto e ideal: un hipotético e improbable Grial del corazón. Por no hablar de la fidelidad total: una virtud fundamental, desde su perspectiva.

La verdad es que posee usted una visión ligeramente trágica y romántica del amor. Sin embargo, con el tiempo, podrá superar su mal de amores. Algunos exaltan su masoquismo entregándose de forma activa, en cuerpo y alma, a los que sufren. Otros renuncian al amor «humano, demasiado humano» y aspiran a la efusión mística. Si este es su caso, no olvide que su sensualidad le impide la ascesis sistemática, so pena de rechazos dolorosos.

Esta fórmula puede, asimismo, llevarle a pensar que sus sueños, su imaginación y sus experiencias personales son certezas absolutas. En un caso extremo, podría hacerle excesivamente subjetivo: para usted, tan sólo será verdadero aquello que siente, creando quimeras a partir de principios eternos. Como consecuencia sufrirá muchos reveses, aunque sus estados anímicos turbulentos, generosos e idealistas le impedirán aceptar una relación demasiado mediocre y estrecha con el mundo.

Una evolución óptima debería permitir que, de forma progresiva, sea usted menos vulnerable y frágil, restando importancia a su sensibilidad y liberándole con prudencia de los deseos imposibles.

Capricornio T extensivo

Su personalidad zodiacal concuerda con sus dominantes planetarios. La fórmula realza las grandes ambiciones de su signo, así como su glacial desprecio por las ideas ajenas y las formas de pensar, actuar y ser demasiado comunes. Orgulloso, independiente e imaginativo, se mantiene al margen de las modas: vivir, para usted, es seguir un camino solitario y apartado, convencido por la idea de un absoluto que le obliga a transformar el mundo y a las personas de su entorno. Se interesa por los «grandes temas»: le encantarán, por ejemplo, la historia, la ciencia o la política. Aspira a comprender el funcionamiento del mundo para transformarlo con mayor eficacia.

La humildad y el orgullo van de la mano y se mezclan en usted. Es humilde (aunque no lo reconozca ni lo demuestre), porque sabe que no es más que un engranaje del gran mecanismo del universo: no se hace ilusiones. Asimismo, es usted orgulloso, ya que aspira a surgir de la masa de sus contemporáneos, a asumir grandes responsabilidades, a imprimir su huella personal en el curso de los acontecimientos colectivos y a imponer de forma generalizada su visión del mundo.

Alberga una pasión instintiva e insaciable que dicta su comportamiento: a pesar de sus aptitudes para el orden, el rigor y el método, puede cuestionarlo todo a causa de esta pasión, incluso sus más sabias y complejas estrategias.

Sus detractores o adversarios le reprochan su falta de flexibilidad, su individualismo y su rechazo obstinado. Es cierto que resulta difícil comunicarse con usted, algo que, en todo caso, le importa poco: no tiene tiempo que perder en inútiles discursos o justificaciones; le esperan tareas heroicas y desmedidas. Seguro de la pertinencia de sus aspiraciones y concepciones, sube las más altas cimas con audacia y organización, orgulloso de sus trascendentes ideas. Lo demás le da totalmente lo mismo.

Esto puede hacerle sufrir duras derrotas y mordaces reveses: no olvide que es imposible que un solo hombre asuma las enormes responsabilidades que usted ambiciona. Un buen nivel R extensivo le ayudaría a delegar mejor sus poderes, a ser más diplomático y tolerante con los que no dan la talla. Piense lo que piense, la realización de sus proyectos le exige convivir un mínimo con los demás, aunque sólo sea para que se ocupen de problemas de intendencia que a usted le repugnan, le dejan indiferente y le exasperan.

Capricornio t intensivo

Sin duda es el más Capricornio de todos: con su cultivado y frío sentido del humor, con su burla, transmite al mundo y a las personas que le rodean una mirada lúcida, crítica y carente de ilusión: no hay nada que se la provoque.

Resulta difícil saber lo que piensa. Puede pasarse horas, e incluso meses o semanas, rumiando, pensando, reflexionando, analizando y diseccionando: está dotado para descubrir misterios y descifrar enigmas; nunca se siente mejor que cuando se encuentra cara a cara con un rompecabezas y con abstracciones sutiles de las que el común de los mortales huiría despavorido. Cuando sale de su aislamiento, trata de comunicarse con los de su alrededor. Se trata de una comunicación laboriosa, sembrada de trampas, ardides y enigmas que, a menudo, incomodan a sus interlocutores: pasa sin transición de la ironía ligera a los comentarios ácidos y sarcásticos, de la comicidad divertida a las profundidades abismales, sin preocuparse demasiado por seguir el ritmo de los que le escuchan y responden. En el peor de los casos hablará por hablar, lo que para usted constituye un modo de demostrar que de una discusión no puede salir nada esencial, que la realidad última de las cosas es, en el fondo, incomunicable. En el mejor de los casos practicará una polémica sistemática, en la que la mala fe (voluntaria y deliberada) roce con el razonamiento absurdo o por lo absurdo: de esta forma, pondrá de manifiesto que cualquier sistema de pensamiento es desmontable o transformable en su contrario.

Su escepticismo innato podría desembocar en el más negro de los pesimismos: para usted, nada ni nadie se salva, su inteligencia exacerbada analiza las realidades e ilusiones del universo hasta no dejar nada. Le asusta vivir en un mundo de esqueletos en potencia y se pregunta cómo seguir viviendo, cargado con esa sagacidad, con esa lucidez tan devastadora... Una pregunta que no tiene respuesta, como todas a las que es aficionado.

Su carácter curioso, investigador y discriminador le hará destacar en las tareas de investigación fundamental, a poco que consiga concentrar su atención en un objetivo único y estimulante. Si adolece de una dispersión excesiva, trate de trabajar su r intensivo. Además, de esta forma conseguirá ser más distendido y sociable para transmitir mejor sus ideas contestatarias y desacralizadas, pero también para «relajarse» y distraerse un poco de sus pensamientos solitarios. De lo contrario, en última instancia correría el riesgo de sufrir por sentirse incomprendido y marginado.

EJEMPLOS

ALBERT SCHWEITZER, el célebre y controvertido médico alemán, premio Nobel de la Paz, nació bajo el signo de Capricornio. La capacidad de indiferencia de la fuerza de inhibición extintiva no deja lugar a dudas: le permitió renunciar a toda seguridad y comodidad para ponerse al servicio de su propio absoluto: la asistencia médica a los más desfavorecidos. También le hizo falta la paciencia y resistencia monolítica de la lentitud de inhibición para realizar de manera implacable sus objetivos humanitarios: en este caso, la voz interior triunfó sobre todas las dificultades exteriores.

ESCRIVÁ DE BALAGUER. La misma mezcla de celebridad y controversia, la fuerza de inhibición instintiva la encontramos aquí, dada por cinco planetas en el signo sin disonancias mayores. Saturno entre el Sol y la Luna indica que la vida y el testimonio de un seguidor de Cristo se manifiestan en la cotidianidad. Neptuno culminando cerca de Plutón y Urano poniéndose, en máxima hora de potencia ocultándose, pero oponiéndose, lo aproximan al T extensivo, que se expresa en la creación del Opus Dei.

Las tendencias «incorruptibles» de Capricornio se manifiestan también en el caso de SIMONE DE BEAUVOIR. ¿Quizá fue porque Stalin era de su mismo signo por lo que ella se preguntó durante mucho tiempo si cabía denunciar los campos de concentración soviéticos aun a riesgo de perjudicar la revolución comunista? En todo caso, la inhibición extintiva le llevó a perseguir «por todas partes la miseria oculta, el engaño, las estadísticas siniestras...»

(D. Aury): Simone de Beauvoir no se hacía ilusiones sobre la naturaleza humana, a pesar de sí hacérselas sobre el régimen ruso. En su caso, también encontramos el intento totalitario del humanismo abstracto (sentido de síntesis).

El actor de *westerns* CARY GRANT era famoso por su frialdad, su humor bromista y su integridad, al igual que el cineasta FEDERICO FELLINI, testigo lúcido, hastiado y cruel de las hipocresías de nuestro mundo. La velocidad de excitación aflora bajo el caparazón decepcionado del gran realizador: sensualidad turbia e inteligencia. Un efecto de la fase ultraparadójica sería el uso que realiza este moralista íntegro del exceso para ilustrar su moral. ¿Acaso es voyeurismo la mirada oscura y desencantada que dirige hacia su época?

ELVIS PRESLEY encarnó, a su manera, el poder de negación de Capricornio. Cuando debutó, toda una época llegaba a su fin, inaugurándose otra nueva: la del *rock'n'roll*. Poseía una ambición absoluta e implacable como sólo saben tener los Capricornio. La debilidad de excitación se manifestó progresivamente, hasta llevarlo a la muerte prematura: el rey del *rock* se volvió asténico, postrado, incapaz de reaccionar...

En cuanto a Capricornios rigurosos hasta las últimas consecuencias, TERESA DE LISIEUX, doctora de la Iglesia católica, y el filósofo KANT, tanto en sus trabajos como en sus costumbres, son dos ejemplos perfectos. Aunque Kant era Tauro, Saturno justo culminaba en Capricornio. En la Universidad de Könnigsberg, la gente ajustaba sus relojes a las horas que solía pasar para cumplir sus diversas actividades diarias, durante muchos años.

Signo de las sentencias, es significativo que tanto Escrivá como Mao o Santa Teresita escribieran un librito sencillo, como para que cada cual iniciase la escalada, para llegar a la cima de la montaña que cada cual escaló.

Nacido durante la época de las noches más largas, LOUIS BRAILLE, inventor de la escritura para ciegos, era Capricornio. ¿Cosa del azar? Déjenme que dude... Además, nació cuando los planetas Saturno, Neptuno, Júpiter y Plutón estaban en horas de poder.

Tres planetas «no R», por tanto (Saturno, Neptuno y Plutón). Tiene «t» (trascendencia intensiva, Saturno y Plutón) y T (trascendencia extensiva, Plutón y Neptuno), así como E (existencia extensiva, Júpiter y Saturno). Es, por consiguiente, una persona marcada por lo desconocido, por el silencio y lo indecible, por el inconsciente. Gracias al dominante jupiteriano, creó una lengua (R) para hablar de lo invisible (T). Resulta sorprendente que se interesase por los ciegos y por su dificultad para acceder al mundo del R (las representaciones visibles). Obviamente, no estaba escrito en el cielo de su nacimiento que crearía el braille, pero su horóscopo le dio una sensibilidad desbordante para las dificultades de comunicación.

XAVIER CUGAT, nacido el día 1 de enero de 1900, no hubiese creído que seguiría con los fastos del primer día del nuevo siglo prácticamente durante toda la vida. De niño le gustaba la música clásica y el violín. Emigró con su familia a Cuba, donde se familiarizó con los ritmos caribeños y en Estados Unidos creó su propia orquesta. Luna/Sol/Marte en hora de máxima se levantaban en Capricornio, pero dejaban atrás en Sagitario a Júpiter/Saturno/Mercurio. Júpiter/Urano tienen que ver con los ritmos sincopados y aliados a Marte que ponen en marcha al Sol/Luna. El E extensivo le dio el punto de excitación asociativa y sentido de los conjuntos de Sagitario. Neptuno/Plutón, como únicos planetas opuestos al tándem Sagitario-Capricornio, representan la cuota de T que le enseñan que los vaivenes laborales del comienzo tendrían, finalmente, un sentido: convertirse en el introductor de los ritmos caribeños en el gusto americano y mundial, aunque recurriendo a una receta de otro Capricornio: la «pasteurización» del ritmo.

Mencionemos ahora al ex presidente de Estados Unidos RICHARD NIXON, que nació en horas fuertes de Plutón y Saturno (en el centro del cielo); Plutón estaba opuesto a la conjunción Marte/Mercurio/Júpiter, en el fondo del cielo. Por tanto, se da una mezcla de t (Mercurio, Saturno y Plutón), que explica el lado secreto y tortuoso, complicado del personaje, y de E (Marte y Júpiter), que lo hace pragmático, realista y atrevido. Era necesaria una oposición Plutón/Marte para atreverse a poner fin a la «sucia guerra de Vietnam», así como una oposición Plutón/Júpiter para reconocer la China maoísta. En cuanto a la oposición Mer-curio/Plutón, es la responsable de los chanchullos infernales de Watergate, que desembocaron en la caída de Nixon. Un político «no R», es decir, poco transparente y limpio, un político «trascendente» que consiguió, de una forma poco recomendable, cambiar el curso de las cosas.

No cuesta mucho ver en un Saturno muy cerca de la hora de máxima intensidad levantándose en Géminis (cerca de Plutón), con Júpiter culminando en Acuario, donde ya lo han hecho Urano y Mercurio y el Sol/Marte en Capricornio, a alguien marcado por el E extensivo. Es el caso de SANTIAGO CARRILLO, un espíritu combativo y reflexivo. Aunque los objetivos son a largo plazo, hay que pesar las relaciones de fuerza del momento para no actuar a la ligera, aunque en capilla la lentitud de inhibición puede estallar. Es una combinación que decididamente le va a este dirigente comunista, que atrae el conflicto ¡hasta cuando es nombrado doctor honoris causa! Las estrategias pacientes en la sombra se ven incrementadas por Saturno/Plutón, que no le hizo ceder ante la adversidad, las modas o el curso general que tomó aquello en lo que creyó y a lo que se entregó en cuerpo y alma: es la lección de Neptuno en mal ángulo con el Sol/Marte.

Acuario

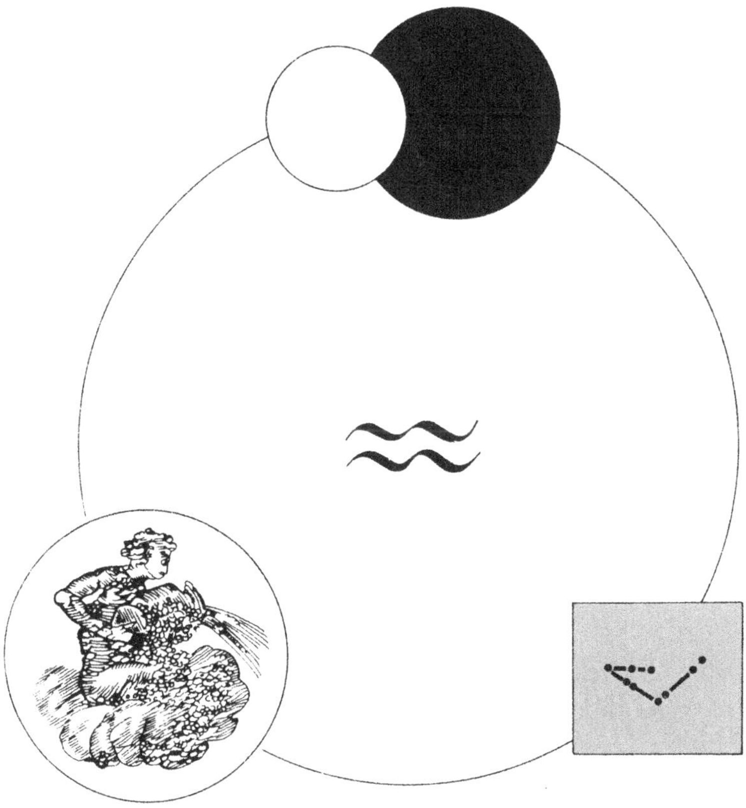

FÓRMULAS

En astrometría

Con una latitud geográfica media de 45º, cuando el Sol atraviesa este signo entre el 20 de enero y el 19 de febrero, o bien cuando un astro (sin latitud celeste) pasa de 0º a 30º de este signo.

• Su tiempo de presencia por encima del plano del horizonte pasa de 9:08 h a 10:26 h.

• Su altura máxima o culminación superior pasa de 24º 50' a 33º 31'.

• Su altura en relación con el plano de la eclíptica o declinación pasa de 20º 10' Norte a 11º 29' Sur.

• Su acimut en el orto pasa de 60º 50' a 73º 39'.

Fórmulas condicionalistas

(véase primera parte de la obra)

En relación con el modo «adaptado»:

• Fuerza de excitación (F +): indicios hechiceros.

• Lentitud de inhibición (L –): una locura implacable.

En sentido de las combinaciones.

En relación con el modo «contraadaptado»:

• Debilidad de inhibición (d –): «primitivo de una época futura».

• Velocidad de excitación (v +): caprichos y escapadas.

En fase paradójica.

CONTEXTO

Signo anterior

El otoño puso en marcha los mecanismos de la adaptación social. Se trataba de adquirir sentido desde el punto de vista social, pero también de abrirse a los valores colectivos, a los usos y costumbres de una o varias socioculturas y a las significaciones de un lenguaje común. Se creía en ello y se adhería a la idea. Después llegó la época del repliegue y la duda. Capricornio marcaba los límites de esta adaptación social desarrollando capacidad de olvido y poder de alejamiento. Entonces se trataba de olvidar las significaciones adquiridas y de descubrir el sentido profundo de los seres y las cosas, más allá de la opacidad de las definiciones y las convenciones. Con Capricornio, multitud de aspectos perdían su valor, haciendo limpieza de la historia. Acuario, que sigue a Capricornio, recupera la plena capacidad del ser.

Ahora bien, si hace usted limpieza no se debe a un sentimiento de nostalgia del pasado, y menos todavía a la intención de crear un museo. Se trata de salvar de la debacle todo aquello que pueda traer situaciones futuras; no desea restaurar el pasado, sino conservar el germen de un futuro radicalmente nuevo. A decir verdad, a partir de ese momento todo puede reinventarse: las lecciones del pasado no tienen nada que ver con lo que depara el futuro. Por tanto, donde Capricornio se empeña en esperar con prudencia, Acuario quiere anticiparse; donde Capricornio se decanta por lo sólido y duradero, por aquello que ha sabido resistir los duros embates del tiempo, Acuario apuesta por lo desconocido y tienta al futuro.

Capricornio se desprende de las hojas muertas, mientras que Acuario ya deja entrever los brotes, pese al riesgo de una helada fatal. Capricornio deja de invertir en el pasado y Acuario invierte en la primavera siguiente y en lo que, a su juicio, florece bajo el rigor de la escarcha. Capricornio espera para ver, mientras Acuario ve que no es necesario esperar más. En definitiva, Capricornio tiende a la geometría exacta de los árboles de invierno, a la austeridad escarpada de sus certezas matemáticas, mientras que Acuario bautiza con nombres de flores las mil y una incógnitas de sus alegres ecuaciones.

Signo posterior

Por muy alegres que sean, sus ecuaciones no siempre cumplen lo prometido. Cuando se despejan las frívolas incógnitas, se entrega a la loca agitación del inventor primaveral. En ocasiones hay aspectos envidiables en el signo que le sucede, el signo que usted prepara: Piscis. Su tranquilidad indiferente parece asegurar lo que es importante y lo que no lo es. Con Piscis, parece que los juegos ya estuviesen preparados y no hubiese nada más que intentar, que tan sólo se debiese esperar a que la rueda gire, porque nada puede cambiar una fatalidad apacible.

En ocasiones, seguramente le exasperan los Piscis, que viven así su mundo, de acuerdo con una evidencia que no es necesario decir. Es obvio que, a veces, se siente irritado por tanta indolencia, por esa aceptación tan plena que acaba por desaparecer, y reprocha a Piscis su falta de dinamismo y curiosidad, su débil capacidad de entusiasmo, su dependencia y su capacidad de ser influido. Pero ¿se ha planteado que quizá ya ha encontrado aquello que usted todavía anda buscando? Piscis parece ser de otro mundo, mientras usted se afana en proyectar otro universo apenas percibido. ¿En qué lugares secretos han estado para parecer de vuelta de todo? ¿Acaso ostentan conocimientos de otro orden que les permiten pasarlo todo por alto?

De esta forma, es posible que empiece a envidiar la tranquila serenidad de su forma de dedicarse a todo sin entregarse a nada... Sin embargo, cada cual tiene su papel, y Acuario se aburriría, sin duda, en un universo donde no se puede esperar nada nuevo.

LAS CUATRO DIMENSIONES DE SU PERSONALIDAD

Indicios hechiceros (fuerza de excitación)

En Acuario se acelera el proceso de decrecimiento de la noche. Todo se degrada hacia un estado en que las cosas ya están resueltas y condenadas. Tan sólo queda mirar con decisión hacia el futuro, inventarlo y aportar los medios de un mañana que responda a una nueva lógica. Hay que anticiparse a las fuerzas y situaciones de un futuro que los signos precursores ya perciben, del mismo modo que, en febrero, se intuye que la primavera está cerca a medida que los días se alargan. En este sentido, es necesario tentar la esperanza y la confianza, frente al presente, sin la certeza de lo que vendrá, pero seguros de lo que ya no volverá. En el seno de una estación en que todo parece destinado al fin y al olvido, Acuario percibe los indicios de lo que germinará y florecerá ahí, como hechizos, en alguna parte, sin la coraza de la indiferencia endurecida y las costumbres rígidas. No hay nada que muera en invierno que no estuviese muerto ya. En lugar de atormentarse con sentimientos eternos e inútiles de arrepentimiento, usted prefiere celebrar con luz transparente lo que anuncia de nuevo el fin de una época. Después de que Capricornio cuestione los aspectos del otoño, viene el restablecimiento de Acuario.

El signo de Acuario celebra, por tanto, las fuerzas de la primavera en el corazón mismo del invierno. Es, sin duda, un optimista nato: siempre capaz de encontrar nuevas razones para vivir, esperar y emprender nuevos viajes cuando las cosas van mal. A su parecer, no hay mal que por bien no venga; si los tiempos son adversos, la razón está en que los principios nunca son fáciles. Cuando no se ve la luz al final del túnel, usted vislumbra motivos para tener confianza. Las dificultades le aportan dinamismo en lugar de abatirle, porque despiertan su heroísmo y porque encuentra la ocasión de apartarse del rebaño para adentrarse en la aventura individual; en definitiva, porque suscitan su gusto por el desafío, el juego, el riesgo y las apuestas. En última instancia, las situaciones adversas le atraen porque le permiten hacer gala de su originalidad inventiva. Al igual que Escorpión, aunque en un registro muy distinto, alcanza su plenitud en épocas de crisis: resulta más sencillo tomar la delantera cuando todo retrocede. Su función le permite, a fin de cuentas, sacar provecho de todo aquello que los demás abandonan, recuperar lo que tiran y explotar los espacios de que desisten. De este modo construyó su imperio Bernard Tapie: recuperando empresas condenadas al fracaso, equipos ciclistas a la deriva, clubes de fútbol con malos resultados, etc. ¿Quizás en el caso de Acuario, más que en otros signos, la desgracia de unos constituya la felicidad de otros?

Sea como fuere, su secreto consiste en una intuición muy aguda de lo que depara el futuro. Lo que hoy tiene un papel predominante va perdiendo terreno. Es evidente que las noches todavía son largas, pero cada vez menos; hay que apostar por el futuro. Así, se muestra usted más perceptivo ante lo que ocurrirá que ante lo que ya es, más sensible ante la evolución de las cosas que ante su estado actual. Acuario acecha el germen de lo que florecerá mañana y percibe indicios discretos que la gran mayoría pasa por alto. Usted toma decisiones basándose en la creencia de indicios que apenas se aprecian, al tiempo que desprecia las evidencias, una actitud que bastaría para justificar su fama de persona original, excéntrica e innovadora. En muy raras ocasiones se adherirá a posturas esperadas; en lugar de repetir un discurso codificado, se apresura a olvidarlo para presentar su opinión y discurso personales. En su persona vive un autodidacta que reinventa más que aprende.

Sin duda, una de sus mejores bazas es saber liberarse del lenguaje común, de las verdades aprendidas y las significaciones convencionales. Las cosas habían adquirido sentido en otoño; parecía que la causa se había comprendido y, por tanto, la habíamos aceptado. Tras las refutaciones y el silencio de Capricornio, es posible una nueva percepción. Le corresponde a usted descubrir un sentido nuevo, significaciones inéditas. Todo es posible porque todo empieza de cero. De ahora en adelante, se trata más de imaginar que de saber. Los juicios del otoño, es decir, los que comparten todos los demás, son en su opinión prejuicios que conviene olvidar lo antes posible. Ya sea desde el punto de vista humano o intelectual, las relaciones que se establecen le parecen vacías de contenido. Así pues, se muestra libre de todo vínculo, disponible ante todo y para todos. Nada ni nadie puede quedar excluido a priori de lo que vendrá con el futuro. Es necesario reinventar un lenguaje humanista, respetuoso con las personas. De ahí que se le considere amable, humano, abierto...

Una locura implacable (lentitud de inhibición)

¿Amable, humano y abierto? No está tan claro. Con usted es mejor no fiarse de las apariencias y, sobre todo, no tomarle por un tonto feliz o un alegre descerebrado. Su constante buen humor y su sólido optimismo responden más bien a una lucidez carente de toda ilusión. En su persona hay un escéptico que no espera demasiado ni del mundo ni de las personas que lo habitan. En el fondo, vive como si no tuviera nada más que perder y, por tanto, todo que ganar. Además, es consciente de que sólo puede confiar en sí mismo. Al descubrir las fuerzas que mueven el mundo, conoce todas las estrategias sutiles que permitirán que nada se interponga entre usted y su libertad o fantasía. No es una persona fácil de impresionar; detrás de esa sonrisa se esconde una gran inflexibilidad. Incluso su locura es implacable: desea hacerse pasar por otra forma de razonar.

En el fondo, vive usted a contracorriente. Considera que tiene un humor uniforme, situado por encima de las circunstancias favorables o adversas, constante bajo una apariencia de flexibilidad. En este sentido, denota una cierta idea de dignidad humana que le obliga a sonreír ante las adversidades, como si nada pudiera vencerle ni afectarle. Su propio humanismo es un desafío y su amistad, una provocación. Siente cierto orgullo al decir que todo va bien, cuando en realidad todo parece en decadencia. Quizás en ese punto le falte fuerza de carácter. En el mejor de los casos, su actitud recordará a una mano de hierro en guante de terciopelo.

Preserva con celo su individualidad e independencia. Sin duda, en ello existe un componente de orgullo, y quizá su confianza sea, ante todo, confianza en sí mismo.

No cabe duda de que siempre está disponible para hacer todo lo que puede, aunque paradójicamente esta «apertura» procede de un «enclaustramiento» que jamás ha desmentido. Se opone obstinadamente a doblegarse, a ceder y a abandonar, y se niega a escuchar cualquier cosa que se oponga a su dinámica. En ese sentido, se le podría diagnosticar una buena sordera. Los arcaísmos de las verdades convencionales y el sentido común ya no le interesan. Su soberbia ignora las opiniones que ya no se discuten, al mismo tiempo que obvia las ambiciones y aspiraciones de la mayoría. Se inventa perspectivas inéditas para afirmarse al margen de conformistas y convencionalismos. Usted espera lo inesperable, siente que le ha propuesto una cita. No duda ni un minuto en incorporarse al campo del más débil... ¡Porque pronto será el más fuerte! Esta actitud no carece de desprecio hacia los que se conforman con seguir, repetir y perdurar. En su caso, sabe tomar decisiones dejando a un lado las costumbres y los instintos, los intereses mezquinos y los cálculos mediocres. Necesita inventarse un destino del que usted sea el único responsable. Es más, quizá sueñe con abrir una vía nueva para una humanidad descarriada. Siempre le ocurre que las ideas y conocimientos de los demás le parecen de una banalidad descomunal, y le fascina desconcertar por la brillantez de su intuición, la vivacidad de sus improvisaciones y el fulgor de sus invenciones. ¿Se trata del poder de soñar o de soñar con el poder?

Con la estructura y el enclaustramiento por un lado, y la renovación incesante, por el otro, su personalidad posee grandes paradojas, que, en caso de beneficiarse de una buena integración, le permitirán renovarse sin desdecirse, conciliar libertad y fraternidad y combinar los derechos del individuo con los proyectos colectivos. En el mejor de los casos, sus propias contradicciones y las del mundo se convertirán en un motor de inventiva, en una incitación a obtener otras soluciones. A pesar de poseer una intuición de carácter universal, y quizá precisamente por ello, afirma usted que el destino del ser humano le pertenece. Cuando vacila la sabiduría instituida en todas partes, resulta innegable que el tiempo ya no consiste en bienestar intelectual, dogmas y academicismos.

«Primitivo de una época futura» (debilidad de inhibición)

Así pues, para usted sólo cuenta aquello que ocurrirá en el futuro. Le angustia cualquier cosa definitiva sobre la que se cierre el horizonte, carente de todo futuro: lo que le mantiene vivo es moverse, inventar, innovar, renovar sus objetivos, proyectos y esperanzas. En el fondo, es usted una especie de Aries anticipado, es decir, «primitivo de una época futura», según la bonita cita del pintor cubista francés Fernand Léger, nativo de Acuario.

Un hombre primitivo ya implica novedad y desnudez en la hostilidad del mundo. ¿Qué podríamos decir entonces del «primitivo de una época futura»? En ocasiones denota un exceso de ingenuidad e inocencia. Y es que tanta candidez hace temer lo peor. Al apostar siempre por el futuro y afirmar que «mañana será un buen día», tiende a no ocuparse lo suficiente de un presente al que niega todo tipo de interés. ¿Acaso no se está descomponiendo ya? Entonces, ¿para qué sirve construir sobre un lugar que probablemente se desplomará? Despreciando los conocimientos de la sabiduría popular, le falta poco para decantarse antes por los «ciento volando» que por el «pájaro en mano». En definitiva, usted prefiere correr que tener, porque de este modo todo es posible. ¿Cómo le va a importar un presente cuyos colores ya se están desvaneciendo? Se embriaga de esperanzas y se conforma con promesas, al tiempo que desdeña lo prosaico, lo concreto, lo útil y lo rentable, y se resiste a invertir y a capitalizar. Pródigo, siembra su confianza y amistad, y en ocasiones ofrece su dinero, sin dedicar nunca tiempo a esperar la recogida. Hay otras posibilidades que le llaman la atención y, por tanto, rechaza el arraigo que le permitiría prosperar y enriquecerse. En este sentido, su espontaneidad raya la incoherencia: sus alegres previsiones justifican la imprevisión. Los bienes materiales acumulados harían más pesado cada proyecto de despegue porque cada nueva salida es para usted una nueva ocasión de dejar todo atrás, la delicia de sentirse aliviado ante todo lo que le retenía. Pero ojo: quien posee es poseído en primer lugar...

Y es que el futuro no espera... Acuario vive con sobreexcitación, inmerso en un sentimiento de urgencia, como si el suelo se hundiera bajo sus pies a cada paso que da, como si el viejo mundo amenazara con derrumbarse sobre sus esperanzas. Sus quimeras le impiden descansar: le resulta imposible detenerse y tomarse el tiempo de recuperarse, consolidar lo que ya ha logrado y profundizar en ello. Pasa de largo de todo, siempre apresurado por emprender otro nuevo proyecto o plan. Si bien es capaz de interesarse por todo y todos, se hastía demasiado rápido como para sacar todo el partido a sus múltiples experiencias. Le cuesta comprender que lo mejor pueda convertirse en enemigo del bien. Siempre tiene prisa por comenzar algo, a pesar de no terminar nunca nada, y los pensamientos indecisos actúan como una suerte de augurio para prevenirle ante crueles decepciones. Anticipándose a Aries e ignorando el último signo del Zodiaco, no acaba de dominar el «final de la partida»: es incapaz de resistirse al prometedor canto de las sirenas y se arriesga adentrándose en aventuras que le dejarán en un callejón sin salida... ¡Qué más da! No hay nada que le resulte más insoportable que el aburrimiento de una satisfacción llena de hastío. Instalarse, sea como sea, significa resignarse e implica vergüenza e indignidad.

Caprichos y escapadas (velocidad de excitación)

Una trayectoria de estas características implica ciertas inquietudes: Acuario vive en un universo donde nada es seguro. El control del presente parece inútil y no le ofrecería ninguna garantía ante los riesgos del futuro. Usted es el conquistador de un universo que todavía no existe, en ocasiones un «conquistador de lo inútil», cargado de desposeimientos. Este tipo de actitud le mantiene a salvo del entumecimiento característico del invierno y le libera de los automatismos de la vida, la esterilidad de las costumbres, la parálisis de las instituciones y la fosilización. La dinámica de Aries, ese eterno principiante, induce comienzos sucesivos. Acuario lo hace mejor o peor: a menudo vive en una agitación frenética y en la efervescencia típica que antecede al momento de la salida cuando todavía no se ha preparado nada. Y esta agitación dista mucho de la eficiencia, de manera que se observa versatilidad, inestabilidad, desorden, inconstancia...

Es cierto que usted es imprevisible en cuanto a su estado anímico y resulta desconcertante con sus altibajos. Vive en un mundo discontinuo con movimientos bruscos, pasando de la obstinación al enamoramiento, sacudido por el entusiasmo sin pensar en el mañana, por las venadas efímeras pero devastadoras, por los caprichos y las escapadas. La vivacidad de sus reacciones sólo es igualable a su fugacidad: pasa de un extremo al otro a una velocidad pasmosa, de ahí que olvide con facilidad lo que aprende. Que es usted una persona demasiado impresionable resulta indudable. Sus turbulencias emotivas no le permiten medir el impulso, sopesar las decisiones, determinar una elección y establecer algo concreto. Vive la fiebre del momento... a fondo perdido. Resulta evidente que en este aspecto es necesario volver a mencionar cierta falta de realismo.

¿Qué peso tiene el presente cuando sonríe el futuro? Acuario desprecia las huellas de la presa y la deja escapar para meterse en un mundo de tinieblas. Lo que mañana traerá frutos hoy no es más que un pequeño brote esperando a ser descubierto. Por ello, se fía usted especialmente de sus corazonadas, aunque parezcan descabelladas en comparación con la realidad inmediata de la que, por otra parte, no se percata. Alimenta esperanzas insensatas: la embriaguez no es tan perjudicial y al final le compensará; todo lo que ha emprendido que estaba abocado al fracaso se encauzará; las situaciones aparentemente sin salida desembocarán en un nuevo día; su siniestra mediocridad esconde, sin duda alguna, una genialidad desconocida... En la euforia propia del momento, usted mismo promete en ocasiones más de lo que realmente puede cumplir. Vive de ilusiones eternas, del momento, lo cual no siempre enriquece su pareja. Abandona los proyectos más extravagantes con la misma rapidez con que los inició, y es que el futuro hay que inventarlo en medio del caos que constituye el presente. Sin embargo, no todo el mundo es Edison: a veces, el invento del siglo no es más que un cachivache inutilizable, además de no tener utilidad alguna.

No obstante, se ve usted en la necesidad de maravillarse y vivir encantado. Como consecuencia, subestima cualquier indicio positivo en detrimento de las señales evidentes de decadencia. A su juicio, una flor sí hace verano. ¿Se trata de un milagro o acaso de un espejismo? Si bien esta actitud puede valerle más de un problema, también le permitirá superarlos, ya que conserva intacta su capacidad de entusiasmarse. Siempre está dispuesto a seguir teniendo fe. Quizá sea usted un obrador de milagros o un encantador...

PERCEPCIÓN DEL RESTO DE SIGNOS

Tauro

Se parecen muy poco: de hecho, los puntos fuertes de uno son los puntos débiles del otro. Aficionado a las relaciones exigentes, aprenderá mucho de la solidez y el saludable estilo de vida de Tauro; usted, por el contrario, tiende más bien a dilapidar su propia vida. Tauro rara vez subestima las dificultades y sólo se compromete en el momento oportuno después de un análisis concienzudo. Sin embargo, pese a esa desconfianza, sabe vivir y disfrutar la vida. En una palabra, Tauro le recuerda la importancia de la realidad inmediata cuando usted se dedica a perseguir quimeras. Más allá de sus diferencias, ambos se encontrarán en una misma aptitud para encontrar su verdad tras lo evidente, entre líneas y en los indicios imperceptibles. No obstante, Tauro sabe cómo alimentar su desconfianza y sus críticas, y usted encuentra motivos para seguir teniendo fe, esperando y emprendiendo. Tan sólo queda mencionar que Tauro y Acuario tienen temperamentos apasionados, susceptibles e independientes.

Si la relación no es buena, usted no soportará su lentitud. Es más, hará falta un terremoto para que Tauro reaccione más rápido, resulta imposible hacer que se mueva. Usted perderá su sangre fría con tan sólo verle comer y cuidarse. Con una comida menos o menos horas de sueño, Tauro se vuelve totalmente irascible. En su opinión, forma parte de esos idiotas que nunca evolucionan: rutinarios, con los pies en la tierra, limitados... En una palabra, agobiantes. Es de esas personas con las que resulta imposible hablar porque se enfurecen ante cualquier contradicción. Y lo que es peor, se trata de una persona rencorosa.

Géminis

Su espontaneidad, alegría y carácter extrovertido le fascinan..., aunque también podrá acabar por aborrecerle.

Pareja: usted es de los que o bien nunca están en casa, o bien invitan a todo el mundo. Le interesan demasiadas cosas para quedarse toda la tarde mirándose a los ojos.

Amigo: nunca se aburren, ni siquiera cuando acaban por hartar a los demás.

Enemigo: Géminis sólo sabe imitar y plagiar; nada de inventar, nada sorprendente, tan sólo frivolidad en estado puro. Si se interesa por todo y por nada, ¿cómo va a conocer la felicidad de la auténtica pasión?

Cáncer

Cáncer no busca lo que se esconde más allá del horizonte de su vida cotidiana; ya le cuesta bastante encontrar las pantuflas o las llaves en su propio caos... No obstante, después de todo, quizás haya encontrado lo que usted busca.

Pareja: en su propia subjetividad o en el trastero de usted, Cáncer ha acumulado tesoros inútiles, que usted seguramente utilizará tarde o temprano. Quizá sea su forma de liberarle a usted de los quehaceres diarios.

Amigo: su sola presencia le aporta tranquilidad y sosiego, al tiempo que la rica diversidad de su universo le inspira. Es más, su comportamiento extravagante no le sorprende.

Enemigo: resulta fácil mofarse de los fracasos de los que se arriesgan cuando uno sólo vive aventuras sentado en el sofá, delante del televisor.

Leo

La relación Acuario-Leo será extremadamente complicada si el Sol de uno hace sombra al otro. Cuando no exista ningún riesgo de rivalidad, puede aparecer una estima recíproca teñida, no obstante, de desconfianza.

Pareja: ninguno quiere dejarse dominar por el otro y cada cual reivindica su independencia, aunque exigiendo el apoyo de la pareja. Su día a día no debería tener ni una pizca de rutina.

Amigo: se trata de una amistad orgullosa y recelosa que exige de cada uno un alma admirable exenta de mezquindad.

Enemigo: Leo se mira el ombligo y cree estar contemplando el centro del mundo; y, como no le quita ojo, al final sufrirá un accidente.

Virgo

Todavía se preguntan por qué y dónde se pudieron conocer... Acuario desea superar unos límites supuestos y Virgo trata de determinar los suyos.

Pareja: siempre que Virgo deje de criticarle constantemente, su ayuda le será muy útil: estructurará las escapadas y la pasión de Acuario. Y ya que desean vivir más allá de la razón, Virgo hace bien en construirse una muralla.

Amigo: la precisión de las observaciones de Virgo confirma o corrige sus intuiciones; sus críticas le dinamizan.

Enemigo: nada de grandeza de espíritu. Su falsa modestia esconde mal ese complejo de superioridad suyo.

Libra

Al igual que usted, Libra es un ser que siempre se muestra disponible para los desafíos, aunque en algunas ocasiones adolece de originalidad.

Pareja: Libra disculpa sus excesos porque él mismo a veces tiene grandes ilusiones. El problema de ambos es establecer una relación rica y plena que preserve la libertad de cada cual.

Amigo: Libra tiene una mente abierta, con matices y capacidad para la desmesura. Nada parece poder detenerles cuando ambos cambian el mundo de acuerdo con sus esperanzas.

Enemigo: ¡que nadie diga que se parece usted a Libra! Sus desafíos son contundentes, mientras que los de Libra son más bien indulgentes.

Escorpión

Dos temperamentos, dos susceptibilidades, dos pasiones: la relación se tambaleará por un sí, por un no o sencillamente por nada.

Pareja: una relación difícil y, por tanto, posiblemente muy satisfactoria. Es probable que jueguen siempre al gato y el ratón sin saber exactamente quién es la presa y quién el cazador.

Amigo: el escepticismo de Escorpión frente a valores más personales le da nuevas razones para reinventarlo todo y explorar las posibilidades por descubrir.

Enemigo: si realmente es más inteligente que todo el mundo, que nos enseñe de lo que es capaz en lugar de dedicarse a criticar a los demás.

Sagitario

El ardor, entusiasmo y amplitud de miras de Sagitario le resultan seductores, aunque a veces lo encuentra inoportuno y, siendo escuetos, no demasiado original.

Pareja: poseen la misma amplitud de miras y capacidad de entusiasmo, aunque en ocasiones se inmiscuye en lo que no le incumbe y sus buenos consejos podrían acabar por aburrirle.

Amigo: se trata de una amistad abierta al mundo exterior. Siempre tienen cosas que decirse, alguna información nueva que alguno de los dos ha oído antes que el otro.

Enemigo: dado que está contento con el mundo y consigo mismo, se encuentra bien, como en casa, en cualquier parte. De ahí que se considere un conquistador, cuando en realidad no hace más que conformarse.

Capricornio

Usted está de acuerdo en no estar de acuerdo con los demás, pero la falta de entusiasmo de Capricornio a veces le descoloca.

Pareja: usted se enfurecerá enseguida cuando Capricornio se las dé de saber cuál iba a ser el resultado de sus iniciativas; no obstante, la constancia de Capricornio actúa como contrapeso de su movilidad.

Amigo: con frecuencia está de acuerdo con usted, aunque sea más discreto y reservado, y decida esperar para observar cuando usted considere que no hace falta esperar más para ir a ver y probar suerte.

Enemigo: es más cerrado que una ostra, absolutamente sordo a los motivos de los demás; no tiene ningún mérito seguir siendo fiel a sí mismo.

Acuario

De una relación como esta cabe esperar, sin duda, una alegre complicidad, en cuyo marco nada estará definido. Sin embargo, convendrá estar atento por si pudieran producirse situaciones de rivalidad.

Pareja: no se fíe, ya que posiblemente sea más difícil vivir la audacia personal cuando el otro también desea hacerlo. Ahora bien, esto tiene una ventaja: su relación será durante mucho tiempo tierna y fresca.

Amigo: se trata de una relación libre y fraternal en la que se entusiasmarán con proyectos descabellados que probablemente nunca se molestarán en cumplir.

Enemigo: se apresura por llevar a cabo sus «revelaciones» y es incapaz de escuchar lo que los demás dicen. Todo le parece banal y sin interés, salvo sus «presuntos» descubrimientos.

Piscis

Podría sorprenderse de encontrarlo allí donde creía que usted llegaría primero, aunque desconfía de su influencia: le desestabiliza.

Pareja: Piscis se pregunta qué le hace correr, mientras usted se pregunta de qué está tan seguro. Ambos comparten un mismo desprecio por ciertos imperativos del sentido común.

Amigo: con Piscis se siente en un mundo diferente, un mundo donde sus intuiciones toman cuerpo y todo ocurre al nivel de las sensaciones.

Enemigo: Piscis se imagina en el centro de un gran océano cuando da vueltas en su universo; lo único que encuentra es a sí mismo y cree haber conocido a Dios.

Aries

Usted reacciona ante el envejecimiento del mundo, y para Aries todo es nuevo. Usted podría constituir la chispa que termine por encenderlo.

Pareja: usted formula una hipótesis, él la toma como una realidad y se lanza a por ella. La confianza de Aries le llega directa al corazón, al igual que su franqueza; no obstante, no es necesario que le haga a usted responsable de sus excesos.

Amigo: Aries entiende lo que sus ideas pueden aportar y lo estimulantes que son sus proyectos. Además, no se limita a aprobarlos o criticarlos, sino que está dispuesto a correr riesgos personales.

Enemigo: en vez de inventar nuevos comportamientos para superar lo que le bloquea actualmente, él prefiere volver al nivel de los primates.

QUÉ DICE SU ASCENDENTE

Acuario ascendente Acuario

Esta combinación no puede sino acentuar todos los rasgos de su signo, y más concretamente su idealismo. En todos los ámbitos se pone el listón muy alto y no tolera ni la mediocridad ni la vulgaridad, lo cual le afectará en gran medida en el terreno emocional y, en términos más generales, en sus relaciones. Usted necesita relaciones sinceras que se reinventen sin cesar, en las que cada uno exalte su futuro individual. A menudo el idealismo perjudica la vida cotidiana. Haga lo posible y lo imposible para no exigir tanto a la vida, a los demás y a usted mismo: su rigidez también podría provocarle problemas. En la vida social es útil saber «trapichear» un poco. Ahora bien, aunque a veces le falte realismo, sabe muy bien lo que usted vale y lo que quiere. Y es que tendrían que darse circunstancias muy desfavorables para que perdiera la esperanza. Usted será especialmente útil en las situaciones en las que haya que despertar conciencias, sacudir la rutina y abrir nuevos caminos. En el fondo, su idealismo es un desafío a los determinismos socioculturales, y aquí la audacia da resultado.

Acuario ascendente Piscis

En esta situación, la capacidad de fascinación debe adaptarse a la indiferencia de Piscis. En caso de fracaso, corre el riesgo de que los desafíos y entusiasmos desenfrenados de Acuario se desinflen estrepitosamente, como un bizcocho sin levadura. Agotado por las tensiones mal canalizadas e incapaz de vislumbrar un realismo realmente constructivo, usted abandona a la primera de cambio, sintiendo que todos los esfuerzos han sido en vano y que todo está decidido de entrada, a menos que prefiera negar el fracaso y extenuarse en una fuga hacia el futuro. En el fondo, Acuario sufre de una emotividad agitada con dificultades para encontrar su utilidad y aferrarse a una perspectiva razonable. En el peor de los casos, temerá el triunfo tanto como el fracaso: el aburrimiento acecha al que ha alcanzado su objetivo. Esta combinación, mejor integrada, corregirá su agitación convirtiéndola en relativa serenidad. Tras la euforia del descubrimiento vendrá una especie de tranquilidad que le permitirá ir más allá de sus preferencias sin que ello interfiera en nuevos proyectos. En el mejor de los casos, encontrará lo universal en la última etapa de un proceso estrictamente individual. No obstante, el peligro radica en perder el contacto con la realidad humana de su tiempo.

Acuario ascendente Aries

Sus virtudes y defectos responden a un dinamismo impetuoso y en ocasiones incontrolable. Arranca con fuerza, demasiado rápido para llevar consigo todo lo necesario para un largo camino. ¡Nada de dar pasitos cortos! La mínima chispa basta para que explote. Acuario es decidido, ardiente, optimista, valiente y espontáneo, aunque también temerario, inconsecuente e imprudente. Por muy coherente que usted pueda parecer, esta combinación tiene contradicciones. Si bien sus convicciones en principio son universales y fraternales, corren el riesgo de expresarse en un tono que convierta su vida en un enfrentamiento permanente. Se exaspera con la lentitud de las cosas, de la gente y de su prudencia indecisa, y como está convencido de que su intuición está bien fundada, se apresura a acusar a los demás de mala fe. Carece del más mínimo don de gentes que le permita negociar con calma su realidad y sus proyectos, de ahí que esté predispuesto a vivir en un infierno adornado de buenas intenciones. Después de todo, es cierto que las dificultades le estimulan, especialmente cuando se trata de sacudir la apatía y las costumbres adquiridas. Al ser capaz de ir hasta el final de sus retos, podrá obrar milagros una vez haya aprendido a desconfiar de los espejismos.

Acuario ascendente Tauro

¡Vaya una combinación tan contradictoria!: por un lado, optimista y, por otro, desconfiado de los demás; por una parte, atraído por la novedad y, por otra, en una actitud de espera prudente; Acuario le imprime la voluntad de superar el presente superándose a sí mismo y Tauro la voluntad de aislarse para guardar las distancias. Sin embargo, se observan puntos en común que definen los nítidos límites de una individualidad susceptible, tensa, apasionada y que no cederá a las presiones del exterior. En el mejor de los casos, los arrebatos e intuiciones abstractas de Acuario acabarán desembocando en una realidad concreta y engalanarán con luces inesperadas un presente muy arraigado. Las distracciones de Acuario provocarán recaídas prácticas, quizás escandalosas. De un modo u otro, las frágiles semillas de Acuario deben convertirse en frutos en Tauro, no sin que se lleve a cabo una estricta criba. En el peor de los casos, se bloqueará usted en sus contradicciones: sus impulsos no serán más que veleidades, sus esperanzas se desvanecerán ante las primeras dificultades, volverá a coger con una mano lo que había dado con la otra y dejará escapar lo que había logrado. No obstante, el tiempo le enseñará, sin duda, a administrar la diversidad de su talento.

Acuario ascendente Géminis

No sólo le interesa lo que pasa a su alrededor, sino también lo que podría pasar. Su combinación renueva y multiplica las posibilidades, los centros de interés, los proyectos y las pasiones. Así pues, se beneficia de un carácter abierto, jovial, inventivo e imaginativo. Está prendado de la libertad, y por eso huye de todo lo que tenga que ver con la rutina y las costumbres. En realidad, no es capaz de resistirse a la tentación de la novedad, algo que generará eventuales problemas. Siembra a los cuatro vientos, pero rara vez espera hasta la recogida. Quizá se deba a que es demasiado dinámico para ser realmente productivo. En este caso, se dirá que construye usted castillos en el aire. Su entusiasmo es en ocasiones frívolo e inocente, y a menudo incoherente. Además, dado que vive en la familiaridad de lo increíble, siempre es capaz de sorprender a su entorno y obtener con una facilidad desconcertante resultados que llevarían para otros un gran esfuerzo y paciencia. En efecto, su intuición le facilita atajos acertados. Sabe atrapar lo efímero al vuelo para aprovechar lo mejor del momento, de ahí que su presente sea emocionante, creativo y curioso por todo. Finalmente, muestra usted una especie de indiferencia que le dota de una serenidad flexible y relajada.

Acuario ascendente Cáncer

Esta combinación zodiacal destaca las virtudes de la intuición y la imaginación, pero también muestra diversas contradicciones: Cáncer tiene sentido colectivo, espíritu de clan, y no siente interés por lo que se encuentra fuera de su mundo. Acuario es individualista y se siente permanentemente llamado por lo ajeno. En el peor de los casos, le llamarán caprichoso y versátil. Unas veces se perderá en los sueños melancólicos del pasado y otras se encontrará inmerso en una utopía absolutamente irracional, de forma que le podría resultar difícil encontrar el lugar adecuado en su tiempo y en su espacio. De aquí deriva su agitación insatisfecha. Sin embargo, sus tendencias pueden equilibrarse, en cuyo caso las invenciones de Acuario mejorarán su capacidad de vivir el día a día; sus innovaciones enriquecerán su vida personal. Los cálidos invernaderos de sus jardines interiores protegerán los brotes de lo imposible. Cáncer le ofrecerá la estabilidad de un marco de vida que estructure e integre mejor los arrebatos de Acuario, que vivifique el equilibrio de ambos sin desestabilizarlo. En las mejores condiciones, su apertura a todas las posibilidades del universo le permitirá construir un mundo personal original en el que vivir con plenitud, resguardándose de todas las obligaciones y limitaciones de la vida social.

Acuario ascendente Leo

Se trata de dos signos opuestos en el Zodiaco, aunque presentan firmes convergencias. De esta forma, vive usted con la preocupación constante de que las circunstancias exteriores le entorpezcan. Su voluntad individual no conoce límites. Sus aspiraciones de libertad han puesto el listón muy alto, al igual que el sentido de la responsabilidad que conllevan. A usted nada le detiene: nunca le faltan iniciativas, desafíos ni invenciones. Sin embargo, sus contradicciones siguen ahí. Los demás le reprocharán el hecho de predicar una liberación universal para confirmar su poder personal suprimiendo las reglas del juego pensadas para proteger a los más débiles. En el extremo, acabaría usted condenando a los demás a la libertad. Sus grandes declaraciones humanistas conviven con un potente individualismo, y ya no sabe de dónde viene la ambición, de ahí que corra el riesgo de sufrir ciertos problemas en las relaciones. Acaba extenuado al querer imponerse en un contexto cuyos detalles desconoce por su propia voluntad. Por otra parte, también cabe destacar su falta de moderación, discreción y realismo. En el mejor de los casos, sabrá convertirse en el maestro de una especialidad original e innovadora. Las innovaciones arriesgadas e inestables de Acuario son para Leo una vocación, un compromiso firme e indefinido.

Acuario ascendente Virgo

Se trata de una combinación con fama de contradictoria, en la que se mezclan impaciencia y paciencia, apertura y timidez, generosidad desenfrenada y prudencia económica. Si bien Virgo se decanta por lo conocido y se estructura en torno a las costumbres debido a su preocupación por controlar la situación, Acuario desea inventarlo todo. De esta forma, podría arriesgarse a no tener la osadía que requieren sus locuras: su dinamismo de liberación y su audacia innovadora se detienen en seco. Nada en un mar de dudas, miedos y timidez paralizantes, de manera que pospone sus grandes proyectos para mañana («todavía no está listo», «quedan por ultimar unos detalles», «las circunstancias no son favorables», etc.) e interrumpe la cuenta atrás pocos segundos antes del lanzamiento. Bien integradas, estas contradicciones se convertirán en complementos: para lograr sus retos, se rodea de todas las precauciones posibles, calcula al máximo las consecuencias de sus excentricidades e innova sin salirse de sus competencias. En el mejor de los casos, a partir de experiencias diversas y en ocasiones disparatadas, sabrá construirse certezas sosegadas, una manera muy suya de vivir la vida y bastarse consigo mismo al tiempo que permanece abierto a los demás y a las novedades. Tendrá más intuición que los demás en cuanto a lo que puede resultarle útil e integrarse en su desarrollo personal.

Acuario ascendente Libra

Esta combinación zodiacal favorece los intercambios, la apertura de miras y la sociabilidad. No obstante, Acuario, celoso de su independencia e impaciente por innovar ante los propósitos colectivos, no posee el don de gentes de Libra, siempre dispuesto a encontrar un punto en común, aunque a veces olvide su especificidad. De esta forma, le gustaría diferenciarse y hacerse notar sin por ello tener que sorprender, de manera que su independencia no excluiría cierta tendencia a conformarse con el plato estrella del día o la sensibilidad dominante de una época. Acepta estar solo para abrir vías nuevas, pero no tardará en necesitar en su evolución el apoyo del exterior. En las peores circunstancias, vivirá en un mundo discontinuo de entusiasmos, sin la presencia del mañana; tan pronto se ilusiona como se harta. De ahí que sean recomendables mayores dosis de moderación, prudencia y realismo: necesitará calmar sus ardores. De todos modos, también podría vivir en un intercambio reinventado cada día, vivificado por cualquier perspectiva inédita que le proteja de la rigidez y el conformismo que rodea sus costumbres. Usted sabe seducir mejor que imponer, así como darle una forma atractiva y tranquilizadora a sus iniciativas o propuestas más extrañas.

Acuario ascendente Escorpión

Se trata de dos signos que sienten indiferencia ante los intereses del gran público, pero mucho interés por las rarezas que la gran mayoría desconoce. Son tensos, susceptibles y celosos de su individualidad, y están de acuerdo en desmarcarse del rebaño, aunque a Acuario le gustaría estar en la cabeza y a Escorpión quedar rezagado. Para no llevar el mismo paso, uno corre y el otro arrastra los pies. Puede resultar complicado vivir con estas contradicciones: eufórico o abatido, inocente o cínico, siempre aprendiz o experto en todo..., usted está familiarizado con los extremos. Después del vaivén entre ilusiones y desilusiones, será tan cínico en la crítica como indulgente en la alabanza. El ángel que cae se convierte en demonio y usted vive en un infierno asfaltado con buenas intenciones. Ahora bien, una buena integración convertirá las contradicciones en complementos. De esta manera, podría ser especialmente hábil manejando la zanahoria y el palo, la promesa y la amenaza. El entusiasmo ante otras posibilidades actúa de base del escepticismo ante los valores presentes. En el fondo, usted está convencido de que no se puede estar *a favor* del futuro sin estar *en contra* del presente. Asimismo, Escorpión le protege de la candidez de Acuario. Con una gran riqueza de intuición penetrante, usted se ríe de los obstáculos y las trampas de la vida.

Acuario ascendente Sagitario

Esta fórmula está cargada de entusiasmo, idealismo, generosidad y sociabilidad; en una palabra, de una amplitud exenta de cálculos mezquinos y ambiciones mediocres. Sin embargo, las contradicciones siguen ahí. Para Acuario la vida es una aventura individual. Su dinamismo le permite adoptar innovaciones futuristas, perspectivas originales y una visión del mundo diferente. Sagitario, por su parte, preocupado por su impacto social, se adhiere a su época, donde se instala para ser de utilidad o para disfrutar de la consideración de todos. De ahí que su originalidad corra el riesgo de quedar limitada: echa el freno en los desafíos, vuelve enseguida a sus posiciones, no se acaba de atrever, se preocupa demasiado por el consenso general para llegar hasta el final de su libertad, para reinventarlo todo... No obstante, posee numerosas bazas para ser independiente y participativo. Así pues, podría dotar de un valor ejemplar a una evolución estrictamente individual y otorgar una gran audiencia a sus descubrimientos personales. De todas maneras, le hace falta convencer, enseñar y compartir sus pasiones. Eso sí, desconfíe de sus sentimientos desmedidos: los excesos empañan la eficacia y, con frecuencia, ganaría siendo más discreto.

Acuario ascendente Capricornio

Su entusiasmo, optimismo, jovialidad y voluntad por no desesperarse, es decir, todo lo característico de Acuario, se enfrenta en esta combinación con la desconfianza de Capricornio y su capacidad de total indiferencia. De esta forma, podría ser víctima de momentos de hastío en los que cada paso se convierta en una prueba. Los días de resaca uno se levanta con la boca pastosa; es entonces cuando la vida deja un regusto amargo: las esperanzas y los proyectos de ayer parecen ridículos. Pero la vida sigue y la influencia de Acuario le mantiene al margen de las derrotas definitivas; vuelve a salir con destino, en ocasiones, a las mismas ilusiones. Con el tiempo, debería ser cada vez más perspicaz para descubrir la quimera que se esconde tras la promesa. Su optimismo se calmará con una sana moderación y sus fantasías innovadoras tendrán una razón de ser. En lugar de extenuarse en la discontinuidad de instantes únicos por su intensidad, concentrará su atención en que sus ilusiones sean constructivas. En este caso, sus improvisaciones adquirirán una profunda estabilidad; así será cómo construya un carácter independiente y estructurado con solidez. Posee todo lo necesario para inventar su vida sin dejarse convencer por actitudes conformistas, significaciones adquiridas e ideas convencionales. Se hablará, en este caso, de su originalidad.

QUÉ DICEN SUS TEST

Acuario R extensivo

Esta fórmula designa a un ser comunicativo, abierto al diálogo y disponible para todo tipo de encuentros. Por poco que su historia personal le haya permitido un desarrollo armonioso de estas potencialidades, abordará cada nueva etapa de su vida con confianza. Para vivir feliz necesita vivir maravillado, en un estado de encantamiento del espíritu, los sentidos y el corazón. Sólo pide ser seducido, causar interés y sentir entusiasmo; de ahí una cierta falta de desconfianza. Pero ¿acaso no es una forma de prudencia dedicar una mirada nueva, siempre sorprendida, a menudo alegre, a las cosas, seres y situaciones? Digamos que tiene usted la capacidad de no acostumbrarse. En el ciclo de los días y las estaciones la luz varía cada instante, y cada instante es único y precioso. Se sentirá especialmente a gusto allí donde sea necesario entablar nuevos contactos, inventar relaciones inéditas e improvisar encuentros, es decir, allí donde lo desconocido exija espontaneidad. Es enemigo de la rutina y sus obligaciones diarias, pero las ilumina con sus aciertos, su encanto y sus juegos como si de fuegos artificiales se tratase. Sabe usted atraer los milagros y los prodigios con el sentido de lo maravilloso siempre alerta.

Sin duda, en ocasiones carece de rigor, moderación y perseverancia. Le apasiona tanto su libertad que no admite limitaciones, y por eso frunce el ceño ante la exigencia de la disciplina colectiva; en ocasiones, su fantasía resultará irritante: nada le parece más penoso que las obligaciones de la vida social. Esto no significa que carezca de ambiciones, sino que opina que todo debería ser más sencillo y natural; de algún modo, es como si mereciera todo por adelantado, como la admiración y el afecto de sus seres más próximos, sin necesitar artificios ni esfuerzos. No le gusta tener que luchar e imponerse. De esta forma, afirmará la necesaria eclosión de un mundo mejor, más auténtico... El entorno se mofará de la candidez de sus «¿y por qué no?», pero la verdad es que la historia siempre ha ridiculizado a aquellos que han querido limitar el campo de las posibilidades del futuro.

Si las circunstancias no han permitido el desarrollo de esta confianza necesaria en sí mismo, será usted mucho más discreto. Para expresarse, necesitará una relación privilegiada en la que se sienta amado, apreciado, quizás admirado y en confianza. Sufrirá más que los demás la hipocresía del mundo y las consecuencias negativas de una competición despiadada.

Acuario r intensivo

Sin lugar a dudas, tiene usted poder de decisión; es una persona a la que no le gusta dejar las cosas inacabadas. ¿De qué sirve lamentarse de las cosas que no van bien y seguir pensando en posibles fracasos o frustraciones? Lo más probable es que exista una solución, y a usted le corresponde buscarla... y encontrarla. Para ello, hace falta un espíritu positivo capaz de descubrir el aspecto amable de las cosas. Con su participación, todo puede adquirir sentido, explicarse y ser útil. Como consecuencia, vive usted en la urgencia de afirmar y afirmarse. Huye de las dudas y las vacilaciones, de la confusión y la ambigüedad. Con independencia de las circunstancias o los problemas a que deba enfrentarse, usted se fortalece desenmascarándolos, reduciendo su complejidad por medio de un análisis contundente y con un afán permanente de eficacia. Incluso sus críticas deben ser constructivas: formula alternativas y propuestas diversas, y se arriesga. Se siente a gusto precisamente en aquellas situaciones en que es necesario definir y poner en marcha soluciones innovadoras, al tiempo que su firme intuición revela evidencias que nadie había sospechado.

En otras palabras, domina usted el arte de hacerse escuchar. Sin embargo, quizá le reprocharán su impaciencia y el hecho de no dejar a los demás ni siquiera reflexionar y expresarse. Con el desprecio que en ocasiones siente hacia los que no poseen su espíritu vivaz ni su sentido del espectáculo, en el fondo es usted bastante individualista. La invención y la imaginación son atributos que no se negocian. Pese a su inquietud por el bienestar colectivo, le desagrada tener que discutir sus objetivos, proyectos y convicciones. Además, ¿cómo puede debatirse el fundamento de una perspectiva de la realidad que se basa en gran parte en la intuición? De esta forma, podrá provocar oposición, rencor y críticas que le parecerán incomprensibles. Quizá sea usted demasiado autoritario o apremiante en su manera de obtener la opinión general; su lógica choca con el sentido común. Da una imagen de excesiva confianza en sí mismo y, por tanto, de estar distraído ante los riesgos y las vicisitudes de la vida, ante los límites del presente y las dificultades del futuro. Se siente apresurado, subestima los problemas y obvia los detalles que se revelan esenciales, pero no es de esas personas que se dejan abatir; de circunstancias adversas pueden nacer nuevas motivaciones...

Acuario E extensivo

Esta fórmula compensa la falta de realismo que cabe temer con la dinámica de Acuario. A su juicio, tan sólo las experiencias vividas nos enseñan alguna cosa. Le gusta razonar y reflexionar, pero a partir de algo concreto. No sirve de nada soñar sobre lo que podría o debería ser. Las realidades son lo que son, y uno tiene que conformarse con ellas. Sin embargo, la influencia de Acuario le prohíbe experimentar y atenerse al estado actual de las cosas. Usted no conoce el significado de la palabra resignación. Su empirismo está en contacto directo con la situación inmediata, pero para transformarla o explotar sus oportunidades. En efecto, es usted un pionero inquieto por anticiparse a los acontecimientos; sin embargo, resulta imposible construir el futuro sin un sólido anclaje en el presente inmediato.

Sean favorables o adversas, las situaciones en general le dinamizan y le hacen buscar soluciones innovadoras. Las experiencias vividas deben llevar consigo una dimensión que le supere y le confiera sentido común. Acumula realidades iniciales para comprenderlas, explicarlas, dominarlas o superarlas. De esta confrontación sin complacencia ni ilusión surgen objetivos, convicciones o valores cuya originalidad se demarcará netamente de las verdades convenidas y explicativas admitidas. Las lecciones que aprende de sus experiencias a veces dejarán maltrecho su sentido común y las ideas habituales. Si su nivel «r» es débil, serán especialmente severas hacia los conformismos, en cuyo caso lo vivido le llevará a un cuestionamiento permanente, y sin duda necesitará más tiempo para encontrar su lugar. Exigirse tanto no acaba de favorecer una buena adaptación al presente. Si posee un nivel «r» intenso, se mostrará menos inquieto y menos crítico, al tiempo que se dedicará a encontrar nuevas maneras de intercambio y cooperación entre individuos de buena voluntad; quiere jugar a un juego original, indispensable y dinámico.

De todos modos, deberá conciliar idealismo y realismo. Si las cosas salen mal, la vida le parecerá un campo de batalla sin tregua cuya salida es incierta y con frecuencia decepcionante. Cambiará de rumbo sin cesar empujado por los acontecimientos, sin llegar a sentirse satisfecho jamás. Afortunadamente, su combinación le permite extraer conclusiones útiles de sus experiencias, y hace falta mucho para desmotivarle.

Acuario e intensivo

Usted vive, ante todo, en el ámbito de lo sentido y lo experimentado, es decir, que le resulta poco natural abstraerse de la experiencia para tomar la distancia necesaria y realizar un análisis racional de las situaciones en que se ve inmerso. Además, no cabe duda de que siente cierto desprecio por la frialdad de lo racional: le aburren los intelectuales. Sólo le interesa e importa lo que le afecta, emociona o seduce. Percibe y comprende las cosas a través de sus sentidos, en un contacto inmediato, de alma a alma o de piel a piel.

En estas condiciones, resulta muy difícil abandonar un tipo de conducta y contenerse. Siempre emotivo, en ocasiones reactivo, le importa ante todo vivir intensamente el presente en todas sus dimensiones y matices, en caliente y con lo discontinuo de cada instante. Posee un don especial para perder la cabeza en la euforia del momento y, por tanto, le reprocharán su incoherencia e irresponsabilidad. Huye usted de los obstáculos y las obligaciones que puedan limitar su disponibilidad ante las emociones del presente. Así pues, resulta bastante difícil enseñarle disciplina, dominarle e imponer reglas comunes a su ritmo natural. Igualmente complicado resulta abstraerle de sus estados de ánimo, sentimientos, deseos y caprichos; no hace falta decir que no siempre será fácil vivir en su entorno...

Sus virtudes y defectos proceden de una sensibilidad algo agitada donde conviven entusiasmo y pasiones. Es muy activo siempre y cuando algo le apetezca, pero es incapaz de imponerse esfuerzos rigurosos. Aunque acepta dar todo sin pedir nada a cambio, no quiere saber nada de los intercambios y concesiones indispensables de la vida colectiva. Demasiado honesto para ser educado, carece de la hipocresía mínima que tanto facilita las relaciones sociales. A usted hay que amarle tal como es, con su libertad e independencia. La urgencia de vivir dificulta el trato social. Por todo ello, deberá aprender actitudes como la desconfianza y la discreción, la reserva y la prudencia. Pero ¿de qué sirven entonces las experiencias pasadas cuando cada hora es nueva y está repleta de cosas inéditas? A su juicio, merece más la pena recibir el momento presente con una mirada y un corazón nuevos, aun corriendo el riesgo de ser inocente.

Acuario T extensivo

Esta combinación acentúa notablemente la originalidad característica de Acuario. Sus reacciones son imprevisibles y uno se pregunta qué motiva en el fondo sus actitudes y decisiones, sus pasiones y su indiferencia. En ocasiones, da la impresión de que se dedica a no hacer nada de lo que hace todo el mundo, es decir, a desconcertar a todos. Sin embargo, algunas personas son sensibles a su profunda independencia y advierten bajo esa apariencia a veces frívola y versátil de su conducta una fuerza implacable y una determinación de hierro; bajo esa maraña suya de excentricidades, presienten una lógica bastante peculiar.

Se trata de una lógica que le resultaría, además, difícil de definir. Sus actitudes tienen su origen en imperativos íntimos de los que no siempre tiene un conocimiento evidente y cuya coherencia sólo percibe a toro pasado. Actúa usted por instinto, a merced de órdenes interiores que no parece útil empeñarse en precisar o razonar. Si su conducta parece ilógica, es porque está muy atento a una dimensión de las cosas que el gran público pasa por alto. Nada le parece más importante que esos símbolos medio ocultos, esos pequeños elementos que normalmente pasan desapercibidos. Es decir, es usted ajeno a las ideas comunes, a los criterios y opiniones generalmente admitidos y a las verdades convenidas. Más que aprender, usted reinventa, a menudo con desprecio respecto a las primeras impresiones y a las evidencias inmediatas. De esta forma, vivirá usted con el sentimiento de saber lo que los demás ni siquiera sospechan.

Indiferente ante los imperativos de la lógica, la rutina y lo concreto, se arriesga a vivir en una deriva azarosa. Si su nivel «r» es lo bastante débil, podría resultarle difícil motivarse realmente, encontrar un punto de implicación y un punto de anclaje en el contexto sociocultural. Si su nivel «r» es fuerte, entonces serán su intransigencia, su orgullo y su autoritarismo los que podrían perjudicar una próspera inserción social. Ahora bien, si aprende a no perder el contacto con el mundo que le rodea, este apreciará la originalidad innovadora de sus soluciones, alcanzadas desde una perspectiva muy peculiar. En este caso, no habrá perdido nada definitivamente. Posee usted mayor facilidad que los demás para comprender los enfoques y mecanismos secretos de las situaciones, así como sus potencialidades no exploradas, de forma que, a veces, parece capaz de intentar lo imposible para abrirse camino hacia un triunfo inverosímil. Espera usted lo inesperado, un cómplice con el que se ha citado en las grandes encrucijadas de la vida.

Acuario t intensivo

En este caso, la desconfianza corrige la candidez de Acuario, pero a riesgo de dificultar una dinámica basada en el optimismo y la esperanza. En efecto, su sentido crítico refrena poderosamente sus pasiones y le resulta difícil adaptarse. Hay demasiados objetivos que le parecen carentes de sentido, demasiadas verdades ilusorias y demasiados prestigios arbitrarios. Sabe usted mejor que nadie que, en ocasiones, hace falta ignorancia para fingir conocimiento. Las explicaciones adquiridas no explican nada. Usted, en cambio, desea comprender, es decir, acceder a la lógica desconocida de las cosas, en vez de meterlas en los marcos estrechos y simplistas de nuestra lógica limitada. Algunos dicen que usted se complica la existencia. Y es cierto que no sabría encarar la vida tal como viene: para usted, todo es objeto de preguntas, y escasas son las respuestas aceptables. En el fondo, persigue objetivos que no sabría definir...

En el mejor de los casos, esta capacidad de rechazo le permitirá contar con soluciones radicalmente nuevas, respuestas inéditas y, lo que es más importante, quizás una nueva forma de plantear los problemas. Nunca se dejará engañar por los discursos convencionales ni las ideas comunes. Aventurándose fuera de los caminos trillados, sin duda usted se arriesga en ocasiones a caer en un escepticismo pesado; sin embargo, el dinamismo de Acuario deberá otorgarle en este caso la voluntad de seguir creyendo, de volver a intentarlo. A la inversa, corre el riesgo de pagar las explosiones de euforia con crueles decepciones, en cuyo caso se sentirá avergonzado y engañado. En todo caso, la originalidad de Acuario se ve especialmente reforzada en este sentido. Incluso le resulta difícil llegar a un verdadero acuerdo con los demás y se arriesga a vivir desplazado, indiferente ante aquello de lo que todo el mundo habla e inquieto por cosas que no interesan a nadie.

Si su nivel R es débil, intente no instalarse en un papel de excluido, indeseable u opositor sistemático. En las peores circunstancias, nada ni nadie podrá satisfacerle jamás ni responder a sus necesidades y preguntas. Yendo de rechazo en rechazo, se aventura a errar como un alma en pena y a buscar un «no sé qué» que siempre le decepcionará. Con un nivel R fuerte se sentirá más abierto, sociable y jovial, aunque también más inestable. Con el tiempo, debería aprender las virtudes de una lucidez más serena, sonriente y amable. Su dificultad esencial seguirá siendo encontrar su camino y lugar en el mundo.

EJEMPLOS

DARWIN. Según Darwin, la evolución necesita un sacrificio riguroso de los más débiles (combinación de «recreación» y de L –). Lo mejor pasa por un mal necesario; el mal hace posible el bien; tan sólo la muerte puede permitir la vida (F+ regeneradora y combinación de contrarios). De esta forma, la creación se regenera sin cesar, haciendo cosas nuevas a partir de las viejas (F+ regeneradora). Darwin, más sabio que científico, ignora los conocimientos instituidos (psicología y anatomía) y busca indicios, cualquier señal, por pequeña que sea, los accidentes más minúsculos (fase paradójica). Construye su teoría articulando detalles aparentemente insignificantes en los que distingue las fuerzas mismas de la vida.

G. MATHIEU, Acuario «tR». Su pintura es movimiento, brotes, signos arrojados y resplandecientes. «Por fin una caligrafía occidental», exclamaba Malraux. «Si el arte es una lengua, el signo es su elemento principal» (R). Con conferencias, manifiestos, ensayos, exposiciones y decorados de teatro, Mathieu multiplica los puntos de encuentro (tR), o los espectáculos según algunos (a veces pintará en público). «La Revuelta, la Velocidad, el Riesgo» son las condiciones para «desalienar el arte». Es necesario «invertir el sentido de nuestra relación con el universo y desechar las bases de una metafísica del vacío, el riesgo y la distancia». Como buen Acuario que se precie, a principios de 1968 profetiza algunos tumultos: «El arte, con su función premonitoria, anuncia maravillosos cataclismos proyectándose en lo desconocido y el terror de los maestrillos del bienestar. Se está fraguando el mayor cambio intelectual, espiritual y social de todos los tiempos». Después de todo, ¿no exageraba un poco?

THOMAS ALVA EDISON, Acuario «E». He aquí un Acuario al que no le falta sentido práctico. No sólo fue el inventor más fecundo que se conoce, sino también un hombre de negocios sagaz y capaz de sacar partido de sus hallazgos. Alva Edison llegó incluso a multiplicar los procesos para defender sus derechos e intereses. Así fue como se convirtió en el arquetipo estadounidense de hombre hecho a sí mismo.

HANS BENDER. En hora de máxima pujanza, Júpiter/Neptuno culminaban y Urano se ocultaba en el tema del gran parapsicólogo. La compleja aspectación estaba ayudada por Saturno en Piscis, por un lado, y la Luna en Escorpio, por otro. Por ello, Bender se dedicó a la medicina y la psicología, y, a la vez, se interesó por los fenómenos parapsicológicos y sintió la necesidad de divulgarlos. La gente escuchaba entusiasmada «los cuentos ocultos» del profesor en la charla semanal que ofrecía. Bender murió a los 84 años, en 1990, cuando Urano conjuntaba a Neptuno y Plutón tocaba su Luna. Había concluido con éxito la misión de ir buscando siempre más allá en las potencialidades, aunque, por definición, se trata de una búsqueda inacabable. Su amigo Tenhaeff anotó en su obituario: «Intentó hacer visible la totalidad de lo paranormal a una comunidad científica que, con algunas excepciones, prefirieron ser ciegos con respecto a "una realidad oculta"».

ABRAHAM LINCOLN. Nació en el año 1809, bajo Acuario, pero se levantaba Sagitario en hora de potencia de Saturno-Neptuno en tensión con Júpiter-Plutón ocultándose: tres planetas «no-R» (Saturno, Neptuno, Plutón). Presenta t (trascendencia intensiva por Saturno/Plutón) y T (trascendencia extensiva por Plutón/Neptuno), así como E (existencia extensiva por Júpiter/Saturno). Con un dominante jupiteriano, su sistema consistía en elaborar leyes para paliar las trabas a la libertad, propias de Acuario, con el fin de abolir la esclavitud e impulsar el progreso de América. El perdón en la Guerra Civil: «¿Acaso no destruimos a nuestros enemigos cuando los hacemos amigos nuestros?». Este presidente estadounidense fue el único que patentó un invento.

Respecto a su vida privada más íntima, declaró: «Por experiencia afirmo que gente sin vicios es gente con muy pocas virtudes».

RAMAKRISHNA. Personaje excepcional, que encarna los mejores valores del signo. Neptuno justo se levantaba en el signo, donde estaba Marte y una cerrada conjunción Urano/Sol, mientras Mercurio, Luna y Venus estaban en Piscis. El trío zodiacal de la estructura se completa con Saturno elevado, muy bien ligado a Sol/Urano/Júpiter, pero tensamente con Neptuno, que le ayudó a descartar aquello que no era realmente esencial. Ramakrishna es el gran reformador del hinduismo, cuyo pensamiento fue divulgado por Vivekananda. Toda esa especial configuración planetaria se resume en la creencia del místico bengalí de que todas las religiones son manifestaciones de Dios y reflejo de una sola Verdad, aunque desde diferentes puntos de vista. Ramakrishna vivía en santidad en Calcuta, a donde llegaba gente de todo el mundo y todas las religiones, atraída por su carisma y sabiduría.

JOAQUÍN SABINA. Es uno de nuestros cantautores más respetados, fenómeno típico del sentido de las combinaciones propias del signo, que no excluye la literatura y el *show* «a su manera». Urano en hora de pujanza culmina y el trío Mercurio/Venus/Sol le propicia un sentido muy peculiar del espectáculo y la comunicación, propio del R extensivo, que va de sorpresa en sorpresa, ayudado por Urano, que culmina en hora de potencia en Géminis. Por el lado opuesto a Acuario, en Leo, tenemos un dominante del t intensivo, con la Luna flanqueada por Saturno/Plutón: observación crítica del hombre, del mundo y sus problemas, siempre para un público que espera de un cantautor justamente eso.

Piscis

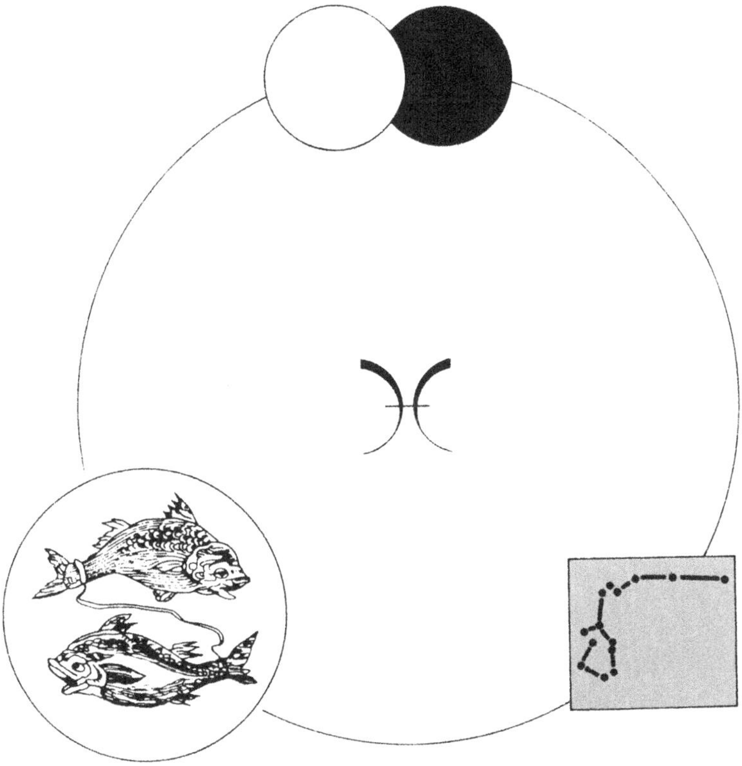

FÓRMULAS

EN ASTROMETRÍA

Con una latitud geográfica media de 45º, cuando el Sol atraviesa este signo entre el 19 de febrero y el 21 de marzo, o bien cuando un astro (sin latitud celeste) pasa de 0º a 30º de este signo.

- Su tiempo de presencia por encima del plano del horizonte pasa de 10:26 h a 12:00 h.
- Su altura máxima o culminación superior pasa de 33º 31' a 45º 00'.
- Su altura en relación con el plano de la eclíptica o declinación pasa de 11º 29' Sur a 0º.
- Su acimut en el orto pasa de 73º 39' a 90º 0'.

FÓRMULAS CONDICIONALISTAS

(véase primera parte de la obra)

En relación con el modo «adaptado»:

- Fuerza de inhibición (F –): el inaccesible.
- Lentitud de inhibición (L –): captar lo esencial.

En sentido de los contrarios.

En relación con el modo «contraadaptado»:

- Debilidad de excitación (f +): un pez sin espinas.
- Velocidad de excitación (v +): agitación en el alma.

En fase igualitaria.

CONTEXTO

Su signo sucede al de Acuario y, debido a la lógica de la evolución zodiacal, reacciona ante el comportamiento de este último. Esto equivale a decir que ya no aprehende las cosas del modo que lo hacía Acuario: ¿por qué desear que el mundo evolucione cuando basta con evolucionar y estar uno mismo en él? «El ser humano está en el mundo y no necesita hacerse un hueco: está ahí, nada ahí». Hacía falta un nativo de Piscis para dotar de valor al fondo de sensatez y serenidad que le anima, frente al vicio de la evolución que agita a Acuario. Tampoco comprende usted sus revueltas y su obstinación por encontrar nuevas razones para actuar o esperar; por el contrario, es propenso a dejar hacer o a dejar fluir los acontecimientos.

En el fondo, en general, sin tener en cuenta su signo ascendente ni sus dominantes planetarios, se da cuenta usted de que las fuerzas de Acuario tienen grietas y le parece que las virtudes consideradas normales en su predecesor zodiacal son defectos en potencia: ser original implica pretender salirse de lo común, querer escapar de una manera u otra de la condición humana; ser optimista implica arriesgarse a cerrar los ojos ante esperanzas vanas y correr tras ilusiones perpetuas. En cualquier caso, le resulta difícil no ver en la confianza y voluntad que presenta Acuario una pizca de presunción, incoherencia y candidez. Ante las promesas inciertas del futuro, Piscis prefiere siempre la plenitud del presente.

Seguramente, en su entorno habrá Acuarios; usted los considera sin duda demasiado individualistas y les reprocha su exceso de racionalidad. Piscis prefiere la comprensión humana, que le permite tratar con seres y cosas a través del corazón y los sentimientos, a la comprensión intelectual.

La lógica implacable del cielo: en Piscis, la noche todavía dominante pronto cederá su presencia al día, cada vez más largo. En este sentido, su signo es el precursor de Aries: la «excitación» (V +) que será patente en su sucesor zodiacal tan sólo se encuentra en estado latente en su signo (v +). Sin duda, en su persona hay un Aries que hiberna y se manifiesta de forma intermitente en su comportamiento: sus periodos de exaltación e impulsos de entusiasmo aparecen como anticipaciones de la dinámica de los nativos de Aries.

Desde otro punto de vista, le puede ocurrir que, a pesar de su tendencia a no tomar actitudes demasiado tajantes, sienta ganas de adoptar compromisos. En este caso, es posible que envidie la capacidad de iniciativa y decisión de Aries: él resuelve donde usted duda en lanzarse, bloqueado por su agitación interior, paralizado por la confusión de sus pensamientos o sentimientos.

Si en su entorno hay Aries, sin duda ejercerán en su persona una acción estimulante y un poder vivificador, dejando a un lado los inevitables y numerosos defectos que pueda detectar en ellos. Por el contrario, si huye de ellos o los rechaza, significa que en el fondo no acepta que le hagan ser consciente de sus propios fallos.

LAS CUATRO DIMENSIONES DE SU PERSONALIDAD

El inaccesible (fuerza de inhibición)

La primera faceta de su signo le convierte, en un primer momento, en una persona extrañamente disponible. Y ese primer momento es, sin duda, su formación, el momento de decidirse y liberarse de lo que apenas coincide con sus aspiraciones, el momento de determinar objetivos fundamentales y de apreciar sus talentos esenciales. En definitiva, el momento de construir su aprendizaje.

En efecto, no tiene usted una idea definida ni definitiva de sí mismo de buenas a primeras. Lejos de tener una «imagen de sí» completa, alcanza un entendimiento de sí mismo en toda su complejidad, o bien (toda moneda tiene dos caras) le cuesta entenderse y desenmarañar la madeja de sus aspiraciones, tan vastas como variadas. Su complejidad, ya sea de corazón o de espíritu, señala bien una gran riqueza, bien una extrema confusión interior. Asimismo, es posible que haya pasado mucho tiempo hasta tener diseñada su personalidad, hasta liberarse del origen de sus propias potencialidades.

En este sentido, podría usted presentar un lado «agradecido a todo» que le permite saltar de experiencia en experiencia sin dejarse nunca retener por ninguna, circunstancia de la que deriva una aparente indecisión. De hecho, no es usted fácil de «pescar»: si bien se deja tentar, rara vez se deja seducir.

Su fuerza reside, en efecto, en su capacidad para no perseguir ni renovar las experiencias desagradables, para huir, para cortar el contacto en el preciso momento en que percibe que alguna cosa no responde a sus exigencias o a la esperanza que de ello albergaba; en definitiva, cuando siente que «esto ya no va bien». En este sentido, no hay nada que le vincule verdaderamente, nada que le suponga un auténtico compromiso antes de que haya comprobado su solidez. De esta manera, sus comportamientos, juicios y sentimientos son susceptibles de cambiar libremente o de sufrir, como mínimo, vacilaciones singulares.

De esta forma, se asegura de que nunca transitará demasiado tiempo por el camino equivocado, y jamás duda en renunciar a sus proyectos, en cambiar de hombro su fusil o, siendo menos radicales, en corregir su disparo: sabe reprimirse a la hora de insistir en un camino y no perder el tiempo en una dirección que no le parece la más oportuna. Para usted puede implicar una aparente falta de directrices, y los demás, por su parte, le tacharán con total tranquilidad de inconstante u oportunista; le reprocharán que se anda con rodeos sin ver necesariamente que usted trata de navegar lo más cerca de usted mismo, entre los escollos, y que este tipo de navegación no siempre es compatible con seguir una línea recta. Por otro lado, usted posee una «brújula interior», una especie de sexto sentido que comúnmente se conoce como «intuición», que le permite dirigir el viento y orientarlo en función de las circunstancias. Si desea cambiar de rumbo, trate de no perder nunca el norte.

En el fondo, vive la vida fiel a sí mismo, sin ser prisionero de su personaje ni del papel que desempeña. Le encanta saberse libre en sus movimientos, sin sentirse limitado o reprimido de ningún modo, sea por lo que sea. Y es que «vivir de acuerdo con uno mismo» consiste en escapar de los demás y no conformarse con lo que se espera de usted. Esto explicaría, como mínimo, su desconfianza ante el compromiso y su voluntad de mantener las distancias para preservar mejor su independencia. Si le tachan de inaccesible es precisamente porque opina que sólo se puede ser uno mismo, con plenitud, escapando de la resignación que le imponen y de las etiquetas que intentan colgarle, escapando de las redes de todo tipo. Además, en sus relaciones sociales se presta sin entregarse, pudiendo adoptar una posición de distancia, mantenerse en el equívoco, adoptar posturas tibias, indiferentes. A su juicio, cualquier compromiso tajante hipoteca la libertad de acción o de pensamiento, y le resultará complicado adoptar una opinión a la que no se adhiere en cuerpo y alma.

En definitiva, no es usted una persona «de ideas fijas»; no comprende que uno pueda seguir defendiendo convicciones que los hechos desmienten y principios que, una vez puestos en práctica, tienen consecuencias que usted no aprueba. Su visión nunca es sectaria ni de pensamiento único, sino que adopta fácilmente una actitud relativista: nadie tiene razón, todo el mundo se equivoca. ¿Que le tachan de ambiguo? La que es ambigua es la vida y el ser humano, y usted no es tan orgulloso como para escapar a la condición humana.

Captar lo esencial (lentitud de inhibición)

Aunque en ocasiones resulta complicado situarle y desorienta a aquellos que quieren alcanzarle o definirle, su brújula interior indica siempre el norte, y es precisamente ese «norte» el que constituye la segunda faceta de su signo, el otro aspecto de su personalidad. La expresión «perder el norte» puede ser peyorativa, y si la ambición le anima, puede formar parte de esos Piscis arribistas que, sin parecerlo, convierten todo en éxitos gracias a su diplomacia y a la flexibilidad de su carácter. Pero no todos los Piscis son «zorros astutos», ni mucho menos. «No perder el norte» también significa, en un sentido elogioso, poseer una continuidad interior que le permite seguir su camino aceptando los altibajos de la vida. Y es que su constancia no es sinónimo de terca obstinación ni de ceguera fanática. Si bien sabe ser constante para alcanzar sus objetivos, también sabe evitar empeñarse inútilmente, concentrarse y ofuscarse en vano contra la adversidad. Sabe esperar su momento, aceptar los éxitos y los fracasos, las críticas y las alabanzas objetivamente, sin duda porque considera que eso no es lo esencial y que ahí no está su «norte».

Su «norte», en definitiva, es la esencia de Piscis, o lo que usted ha declarado como tal, y su fuerza reside precisamente en la capacidad de abstraerse de lo que, a su juicio, no es esencial. Cuando se trate de relaciones humanas, sólo conservará aquello que garantice la solidez y durabilidad de sus vínculos, y llamará «indulgencia», «mansedumbre» o, de modo más banal, «aceptación» a su facultad para cerrar los ojos ante lo que considera secundario. La constancia en sus afectos implica aceptar a las personas tal como son, con sus puntos fuertes y sus puntos débiles, con sus virtudes y sus defectos.

Esa capacidad de «abstraerse de lo que no es esencial» puede dar lugar a numerosos comportamientos: le permite abstraerse mentalmente, aislarse del mundo exterior o bien, de forma más acusada, mantenerse al margen de su entorno y época, lejos de las modas, las tendencias del momento y otras pasiones efímeras. En última instancia, podría desvincularse de un mundo que considera trivial e ilusorio, al que dedica miradas lejanas y desengañadas.

Sin embargo, «abstraerse de lo que no es esencial» significa también escapar de los prejuicios de su época, del odio y las pasiones de su tiempo, para alcanzar, si no la verdad, sí al menos una verdad profundamente humana, alejada de sectarismos, dogmatismos, fanatismos y todo tipo de sentimientos arbitrarios. Su «verdad» no conoce, en efecto, ni bandos ni patria; su verdad no sabría presentarse como una alternativa, y el sentido de la complicidad de Piscis le prohíbe situarla en el marco de una relación de oposición. Cualquier toma de posición tajante responde, a su juicio, a una visión incompleta y, por tanto, arbitraria de las cosas. Usted prefiere, en el mejor de los casos, dar unos pasos hacia atrás y adoptar un punto de vista que supere los falsos dualismos y los supuestos conflictos: entre dos caminos, usted elige el tercero, aunque el riesgo resida en que atraerá todas las críticas y el descontento.

Su «verdad» es, por tanto, profundamente humana, y el «sentido de lo humano» es, sin duda, la expresión que mejor describe su actitud respecto al mundo. Ese sentido de lo humano le lleva a la tolerancia y al pacifismo, le otorga un espíritu comprensivo y un corazón compasivo que le hacen participar de las alegrías y las penas de su entorno. En el extremo, tendría la capacidad de dedicarse completamente a algo o alguien que se convierte en «todo» para usted, con lo que se funde e identifica; ello supone no sólo una extraña constancia, sino también grandes posibilidades de generosidad y devoción. En sus relaciones personales ya no existe ni el «tú» ni el «yo», sino una unión, una comunidad de espíritu, corazón o alma, según el nivel de cercanía.

En el fondo, su enfoque de las personas y las cosas no es ni arbitrario ni impersonal: escapa tan bien de la visión subjetiva, repleta de prevenciones y prejuicios indemostrables, como de la mirada objetiva, que se muestra exterior y fríamente analítica. Piscis, receptivo e intuitivo, comprende a las personas y las cosas en sí mismas, con su profunda autenticidad.

Un pez sin espinas (debilidad de excitación)

Para pasar de la segunda a la tercera dimensión de su signo es necesario imaginar un Piscis sin espinas, desprovisto de su esqueleto. Dicho de otro modo, en sus horas bajas abandona la familia de los vertebrados y se incorpora a la de los «moluscos». Se apodera de usted una especie de flojera, lo cual le puede llevar a una existencia puramente vegetativa. En una palabra, usted vegeta. No se trata de ganar la partida, como Aries, sino que será más bien la apatía quien le ganará. Y tampoco se trata de forzarse o esforzarse. «La pereza», dice el escritor Jules Renard como buen Piscis que bosteza ante la vida, «es una costumbre que se adopta al descansar antes de la fatiga».

Asimismo, hay en usted un fondo de pasividad invasora que puede traducirse en cierta pereza de la voluntad, en una especie de «no me importa» en el sentido etimológico *non calere*, es decir, no calentar, no excitarse. Todo le deja «frío» y, de esta manera, su falta de interés y motivación le condena a la inactividad y al inmovilismo o, en su forma psicológica, al aburrimiento y la neurastenia; recibe usted las incitaciones e invitaciones de los demás con un resoplido extrañamente revelador.

Por otra parte, por raro que parezca, carece usted de iniciativa. Es mejor no confiar en usted a la hora de proponer, empezar y organizar alguna cosa. Piscis no presenta en absoluto un perfil de hombre de negocios y tampoco es el tipo de persona de ánimo alegre. Usted tiende más bien a experimentar los ambientes de forma pasiva.

En el fondo, a Piscis le falta autoestima y confianza en sus medios de afirmación y exteriorización. No le gusta imponerse ni tampoco trata de imponer su punto de vista, aunque a fin de cuentas casi siempre acaba parapetándose en el anonimato y la sumisión pasiva. Así pues, usted pasa desapercibido, le consideran insignificante y pusilánime, tanto que se resiste a ponerse en evidencia o a oponerse a la voluntad de los demás. En definitiva, no se atreve a manifestar su presencia y, lógicamente, se le considerará ausente, ya que ni hace ruido ni pasa a la historia, y de usted dirán que es silencioso y «amable», en absoluto polemista.

Al contrario que Aries, su signo inverso, vive usted sus momentos de inadaptación como consecuencia de una falta de energía, entusiasmo, mordacidad y combatividad que puede llevarle a una dejadez crónica y a una actitud de absoluta despreocupación y huida de las responsabilidades. Por tanto, podría verse incapaz de adelantar o retomar la delantera, de recuperarse y, en términos más generales, de tomar las riendas de su destino a causa de una decisión voluntaria y decisiva. De esta manera, tendrá la impresión de que el destino se confabula contra usted y le toma por un juguete en una existencia caótica y repleta de baches.

Si alcanza una modalidad más consciente e intelectualizada, su filosofía se basará fundamentalmente en una pasividad esencial o un nihilismo de pensamiento que prohíbe al hombre todo tipo de influencia en la realidad exterior, que proclama la imposibilidad de afirmar cualquier cosa mediante la palabra, de afirmarse de uno u otro modo a través de una acción sobre las cosas: no es posible anticiparse a nada ni hacer que nada se anticipe; avanzar sin reparar en los obstáculos es un señuelo, una ilusión, lo cual le autoriza a paralizarse y experimentar en lugar de reaccionar.

Desde una perspectiva mística, a fin de cuentas nada le prohíbe sentirse atraído por las filosofías que predican la supremacía de la contemplación sobre la acción o adoptar como ideal la ataraxia de los estoicos, un estado del alma que nada del mundo exterior será capaz de perturbar.

Agitación en el alma (velocidad de excitación)

No obstante, en ocasiones su apatía no es más que una fachada. Bajo la tercera dimensión de su personalidad gira un mundo repleto de turbulencias: «Tormenta bajo el cráneo», como diría Víctor Hugo. Esta expresión indica a la perfección los tormentos de su alma y las tormentas de sentimientos que le agitan desde el interior. De esta manera, podría ser una persona de humor inquieto, de alma y corazón jamás tranquilos, siempre agitados por padecimientos, remolinos y fermentaciones diversas que con frecuencia desembocan en un estado de confusión. Junto a la falta de exteriorización que caracteriza la tercera dimensión de su signo, viene esta cuarta dimensión que parece poder calificar únicamente el adjetivo *interior*: «vías interiores» (Víctor Hugo) que se cobijan bajo sus silencios, movimientos interiores que parecen compensar su inercia aparente, todo un mundo de impresiones confusas e inextricables que sufren en general al no poderse expresar. Así pues, sus sentimientos se desvían a menudo hacia el mundo de lo sobreentendido o lo malentendido: se conforma con emociones y aspiraciones, a veces violentas, que no puede o no sabe comunicar.

Asimismo, en su persona eclosiona una fantasía interior, una especie de espectáculo de fuegos artificiales con sensaciones, emociones, impulsos y deseos que hacen las veces de una existencia real, es decir, que su imaginación puede desarrollarse de manera singular: en su vida subjetiva, ¿quién desempeñará el papel de la ficción y de la realidad? Esto puede introducirle en la creación fantástica o fantasiosa, o, en términos más banales, alimentar sus quimeras y cubrirle de milagros. Aún queda por saber si la vida interior puede ser tan rica e intensa como la exterior. Si lo calculamos a escala de la emoción que se experimenta, no se percibe una diferencia significativa entre la emoción que produce un «objeto» real y la que provoca un «objeto» imaginario. La expresión, a menudo peyorativa, «vivir en un sueño» resulta apropiada para los partidarios de la acción; en cambio, las personas imaginativas viven tan bien su sueño que este nunca llega a adquirir cuerpo ni vida. De la misma manera, usted puede sentir intensamente aventuras que ni siquiera ha vivido, amores que nunca serán correspondidos o que permanecerán en un estado naciente y no declarado. Piscis tiene esta capacidad singular de embellecer en gran medida lo que vive o de ensombrecerlo si su carácter tiende al pesimismo.

Si en el meollo de la realidad atravesamos el Piscis que lleva dentro, encontraremos un ser estrecho, limitado y prisionero de contingencias que, admitámoslo, no le favorecen: fuera de su universo mágico, sus colores fabulosos se muestran difusos y, de pronto, se encuentra inadaptado, rodeado de torpeza, impotencia e ineptitud. Le tacharán de veleidoso, ya que sus intenciones no serán más que flor de un día o, mejor dicho, petardos mojados, si apelamos a su condición acuática. En el peor de los casos, pasará por un ser agitado... en la pecera.

A fin de cuentas, nada impide que su agitación interior, de alcance insospechado, acabe exteriorizándose a su pesar, adoptando formas febriles y desordenadas: su agitación interior puede verse traicionada por tormentos y rarezas de comportamiento, tics o risas nerviosas, o simplemente exaltaciones repentinas que contrastan con una conducta habitual más apagada y difusa.

Si su fondo burbujeante sube finalmente a la superficie, correrá el riesgo de convertirse en el juguete de sus sentimientos: oscilando entre delirios y deseos, conocerá la furia de la tempestad y de la pasión, y su existencia se convertirá, como mínimo, en un lugar atormentado.

PERCEPCIÓN DEL RESTO DE SIGNOS

Aries

Aries es su signo inverso, lo cual significa no sólo que carece de las cualidades de Piscis, sino también que sus cualidades podrían parecerle a usted auténticos defectos.

Por ello, puede reprocharle, por ejemplo, el hecho de simplificar demasiado las cosas: la característica franqueza de sus compromisos y sus decisiones puede parecerle el indicio de un espíritu arbitrario y parcial.

En cambio, en sus momentos bajos, sin ninguna duda envidia el sentido de iniciativa, la disposición y la combatividad de los que hace gala Piscis.

Pareja: si usted vive con un Aries, estará prendado de su «imagen inversa», y es que, a su juicio, es muy posible que represente todo aquello a lo que usted aspira de forma totalmente inconsciente. En este sentido, es evidente que le falta confianza en sí mismo y se mostrará demasiado sumiso ante su pareja: si esta es un auténtico Aries, es que usted, por su parte, es un poco «borrego». Su entendimiento se basa en una relación de dominación, no en una relación de fuerza, todo ello siempre evidentemente en términos generales, sin tener en cuenta los signos ascendentes ni los dominantes planetarios.

Amigo: aprecia usted la espontaneidad de Aries, que le hace sentir tan a gusto.

Enemigo: las convicciones y afirmaciones de Aries le hacen, como mínimo, soñar.

Tauro

Teóricamente no existen contraindicaciones significativas para lograr un entendimiento entre ambos signos.

Pareja: la relación es buena desde el punto de vista sensual y sentimental. El realismo y el sentido común de Tauro le calman, a menos que acaben desesperándolo por momentos. Por otra parte, cuando Tauro se aísla en sus silencios, usted no se arriesga a salir de los suyos. Si su pareja es golosa, apreciará los deliciosos platos que usted le prepare con esmero.

Amigo: le gusta su faceta apacible.

Enemigo: tiene un carácter pesado.

Géminis

A priori el diálogo entre estos dos signos no resulta fácil, ya que es voluble y demasiado cerebral. A su juicio, la comprensión entre dos seres es más humana y afectiva que intelectual.

Pareja: Géminis se interesa absolutamente por todo. Sin embargo, usted podría percibir que no se interesa suficientemente por usted. En realidad, ambos corren el riesgo de alejarse el uno del otro: usted no comprende la agitación de su existencia exterior y su pareja no entiende los movimientos de su vida interior. Cabría consultar los signos ascendentes de uno y otro para alcanzar el entendimiento.

Amigo: se trata, como mínimo, de una persona divertida.

Enemigo: Géminis no piensa lo que dice... ¡Eso si no dice lo que piensa!

Cáncer

Existen afinidades entre ambos signos, aunque a usted le cuesta adaptarse a la «estrechez» de su «pequeño» universo.

Pareja: el entendimiento entre estos signos pasa, ante todo, por los sentimientos: Cáncer es emotivo y usted receptivo. Al menos nadie les podrá acusar de no sentirse el uno al otro. No obstante, si usted es una persona independiente, la tendencia de su pareja a inquietarse por usted y por todo lo que le rodea o, dicho de otro modo, a participar en todas sus cosas, le pondrá un poco nervioso... ¡Pero no se queje! Sin duda, usted lo prefiere cuando se muestra solícito con usted, no cuando le rehúye y se encierra bajo su caparazón.

Amigo: Cáncer defiende mejor los intereses de Piscis que los suyos propios.

Enemigo: usted detesta sus pequeñas manías y costumbres.

Leo

Estos dos signos, por decirlo de algún modo, no tienen puntos en común. Por ello, si resulta sentir afinidad por un nativo o nativa de Leo, consulte sus respectivos signos ascendentes, sin olvidar tampoco los dominantes planetarios.

Pareja: su pareja Leo le ha sorprendido desde el principio por su dominio, disposición y confianza. Si sigue sorprendiéndole, significa que no se trataba de un farol. Si lo considera paternalista a él o la ve dominante a ella, sin duda usted carece de afirmación personal.

Amigo: ¡o está ante un Leo falso o ante un amigo fingido!

Enemigo: la suficiencia de Leo sólo se ve igualada por su misma insuficiencia.

Virgo

A pesar de que sus signos respectivos se encuentren cara a cara en el Zodiaco, eso apenas favorece una relación amorosa frente a frente, sobre todo si se topa con un Virgo poco comunicativo e inmerso en sí mismo.

Pareja: el egoísmo inconsciente de Virgo encontrará la alegría en el afecto o la devoción que usted le lleve, y usted se congratulará de las habilidades domésticas de su pareja. Por el bien de la relación, uno de los dos debería ser más comunicativo que el otro.

Amigo: ofrece buena ayuda y consejos acertados, especialmente en las situaciones prácticas.

Enemigo: ¡no tiene ni pizca de imaginación!

Libra

En teoría, sus respectivos signos son antagonistas: Libra está abierto a su entorno y época, mientras que Piscis tiende más bien a abstraerse o alejarse. Sin embargo, estos dos signos tienen en común un gusto por la armonía, al tiempo que su espíritu de relación y su sentido de lo humano pueden confluir en una cierta forma de pacifismo.

Pareja: si es tan indeciso como usted, sus pasos parecerán los de un baile de titubeos. Sin embargo, es normal que uno haya elegido al otro. Pregúntese quién de los dos toma normalmente las decisiones y consulte los signos ascendentes y las respuestas de los cuestionarios: quizás encuentre la explicación.

Amigo: Libra es conciliador y Piscis comprensivo, lo cual facilita las relaciones.

Enemigo: demasiado convencional y superficial.

Escorpión

Sus signos respectivos tienen en común un lado secreto, algo que no favorece un estilo de relación convencional ni una relación de conveniencia. La relación con Escorpión implica vínculos estrechos e intensos que usted buscará si es una persona de corazón apasionado o alma romántica, pero que evitará si teme comprometer su independencia.

Pareja: si es usted una persona independiente, le costará soportar los celos o los sentimientos de exclusividad. Además, Escorpión le parece demasiado susceptible. Por suerte, no es usted de los que echan más leña al fuego.

Amigo: a pesar de todo, Escorpión sigue desconfiando.

Enemigo: su carácter bienintencionado no se adapta con facilidad a la personalidad cáustica de Escorpión.

Sagitario

En principio sus signos respectivos apenas tienen afinidades. A usted le gustan las relaciones íntimas, mientras que Sagitario se inclina más bien por las relaciones sociales. Sin duda les resultará complicado encontrar un terreno neutral.

Pareja: Sagitario le reprochará que siempre esté fuera, atareado, y que no le preste suficiente atención, a menos que no se dedique a él en cuerpo y alma. Si usted es comprensivo quizás acepte este tira y afloja, pero es bastante probable que no soporte durante mucho tiempo un ritmo de vida demasiado agitado para usted.

Amigo: Sagitario se caracteriza por la grandeza tanto de su corazón como de sus ideas.

Enemigo: le falta una buena dosis de sencillez.

Capricornio

Sus signos respectivos pertenecen a la misma familia hibernal, de manera que con Capricornio se siente como en casa y comprende mejor que nadie sus reacciones y comportamiento.

Pareja: la relación parece mejor entre una Piscis y un Capricornio. Para ella, sin duda existe un componente de sosiego, es decir, una especie de brújula que siempre indica el norte. Esto podría bastarle, pero si es más exigente, será necesario tentarla para dotarla de más fantasía. Si Piscis se conforma con una relación afectiva profunda, carente de exuberancia, Capricornio le irá como un guante.

Amigo: ¡una amistad muy sólida!

Enemigo: demasiado riguroso para su gusto.

Acuario

Su signo sucede al de Acuario, es decir, que está muy bien situado para comprenderle, lo cual no implica que apruebe su forma de ser o de actuar.

Pareja: usted admira ante todo su valor moral y su manera de no dejarse intimidar por las adversidades. Sin embargo, considera que en ocasiones se agita por nada, aunque al fin y al cabo no le importa todo el trajín que lleva, siempre y cuando no se inmiscuya en el suyo. En este sentido, un Acuario demasiado independiente podría amargarle la existencia, aunque también es cierto que uno demasiado flemático podría acabar aburriéndole.

Amigo: ¡acaba por hacerle creer en sus propios sueños!

Enemigo: nunca se entera de nada.

Piscis

En principio, los signos idénticos amplifican sus cualidades, pero también los defectos.

Pareja: el hecho de pertenecer al mismo signo en general favorece más la comprensión moral que la atracción amorosa. No obstante, puede darse entre los dos una comunión afectiva intensa, aunque su relación podría ser demasiado absoluta o romántica para soportar la realidad de una pareja con lo que ello supone en cuanto a obligaciones y limitaciones materiales. En este caso, para llegar a ser complementarios todo dependerá de sus signos ascendentes o dominantes planetarios. Deben comparar sus respuestas de los test.

Amigo: usted le comprende a medias.

Enemigo: no le critique demasiado, porque en el fondo usted le reprocha sus propios defectos.

QUÉ DICE SU ASCENDENTE

Piscis ascendente Piscis

En teoría, su fórmula zodiacal acentúa las características de su signo solar, tanto en los puntos fuertes como en las flaquezas.

Su fuerza reside esencialmente en la capacidad de no confiar más que en sí mismo, sin admitir la posibilidad de que se influya excesivamente en su opinión o comportamiento. Es posible que la primera consecuencia de esta actitud haya sido abrirle a múltiples experiencias, dándole tiempo para formar su opinión y forjar lo que para usted es esencial. También podría ocurrirle que acabe abandonando sus proyectos en plena ruta, por la simple razón de que, al haber cambiado las circunstancias exteriores o su disposición interior, conviene adoptar otra actitud y modificar su manera de ver o de actuar. No es usted una persona que se ofusca en el error o que cultiva falsas esperanzas.

Le tacharán de voluble e inaccesible, sin darse cuenta necesariamente de que usted necesita tiempo para ver las cosas claras por sí mismo, el tiempo suficiente para comprenderse y comprender lo que más conviene a sus aspiraciones, tan inmensas como confusas. En cambio, una vez fijadas sus opciones fundamentales, es usted capaz de desplegar una gran tenacidad y una perseverancia poco común.

Su peligro sería quedarse tan sólo en la fase de las aspiraciones, esas que le agitan el espíritu, el alma o el corazón, sin duda, pero que por desgracia no le hacen mover ni un dedo. En otras palabras, si sueña mucho no actuará demasiado.

Piscis ascendente Aries

La influencia de Aries, su signo ascendente, puede valerle una personalidad rica en contrastes, compuesta de luces y sombras, que sin duda ya le habrá causado algunas tensiones y la sensación de actuar a merced de movimientos contrarios. Su entorno habrá podido percibir las dos vertientes de su personalidad en su alternancia entre aceptación y revuelta, entre momentos ausentes o difusos y actitudes mucho más expresivas mediante las cuales su presencia se manifiesta más espontáneamente.

Asimismo, Aries le motiva para «ir a ver» y cambiar lo inestable de su vida interior por una existencia exterior más agitada. En este sentido, sabe deshacerse de su inercia para tomar la iniciativa, aunque no sin aprensión o una cierta reticencia. Sin duda, se arrepentirá de haberse comprometido después de haberse obligado a no apartarse, o de afrontar a pesar de todo situaciones que, en el fondo, habría preferido evitar.

Su afirmación, en definitiva, conllevará un componente de dolor: resulta complicado imponerse sobre todos y contra todos al tiempo que se conserva la simpatía, adelantar sin dejar nada tras de sí y escoger todo permaneciendo disponible. Adoptando una perspectiva ideal, si Aries constituyese una prolongación perfecta de Piscis, sabría usted tanto resistirse a la adversidad como luchar contra ella, lo cual permite presagiar una constancia y una tenacidad fuera de lo común.

Finalmente, en cuanto a sus relaciones humanas, es usted a la vez generoso y comprensivo, y sabrá manifestar con simplicidad toda la riqueza de su corazón.

Piscis ascendente Tauro

Esta combinación otorga a Piscis un lado tranquilo e indolente, una fachada en ocasiones silenciosa y plácida. En todo caso, en usted existe la tentación de una vida tranquila, casi vegetativa, alejada de la agitación frenética del mundo moderno, así como de las turbulencias de la vida activa. Aspira en secreto a «reposar desde el retiro», a saborear, desde un tranquilo aislamiento, los placeres de la existencia y las delicias de los sueños y la imaginación. Le gusta saborear su comodidad y tiene un don natural para el bienestar: sabe aprovechar la vida.

En este sentido, Tauro le inclina más hacia el realismo y, en vez de perderse en confusas aspiraciones o proyectos nebulosos, le obliga a orientar y concretar sus ambiciones. Esto le hace ganar en estabilidad, lo que podría manifestarse simplemente en un deseo de echar raíces, de instalarse, de cambiar sus impulsos románticos por una relación afectiva más sólida y estable. Por el contrario, si bien gana en equilibrio y ponderación, también es cierto que pierde en apertura. Tauro limita más sus horizontes, haciéndole más exclusivo en sus ideas, preocupaciones y sentimientos: se siente usted menos libre y más ligado, menos olvidadizo en su manera de amar y más posesivo. Bajo su ternura e indolencia duerme un ser posesivo y apasionado al que una sospecha de desconfianza y celos basta para despertar; soportará con dificultad que sus sentimientos, convicciones o proyectos se vean obstaculizados por cualquier tipo de contrariedad.

Piscis ascendente Géminis

A priori, si uno se ciñe a las ideas caricaturescas, no hay demasiada afinidad entre estos dos signos. ¿Cómo puede encajar la curiosidad por todo con la indiferencia ante todo lo que no parece esencial?

No obstante, más allá de estas antinomias aparentes, cabe suponer que se mostrará usted como una persona compleja al tiempo que polifacética: su órbita interior sólo puede compararse con sus cambios de expresión, y la variedad de sus estados de ánimo, con la fantasía de su comportamiento. En el mejor de los casos, esta diversidad le conferirá una profunda riqueza, una grandeza de corazón y espíritu, así como una intuición sutil ligada a una inteligencia ágil; en el peor de los casos, en cambio, le expondrá a la inestabilidad, resultándole difícil dar una imagen coherente de sí mismo como consecuencia de su inaccesibilidad y volubilidad. Por otro lado, en nombre del concepto que tiene de lo universal, usted no acaba de comprender que puedan tenerse ideas completamente fosilizadas, una existencia trazada a la perfección y que puedan adoptarse juicios definitivos o comportamientos rutinarios. Sus posibles cambios de opinión son una forma de no afirmar nada, de no implicarse y conservar su libertad de actitud y pensamiento. Así pues, le conviene una profesión u ocupación que le permita expresar su complejidad o dar vida a los diferentes personajes que habitan en su persona: el teatro, donde puede desempeñar más de un papel, o el comercio, donde los contactos son diversos. Si tiene dotes para la escritura, la novela es una buena ocupación, a menos que simplemente no tenga la capacidad de convertir lo cotidiano en un país encantador y encantado.

Piscis ascendente Cáncer

La influencia de Cáncer, su signo ascendente, podría reforzar en usted el poder de las emociones. Es a la vez receptivo e impresionable, se muestra especialmente sensible a los ambientes y padece de forma dramática las agresiones del mundo exterior. En consecuencia, su sensibilidad se vuelve más inquieta y su vida interior se ve agitada por emociones diversas, en que los deseos y los miedos se mezclan de forma inextricable. En sus aspectos más negativos, la fórmula Piscis-Cáncer le expone a las efervescencias de la imaginación y a una especie de huida ante una realidad ni tierna ni maravillosa. Esto podría conducirle al aislamiento y a mostrarse poco sociable, incluso a pesar de los sentimientos humanitarios que le animan.

Asimismo, es posible que experimente las tendencias contradictorias de ambos signos: mientras Piscis le invita a permanecer disponible, Cáncer le incita a apretar sus lazos y a sentir con fuerza los vínculos que forman la costumbre. Por otro lado, en ocasiones también puede enmarañarse entre su preocupación por no involucrarse y desprenderse de todo compromiso, y su tendencia a crearse obligaciones y sentirse responsable de todas las personas que componen su universo.

Su problema principal consistirá precisamente en determinar su universo y delimitar su entorno; podría restringirse a la familia, a la que trasladará toda su preocupación y dedicación, pero nada le impide ser más amplio de miras: propenso a apropiarse del dolor y las desgracias ajenas, podría llegar a defender incluso los intereses de la humanidad.

Piscis ascendente Leo

Como signo ascendente Leo confiere al Piscis que lleva dentro un aspecto más voluntarista: nada de entregarse a la pereza y de abonarse a la dejadez, la duda o la decepción. En teoría, Leo le invita a reaccionar contra sus propias carencias y debilidades. De esta forma, podría incitarle a querer controlar los bandazos de su sensibilidad, a dominar sus tormentos y emociones, a pesar de considerar como un honor el permanecer totalmente impasible o indiferente ante las situaciones más complicadas.

No obstante, como reacción a su polo pasivo o a una cierta falta de confianza en sí mismo, corre el riesgo de exagerar, de hacer demasiado y de «atacar a muerte», como si quisiese demostrar su propia fuerza. Así, correría el peligro de expresar esa fuerza con las palabras o los puños, o bien de poner el listón a su entorno tan alto como se lo pone a sí mismo y, por tanto, mostrarse menos comprensivo.

En un tono más positivo, se supone que Leo compensa su falta de afirmación, pero sin caer en la ostentación y la arrogancia personales. Dicho de otro modo, se trata de una ambición silenciosa o simplemente de la capacidad de expresar e imponer sus convicciones, y de decir bien alto lo que piensa y siente en el fondo.

Piscis ascendente Virgo

En principio, la influencia de Virgo debería obligarle a aumentar la ponderación, la lógica y el realismo. A las aspiraciones demasiado vagas para no ser románticas, a los proyectos difusos y a los arrebatos de la imaginación, usted opone su justa medida y sus doctas apreciaciones, su voluntad de rechazar lo imposible para actuar dando el máximo de sus posibilidades. En cuanto a la razón, esta actitud le permite ordenar las ideas, aunque, en relación con los sueños, más bien le deja al borde de la ruina. Virgo le devuelve a realidades más estrechas ante las que puede desesperarse, acomodarse o alegrarse, según el caso.

Desde un punto de vista negativo, bajo los grandes impulsos de su corazón descubrirá ciertos momentos de intransigencia y reticencia: a menudo se olvida de sí mismo y se entrega a los demás, pero comprenderá que a fin de cuentas la caridad bien enfocada empieza por uno mismo.

Desde una óptica más positiva, si logra combinar razón e intuición, sus opiniones desembocarán en predicciones y presentimientos extraordinarios: podrá desenmarañar los problemas y las situaciones más complejas y encontrar la solución más conveniente. De hecho, Virgo le permite explotar sus potencialidades y, sobre todo, sacar partido de su riqueza interior, otorgando a su sensibilidad e imaginación un marco estructurado formado por técnicas y reglas de composición que hace posible la expresión artística.

Piscis ascendente Libra

En teoría, Libra, su signo ascendente, le confiere sensibilidad y gusto por el contacto, de forma que debería ser usted menos propenso a la meditación, «ese vicio solitario», como dice Paul Valéry, e inclinarse más hacia la comunicación, que después de todo no es más que un vicio social. Con todo ello, su comportamiento gana en flexibilidad: se siente a gusto en todas partes y con todo el mundo, adaptándose al ambiente de forma espontánea y escuchando a los demás. Sin embargo, aunque sepa usted establecer los contactos, también sabe interrumpirlos y, aunque se le considere servicial, no le gusta sentirse obligado. En el fondo, sus relaciones no le atan ni le retienen, y se esfuerza por conservar su margen de independencia.

Por otro lado, en secreto aspira a una unión más profunda y duradera que un simple pacto transitorio y superficial, es decir, a una verdadera comunión más que a un simple negocio. En este sentido, al ser a la vez sociable y humano, complaciente y comprensivo, puede usted sentirse atraído por ideales de paz y concordia fraternal, mientras que su sensibilidad y delicadeza le hacen horrorizarse ante todo lo que implique un comportamiento agresivo y cruel. Lejos de toda teoría social, considera que bastaría con tender la mano y abrir el corazón.

Sus debilidades están ligadas a su falta de decisión. En efecto, Libra, que pesa y sopesa en busca de una solución ideal y completamente hipotética, no le ayudará a decidirse y a adoptar actitudes firmes y claras.

Piscis ascendente Escorpión

La influencia de Escorpión, su signo ascendente, puede acentuar su lado secreto. Sin embargo, sus silencios pueden estar cargados de tormentos y tempestades, de rabia y furia, y, aunque no manifieste su presencia a los cuatro vientos, no por ello siente o reflexiona menos: en su interior hierven pasiones a veces agresivas y su cabeza cocina cogitaciones sombrías y tortuosas.

Por lo general, su relación con los demás no es simple, y su corazón será a menudo escenario de sentimientos contradictorios: es usted a la vez indulgente y vengativo, benevolente y desconfiado, comprensivo y exclusivo, y en ocasiones le resultará difícil abrirse a los demás intentando conservar su individualidad sin dejarse invadir por ellos.

No obstante, la parte independiente de Piscis en combinación con la de Escorpión, reacio a toda influencia, debería hacerle evolucionar hacia un mayor individualismo: no contento con alejarse de las opiniones de su entorno o de los prejuicios de su época, podría sentir la tentación de arremeter contra ellos con todo el poder de su singularidad.

En resumen, la intuición de Piscis en combinación con la perspicacia de Escorpión debería otorgarle un fino olfato y una conciencia aguda de las situaciones, y podría suponerse que siempre sabrá salir airoso de los embrollos más complejos. Sin parecerlo, usted puede orientar su barco con ingenio y decisión.

Piscis ascendente Sagitario

A priori, puesto que Sagitario se encuentra tan a gusto en la vida social exterior como Piscis puede estarlo en las aguas de su vida interior, la convivencia de estos dos signos, solar y ascendente, no parece demasiado fácil. Es posible que se sienta usted atrapado entre el deseo de integrarse en su entorno, es decir, de interpretar un papel activamente, y el de mantenerse en la retaguardia sin preocuparse por su imagen social. De este modo, cabría suponer que, aun sabiéndose adaptar a las reglas del juego social, se trata de un juego que le costará tomarse en serio y por el que nunca se dejará engañar.

Aun así, Sagitario le une más al mundo, le abre más a su época, a su entorno, y esto debería motivarle para acercarse más a lo que ocurre a su alrededor y hacerle sentir más implicado. Una gran solución consistiría en convertir sus sentimientos humanos y caritativos en acciones sociales, ocupándose, por ejemplo, de asociaciones de carácter filantrópico o actuando en pro de una humanización de las relaciones sociales. En su opinión, el error sería apostar por la única carta de la ambición personal en perjuicio de aspiraciones menos ambiciosas.

En todo caso, la combinación de Piscis y Sagitario le invita a pensar a lo grande, a abrazar vastos y generosos proyectos, a trazar planes de gran envergadura... o bien a evadirse, si desea liberar sus sueños y vivir de acuerdo con su imaginación.

Piscis ascendente Capricornio

Estos dos signos pertenecen a la misma familia. Y como, en términos generales, no se trata de una familia agitada, no se le podrá tildar de excesivamente ruidoso o quejumbroso. Es usted poco expansivo y comunicativo, y no se mezcla demasiado con el bullicio del mundo exterior, incluso tiende a huir de las distracciones fútiles, a alejarse de las pasiones y locuras que agitan a sus contemporáneos. Sin tratarle necesariamente de austero o solitario, digamos, desde un punto de vista menos subjetivo, que, aunque le resulte difícil aislarse, es el principal objetivo que persigue, la meta que se ha marcado. En efecto, usted tiene la capacidad de consagrarse a su trabajo, a su obra o a su búsqueda, en una palabra, a lo que haya establecido como objetivo prioritario. El resto apenas le importa, y es precisamente en esta indiferencia donde reside su fuerza: usted sabe hacerse impermeable a las críticas, sordo a las opiniones y hermético a influencias y presiones de todo tipo.

Sin embargo, existe en usted una sensibilidad viva totalmente atormentada, tan dolorosa que la mantiene en secreto y encerrada.

Por otro lado, Capricornio le aporta método e interés por el orden y por la organización, de manera que puede poner un poco de orden en la algarabía de sus sentimientos. En términos generales, la combinación de la indulgencia y la integridad, del corazón y la razón, y de la comprensión y la mirada imparcial debería llevarle a juzgar los hechos y las cosas de forma serena, despojada de toda pasión y espíritu sistemático.

Piscis ascendente Acuario

Estos dos signos, solar y ascendente, se suceden y no se parecen, aunque pertenecen a la misma familia hibernal. El signo de Piscis reacciona al de Acuario, cuya influencia amenaza con provocarle sentimientos, juicios o comportamientos en ocasiones contradictorios. En general, parece difícil conjugar sus tendencias fatalistas con esa voluntad tan anclada de no aceptar las cosas tal como son. Más concretamente, eso sí, Acuario disminuye su coeficiente de pasividad y le permite, por ejemplo, superar los momentos de desaliento y mantener la confianza a pesar de las circunstancias. No obstante, le convendrá intentar no dejarse llevar por emociones interiores que podrían exponerle a reacciones extravagantes o que le llevarían a empresas sin sentido. Así, se arriesgaría a caer desde muy alto y concatenar sus intentos de revuelta con ataques de resignación.

En conjunto se le puede considerar humano y comprensivo, pero sin complacencia. Si bien sabe cerrar los ojos ante los defectos y debilidades de unos y otros, también sabe mostrarse alentador y estimular a los que lo merecen. Usted tiene el don de ver el lado positivo de las personas y las situaciones, y, aunque cree que no se puede cambiar ni el mundo ni a los hombres, sigue convencido de que en nuestras manos está mejorar lo existente. De todas formas, aunque el pesimismo le venza, siempre dispondrá del recurso de transformar el mundo con la imaginación o la poesía.

QUÉ DICEN SUS TEST

Piscis R extensivo

Supuestamente, su fórmula planetaria le proporciona una mayor apertura hacia el mundo exterior. En especial, su necesidad de comunicar, de dar a conocer sus impresiones y de compartir sus sentimientos debería limitar su tendencia a retirarse en sueños y meditaciones. Sin embargo, cabría pensar que, en un principio, su comunicación no siempre se establecerá sin problemas y que a veces sufrirá fracasos en sus relaciones de pareja, verdaderas desconexiones que explicarán la contradicción de sentirse familiar y lejano a la vez, presente estando muy lejos. En resumen, una comunicación no exenta de nieblas e interferencias, que puede hacerle pasar del contacto a la retirada, de la felicidad a cierto malestar. Así pues, al tener un carácter emotivo, su sociabilidad está sujeta a la inconstancia y dependerá tanto del entorno como de su humor.

Sea como fuere, siente usted la necesidad de expresarse y prolongar sus estados de ánimo mediante una palabra, un gesto o una actitud, y, aunque no posea precisamente el don de la elocuencia, ni logre vencer su parte de silencio o dominar su inquietud interior, siempre le queda el recurso de cultivar otros medios de expresión, como la pintura, la poesía o la música, para hacer vivir y experimentar la fantasía y la complejidad de su universo.

Por otro lado, no le desagrada provocar cierto efecto en su entorno, jugar con la imagen que ofrece de sí mismo, cultivando el humor o perturbando a los demás, lo cual puede ser una forma de establecer el contacto manteniendo las distancias. Del mismo modo, si le gusta seducir (y su parte de misterio no es ajena al encanto que usted ejerce), se trata de un juego donde nunca se dejará engañar, puesto que sus lazos estarán suficientemente flojos como para que no le esclavicen.

De forma más general, si ha conseguido integrar su dominante planetario, sabrá desenvolverse en el juego social sin que le atrape ni le engulla: del mismo modo que emplea fácilmente su poder de atracción para crear contactos, su poder de aislamiento le permite retirarse y volverse esquivo cuando es necesario. Sus relaciones nunca le comprometen hasta el punto de no poder liberarse y, cuando la ocasión lo vale, usted sabe multiplicar sus piruetas para mantenerse inaccesible.

De esta manera, hace usted gala de una gran capacidad de adaptación y aclimatación: puede prestarlo todo sin dejarse absorber por nada. En el fondo, no está hecho para lo rutinario y lo definitivo: si bien su curiosidad se despierta rápidamente, también es capaz de apagarse. En este sentido, la diversidad del mundo es lo que le seduce ante todo. Por tanto, debería decantarse por profesiones que ofrezcan cierto grado de variedad en el trabajo y favorezcan los contactos diversos.

Piscis r intensivo

A primera vista, su fórmula planetaria corrige las debilidades de su signo solar. En efecto, denota tendencias de voluntad que compensan cierta propensión a la dejadez y la pasividad. Lejos de diluirse en ensoñaciones improductivas, su voluntad sabe concentrarse y recomponerse cuando está en decadencia.

Sin embargo, esta voluntad de afirmación personal no acaba de coincidir con los aspectos más discretos de su signo: difícil tarea la de conciliar cierto abandono de uno mismo con la tentación de tomar la delantera, así como la de combinar el retraimiento y el amor propio. Además, afirmarse es también imponerse a los demás y contra los demás, lo cual no conviene precisamente a su concepción de las relaciones humanas, compuesta de simplicidad, compasión y comprensión.

En un primer momento, estas contradicciones pueden haberle acarreado algunas desavenencias, como el hecho de sufrir por no lograr encontrar su medio de afirmación o el hecho de descubrir, inmerso en sus ambiciones, la poca atención que, en el fondo, presta a su reputación o éxito. O bien quedará al descubierto, bajo su imagen comprensiva, un ser más exigente, bajo su semblante insignificante, un ser profundamente autoritario al que le repugna parecerlo, de forma que su alma será a menudo escenario de sentimientos confusos y contrarios: corre el riesgo de atrincherarse en un amor propio herido y de culpabilizar a sus tendencias dominantes. En cuanto a las relaciones de pareja, por ejemplo, tendrá que conjugar su tendencia a imponerse con la propensión a someterse, así como encontrar la justa medida entre su espíritu individualista e independiente y su corazón lleno de abnegación y entrega. En el fondo, le gustaría que, en general, le siguiesen y adoptasen sus criterios sin necesidad de imponer su punto de vista o ley.

No obstante, con el tiempo llegará a orquestar mejor los elementos dominantes de su personalidad, pudiendo determinar de este modo sus convicciones profundas, objetivos fundamentales y valores esenciales, lejos de intransigencias y sectarismos. En todo caso, aunque no intente apremiar ni dirigir, sabe usted que hay unos límites que no deben superarse, donde la indulgencia se convierte en debilidad. Por lo general, no le gusta dar directrices y se contentará con indicar las direcciones: no se trata de gobernar o reglamentar la vida de los demás, sino de ofrecerles consejos bienintencionados, ayudarles a ver las cosas claras y a tomar conciencia de lo que se les escapa.

En el ámbito profesional, su sentido de la organización y su calidad humana deberían permitirle dirigir sin ser director. En cualquier caso usted necesita un trabajo donde se sienta a la vez responsable de otras personas y solidario. En definitiva, por su intuición y sus presentimientos, usted puede, en su campo, llegar a ejercer la autoridad sin ser autoritario.

Piscis E extensivo

Su fórmula planetaria supone un dinamismo que no se corresponde con los atributos habituales de su signo solar. Asimismo, es posible que nunca se identifique con el estilo de dulce soñador indolente y absorto en sus meditaciones. De hecho, podría no contentarse con una actitud puramente hipotética o contemplativa: necesita hacer cosas y, sobre todo, no padecerlas. Usted es como un corazón «en pleno latido» y siempre tendrá suficiente energía para reaccionar y no dejarse llevar por el derrotismo.

Es posible que su fórmula planetaria haya conllevado el inconveniente, en un primer momento, de dejar salir un trasfondo excitable y en ebullición, algo que le habrá valido, sobre todo, arrebatos, reacciones impulsivas y confusiones que contrastan con un comportamiento normalmente plácido y reservado. Así pues, su «sangre caliente» amenaza con hacerle perder, en muchas ocasiones, su sangre fría.

Su problema principal, sobre todo en cuanto a la dirección y al éxito de lo que emprende, consistirá en encontrar la justa medida entre la voluntad de no involucrarse a la ligera, viendo venir las cosas y dejándolas fluir, y la tendencia a reaccionar instantáneamente con iniciativas inoportunas o decisiones prematuras cuyas consecuencias deberá afrontar de inmediato.

Si logra una buena síntesis de sus dominantes planetario y zodiacal, se beneficiará de una eficacia poco habitual: su espíritu «ofensivo» será aún más temible al parecer precisamente inofensivo. Dejando a un lado los juegos de palabras, se podría decir que tiene usted el don de la oportunidad, la capacidad de modificar su táctica o estrategia en función de las circunstancias. Por ejemplo, es usted capaz de no obstinarse en callejones sin salida o en salidas que no le parecen adecuadas. Las personas de carácter triste le tacharán de caprichoso y oportunista, pero usted podrá, por su parte, congratularse por su realismo o simplemente por su desparpajo, hasta el punto de poseer la capacidad de salir airoso de los enredos más temibles. En cualquier caso, cuenta no sólo con la inteligencia necesaria para encarar las situaciones, sino también con el arte de «adaptarse» a ellas: su espíritu concreto y positivo sabe no dejarse obcecar por esperanzas inútiles, así como no cargarse de consideraciones vanas y anticuadas. Mediante una sabia mezcla de tenacidad y habilidad, de perseverancia y flexibilidad, cualidades apreciables para tener éxito en sus proyectos, posee usted el carácter para triunfar precisamente donde otros fracasaron.

Sin embargo, se podría pensar que, por sus tendencias generosas y compasivas, rechazará cargar su éxito a hombros de otros. En este sentido, su generosidad estará teñida de realismo: sabrá entregarse para ayudar con eficacia y respaldar con acciones concretas a aquellos que se hayan hecho un hueco en su corazón.

Piscis e intensivo

Su fórmula planetaria pone al descubierto el fondo tumultuoso de su sensibilidad. Bajo su aspecto indolente o despreocupado, tras actitudes aparentemente serenas, se esconde todo un magma de emociones y sensaciones, así como una inmensa ola de impresiones que pueden zarandearle de la pasión a la nostalgia. Aunque la educación le haya enseñado a contener sus emociones, es usted de esas personas que se conmueven: basta muy poco para hacerle sentir, ya que es receptivo e impresionable, como un sismógrafo que registra las mínimas variaciones del entorno. Siempre le queda la posibilidad de «desconectar», de atrincherarse en una indiferencia fingida y de aislarse momentáneamente en sus pensamientos o sueños, aunque el alejamiento y el aislamiento no le convendrían demasiado tiempo debido a su necesidad de presencia y contactos. Por otra parte, al depender tanto del medio, puede buscar entornos humanos o naturales que le aporten la plenitud y armonía a que aspira en secreto.

Así pues, es usted de carácter sensible y sensual, vibrante y atormentado, aunque su febrilidad interior no favorece la libre expresión de sus sentimientos. Como mínimo, siempre podrá comunicar su malestar, y si por fortuna encuentra un alma tan receptiva como la suya, vivirá en un estado de comunión afectiva en comparación con el cual los más bellos diálogos amorosos parecerán insulsos y afectados.

Aunque para usted el amor no necesita palabras, lo cierto es que se resiente mucho cuando no puede o no se atreve a declararse. En ese caso, desarrollará un gusto acusado por los sueños en solitario, donde su alma romántica se ensombrecerá con problemas y angustias que le lanzará su imaginación.

En el fondo, el sentimiento es su única guía y medida: no tiene más lógica que la de la intuición, ni otra ambición que la del amor... Hasta ese punto es importante la vida afectiva para usted, aunque vacile a la hora de comprometer su corazón o embarcarse en aventuras sentimentales. Sólo distingue a las personas por la huella que dejan en usted y, a la inversa, tiende a identificarse con aquellos a los que ama y a vivir intensamente las alegrías y las penas de estos. Así, su pareja lo será todo para usted, y, si su pasión es fuerte, estará dispuesto a sacrificarlo todo por ella. Posee inmensas reservas de entrega y abnegación, así como de ternura y generosidad, que pueden llevarle a volcarse en los que sufren, tanto si pertenecen a su entorno inmediato como si forman parte del conjunto anónimo de la humanidad.

En teoría, debería evolucionar hacia una mayor madurez y estabilidad afectivas, sustituyendo las turbulencias del corazón por formas de amor más serenas y sosegadas, lejos de la agitación egoísta de las pasiones humanas.

Piscis T extensivo

Su fórmula planetaria pone de manifiesto la amplitud de sus aspiraciones, algo que quizás haya tenido como consecuencia que sus tendencias humanistas, idealistas o espirituales queden reforzadas, que se aleje en todo caso de las contingencias materiales, de las realidades de todo el mundo y de lo cotidiano, demasiado estrechas para el deseo de lo absoluto que le motiva. En cierta manera se podría decir que no está vinculado a los bienes de este mundo o que en usted existe una atracción por lo «sublime», sea cual sea su forma.

No obstante, en su actitud no hay arrogancia alguna ni presunción: su sentido de lo humano está demasiado desarrollado para despreciar a sus semejantes creyéndose superior en algo. Sencillamente, se encuentra usted «en otra parte» y pasará fácilmente por un tipo marginal u original que vive en un universo aparte y que apenas comparte el modo de vivir y pensar de sus contemporáneos.

Esto implica que su aspiración a alcanzar «otra cosa» podría imprimirle tendencias anticonformistas, así como subrayar la independencia de su carácter. De hecho, aspira a ser usted mismo de una forma auténtica, así como a seguir su camino fuera de los caminos trillados sin preocuparse por la mirada de los demás y del «qué dirán», y ello sin caer en actitudes deliberadamente provocadoras. En lugar de mostrar su diferencia de forma evidente y exagerada, a menudo prefiere mostrar su indiferencia ante las convenciones viviendo de acuerdo consigo mismo, según sus propias leyes, sin buscar encajar con las normas, pero sin pretender cambiarlas o enfrentarse a ellas cruda y abiertamente. Así pues, su individualismo puede adquirir la forma de cierto aislamiento y alejamiento respecto a su entorno y tiempo, especialmente con los fanáticos que pretenden hacer de todo una «revolución».

Y es que, aunque aspire a «otras» cosas, sabe usted asimismo que el hombre es incapaz de cambiarlas del todo. Su postura corre el riesgo de ser típicamente la de «Piscis»: ni tradicionalista, ya que reniega de una sociedad llena de prejuicios y rutinas, ni «revolucionario», ya que considera que nada puede cambiar profundamente y que las transformaciones no modifican en nada lo esencial, es decir, al ser humano, a fin de cuentas. Ni tradicionalista, ni revolucionario, sino inventivo y creativo. «La imaginación al poder» le permite escapar de los juicios y comportamientos rutinarios, los pensamientos y prácticas habituales, no tanto para cambiar las cosas como para abordarlas desde «otro» punto de vista y verlas desde un ángulo poco habitual, en su dimensión más auténtica.

Más concretamente, estará usted interesado en orientarse hacia una profesión o tarea que dedique un gran espacio a la intuición y a la imaginación, donde pueda expresar su necesidad de creatividad e invención. Por sus venas corre la expresión artística: le permitirá cambiar el mundo tan sólo con su imaginación. No olvide tampoco dar vida de una manera u otra a sus aspiraciones humanitarias.

Piscis t intensivo

Su fórmula planetaria puede provocar una acentuación de su tendencia a abstraerse del mundo exterior, a sumergirse en el sueño o la meditación y a asfixiarse en insondables reflexiones. Como consecuencia, adquirirá un semblante ausente y distante poco indicado para mejorar su capacidad de contacto y comunicación, y que podría ganarle la fama de ser secreto y enigmático, con silencios y medias palabras que parecen cargados de significaciones desconocidas. En el mejor de los casos, ganará en humor hasta el punto de que le resultará difícil tomarse en serio cualquier cosa o persona, comenzando por sí mismo. En el peor, se mostrará como si fuera ajeno a todo lo que diga o haga, como si, básicamente, nada pudiera «engancharle», es decir, despertar o suscitar su interés. De hecho, usted no «encaja» en el mundo y, sin duda, vive con angustia esa distancia y falta de adhesión.

Por lo menos, al mirar las cosas desde la distancia, su percepción habrá ganado en sensatez y amplitud de miras; su mirada medirá la auténtica dimensión de los seres y las cosas que le rodean. No experimenta ninguna de las ilusiones ópticas que padecen aquellos que viven todo de cerca. En realidad, no tiene ningún tipo de ilusión. No se deja cegar por los espejos mágicos en los que se miran la mayoría de sus coetáneos: usted juzga su época con un ojo lúcido y crítico. En efecto, su fórmula planetaria confiere un sentido agudo de desmitificación al poder de «extinción» de su signo: su perspicacia no ha tardado en apreciar los engaños, embustes y fraudes que guían el mundo, así como las mentiras e hipocresías que circulan y guían a las personas. Resulta comprensible que su profundo sentido de la armonía pueda sufrir a causa de esta visión más bien caótica de la vida y la humanidad, y que ello le conduzca hacia el pesimismo. No obstante, su aguda sensibilidad le hace muy receptivo al sufrimiento, la angustia, los tormentos y las heridas que resquebrajan la vida y la aparente felicidad de las personas, tanto que su pesimismo se cubre de una gran compasión.

Comprendiendo muy bien las utopías que guían el mundo, le resultará complicado no desilusionarse: a su juicio, el mundo no es más que una gran comedia, un teatro donde las marionetas bailan vapuleando certezas irrisorias. En los malos momentos, le será difícil resistirse a las tentaciones del vacío, el absurdo y la insignificancia: comprender consiste aferrarse a la ilusión del sentido y enamorarse es aferrarse a la ilusión de los sentidos... Todo es difuso, incognoscible e inaccesible... A fin de fijar este vértigo y dominar su desarraigo, saldría ganando si desarrollara sus medios expresivos, racionales o artísticos: le impedirán dejarse inundar por la complejidad de sus pensamientos o sentimientos.

EJEMPLOS

DAUMIER. En él se encuentra la dimensión crítica y cáustica del t intensivo: todo el mundo está de acuerdo en destacar su «irreverencia y su arte de la mofa». En cuanto a su obra, la inhibición extintiva despoja el dibujo «de los detalles y de todo lo pintoresco» para iluminar únicamente lo esencial (L –).

SCHOPENHAUER. La inhibición extintiva vinculada al t intensivo desempeña el papel de un auténtico decapante: Schopenhauer es el representante del *Schmerzwel*, la enfermedad del pesimismo («La felicidad no es más que una quimera; el sufrimiento es lo único real»). Su moral, que se basa en «la ilusión de la vida individual» y en «la ilusión instintiva», desemboca en una falta de excitación natural (f +) a través «del reposo del deseo y la voluntad».

EINSTEIN. La inhibición extintiva de Piscis le permitió abandonar los postulados de la antigua física newtoniana. El r intensivo y el L – se mezclan en su deseo de abarcar lo esencial y traducirlo en una fórmula simple: «Quería estudiar la física teórica porque respondía a la pregunta siguiente: ¿de qué manera pueden reducirse a simples fórmulas matemáticas los fenómenos inconmensurablemente complicados que se observan en la naturaleza?». ¿Acaso hay algo más simple que $E = mc^2$?

VICTOR HUGO. Resulta bastante difícil definir a Victor Hugo en la primera parte de su vida. Parece inalcanzable, sucesivamente católico y legitimista, bonapartista y liberal, partidario del régimen *juste-milieu* en 1840, y es comprensible que hubieran podido acusarle de oportunista. Más tarde, Hugo situará su «esencia» (L –) más allá de los partidos y las facciones: ni versallesco ni partidario de la Comuna francesa, abrazará «el partido de la Humanidad» y se declarará, en una carta a Juliette Drouet, «ciudadano del cielo azul». Jean-François Kahn, en su libro, percibió bien esta manera de evitar los extremos de Hugo: «No dejó de resistirse a la ofensiva de los estalinismos de derechas e izquierdas; buscó con todas sus fuerzas la aparición de una tercera vía».

COPÉRNICO. La inhibición extintiva permitió a Copérnico acabar con los postulados de la vieja astronomía para orientar la realidad cósmica hacia una dimensión más auténtica. Asimismo, en él encontramos la extinción y la L – en su comportamiento y su carácter: «Jamás he ambicionado los aplausos de las masas, y tampoco he aprendido las cosas que estas siempre están dispuestas a apoyar».

PIETER MONDRIAN. En su obra este pintor vanguardista neerlandés desmiente el cliché emotivo del signo gracias a su fuerte dominante del r intensivo: Sol/Mercurio bien ligados a Júpiter/Urano y Acuario levantándose, dejando atrás en el signo a Venus/Luna. Fue fundador del neoplasticismo, de poderoso impacto en el arte moderno, con semejante punto de F + L –. La presencia de Saturno en Capricornio, en tensión con Júpiter/Urano y Marte en Aries también levantándose, le dotó de la perseverancia y la supeditación a lo geométrico y arquitectónico, como base de la expresión, propios de la inhibición extintiva. Sus valores Piscis fueron más evidentes en su vida privada: fue un hombre austero, solitario, místico, adscrito a las corrientes teosóficas y ocultistas.

TERCERA PARTE

El partido del siglo: signos contra constelaciones

Existen pocas obras sobre historia de la astrología. Son escasas hasta el punto de que si usted posee una o dos en su biblioteca, podrían desparecer como por arte de magia. Han desaparecido de nuestras enciclopedias más o menos la mitad de los astrólogos-astrónomos que, antes del siglo XVII, utilizaban el sistema racional de su ciencia para aplicarlo a la irracionalidad de su arte. Tan sólo se ha salvado el surgimiento de la astrometría. ¿Y qué ha ocurrido con los astrólogos? Hace falta un poco de perversidad para reencontrar sus cenizas bajo nuevas definiciones biográficas: en efecto, prácticamente todos han sido convertidos en «filósofos» por las plumas de exorcistas... Así, se ha protegido a nuestros niños y adolescentes, con gran ternura, de las «malas lecturas». ¿Sabrán alguna vez (a menos que se descarríen) que Jerónimo Cardano (1501-1576), «filósofo, médico y matemático» de acuerdo con las enciclopedias oficiales, inventor del dispositivo de articulaciones que lleva su nombre (el cardán), era astrólogo? Claramente, el mecanismo no debía funcionar... Del mismo modo que las ideas, descubrimientos y ensayos de otros «filósofos» al estilo de Cardano no debían sostenerse...

Como suele decirse, nunca se bebe tanto como cuando se prohíbe el alcohol. Nuestros exorcistas, lejos de suprimir los demonios prohibidos de la filosofía, han provocado el surgimiento de todo tipo de astrologías, orientadas en todas direcciones. Cardano ha generado prole... Parece tarde para detener esta tendencia, para reparar los diques de la razón contra este exceso filosófico. Los constructores de estas barreras no han cambiado de métodos, colmando de amenazas su futuro.

La ineficacia de esta táctica, demostrada por la proliferación de asociaciones y escuelas de astrología, no siempre ha convencido a los censores de que más valía abrir públicamente el debate: informar realmente sobre la astrología, sobre su historia y personalidades, así como sobre las diferentes concepciones, en vez de quedarse con los ineptos, los fracasos y las aberraciones fáciles de refutar; recordar lo que la astronomía moderna debe a los precursores de la astronomía y la astrología, en vez de deshonrarse atribuyéndoles juramentos de última hora; explicar hasta qué punto estuvieron presentes los astrólogos y la astrología, ni más ni menos (en todo caso menos) funesta que otras creencias antes del siglo de las luces, en vez de purgar de forma vergonzosa la historia o escribirla con el sello de las dialécticas unilaterales. Hablar, por último, sobre el Zodiaco de los signos y las constelaciones, sin ocultar el punto de vista y la práctica de los astrólogos.

Y eso es lo que vamos a hacer. El objetivo de este libro eran los doce signos, pero también recordar que lo son en relación con las agrupaciones de estrellas que llevan los mismos nombres, así como explicar por qué llevan esos nombres y qué fenómeno los ha separado en la mente de los hombres...

La precesión de los equinoccios

Entre los numerosos artículos de sociología divulgativa que la prensa dedica a la astrología durante los periodos de vacaciones y los días festivos, en diciembre de 1985, uno aparecido en la revista francesa *L'Express* seguía preguntándose si cabía creer en ella. En él, como respuesta a un artículo centrado en las astrologías simbolizantes, el astrofísico Hubert Reeves,[25] sin erigirse en cazador de brujas, escribía: «No estoy convencido de que exista una relación real entre la astrología y los astros. Por ejemplo, al haber nacido el 13 de julio, los astrólogos me dicen que soy Cáncer. Esto implica que el Sol, en el momento de mi nacimiento, se encontraba en la constelación de Cáncer. Esto era verdad hace dos mil años. En la

25. Hubert Reeves, director de las investigaciones del CNRS y autor de *Paciencia en el azul del cielo*, Ediciones Granica, 1982, y *Poussières d'étoiles* (Polvo de estrellas).

actualidad, sin embargo, ya no es así. En el momento de mi nacimiento, el Sol se encontraba en Géminis. Esto es algo que me molesta, a pesar de que me hayan dado "explicaciones"».[26]

Pasaremos por alto la molestia de las explicaciones, como mínimo curiosa teniendo en cuenta todo lo que se permiten con total tranquilidad los científicos en materia de hipótesis de trabajo, para limitarnos a observar la supresión de la palabra *signo.* Hubert Reeves afirma haber nacido en el paso del Sol por una constelación (la de Géminis), pero no por un signo (Cáncer). Sin embargo, los astrólogos le hablan del signo y no de la constelación. ¿Es que la palabra *signo* nunca ha existido en astrometría?, ¿o acaso, después de la transformación del astrólogo en filósofo, estamos asistiendo a otra transformación en materia de terminología aplicada? ¿Es posible, entonces, que existan genes desconocidos en las palabras que utilizamos? Hay que precisar que la muerte del signo, desagradable para el poeta, está destinada a ajustarse a la observación científica dominante. Del mismo modo que nunca hubo astrónomos-astrólogos porque, sin saberlo, eran filósofos, ¿es posible que nunca haya habido constelaciones-signos porque, sin saberlo, los signos eran estrellas?, ¿por qué hablar de signos y hacer estas distinciones?

No es seguro que este bonito golpe bajo al vocabulario, así como al patrimonio cultural, vaya a generalizarse, ya que las palabras nuevas poseen la fragilidad de los querubines y de lo extraordinario pero vano. De esta forma, el venerable «calendario de Correos» francés indica en todo momento las fechas y horas (en hora universal) de entrada del Sol en los signos del Zodiaco, mientras que el «Calendario astronómico» se abstiene de realizar estas indicaciones heréticas. ¿De qué quimeras es necesario alimentar el rencor propio para creer en el poder de las palabras sobre el de los hechos? En 1968, el Anuario del Bureau des Longitudes[27] francés aún indicaba, al igual que el Calendario de Correos, las fechas y horas de entrada del Sol en los signos, así como de los planetas... Desde entonces, por desgracia, el Anuario se ha adherido al pequeño libro rojo contra la astrología insidiosa.

Aunque, al modificar las definiciones, los nuevos astrómetras están eliminando verbalmente las contradicciones que tanto moles-

26. *L'Express*, 20-26 de diciembre de 1985.
27. Anuario de 1968, Bureau des Longitudes, Gauthier-Villars.

taban a sus predecesores, ni la historia ni los datos del problema han cambiado. La precesión de los equinoccios sigue ahí.

Analicemos los términos de esta expresión. En primer lugar, *precesión.* Cuando Pedro camina delante de Pablo y Pablo delante de Jaime, Pedro precede a Pablo y a Jaime y Pablo precede a Jaime. Entendido. Al igual que *preceder*, el origen latino de *precesión* es *praecedere*, es decir, «caminar delante». Sobre esta cuestión, al tratarse de fenómenos físicos y no de personas, nuestros diccionarios no introducen sus fantasmas.

Pasemos a los equinoccios. El término se compone de las palabras latinas *aequus*, «igual», y *nox*, «noche». Hasta este punto todo resulta difícilmente discutible; pues bien, de aquí se deduce, de acuerdo con el DRAE, que el equinoccio marca la época del año en que, «por hallarse el Sol sobre el Ecuador (y ello en términos absolutos y no reales, ya que siempre existen divergencias entre ambos), los días son iguales a las noches en toda la Tierra (12 horas en cada campo: empate)».

El punto del ecuador celeste en que se produce este paso se denomina «punto vernal» o «punto gamma» y se define por la intersección de los planos de la eclíptica y el ecuador. Cuando el centro del disco solar coincide con el punto vernal (de *ver*, «primavera»), en hora universal, son oficialmente las 0 horas 0 minutos 0 segundos en la vida de la primavera del hemisferio Norte, algo que no determina en ningún caso cuál será la estación en cuanto a temperatura, a menos que se haga el horóscopo, lo que forma parte de las prácticas astrológicas tradicionales.

Además, el punto vernal determina el grado cero del signo de Aries, primer signo del Zodiaco. Si necesita visualizar estas definiciones, remítase a la figura 18, donde encontrará, en las dos intersecciones del ecuador celeste y la eclíptica:

1. El punto vernal (o punto gamma), equinoccio de primavera, origen en 0º de Aries y de los signos que le suceden.
2. Su contrario, situado a 180º (o gamma prima), equinoccio de otoño, origen en 0º del signo de Libra.

Al unir los dos puntos gamma, obtenemos el eje de los equinoccios. La Tierra ocupa el centro del mismo, aunque en realidad este sólo existe sobre el papel.

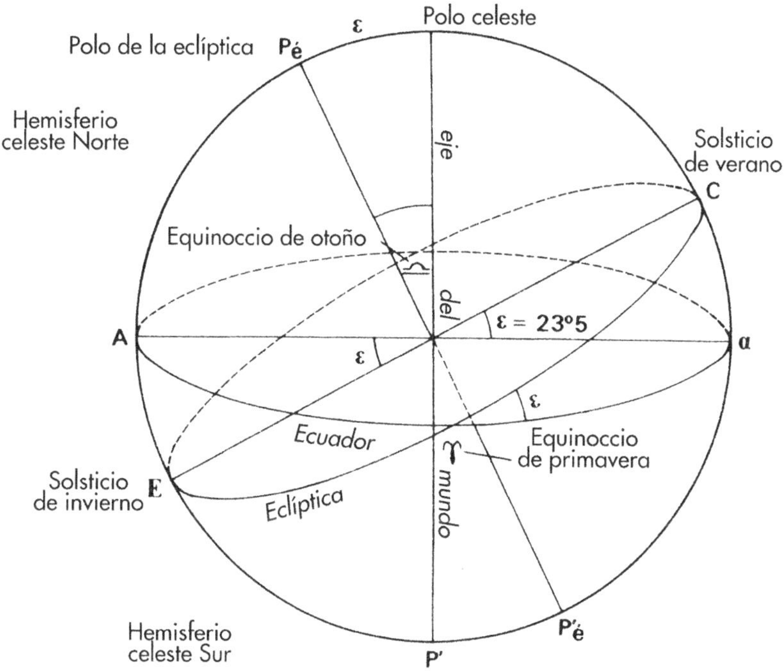

FIGURA 18: Lejos de ser perfecta, la Tierra no es una esfera, sino un «geoide», lo que en el fondo quiere decir que no se parece a nada puramente geométrico. Este geoide egoísta no es más que él mismo. Se desplaza en el plano de la eclíptica (translación) alrededor del Sol y gira (rotación) alrededor de sí mismo en el plano del Ecuador. Dado que la inclinación de estos dos planos es en la actualidad (porque todo cambia) de 23° 45', tenemos dos intersecciones imaginarias que constituyen los puntos gamma (origen en 0° Aries-signo) y gamma prima (origen en 0° Libra-signo). Todos estos círculos no poseen rayos expresables en kilómetros. En astronomía de observación, tan sólo hay ángulos y direcciones en el espacio. De ahí deriva la necesidad de ser meticuloso en cuanto a los puntos de referencia y los orígenes.

Figura extraída de *Merveilles du firmament* (Maravillas del firmamento), F. Ziguel, Éditions MIR, 1968.

En su movimiento aparente, el Sol se desplaza por la eclíptica de oeste a este, es decir, en el sentido contrario a las agujas del reloj y al movimiento aparente cotidiano. Su trayectoria anual hace que renueve la primavera en la vuelta siguiente... Una vuelta que no será exactamente de 360°, ya que el punto vernal se ha desplazado en su dirección a la velocidad poco apreciable de 50" 25' de arco por año (1° cada 72 años, 30° cada 2.147 años, 360° cada 25.760 años, cifra que a menudo se redondea en 26.000). Aunque 50" 25' de arco equivale a prácticamente nada, es más que suficiente para que el momento del equinoccio se adelante cada año 20 minutos con respecto al año anterior; de ahí el término explícito de *precesión*, es decir, «ir por delante». Ello implica que el Sol, en la primavera del año II, no ocupa entre las estrellas la misma posición que en la primavera del año I y que con el transcurso de los siglos parece que «se pasea a través de las constelaciones zodiacales, las que contienen la eclíptica. De esta forma, en tiempos de Hiparco, es decir, 130 años antes de Jesucristo, el Sol aparecía en el equinoccio de primavera en Aries, mientras que en la actualidad coincide con la constelación de Piscis».[28]

Así pues, si hablamos del adelantamiento del punto vernal hacia el Sol (figura 19A), estamos hablando de un fenómeno de «precesión». Si hablamos de su retroceso en relación con un punto de referencia estelar, estaremos formulando el mismo fenómeno en términos de retrogradación del punto vernal (figura 19B).

Cuando el Sol se encuentra en el punto vernal, las duraciones del día y la noche permanecen iguales, al igual que ha ocurrido durante los milenios de primaveras precedentes... Esta igualdad no se produce bajo el padrinazgo de las mismas estrellas. Si desea alcanzar una buena comprensión de este fenómeno, Hubert Reeves, que es un excelente divulgador cuando no se trata de la astrología, le explicará que se trata de un «sistema de referencia». Por el contrario, si ya lo ha comprendido, puede explicárselo a él.

Puesto que contamos con dos puntos de referencia para medir el tiempo (la vuelta al punto vernal, móvil, y la vuelta al mismo

28. Abad Th. Moreux, *Pour comprendre l'astronomie* (Comprender la astronomía), G. Doin, 1937. Este libro ha marcado historia, aunque, por desgracia, desde Moreux las cualidades de divulgación y la aptitud para mostrar figuras claras han ido en decadencia.

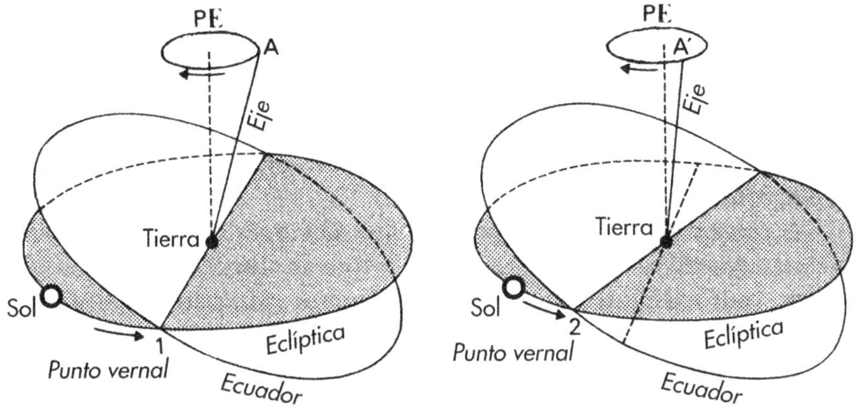

FIGURA 19A: El autor de esta figura, el abad Moreux, muestra aquí cómo entre un año y el siguiente el punto vernal se dirige al encuentro del Sol. En relación con la posición 1, la primavera, teniendo en cuenta la posición 2 del punto vernal, se producirá antes. La diferencia entre 1 y 2 se ha exagerado mucho. Precisamente por eso escribía el abad: «El año trópico (intervalo entre dos equinoccios de primavera) es un poco más corto que el año sideral (tiempo que emplea la Tierra en completar una vuelta completa alrededor del Sol)».

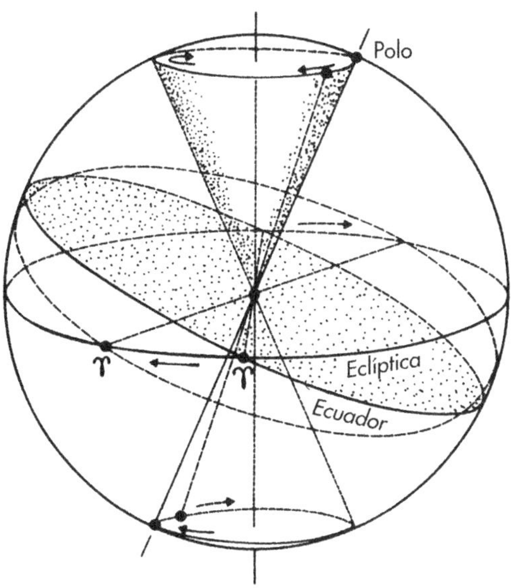

FIGURA 19B: Para explicar el mismo fenómeno, los autores de *L'Astronomie* (La astronomía) (ediciones Larousse, 1948) muestran el retroceso del punto gamma con respecto a una posición inicial arbitraria. La precesión se convierte en «retrogradación del punto vernal». En este caso, la diferencia, de aproximadamente 30°, se corresponde con el desfase de un signo, es decir, 2.147 años. En *A*, el Sol se toma como punto de referencia fijo, mientras que en *B* esta función la realiza el punto gamma de origen arbitrario.

punto con respecto a las estrellas), tenemos al menos dos años (aunque hay otros):

— el *año trópico*, que es el intervalo de tiempo comprendido entre dos pasos del Sol por el punto vernal o bien entre una primavera y la siguiente. Su duración media se expresa en días medios y se corresponde con 365,24219879, es decir: 365 días, 5 horas, 48 minutos y 46 segundos;
— el *año sideral*, que es el tiempo que tarda el Sol en ocupar un mismo punto (entre un año y el siguiente) con respecto a las estrellas. Su duración se expresa en días medios y equivale a 365, 26336042 días, es decir, 365 días, 6 horas, 9 minutos y 10 segundos.

Dicho de otro modo, puede afirmarse que el año trópico se corresponde con el tiempo que tarda el Sol para que su longitud aumente 360º a partir del equinoccio móvil, mientras que el año sideral equivale al tiempo que tarda este mismo Sol para aumentar 360º a partir de un equinoccio fijo.

Por último, sabiendo que, en realidad, en un año trópico, la longitud del Sol tan sólo aumenta 360º 50" 26', podemos proponer la siguiente proporción:

$$\frac{\text{año sideral}}{\text{año trópico}} = \frac{360^{o}}{360^{o} - 50'' \, 26'}$$

Lo que nos permite, como es evidente, determinar la duración de un año conociendo previamente la del otro.

La figura 20 está relacionada con las explicaciones físicas de la precesión y refleja las atracciones de la Luna y el Sol en función del hinchamiento ecuatorial de la Tierra. Puede compararse el resultado con el movimiento de una peonza que gire rápidamente sobre sí misma: su eje de rotación describe un cono en el espacio manteniendo la misma inclinación. En relación con el eje terrestre, los movimientos son menos simples. Dado que los valores y direcciones de las fuerzas solilunares (los planetas también influyen) son variables, con el movimiento cónico de precesión seguido 26.000 años (de media) por el eje terrestre, se combina una oscilación denominada de «nutación» debida fundamentalmente a la

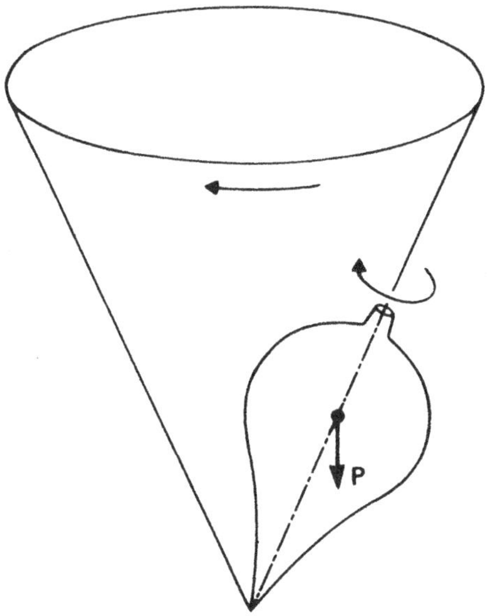

FIGURA 20A: Aunque, al estar sometida a la acción de su peso *P*, la peonza descentrada debería caer, su rápido giro transforma esta caída en un movimiento de precesión del eje. *Introduction à l'astronomie* (Introducción a la astronomía), G. Dumont y G. Oudenot, Sociedad Astronómica de Francia, 1973.

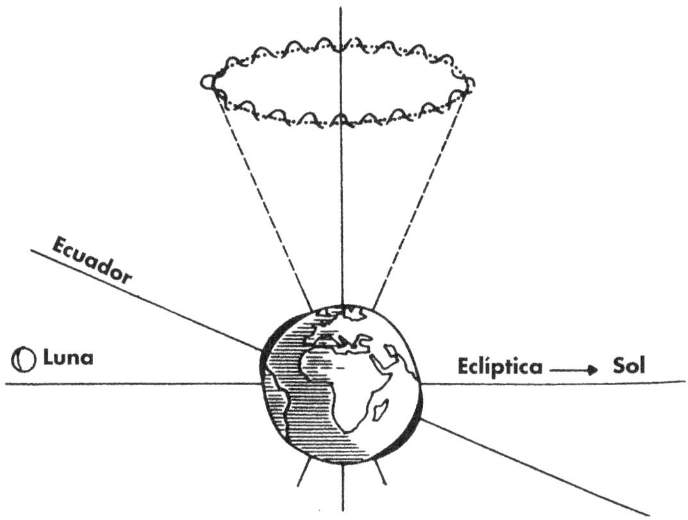

FIGURA 20B: Las acciones variables y combinadas del Sol y la Luna en el «anillo» ecuatorial terrestre explican la precesión (gran cono descrito por el eje de rotación) y la nutación (ondulación). La amplitud de la nutación tan sólo es de 9' 2".

Luna y cuyo periodo es de 18,6 años. «Por este motivo, los polos celestes describen en el cielo una trayectoria ligeramente ondulada a lo largo de un círculo paralelo a la eclíptica, con centro en el polo de la eclíptica y con un rayo de 23º 26'».[29]

El fenómeno de precesión fue descubierto por Hiparco de Rodas (siglo II a. de C.) y el de nutación por el astrónomo James Bradley (1692-1792), el mejor de toda Europa según Newton (también le debemos el descubrimiento de la aberración de la luz).

Para no dejar al lector ninguna ilusión en cuanto a la complejidad de las cosas del cielo, hay que saber que la eclíptica no es del todo fija, sino que la atracción gravitatoria de los planetas provoca un lento desplazamiento de dicho plano. Siempre debido a las perturbaciones «secundarias» pero aparentemente no despreciables provocadas por los planetas (que se unen a otros tipos de perturbación), la oblicuidad de la eclíptica también se ve lentamente modificada, y la duración del ciclo de precesión no es constante.

Tras analizar el fenómeno y sus causas, veamos ahora las consecuencias ilustradas por la figura 21. En A, el polo celeste Norte atraviesa diferentes constelaciones «polares» a lo largo de 26.000 años. Mientras que la estrella Polar indica sensiblemente la dirección del norte en la actualidad, en el año 14000 el polo Norte se encontrará en la dirección de Vega. Resulta sorprendente que los astrólogos aficionados y sensacionalistas aún no hayan pensado en utilizar este desplazamiento entre las estrellas para profetizar eras históricas. No obstante, resulta manifiesto que, después del año 2.000, hemos entrado en la era de Cefeo, abandonando la de la Osa Menor.

De no ser por la limpieza impuesta por la desinformación existente sobre la astrología, la figura 21B habría sido más que suficiente para explicar la diferencia entre signos y constelaciones. En realidad, los signos no son más que «fases» características de un ciclo, mientras que las constelaciones caracterizan regiones en relación con las cuales se proponen puntos de referencia. ¿Cómo es posible que no lleguen a comprenderlo los trovadores del espacio-tiempo einsteiniano? Aunque no dudan en tener las barbas y la cabeza en las estrellas, las vísceras permanecen en el suelo cuando

29. *Astronomie* (Astronomía), Encyclopédie Atlas du ciel, volumen 5, París, 1984.

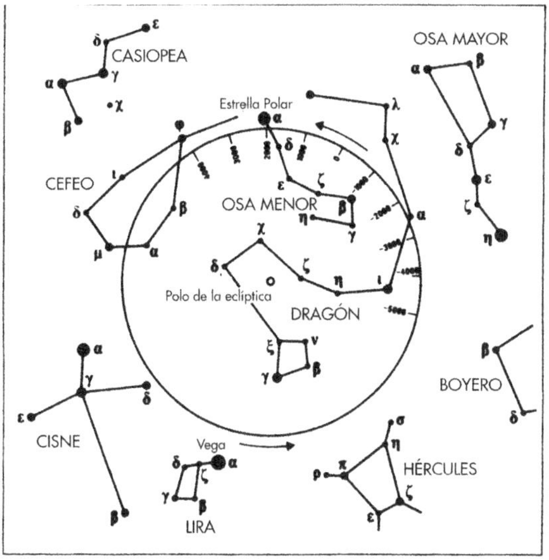

FIGURA 21A: Consecuencia lógica y astrométrica de la precesión de los equinoccios: el polo celeste Norte se desplaza entre las constelaciones vecinas del polo de la eclíptica, al que da la vuelta en 26.000 años, lo que debería permitir a los astrólogos partidarios de las estrellas y las eras predecir una era de las Cefeidas y otra era de Acuario. El polo celeste Sur continúa el movimiento entre otras estrellas.

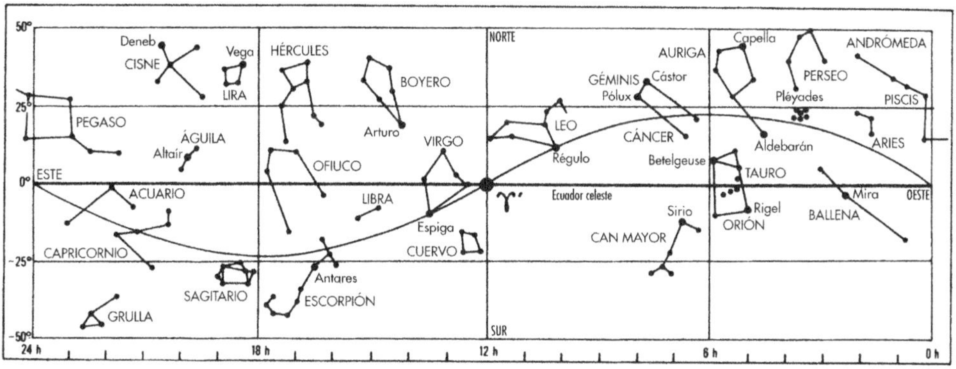

FIGURA 21B: De oeste a este, de derecha a izquierda, en esta figura, el Sol, en su movimiento aparente, se desplaza por la eclíptica, que aquí adquiere el aspecto de una onda sinusoidal, y su entorno está lleno de constelaciones cuyas formas no guardan ninguna relación apreciable con sus nombres. Se puede suprimir todas las estrellas, cambiarlas e intercambiarlas, jugar con el decorado, pero siempre habrá que mantener la trayectoria, dividiéndola en doce partes: de esta forma, se obtendrán los doce signos, a saber, doce fases sucesivas de un ciclo y no treinta y seis formas de unir los puntos. En aras de la precisión, al igual que en «A», el punto gamma prima (origen de 0° Libra) se desplazará por la línea mediana (ecuador celeste) y entrará en la constelación de Leo, para volver a su punto de partida transcurridos 26.000 años. Durante este largo periplo, su paisaje estelar cambiará, mientras que la trayectoria y las fases del ciclo anual habrán variado poco.

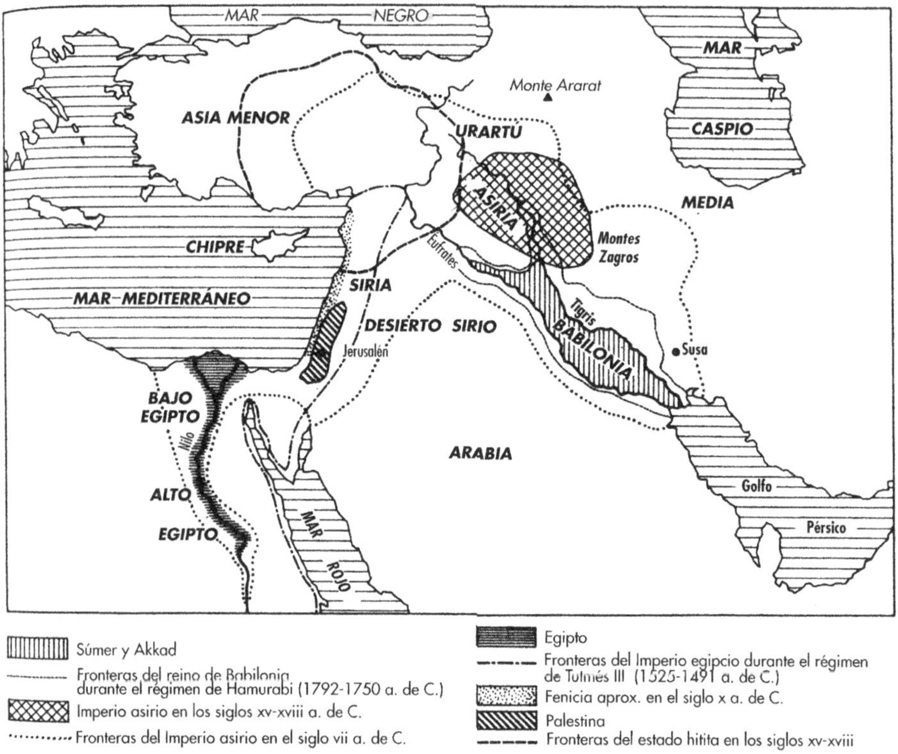

FIGURA 22: Súmer, país natal de la astrología, las ciencias y la astronomía (prelógica), de acuerdo con los historiadores y los científicos antiastrológicos. Figura extraída de *Introduction a l'astrologie conditionnelle* (Introducción a la astrología condicional) de Max Lejbowicz, Éditions du C.E.F.A., París.

se trata de arreglar asuntos de familia. Y no hay que olvidar que la astronomía debe sus orígenes a los astrólogos-astrónomos de Súmer (figura 22). Debe ser duro tener una madre irracional cuando uno es profeta de la razón... Algo que, por otra parte, lo explicaría todo.

Imaginemos ahora que Pedro se llamaba Vernal-Aries hace alrededor de dos mil doscientos años y que le seguían Pablo-Tauro y Jaime-Géminis. Pedro, al no saber que se movía poco a poco entre las estrellas, tuvo la fastidiosa idea de dar su nombre a aquellas que llenaban su ámbito. Desde entonces, puesto que dicho ámbito ha cambiado, se dice que Pedro ya no existe, o que nunca existió. ¡A quién se le podría ocurrir bautizar con su nombre las estrellas...! No son hijas nuestras, ni nuestra obra o nuestra propiedad... Y la ciencia ha demostrado que el hombre es lógico.

Aquí radica la clave de este debate digno de los sofistas: ¿qué ha dado el nombre a qué? ¿El signo a la constelación o la constelación al signo? A decir verdad, con tan sólo enunciar los doce nombres de los signos estaremos respondiendo esta pregunta. Pero no por ello nos privaremos de dar una demostración más amplia.

Estrellas y constelaciones

Una característica universal de los cuerpos físicos, desde el más pequeño hasta el más grande, parece ser el giro sobre sí mismos y en torno a otro cuerpo que hace lo mismo. Cuando no se produce este giro, al menos sí se depende de un cuerpo (la mayoría de las veces, de varios) que gira.

La Tierra gira alrededor de su eje en 23 horas, 56 minutos y 4,1 segundos, es decir, un día solar medio, y en torno al Sol (revolución sideral), en 365,26 días solares. Su órbita se representa mediante una elipse con una excentricidad muy reducida. En realidad, de acuerdo con el «principio del regador regado» y dado que el Sol se ve impulsado por sí mismo en una revolución de 200 millones de años en torno al centro de la galaxia, los planetas que le rodean describen espirales y no elipses.

En este periplo del que no somos más que efímeros pasajeros, la Tierra se desplaza sobre un fondo de estrellas..., un decorado maravilloso que, de forma convencional, hemos proyectado sobre una esfera de radio sin dimensión. En ocasiones se denomina esta esfera celeste como «esfera de los fijos», siendo estos fijos las estrellas. Pero ese adjetivo no refleja la realidad. Incluso uno teme utilizarlo al oír hablar de las teorías cosmológicas que hacen moverse las galaxias a velocidades fantásticas, proporcionales a sus distancias, desde el mismo nacimiento del mundo, hace entre 15.000 y 16.000 millones de años, como consecuencia de un terrible *big bang* que tan sólo Dios Padre puede haber oído.

En relación con el observador terrestre, hay galaxias, y por tanto estrellas, cuya distancia implica una velocidad de fuga equivalente a la de la luz (299.792,6 km/s.). Más allá de esta distancia de 10^{23} km, el universo deja de ser visible. Estas estrellas situadas al borde del vértigo tan sólo nos envían imágenes de sí mismas pertenecientes al pasado, fotos que han adquirido un tono amarillento (o rojizo) debido al paso de los años luz que nos separan de ellas. Además, aquellas que siguen moviéndose no se encuentran en el estado o con el brillo con que las vemos en la actualidad. En estos momentos, es posible que algunas ya hayan muerto. El objeto cuasiestelar *(quasar)* más conocido se aleja a la velocidad de 270.000 km/s. Si en la actualidad se produjese un accidente con esta velocidad, tan sólo nos daríamos cuenta dentro de 18.000 millones de años luz. Demasiado tarde. El servicio de correos no va tan rápido en el espacio-tiempo de la relatividad.

A grandes rasgos, estas son las asombrosas y lógicas teorías de los astrofísicos doctos en todo tipo de audacias conceptuales..., salvo en lo que concierne a los efectos de los planetas en la Tierra. Plutón, situado a 4 horas y media de luz, está demasiado lejos. Nuestra vecina estelar más cercana, Próxima de Centauro, débilmente luminosa, se encuentra a 4,3 años luz. Se trata del tiempo necesario para cubrir 40 billones de km a la velocidad redondeada de 300.000 km/s.

Olvidemos la penetrante mirada de la razón pura para sustituirla por la de nuestros sentidos, algo más turbia. Suele considerarse que el sistema estelar del que forma parte el Sol se compone de 100.000 millones de estrellas. Sin embargo, en el cielo de los dos hemisferios reunidos tan sólo hay 6.000 estrellas visibles para el ojo humano. No obstante: «El número de estrellas visibles en el cielo en un momento determinado no supera las dos mil...».[30] Un número que tendremos que reducir a unas cuantas, prácticamente un puñado, para conformar el anillo de las constelaciones de la eclíptica.

La eclíptica, vía del Sol a través de las estrellas (literalmente, la vía en que se producen los eclipses), elimina una enorme cantidad de puntos de referencia estelares para quedarse con sus doce figuras abstractas. En las estrellas restantes, en la vía solar, la noción de brillo realiza otra selección reductora.

Dos grandes astrónomos de la Antigüedad, Hiparco y Tolomeo, clasificaron las estrellas en función de su brillo, dividiéndolas en dos grupos o tamaños. Para estos observadores, que analizaron el cielo sin la ayuda de ningún aparato, «los grupos se repartían de tal forma que la diferencia de brillo entre los miembros de dos grupos vecinos era siempre la misma».[31] Al fiarse de sus facultades perceptivas, de la capacidad discriminadora del ojo humano, no tuvieron en cuenta que su regla era la de una ley fisiológica, la ley de Fechner.[32] Si nos fijamos en las definiciones modernas, las estrellas de primer tamaño deben ser cien veces más brillantes que las de sexto tamaño. De esto se deduce que las de segundo tamaño son aproximadamente dos veces y media (2,512 exactamente) menos brillantes que las primeras, y así sucesivamente, siguiendo el mismo coeficiente entre un tamaño y el siguiente.

Así pues, los primeros astrónomos-astrólogos localizaron en la trayectoria del Sol una muestra restringida de estrellas jerarquizadas en 6 capas de brillo aparente. Ahora cabría preguntarse lo siguiente: si las estrellas, de acuerdo con su visión de la astrología, eran superiores al Sol, ¿por qué privilegiaron tan sólo una parte (22,5 %) de la esfera celeste y las constelaciones (menos del 8 %)? Y otra pregunta: ¿justifica la distribución natural de los puntos de referencia estelares la disposición que conocemos?, ¿ todas las formas obtenidas están relacionadas con los nombres que llevan?

30. G. Gamow, *Una estrella llamada Sol*, RBA Coleccionables, S.A., 1994.
31. *Ibídem.*
32. Dejando a un lado nuestros umbrales mínimo y máximo de percepción, la intensidad de un estímulo exterior (luz, ruido) nos parece aumentar en progresión aritmética, es decir, siguiendo la secuencia de los números 1, 2, 3, 4..., mientras que, en realidad, sigue una progresión geométrica como la secuencia de números 1, 10, 100, 1.000...
32. «Astrología y Ciencia»,volumen 14, enero de 1983, pág. 128.

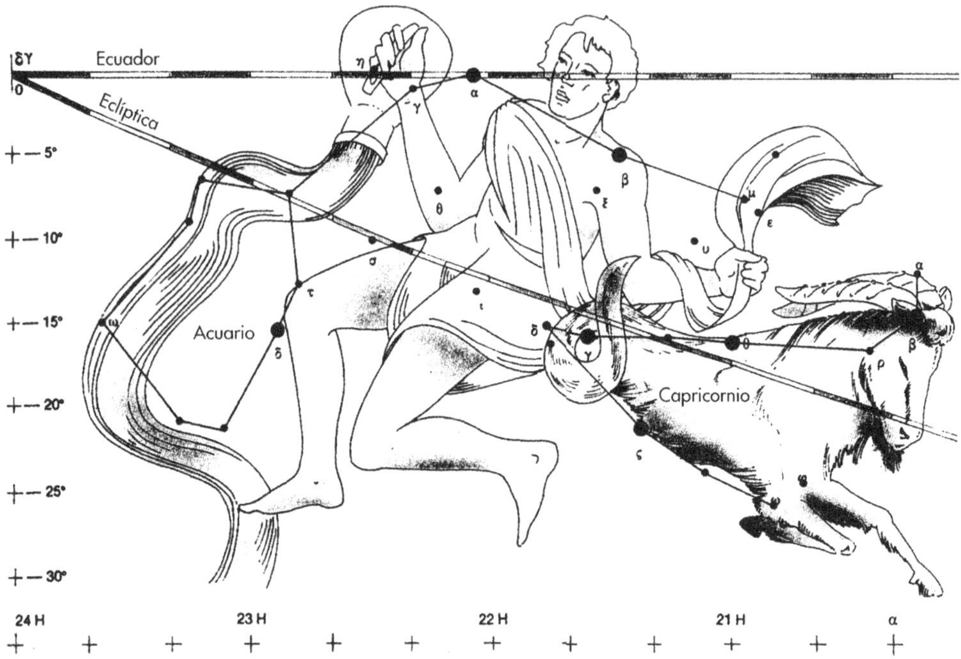

FIGURA 23: Este documento, extraído del artículo «Astrología y Ciencia» (*La Recherche,* pág. 128, volumen 14), pretende demostrar la arbitrariedad de las constelaciones, así como la subjetividad de sus nombres. Podemos extraer este fantástico comentario del autor del artículo, que parece no saber nada de las imaginativas denominaciones de sus colegas del siglo XVIII: «Las dos constelaciones zodiacales, Acuario y Capricornio, fueron trazadas siguiendo un antiguo mapa celeste. Puede verse hasta qué punto los asterismos sugieren mal los símbolos, la gran carga de imaginación que debieron invertir los autores de los nombres de las constelaciones y hasta qué punto estos son subjetivos. No es de extrañar que cada constelación tenga contornos y representaciones diferentes dependiendo de la mitología [...]».

En el marco de un «debate» unilateral sobre la ciencia y la astrología, *La Recherche*[33] no respondió a la primera pregunta. Por otra parte, el autor de este «debate» solitario ni siquiera se la plantea. En cuanto a la segunda, el artículo la ilustra con la figura 23, que, en efecto, pone de manifiesto el carácter arbitrario de los alineamientos, así como la extraña imaginación de las denominaciones, si es que están relacionadas con las constelaciones y no con otra cosa, como los signos, por ejemplo...

Al igual que el anticlericalismo de nuestros veteranos, la antiastrología no parece equiparse con un gran rigor intelectual. No hay ninguna necesidad de remontarse a astrólogos sumerios para encontrar autores imaginativos entre los astrónomos:

«En la lista (de constelaciones) compuesta hacia finales del siglo XVII por Hevelio, eminente astrónomo de Dantzig, encontramos varias constelaciones recientes para la época: Jirafa, Mosca, Unicornio, Paloma, Lebreles, Zorra, Lagarto, Sextante, León Menor, Lince y Caballito. «El astrónomo francés Lacaille, explorador del cielo austral, completó esta lista en 1752 con otras 14 constelaciones: Escultor, Horno, Reloj, Retículo, Cincel, Caballete del pintor, Altar, Compás, Telescopio, Microscopio, Mesa y todas las constelaciones del hemisferio Sur».[34]

Lacaille asigna un nombre predestinado a las constelaciones. Sin embargo, no deja de ser asombroso: cuatro mil años tras la mentalidad mágica de un poblado del Éufrates, resulta que seres más evolucionados agruparon las estrellas de forma arbitraria y les asignaron nombres sin relación alguna con su forma, ya que, no hace falta decirlo, no verán en el cielo austral ninguna mesa, mosca, telescopio o caballete, como tampoco se ve ninguna vasija ni cabra en nuestro hemisferio, si no es (como bien dice *La Recherche*) haciendo gala de la misma imaginación de que parece carecer para defender a los astrónomos. Normalmente, un científico objetivo y no imaginativo (que también los hay) habría visto letras y cifras. ¿Por qué un escultor y un horno?

Otro astrónomo, también francés, aunque esto no tiene ninguna importancia en ciencia, nos dice por qué: «En 1799, el astrónomo francés Lalande introdujo en el cielo el Gato. Para explicar esta

33. «Astrología y Ciencia», volumen 14, enero de 1983, pág. 128.
34. *Les merveilles du firmament* (Maravillas del firmamento), F. Ziguel, Éditions Mir, 1968.

innovación, afirmó en una de sus obras: "Me gustan los gatos. Es un animal que adoro. Espero que, tras sesenta años de incesantes trabajos, se me perdonará que haya llevado uno al cielo"».[35]

A partir de este testimonio nada primitivo con circunstancias atenuantes, puede deducirse la siguiente alternativa: o bien son las imágenes de la Tierra las que llevamos al cielo (Gato, Sextante, Cabra...), o bien son las imágenes del cielo las que se reproducen en la Tierra.

Dado que resulta evidente que los últimos astrónomos autores de nombres australes denominaron los objetos celestes partiendo de objetos terrestres, si los astrólogos de hace cinco mil años procedían de manera diferente, resulta fundamental saber, desde el punto de vista de la evolución de las especies, en qué momento los observadores del cielo dejaron de ser lo suficientemente estúpidos para no diferenciar un pequeño grupo de estrellas de cualquier cuadrúpedo real o imaginario. Bajo qué presiones económicas, políticas o genéticas pudo producirse este gran momento..., si es que se ha producido.

Las constelaciones son arbitrarias en cuanto a extensión, nombre, forma y brillo; sus nombres varían en función del país, la latitud y la época. Algunas han sido objeto de curiosos avatares. En los siglos XVII y XVIII, diversos astrónomos europeos se sintieron «tentados de suprimir las constelaciones antiguas para crear otras nuevas».[35] El célebre Halley, bastante conocido por su cometa, bautizó la principal estrella de la constelación Lebreles como «Corazón de Carlos» en honor a Su Majestad el rey de Inglaterra. También se inmiscuyeron diversas personalidades de la Iglesia, proponiendo, en aras de la evangelización de un cielo con múltiples dioses, cambiar Aries por Apóstol Pedro y otorgar al Sol el nombre de Jesucristo, a la Luna el de Santa Virgen y a Venus el de Juan Bautista; no dejaron títere con cabeza entre los planetas. Tal como indica F. Ziguel, existen fenómenos celestes que habrían dado lugar a descripciones blasfematorias.

El célebre astrónomo alemán Bode rindió los más altos honores a las condecoraciones del rey de Prusia, Federico II. Sin embargo, el Congreso astronómico de 1922 las rechazó, junto al Gato de

35. *Ibídem.*

FIGURA 24:

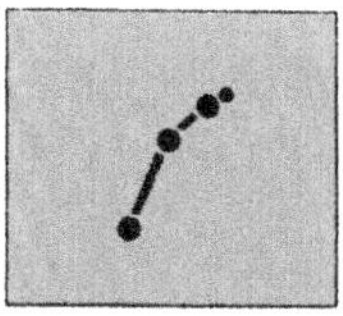

Constelación de Aries. Como puede apreciarse, el animal ha sido captado en todo su ímpetu, a menos que esté paciendo o, directamente, calzándose con uno de sus cuernos.

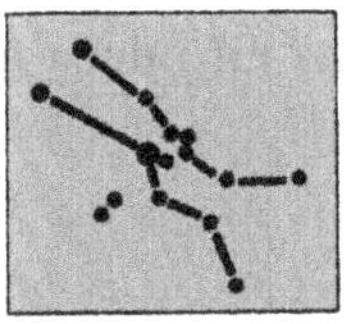

Constelación de Tauro. Puede verse que este torito mejicano le ha dado fuerte al tequila. Por eso tiene ese aspecto tan descompuesto y está cabizbajo, un signo clarísimo de materialismo.

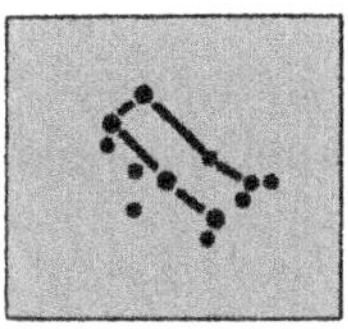

Constelación de Géminis. Géminis o gemelos, de acuerdo con las investigaciones de René Zazzo, no importa: la complicidad de estas estrellas no deja lugar a dudas.

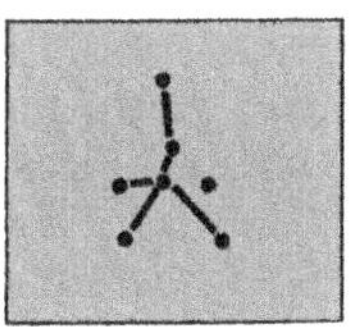

Constelación de Cáncer. En este caso hay que reconocer que estamos un poco perdidos... Debe de ser una constelación que se ha tomado por un signo.

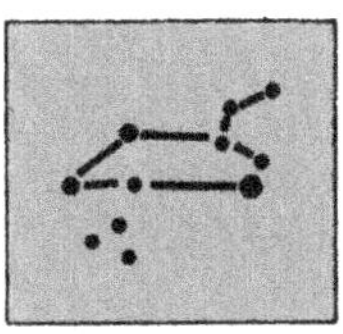

Constelación de Leo. ¿Y por qué no llamarla la plancha, la gallina de los huevos de oro, la quinta cadena o el último tango?

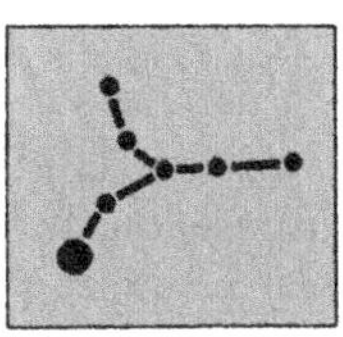

Constelación de Virgo. Y, en realidad, también de la vieja. La primavera ha pasado y sus estrellas marchitas ya no seducen a nadie.

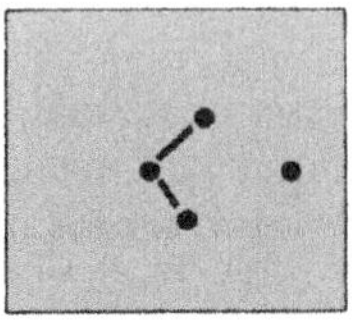

Constelación de Libra. Pues sí..., es una balanza. Quizá se trate de un modelo olvidado. Sus estrellas no dan la talla con respecto a las siguientes.

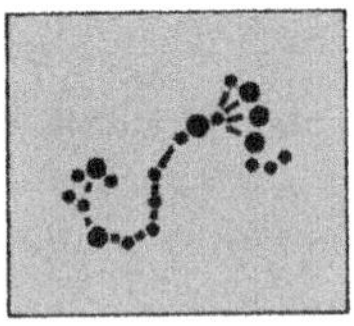

Constelación de Escorpión. Perfecto, pero no cabe duda de que el artista está un poco falto de imaginación... El escorpión está demasiado conseguido.

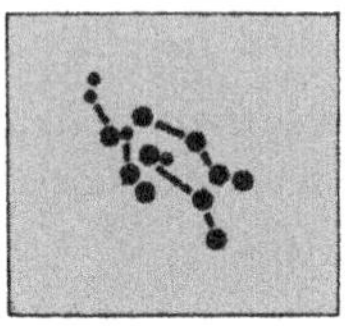

Constelación de Sagitario. Por suerte, aquí volvemos a encontrar su inspiración abstracta, su gusto por el puntillismo exacerbado.

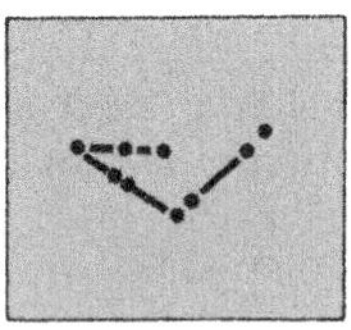

Constelación de Capricornio. Lo dice todo con cuatro brochazos, alcanzando una sobriedad más que notable. Picasso no lo habría hecho mejor.

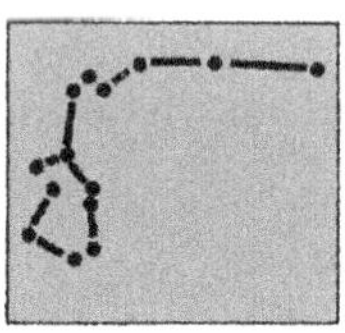

Constelación de Acuario. Uno se siente confuso ante tanta poesía gráfica y tanta pericia para resumir la esencia.

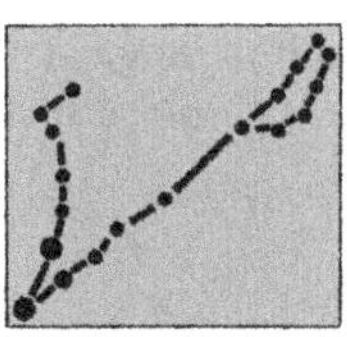

Constelación de Piscis. ¡Según Camille Flammarion, la idea de colocar dos peces debe provenir de la disposición de las estrellas en forma de hilo (de la caña de pescar)! Aquí sí que se lo han trabajado...

Lalande. Desde entonces, de una forma eminentemente oficial, la esfera cambiante de los «fijos» cuenta con 88 constelaciones con límites bien definidos, pero una separación necesariamente arbitraria, a pesar de ser científica.

La figura 24 está relacionada con las agrupaciones de la Antigüedad que han prevalecido hasta nuestros días, es decir, las «constelaciones zodiacales». Dejando a un lado Escorpión, cuya forma sí se corresponde con el nombre, el resto no presenta una equivalencia transparente. Siempre pueden preguntarles a sus hijos qué es lo que ven, podría ser un juego, un cuestionario divertido. Cabe destacar que, si bien hay astrónomos que se preguntan cómo es posible que los antiguos viesen un carnero en una figura tan abstracta como Aries, Camille Flammarion sí distinguió a la perfección un cuerno.[36] ¿Y por qué no?

Las configuraciones de la eclíptica, sin ser notables todas ellas, cuentan con un contenido pictórico digno de una exposición de arte abstracto. En el plano de su influencia supuesta constituyen una secuencia heterogénea, irregular en cuanto a número de estrellas, extensión (algunas se sobreponen) e intensidad. Siguiendo este criterio, hay constelaciones insignificantes (Aries o Cáncer), desprovistas de grandeza astrofísica, y otras ricas en amontonamientos de estrellas, nebulosas y galaxias (Virgo y Sagitario). Debería realizarse un estudio estadístico, llevado a cabo por un equipo competente, que hiciese surgir las desigualdades en cuanto al ámbito de influencia demostrado hasta el momento en cuestión. Incluso con personas no competentes, el relieve de una constelación sobre otra otorga la posibilidad de que los resultados reflejen estas desigualdades. En cualquier caso, no es que sea de demasiada ayuda... En efecto, no existe ninguna relación entre los abismos y picos de un Zodiaco estelar, la distribución de los extremos y los hoyos, y la distribución de caracteres psicológicos a lo largo de doce signos que no ponen de manifiesto ninguna anomalía, acantilado ni cima. Y, sin embargo, no es posible concebir diferencias más duras y puras.

Así son los documentos del expediente de la astrología estelar: incoherentes, arbitrarios, subjetivos, situados entre tres siglos antes de Cristo y diez siglos después. Sus contrincantes son incapaces de concebir otra astrología y resulta imposible y absurdo defenderla;

36. Camille Flammarion, *Les étoiles* (Las estrellas), Éditions Flammarion, 1981.

de ahí el interés en reducirla a las estrellas y sus nombres míticos. No obstante, por el contrario, ello implica tomar la cuna de las ciencias y a sus hijos, los caldeanos, por un andador para débiles, una opinión que no todos sus herederos del siglo pasado comparten, sean científicos o literatos. Lo cierto es que la antiastrología obliga a decir cualquier cosa.

Por otra parte, el expediente de las constelaciones no presenta ningún alegato a favor de los astrólogos, quienes, sensibles a las críticas de los astrónomos, han adoptado el Zodiaco estelar (con unos orígenes que varían en función del autor). El argumento menos irracional para asociar este desafío al rigor, la experiencia y la historia quizá sea que una inteligencia divina, movida por determinaciones previsoras, ha colocado las estrellas como es debido, a fin de que las personas de su elección, en la época oportuna, les diesen los nombres debidos, coherentes con sus formas y propiedades fisicosimbólicas.

Veamos ahora si el expediente de los signos nos ahorra el tener que traer a colación lo divino.

Signos y símbolos

El surgimiento de una especialización impide la comunicación cuando, sencillamente, no excluye la apertura de miras. Los astrómetras partidarios de las estrellas y de la precesión como medios óptimos para refutar los signos tan sólo echaron un vistazo rápido y distraído a las publicaciones de sus colegas historiadores. En *La Science des Chaldéens*,[37] Marguerite Rutten (conservadora adjunta honoraria de los Museos Nacionales franceses), al citar a Diodoro de Sicilia, recuerda las teorías astrológicas de los caldeos en torno al Zodiaco: «Entre los dioses consejeros hay doce jefes, cada uno de los cuales preside un mes del año y uno de los signos del Zodiaco. El Sol, los planetas y la Luna pasan por esos signos».

Sobre las estrellas dice: «Además del círculo zodiacal, determinan la posición de 24 estrellas, una mitad de las cuales se encuentran al norte y la otra mitad al sur; las denominan "jueces del Universo": las estrellas visibles están vinculadas a los seres vivos y

37. Marguerite Rutten, *La Science des Chaldéens*, «Que sais-je?», P. U. F., 1970.

las estrellas invisibles a los muertos».

Y, de nuevo, dice Marguerite Rutten sobre el Zodiaco: «Dado que los babilonios reconocieron muy pronto que los planetas, el Sol y la Luna siguen un recorrido que se encuentra esencialmente en la misma región celeste, realizaron un "Zodiaco" o plano de la eclíptica, que dividieron en 12 *berous* (sectores de 30º). A fin de determinar la trayectoria del Sol, debieron establecer puntos entre las estrellas más brillantes, que formaron los 12 signos del Zodiaco».

A menos que cuestionemos las traducciones, a los traductores, el sentido matemático de los babilonios o su espíritu de observación, y que nos quedemos con sus prácticas mágicas, resulta bastante evidente que, sin conocer el fenómeno de la precesión, no confundían los meses con los signos, ni los signos con las estrellas, que sirvieron fundamentalmente como puntos de referencia para trazar el camino del Sol. Además, precisamente por su sentido religioso y por su gran vinculación a la magia de los nombres, resulta impensable que los sumerios pudiesen asignar cualquier nombre a cualquier cosa. En aquella época, antes de ver una mesa o un gato en el cielo como los astrónomos del siglo XVIII, hacía falta dirigirse a más personas y en varias ocasiones. Tan sólo los tecnócratas del siglo XX pueden permitirse marginar en una etnia homogénea sus fantasmas antiastrológicos. Por otra parte, sus procedimientos patológicos de cirujano se extienden hasta alcanzar el cerebro de creadores y pensadores que manifestaron cierta inclinación hacia la astrología.

Los babilonios diferenciaban perfectamente entre el día y la noche..., por mucho que identificasen las estrellas con una cabra. Las constelaciones proceden de observaciones realizadas durante la noche, de acuerdo con la visión humana, o bien antes de que amanezca o después de que el Sol se ponga, lo que permite ubicarlo en su situación a través de las estrellas que le suceden y le preceden. De día, su brillo y la difusión de su luz en nuestra atmósfera ocultan el segundo plano. Sin embargo, hay más estrellas aparte de él. Al contrario que las constelaciones, que se muestran por la noche, los signos afectan a lo que aparece por el día: los seres humanos, las actividades sociales, las estaciones, los meses, los animales, las cosas y las personas, y el mismo Sol; en resumen, la actividad humana, social y cósmica del tiempo y sus ritmos. Aunque resulta difícil diferenciar un cangrejo (otro nombre o el nombre original de Cáncer) en la disposición de las estrellas, bastante falta de originalidad, en el solsticio de verano (21-22 de junio) cualquier incrédulo de nuestro hemisferio podrá comprobar que el día, antes de dejar de crecer, reducirá su duración del mismo modo que un cangrejo da marcha atrás en el espacio. Otro incrédulo que se devane los sesos buscando una balanza en la constelación de Libra no podrá sino admitir que el símbolo del equilibrio se adapta, ya no a las estrellas de esta región, sino al mes del año en que se igualan las duraciones del día y la noche. En su *Tetrabiblos*, Claudio Tolomeo, que había compilado a Hiparco, el descubridor de la precesión, explica los nombres de los signos a través de los fenómenos solares (año trópico), y no por la ubicación de las estrellas. El siguiente texto, del siglo II d. de C., demuestra de forma incontestable que los astrólogos posteriores a los caldeos, incluso haciendo uso de estrellas fijas, se basaban en el Zodiaco en las fases estacionales:

«En efecto, existen dos signos trópicos: en primer lugar, el primer intervalo de treinta grados desde el solsticio de verano, es decir, el signo de Cáncer; y, en segundo lugar, el primer intervalo desde el solsticio de invierno, es decir, Capricornio. Estos signos fueron bautizados de esta forma por lo que ocurre en su interior. En efecto, al entrar en estos signos, el Sol retrocede, desviando su curso hacia una latitud contraria, de forma que origina el verano en Cáncer y el invierno en Capricornio.

»También hay dos signos equinocciales, el primaveral Aries y el otoñal Libra, que han tomado su nombre por lo que ocurre en ellos, ya que, cuando el Sol se encuentra al inicio de estos signos, los lapsos del día y de la noche son iguales en toda la Tierra».[38]

Más cerca de nuestra época, en el siglo XVIII, un astrónomo poco sospechoso de esconder sentimientos a favor de la astrología, Francesc Aragó, expresa en su *Astronomie populaire* (Astronomía popular) su percepción de las diferencias:

«Así pues, para evitar cualquier confusión, hay que saber diferenciar bien la palabra *constelación* de la palabra *signo*. Las constelaciones son figuras de hombres o animales, situadas en el Zodiaco y que no guardan, como ya se ha apuntado, ninguna relación con la disposición de las estrellas que contienen.

38. Claudio Tolomeo, *op. cit.*

»Los signos son divisiones de 30 grados cada uno, sin ningún vínculo necesario con las constelaciones homónimas. En virtud de la precesión de los equinoccios, los signos ya no coinciden con las constelaciones».[39]

Tolomeo reconoce la diferencia atribuyendo a los signos una naturaleza que obtienen del Sol cada mes, mientras que Aragó afirma la diferencia reduciendo los signos a una división geométrica. A finales del siglo XX, los astrónomos declaran, de forma bastante ingenua, que los signos nunca han existido... ¿Qué ha pasado con esta diferencia?

Se sea antiguo o moderno, astrólogo o astrónomo, ¿acaso es posible negar la fuente solar de los símbolos zodiacales? Sí es posible, siempre que, con una buena dosis de pensamiento contradictorio, se pida a todos los signos que sean tan explícitos como la balanza (Libra) y el cangrejo (Cáncer). Sin embargo, no son más que símbolos y, por definición, los símbolos no expresan directamente aquello que designan, dejando a un lado el hecho de que pueden designar varias cosas con funciones o estructuras análogas. El pez-cabra (Capricornio) se comprende mejor atendiendo al solsticio de invierno que a una delgada dispersión de estrellas, aunque hay que recurrir a la analogía. De esta forma, en nuestro hemisferio, ese monstruo no es más que el Sol a la entrada del invierno: pez por detrás porque ha alcanzado el punto mínimo de su descenso por debajo del plano del ecuador celeste, cabra por delante porque va a reconquistar la altura perdida. La lógica de esta interpretación no excluye otras posibles. Así pues, en su *Uranografía*,[40] L. B. Francœur se remite al sistema explicativo de Pluche.[41] Algunos de los elementos de este (vincula Leo al calor y Virgo a la cosecha...) siguen gozando de crédito en la astropsicología contemporánea linealmente simbolista:

«De acuerdo con Pluche, Aries y Tauro iniciaban, originalmente, la primavera; en esta época del año, las ovejas y las vacas tienen

39. Francesc Aragó, *Astronomie populaire* (Astronomía popular), obra póstuma, 1867.
40. L. B. Francœur, *Uranographie ou Traité élémentaire d'astronomie,* París, 1821.
41. Pluche (1638-1761), sacerdote, profesor humanista y autor de *Histoire du ciel selon les idées des poètes, des philosophes et de Moïse* (1739).

crías. El mes siguiente les toca a las cabras, de forma que Géminis fue representado por dos cabras, o bien por dos amantes, símbolo de la fecundidad. Cáncer anuncia el solsticio de verano a través de la retrogradación de los signos descendentes. Leo responde a las altas temperaturas y Virgo a las cosechas, siendo la espiga el símbolo. Libra designa la igualdad de los días y las noches en el equinoccio de otoño; Escorpión, las frecuentes enfermedades de esta estación; Sagitario, los placeres de la caza, habituales en noviembre. Capricornio anuncia que el Sol vuelve a ascender hacia los signos superiores. Acuario se corresponde con el tiempo de lluvias y Piscis con el de la pesca».

Al evocar la precesión y al atribuir, de forma errónea, la invención del Zodiaco a los egipcios, Francœur recusa a Pluche y expresa su preferencia por la explicación de Charles-François Dupuis,[42] que se basa en las diferentes incidencias de las fluctuaciones del Nilo. Para Francœur, que no era ningún cualquiera (catedrático en la facultad de ciencias de París), no había ninguna duda sobre el origen estacional de los nombres de los signos, que además era egipcio, de una forma tan clara como las mismísimas aguas del Nilo:

«El Zodiaco es una invención egipcia; representa con demasiada fidelidad la secuencia de fenómenos anuales característicos del clima de Egipto como para que quepa la más mínima duda respecto a ello: el azar no alumbra estas asociaciones prodigiosas de hechos dirigidos a un mismo objetivo. Los doce actos principales de la naturaleza recibieron como emblema los doce signos celestes que recorre el sol cada año. Esto es algo imposible de negar».[43]

El departamento de documentación de *La Recherche* debería agenciarse, sin lugar a dudas, algunas obras más para los autores preocupados por el exceso de imaginación de los caldeos. Jean-Claude Pecker habría podido aprender que un eminente colega de un siglo reciente estimaba, de forma innegable, que los signos situados en el trayecto anual del Sol vinculan actos de la naturale-

42. Charles-François Dupuis (1742-1809), miembro del Instituto de Francia. Vinculado a Lalande, a cuyos cursos de astronomía asistió durante varios años, acabó aficionándose a esta ciencia y complementándola con sus conocimientos mitológicos, hasta el punto de imaginar que las divinidades de la Fábula no son sino las constelaciones... Su principal obra es *L'origine de tous les cultes, ou la religion universelle* (El origen de todos los cultos o la religión universal) (Dictionnaire de biographie).

43. L. B. Francœur, *op. cit.*

za con emblemas estelares. De acuerdo con Dupuis, de ello se deriva una curiosa descodificación del monstruoso pez-cabra:

«Dupuis admite que, en los momentos de retroceso, el sol se encontraba en la constelación de Capricornio en la época del solsticio de verano; dado que, en ese momento, el astro alcanza su extremo más elevado, se lo comparaba con las cabras que pacían en las alturas. En efecto, Capricornio se representa en la actitud de descanso que conviene al solsticio; su cola de pez está relacionada con la temporada de inundaciones, que pronto comenzará (hacia mediados de julio)».

Un científico, de la misma academia que Pecker, reconoce con la cabeza baja la explicación de otro miembro de su sociedad que, para justificar su tesis, desfasa los signos 180° con el objetivo de que los egipcios puedan hacer corresponder sus actividades diarias con los emblemas que ven por la noche. ¿Quién sueña con este mundo vulgar? Desde luego, no J. C. Pecker, ya que le basta con perdonarse sus conductas insensatas en nombre de «revoluciones científicas» que «[...] consideran las teorías abandonadas como etapas necesarias, reflexiones de primera aproximación [...]. Esta auténtica actividad científica, con sus rodeos, giros y retoques, y desde luego su coherencia eficaz, ansía demasiados esplendores como para tener necesidad de los sucedáneos filosóficamente contradictorios de la magia y la astrología [...]». Y es que la ciencia con retoques no es contradictoria y «[...] el mundo es bello tal como es. Basta con observarlo y tratar de comprenderlo, sin sueños estériles ni miedos irracionales, sencillamente maravillándose [...]».[44]

Como Francœur.

Después de Tolomeo, Pluche, Dupuis, Francœur y Aragó, todos suspensos en el curso «No toques mis retoques» o «Antes de mí no hay nada», vale la pena resaltar una tentativa moderna de explicar los nombres de los signos, la de René Alleau, que figura en el artículo «Astrología» de la *Encyclopædia Universalis*.[45] En primer lugar, en cuanto a los orígenes del Zodiaco, René Alleau cuestiona las fuentes del historiador Diodoro de Sicilia. En sus palabras, los caldeos a que se refiere son «ya míticos, y los charlatanes que los sustituyen tan sólo llevan su nombre». No sabemos lo que pensará de

44. *La Recherche,* artículo citado.
45. *Encyclopædia Universalis,* corpus 2, artículo «Astrología», París, 1984.

esto Marguerite Rutten... A continuación, con la ayuda de los inventarios de asterismos celestes, reconstituye «la primera estructura zodiacal conocida» con las claves (tomadas de los asterismos) de su «verdadero significado histórico». Como es obvio, resulta imposible reproducir todo el texto de René Alleau en esta breve perspectiva de las tesis y antítesis astrológicas. El caso es que, de él, es posible aprender cosas inéditas y de un interés notable, que implican que los nombres de las estrellas siguen estando vinculados a objetos terrestres.

Siempre de acuerdo con este autor, el Zodiaco babilónico no puede remontarse más de 2.160 años antes de la era cristina; de lo contrario, sería necesario dar una vuelta entera de precesión y retroceder hasta 25.920 años antes de Cristo. Por último, para René Alleau, «la coherencia de la primera fecha con la evolución de las técnicas adivinatorias practicadas en animales en la época de la primera dinastía de Babilonia permite comprender que [...] la topología zodiacal se dedujo de una topología anatómica adivinatoria, proyectada sobre "animales celestes", y no de la observación astronómica».

A pesar de sentir admiración por la original investigación de René Alleau, debemos confesar que no comprendemos demasiado bien qué son estos «animales celestes». Lo más transparente de su teoría, que traducimos aquí de forma libre, es que, por lo visto, los babilonios, doctos en la lectura de la voluntad de los dioses mediante el análisis de entrañas de animales (haruspicios), observaron que el cielo de estrellas se componía de animales simbólicos. En este caso, se trata de nuevo de elevar aquello que llevamos en el corazón, en las costumbres, hábitos y preocupaciones, en las prácticas adivinatorias.

Aparentemente algo insatisfecho (y razones no le faltan) por el «carácter artificial y convencional de la topología zodiacal babilónica», y por tanto de esta reducción del cielo a prácticas adivinatorias contingentes, René Alleau considera finalmente que el Zodiaco y su división en doce partes responden a arquetipos del círculo y de los números. En el fondo, ya no hay necesidad de interrogar a la historia. Existen estructuras eternas que se expresan de forma diferente a través del prisma de las épocas y las etnias..., y el círculo sigue siendo un círculo por encima del mundo humano, lejos de sus impericias pero omnipresente en el inconsciente colectivo.

Esto es lo que ha hecho afirmar a R. Alleau: «Más duradero que la torre de Babel, el Zodiaco ha sobrevivido a todos los accidentes de la historia. Esto se debe menos a sus maravillosas imágenes que a la verdad secreta que esconden, y que sólo Pitágoras parece haber descubierto y escondido con gran frecuencia: las estructuras armónicas del espacio y el tiempo que revela la geometría del círculo. Este también es el gran principio científico que explota de forma inconsciente la adivinación astrológica [...]».[46]

A pesar de satisfacer su búsqueda de una apoteosis metafísica (la estructura del círculo), Alleau, como la mayoría de los científicos modernos, no deja de cometer la torpeza de considerar a los babilonios como unas mentes relativamente algo atrasadas con respecto a nuestra época..., porque se encuentran detrás nuestro en la secuencia temporal que hemos inventado. Sin embargo, ¿acaso no estaban más cerca del inconsciente colectivo y, por tanto, de las estructuras, al ser menos racionales que en el siglo XX? En definitiva, y al menos de forma teórica, unos antropoides incultos (o en proceso de culturización) deberían comunicarse mejor con el inconsciente universal que los *homo sapiens* de nuestra época, rebosantes de esta nueva racionalidad. De esta forma, el más antiguo de los Zodiacos sería el más puro y auténtico, un poco del mismo modo que en otros tiempos, se consideraba, a los salvajes «más cercanos a la naturaleza» a pesar de no estar civilizados.

De momento, abandonaremos aquí estos debates. De un estudio de los signos se desprende que su simbolismo admite múltiples lecturas. Sin embargo, parece que cualquier exégesis relativa a sus nombres tan sólo responde a una lógica (interna o histórica) cuando se basa en el año trópico, que organiza las actividades humanas en todos los niveles que puedan concebirse. Para ridiculizar el Zodiaco, es necesario, en primer lugar, despreciar estas actividades, que se remontan varios milenios atrás, así como creer, o fingir creer, que los sumerios (de alguna forma, nuestros ancestros) veían grafitis en las estrellas.

46. *Encyclopædia Universalis, op. cit.*

Bibliografía

Astronomía

FLAMMARION, Camille, *Les étoiles*, Éditions Flammarion, 1981.
HARWIT, Martin, *Progrès et découvertes en astronomie*, Éditions Masson, 1984.
MOREUX, Th., *Pour comprendre l'astronomie*, G. Doin, 1937.
TOLOMEO, Claudio, *Tetrabiblos*, Editorial Barath, 1987.
ZIGUEL, F., *Les merveilles du firmament*, Éditions Mir, 1968.
Astronomie (L'Encyclopédie Atlas du ciel), Éditions Atlas, París, 1984.
Grand atlas universalis de l'astronomie, Encyclopaedia Universalis, 1985.
Le système solaire, Bibliothèque «Pour la Science», París.

Ciencias humanas

CHANGEUX, Jean Pierre, *El hombre neuronal*, Espasa-Calpe, 1986.
FRAISSE, Paul, *Psicología del ritmo*, Ediciones Morata, 1976.
GAMOW, G., *Una estrella llamada Sol*, RBA Coleccionables, S.A., 1994.
GESELL, Arnold e ILG, Frances L., *Le jeune enfant dans la civilisation moderne*, P.U.F., 1980.
GESELL, Arnold, ILG, Frances L. y BATES-AMES, Louise, *El niño de 5 a 10 años*, Paidós Ibérica, 1998.
— *El adolescente de 10 a 15 años*, Paidós Ibérica, 1997.
HALL, Edward T., *La dimension cachée*, Éditions du Seuil, 1971.
JACOB, François, *La lógica de lo viviente: una historia de la herencia*, Tusquets Editores, 1999.

KOESTLER, Arthur, *Los Sonámbulos*, Salvat Editores, 1986.
PÁVLOV, Iván P., *Oeuvres choisies*, Éditions de Moscou, 1954.
— *Typologie et pathologie de l'activité nerveuse supérieure*, Presses universitaires de France, 1955.
ROSE, Steven, *Le cerveau conscient*, Seuil, 1975.
RUFFIÉ, Jacques, *Le traité du vivant*, Fayard, 1982.
TRAN-THONG, *Stades et concept de stade de développement de l'enfant dans la psychologie contemporaine*, Librairie philosophique J. Vrin, 1980.
La nouvelle communication, obra colectiva, Éditions du Seuil, 1981.
Une logique de la communication, obra colectiva, Éditions du Seuil, 1972.

Historia

DUHEM, Pierre, *Le système du monde* (10 volúmenes), «Histoire des doctrines cosmologiques de Platon à Copernic», Herman, 1959.
FRANCŒUR, L. B., *Uranographie ou Traité élémentaire d'astronomie*, París, 1821.
SIMON, Gérard, *Kepler, astronome-astrologue*, Gallimard, 1979.

Bibliografía condicionalista

HARDY, Françoise y Béatrice GUENIN, *Le grand livre de la vierge*, Éd. Sand.
NICOLA, Jean-Pierre, *La condition solaire*, Éd. Traditionnelles, 1964.
— *Nombres et formes du Cosmos*, Éd. Traditionnelles, 1971.
— *Pour une astrologie moderne*, Éd. du Seuil, 1977.
— *Le livre des planètes: Pluton*, Éd. Sand, 1985.
— *Le grand livre du taureau*, Éd. Sand, 1993.
— *Le grand livre de l'astrologue*, Éd. Sand, 1998.
PERRET-LAGRANGE, Denise, *Le grand livre du verseau*, Éd. Sand.
THIEFFRY, Yves, *L'astrologie dans la société contemporaine*, Éd. Le Centurion.

VÉZIEN, Jean-Pierre, *Le grand livre du lion*, Éd. Sand.
—*Aide-mémoire d'astrologie conditionaliste*, número especial de *Cahiers conditionalistes.*

Cahiers conditionalistes: estos boletines internos de la asociación COMAC publican los estudios y trabajos de los miembros y animadores de la asociación. Abordan todos los problemas de la astrología desde una nueva perspectiva, con una metodología nueva y con la colaboración de todos aquellos que aprecian el rigor, el humor y la cordialidad. COMAC, Saint-Denis-sur-Huisne, 61400 Mortagne-au-Perche.

Les signes du destin, colección de doce libros, Éd. du Rocher/Rmc, 1981.

Número especial 10, colección «Astrologie vivante»: La pensée conditionaliste.

En prensa en el momento de la publicación: *Le livre des planètes: Neptune*, Jean-Pierre Nicola, Éd. Sand.

Índice

Made in the USA
Monee, IL
18 October 2026

66039193R10332